Simon Beck

Skill-Management

Für Klaus Bock,

mit herzlichem Dank

für Deine Unterstützung!

Überlingen 1.8.14

Simon

GABLER EDITION WISSENSCHAFT

Simon Beck

Skill-Management

Konzeption für die betriebliche Personalentwicklung

Mit einem Geleitwort von Professor Dr. Helmut Kuhnle

Deutscher Universitäts-Verlag

Bibliografische Information Der Deutschen Nationalbibliothek
Die Deutsche Nationalbibliothek verzeichnet diese Publikation in der Deutschen Nationalbibliografie; detaillierte bibliografische Daten sind im Internet über <http://dnb.d-nb.de> abrufbar.

Dissertation Universität Hohenheim 2004

D 100

1. Auflage April 2005
Nachdruck Dezember 2007

Lektorat: Brigitte Siegel / Stefanie Loyal

Der Deutsche Universitäts-Verlag ist ein Unternehmen von Springer Science+Business Media.
www.duv.de

Umschlaggestaltung: Regine Zimmer, Dipl.-Designerin, Frankfurt/Main

ISBN-13: 978-3-8244-8212-2 e-ISBN-13: 978-3-322-85233-5
DOI: 10.1007/ 978-3-322-85233-5

Geleitwort

Um langfristig am Markt bestehen zu können, werden qualifizierte und motivierte Menschen benötigt, welche die strategischen Ziele des Unternehmens in ihrer täglichen Arbeit verantwortlich umsetzen und gleichzeitig auch individuelle Entwicklungsziele verfolgen können. Aus beiden Perspektiven ist es für einen optimalen Einsatz der „Human Resources" erforderlich, dass einerseits jeder Mitarbeiter gemäß seinen individuellen Fähigkeiten eingesetzt wird und andererseits auch die speziellen Anforderungen der jeweiligen Funktion durch den Funktionsinhaber bestmöglich erfüllt werden. Kurz gesagt, jeder arbeitet gemäß seinen Fähigkeiten am richtigen Platz. Dies erzeugt ein optimales Arbeitsergebnis bei hoher Leistungsmotivation des Einzelnen. Um dies zu erreichen, muss man wissen, welche Anforderungen die verschiedenen Funktionen mit sich bringen und es müssen die Kenntnisse und Fähigkeiten, kurz Qualifikationen der Mitarbeiter bekannt sein.

Entsprechende Konzepte zum Kompetenz- und Skill-Management aus Sicht der Betriebs- und Personalwirtschaftslehre sind bisher allenfalls ansatzhaft vorhanden. Hier setzt die vorliegende Arbeit an und setzt unter Einbezug eines theoretischen Modells und eines Konzepts zur praktischen Umsetzung Maßstäbe. Ziel der Dissertation ist die theoretische Fundierung und Modellierung eines IT-gestützten Kompetenzmanagements als Teilbereich einer betrieblichen Personalentwicklung und die praxisorientierte Konzeptionierung eines darauf aufgebauten Skill-Management-Systems.

Nach einer Hinführung zur Problemstellung der Arbeit analysiert der Verfasser die Forschungserkenntnisse zur betrieblichen Personalentwicklung und charakterisiert die Personalentwicklung als vorwiegend rational gesteuerter Managementprozess zur zielgerichteten Veränderung der im System des Unternehmens zusammengefassten Personen auf der Individual-, Gruppen- und Organisationsebene. Im weiteren wird der Weg von herkömmlichen Qualifizierungsplänen zu modernen Konzepten zur Entwicklung betrieblicher Handlungskompetenz aufgezeigt und auf dieser Grundlage ein Skill-Management-System konzipiert. Der Verfasser beschreibt und analysiert dann in einer handlungsorientiert angelegten Fallstudie die Einführung eines Skill-Management-Systems in einem mittelständischen Unternehmen der Maschinenbauindustrie. Die Ergebnisse des Pilotprojekts führen auf Grund einer kritischen Interpretation zu Gestaltungsempfehlungen für das untersuchte Unternehmen und zur Überprüfung ihrer Übertragbarkeit auf vergleichbare Praxissituationen.

Ausgehend von den Grundlagen betrieblicher Personalentwicklung, der betrieblichen Qualifizierung im Spannungsfeld ökonomischer Rationalität und mikropolitischer Interessen führt die Arbeit zur Entwicklung betrieblicher Handlungskompetenz und einem betrieblichen

Kompetenzmanagement. Das Skill-Management als Basis eines Kompetenzmanagements wird anhand theoretischer Erkenntnisse und fundierter empirischer Analysen im untersuchten Unternehmen im Rahmen eines Pilotprojekts entwickelt. Das Skill-Management-Konzept stellt als innovative Leistung des Verfassers eine wesentliche Grundlage zur Weiterentwicklung in Theorie und Praxis dar.

Die Arbeit ist insgesamt gekennzeichnet durch eine zielführende Systematik mit einer Überprüfung der postulierten Ziele und Thesen. Zudem basiert die Arbeit auf fundierten Begriffsanalysen, einem umfassenden Literaturstudium und einer detaillierten empirischen Analyse des untersuchten Unternehmens. Zahlreiche Beispiele und sorgfältige Illustrationen ebnen dem Leser den Zugang.

Die Dissertation von Herrn Beck ist durch die Verwendung ökonomischer und berufspädagogischer Ansätze ein sehr gelungener und bedeutender interdisziplinären Beitrag zum besseren Verstehen und Erklären von kompetenz- und skilltheoretischen Ansätzen. Da sie zudem viele nützliche Handlungsempfehlungen zur praktischen Umsetzung von Skill-Management-Konzepten im mikropolitischen Feld des Betriebes bereithält, wünsche ich der Arbeit eine weite Verbreitung in Wissenschaft und Praxis.

Prof. Dr. Helmut Kuhnle

Vorwort

Diese Dissertationsschrift wurde im Mai 2004 an der Fakultät Wirtschaftswissenschaften der Universität Stuttgart-Hohenheim angenommen. Mit ihr wird das Ziel verfolgt, zwei bisher nicht verknüpfte Themenbereiche miteinander zu verbinden: die theoretische Fundierung und Modellierung eines IT-gestützten Kompetenzmanagements, das sich als Teilbereich einer modernen betrieblichen Personalentwicklung versteht, und die praxisorientierte Konzeptionierung eines darauf aufgebauten Skill-Management-Systems.

Die Arbeit wendet sich an Lehrende, Forschende und Studierende im Bereich der Bildungs- und Personalforschung sowie an Praktiker im Bereich des Personalmanagements und insbesondere der Personalentwicklung.

Die Durchführung der entsprechenden Untersuchungen und die Anfertigung der vorliegenden Studie war nur mit der großen Unterstützung verschiedener Personen und Institutionen möglich. Mein großer Dank gilt an erster Stelle meinem Doktorvater, Herrn Prof. Dr. Helmut Kuhnle für die Überlassung des Themas und für die vielfältige Unterstützung bei der Fertigstellung der Dissertation in allen Phasen. Herrn Prof. Dr. Christoph Müller danke ich für die Übernahme des weiteren Gutachtens.

Weiterhin bedanke ich mich vor allem bei Herrn Dipl.-Ing. Karl Schlecht als Aufsichtsratsvorsitzender der Putzmeister AG und Begründer der Karl-Schlecht-Stiftung in Aichtal, welcher zusammen mit der Universität Hohenheim diese Arbeit initiiert, ideell unterstützt und gefördert hat. Im Weiteren danke ich allen Verantwortlichen der Putzmeister AG in Aichtal, insbesondere im Personalmanagement, welche mir die notwendigen Arbeitsbedingungen und Freiheiten gaben, die letztendlich zu einem erfolgreichen Abschluss dieses Projekts geführt haben.

Ein weiterer Dank geht an die Mitglieder des Doktorandenkolloquiums am Institut für Berufs- und Wirtschaftspädagogik an der Universität Hohenheim, die mir als wichtige Diskussionspartner zur Seite standen und von denen ich viele hilfreiche Anregungen bezog. Prof. Dr. Friedrich Trautwein, Prof. Dr. Michael Lerchenmüller, Dr. Frauke Rademann und Dr. Karin Knottenbauer danke ich für die kritische und konstruktive Durchsicht des Manuskripts und viele anregende Gespräche zur Dissertation und darüber hinaus. Ihnen wünsche ich das Beste für ihre eigenen wissenschaftlichen Arbeiten. Weiterhin bedanke ich mich sehr bei Carmen Baier, Renate Vochezer, Heike Jäger und Christoph Mummert. Allen, die zum Gelingen dieser Arbeit beigetragen haben, danke ich und wünsche Ihnen alles Gute für ihre berufliche und private Zukunft.

Ganz von Herzen danke ich meiner Frau Merle Ann, die mir immer den notwendigen emotionalen, moralischen und zeitlichen Rückhalt gegeben hat, ohne den eine so umfassende Arbeit nicht zu bewältigen ist. Besondere Dankbarkeit gebührt auch meinen Eltern, deren Zuspruch und weitreichende Unterstützung in allen Phasen meines Lebens einen weit größeren Anteil am Entstehen dieser Arbeit hatten, als diese vielleicht selber vermuten. Ihnen und Merle ist diese Arbeit gewidmet.

Simon Beck

Inhaltsverzeichnis

Verzeichnis der wichtigsten Abkürzungen XIX

Verzeichnis der Abbildungen XXI

Verzeichnis der Tabellen XXIII

Verzeichnis der Forderungen und Thesen XXV

1 Einführung 1

1.1 Problemstellung 1

1.2 Erkenntnisinteresse und Forschungsstrategie 4

1.3 Gliederung der Arbeit 7

2 Grundlagen der betrieblichen Personalentwicklung 9

2.1 Theorie und Forschung zur betrieblichen Personalentwicklung 9

2.1.1 Zum Theoriedefizit in der Personalwirtschaft 9

2.1.2 Metatheorien und Menschenbilder der Personalwirtschaftslehre 9

2.1.3 Theoretische Einordnung der betrieblichen Personalentwicklung 12

2.1.4 Analyse der Hauptrichtungen in der Personalentwicklungsforschung 14

2.1.4.1 Personalökonomische Personalentwicklungsforschung 14

2.1.4.2 Verhaltenswissenschaftliche Personalentwicklungsforschung 15

2.1.5 Zwischenergebnis 16

2.2 Begriff der Personalentwicklung 18

2.2.1 Vorbemerkungen 18

2.2.2 Personalökonomische Definitionen 19

2.2.3 Verhaltenswissenschaftliche Definitionen 21

2.2.3.1 Kritik an den personalökonomischen Definitionen 21

2.2.3.2 Der Personalentwicklungsbegriff von NEUBERGER 22

2.2.4 Definition der betrieblichen Personalentwicklung für die weitere Untersuchung 24

2.3 Überblick über den Objektbereich der Personalentwicklung 26

2.3.1 Personalentwicklung im „morphologischen Kasten" 26

2.3.2 Die Systemtrias der betrieblichen Personalentwicklung 28

2.3.2.1 Organisationsentwicklung 28

2.3.2.2 Teamentwicklung 30

2.3.2.3 Person-Entwicklung (Qualifizierung) 31

3 Von der betrieblichen Qualifizierung zum Kompetenzmanagement 34

3.1 Betriebliche Qualifizierung im Spannungsfeld ökonomischer Rationalität und mikropolitischer Interessen 34

3.1.1 Qualifikationsmanagement aus personalökonomischer Sicht 34

3.1.1.1 Einordnung und Definition 34

3.1.1.2 Grundprozess der Mitarbeiterqualifizierung 36

3.1.1.2.1 Übersicht 36

3.1.1.2.2 Analyse des aktuellen und zukünftigen Qualifikationsbedarfs 37

3.1.1.2.3 Analyse des Qualifikationsniveaus der Mitarbeiter 38

3.1.1.2.4 Ermittlung des Qualifizierungsbedarfs 39

3.1.1.2.5 Planung, Konzeptionierung und Durchführung der betrieblichen Qualifizierungsmaßnahmen 40

3.1.1.2.6 Erfolgskontrolle (Transferevaluation) 41

3.1.1.3 Gestaltungsebenen des Qualifikationsmanagements 43

3.1.1.3.1 Normative Ebene 43

3.1.1.3.2 Strategische Ebene 44

3.1.1.3.3 Operative Ebene 45

3.1.1.4 Zusammenfassung und Kritik 49

3.1.2 Qualifizierung als Handlungsfeld mikropolitischer Subsysteme 50

3.1.2.1 Vorbemerkungen zur system- und handlungstheoretischen Betrachtung 50

3.1.2.2 Akteure im Feld der betrieblichen Qualifizierung 51

3.1.2.2.1 Unternehmensleitung (Top Management) 52

3.1.2.2.2 Personalleitung 53

3.1.2.2.3 Interne Qualifizierungsmanager 54

3.1.2.2.4 Führungskräfte (Middle Management) 55

3.1.2.2.5 Betriebsrat (Betriebliche Interessenvertretung) 57

3.1.2.2.6 Mitarbeiter 58

3.1.2.3 Zusammenfassung 59

3.1.3 Analyse ausgewählter Problemfelder 60
3.1.3.1 Personalökonomische Problemfelder 60
3.1.3.1.1 Machbarkeit von Qualifizierung? 60
3.1.3.1.2 Menschen im Betrieb als „Humankapital"? 61
3.1.3.1.3 Verknüpfung von Unternehmensstrategie und Qualifizierung 62
3.1.3.1.4 Informationsmangel über Bedarfe und Potenziale 63
3.1.3.2 Mikropolitische Problemfelder 64
3.1.3.2.1 Subjektive Theorie der Unternehmensleitung zur Personalentwicklung 64
3.1.3.2.2 Reduktion der Personalentwicklung auf die Managementebene 65
3.1.3.2.3 Mangelnde Professionalisierung der Qualifizierungsmanager 66
3.1.4 Ergebnis der Gegenüberstellung und Gestaltungsanforderungen 67
3.2 Entwicklung betrieblicher Handlungskompetenz 69
3.2.1 Begriffsklärungen und Modellbildung 69
3.2.1.1 „Kompetenz" und „Qualifikation" 69
3.2.1.2 Interdisziplinäre Analyse des Kompetenzbegriffs 71
3.2.1.3 Analyse des „Competency"-Konzepts 77
3.2.1.4 Dimensionen der Kompetenz 82
3.2.1.5 Modell der betrieblichen Kompetenzentwicklung 84
3.2.1.5.1 Kompetenzebene 84
3.2.1.5.2 Performanzebene 85
3.2.2 Betriebliche Kompetenzentwicklung 87
3.2.2.1 Kompetenzentwicklung im Betrieb als autopoietischer Prozess 87
3.2.2.2 Definition der betrieblichen Kompetenzentwicklung und Abgrenzung zum Qualifizierungskonzept 88
3.2.2.3 Analyse der wesentlichen Unterscheidungsmerkmale 89
3.2.2.3.1 Veränderung tiefer liegender Leistungspotenziale 89
3.2.2.3.2 Differenziertes Spektrum betrieblicher Kompetenzdimensionen 92
3.2.2.3.3 Steuerung durch das Individuum 93

3.2.2.4 Diskussion der Kompetenzentwicklung in Wissenschaft und Praxis 94

3.2.2.4.1 Vorbemerkungen zum handlungstheoretischen Ansatz 94

3.2.2.4.2 Entwicklungsförderliche Aspekte von Arbeits- und Lernbedingungen 94

3.2.2.4.3 Erfolgsfaktoren der Kompetenzentwicklung 96

3.2.2.4.4 Erkenntnisse zur Kompetenzentwicklung aus der Praxis 97

3.2.2.4.5 Zwischenergebnis 97

3.2.3 Zwischenergebnis und Thesen 102

3.3 Betriebliches Kompetenzmanagement 104

3.3.1 Grundlagen 104

3.3.1.1 Begriffsklärungen 104

3.3.1.2 Modell des betrieblichen Kompetenzmanagements 105

3.3.2 Objekte und Ausprägungen des Potenzialmanagements 107

3.3.2.1 Vorüberlegungen 107

3.3.2.2 Skills und Skill-Management 109

3.3.2.3 Wissen und Wissensmanagement 109

3.3.2.4 Motivation und Motivationsmanagement 110

3.3.2.5 Selbstkonzept und Selbstmanagement 112

3.3.2.6 Werte, Einstellungen und Wertemanagement 114

3.3.3 Objekte und Ausprägungen des Performanzmanagements 116

3.3.3.1 Organisationsgestaltung und Empowerment 116

3.3.3.2 Verhaltensbeobachtung 118

3.3.3.3 Performance-Management 118

3.3.4 Zwischenergebnis und Thesen 119

4 Skill-Management als Basis eines Kompetenzmanagements 121

4.1 Grundlagen des Skill-Managements 121

4.1.1 Begriff und Entstehung 121

4.1.1.1 Abgrenzung des Untersuchungsgegenstandes 121

4.1.1.2 Skill-Management im Rahmen EDV-gestützter Personalentwicklung 123

4.1.1.3 Forschungsstand und Literatur 127

4.1.1.4 Arbeitsdefinitionen ... 128

4.1.2 Anwendungsfelder von Skill-Management-Systemen ... 129

4.1.2.1 Anwendung als Wissensträgermanagement ... 129

4.1.2.2 Anwendung im Projektmanagement ... 131

4.1.2.3 Anwendung im strategischen Management ... 132

4.1.2.4 Anwendung im Rahmen der Personalplanung ... 133

4.1.2.5 Anwendung im Rahmen der Personalentwicklung ... 135

4.1.2.6 Praxisbeispiele ... 137

4.2 Konzeptionierung eines Skill-Management-Systems auf Grundlage der Anforderungen des Kompetenzmanagements ... 139

4.2.1 Die Ebenen des Skill-Management-Systems ... 139

4.2.2 Analyse und Gestaltung der Zielebene ... 140

4.2.3 Analyse und Gestaltung der Inhaltsebene ... 141

4.2.3.1 Aufbau eines Skill-Management-Systems mit Fähigkeits- und Anforderungsvektoren ... 141

4.2.3.2 Erstellung eines Skillkatalogs ... 142

4.2.3.3 Skalierung der Merkmale ... 145

4.2.3.4 Messung der Skills ... 147

4.2.3.5 Dokumentation und Interpretation der Messungen ... 148

4.2.4 Analyse und Gestaltung der Prozessebene ... 150

4.2.4.1 Grundgerüst des Skill-Management-Prozesses ... 150

4.2.4.2 Top-down-Ermittlung der Skillanforderungen ... 151

4.2.4.3 Hierarchische Stufung der Anforderungsgerüste ... 152

4.2.4.4 Akteursorientierte Anforderungsermittlung im Stufenverfahren ... 154

4.2.4.5 Ermittlung des Skillbestandes ... 157

4.2.4.6 Gap-Analyse und Evaluation ... 158

4.2.4.7 Prozess-Steuerung ... 159

4.2.4.8 Modellierung des Skill-Management-Prozesses ... 160

4.2.5 Analyse und Gestaltung der Akteurs- und Kommunikationsebene 161

4.2.5.1 Ansprüche der Akteure an das System und Nutzenpotenziale....... 162

4.2.5.1.1 Ansprüche der Unternehmensleitung und Nutzenpotenziale 162

4.2.5.1.2 Ansprüche des Personalmanagements und Nutzenpotenziale 164

4.2.5.1.3 Ansprüche der Führungskräfte und Nutzenpotenziale .. 165

4.2.5.1.4 Ansprüche des Betriebsrats und Nutzenpotenziale 166

4.2.5.1.5 Ansprüche der Mitarbeiter und Nutzenpotenziale......... 169

4.2.5.1.6 Ansprüche der Weiterbildungsanbieter und Nutzenpotenziale 170

4.2.5.2 Anforderungen auf der Kommunikationsebene 171

4.2.5.2.1 Das Gespräch als Grundform der Kommunikation 171

4.2.5.2.2 Institutionalisierung der Kommunikation..................... 172

4.2.5.2.3 Kommunikation und Information 172

4.2.5.3 Erweiterung des Skill-Management-Prozesses 173

4.2.6 Analyse und Gestaltung der Informations- und Kommunikationstechnologie-Ebene 175

4.2.6.1 Kriterien zur Bewertung EDV-gestützter Personalentwicklungssysteme.. 175

4.2.6.2 Anforderungen an die IKT in Skill-Management-Systemen 176

4.2.6.2.1 Selbstorganisation mit Self-Service-Systemen............. 176

4.2.6.2.2 Weitere Anforderungen auf der IKT-Ebene................. 180

4.2.7 Analyse und Gestaltung übergreifender Problembereiche.......................... 181

4.2.7.1 Vergangenheitsorientierung 181

4.2.7.2 Schnelle Veralterung.. 182

4.3 Einführung eines Skill-Management-Systems... 183

4.3.1 Überblick... 183

4.3.2 Struktur eines Einführungsprojekts.. 184

4.4 Zusammenfassung... 185

5 Methodik und Gang der handlungsorientierten Untersuchung............ 186

5.1 Ausgangssituation im Forschungsprojekt 186

5.2 Zur Methodik der Untersuchung 187

5.2.1 Vorbemerkungen zur Methodologie 187

5.2.2 Handlungsforschung als qualitative Empirie 189

5.2.2.1 Entwicklung und Prinzipien der Handlungs-(Aktions-forschung) 189

5.2.2.2 Aktionsforschung als Methode empirischer Personalforschung? 191

5.2.3 Darstellung und Begründung der gewählten Methoden 192

5.2.3.1 Der Forschungsansatz der Einzelfallstudie 192

5.2.3.2 Eingesetzte Methoden im Rahmen der Fallstudie 193

6 Fallstudie: Pilotprojekt zur Einführung eines Skill-Management-Systems in der Putzmeister AG 195

6.1 Analyse der spezifischen Problemsituation 195

6.1.1 Ausgangssituation in der Analyseeinheit 195

6.1.1.1 Vorbemerkungen zum Unternehmen Putzmeister AG 195

6.1.1.2 Herausforderung Wissensmanagement 196

6.1.1.3 Herausforderung Personalentwicklung 196

6.1.2 Das Putzmeister „Skill-Management-Projekt“ 198

6.1.2.1 Vorgeschichte 198

6.1.2.2 Problemstellung und Konzeption des Projekts 199

6.2 Vorbemerkungen zur Darstellung 200

6.2.1 Überblick über Prozessebenen und Prozessphasen 200

6.2.2 Zusammenhang von Forschungsprojekt, Pilotprojekt und Pilotdurchlauf... 201

6.3 Hauptphasen im Pilotprojekt 202

6.3.1 Entwurfsphase 202

6.3.1.1 Forschungsebene – Explorative Vorarbeiten und Entwurf des theoretischen Fundaments 202

6.3.1.2 Projektsteuerung – Entwurf eines Pilotprojekts und Einsetzen der Steuerungsgruppe 204

6.3.1.3 Zielebene – Formulierung von Projektzielen und Arbeitspaketen 204

6.3.1.4 Inhaltsebene – Ist-Analyse der Inhalte und Erstellung des Skillkatalogs 205

6.3.1.4.1 Sammlung und Klassifikation der Skills in einem Kompetenzkatalog 205
6.3.1.4.2 Strukturierung der Skillgerüste und Erstellung einer Profilarchitektur 206
6.3.1.4.3 Skalierung der Merkmale 207
6.3.1.5 Prozessebene – Ist-Analyse und Entwurf eines Soll-Prozesses 208
6.3.1.6 Ebene der Akteure/Kommunikation – Kommunikationsstrategie in der Entwurfsphase 210
6.3.1.7 Systemebene – Ist-Analyse der internen Systeme und Überblick des externen Angebots mit Make-or-Buy-Analyse 210
6.3.2 Planungsphase 212
6.3.2.1 Forschungsebene – Forschungsparadigmen und -strategie 212
6.3.2.2 Ebene der Projektsteuerung – Projektplanung 213
6.3.2.3 Zielebene – Operationalisierung der Projektziele und Projektcontrolling 213
6.3.2.4 Inhaltsebene – Identifikation der Funktionsprofile 213
6.3.2.5 Prozessebene – Planung der Prozess-Steuerung 215
6.3.2.6 Ebene der Akteure/Kommunikation – Forming, Storming and Norming 215
6.3.2.7 Systemebene – Programmierung der Pilotdatenbank 217
6.3.3 Pilotdurchlauf 217
6.3.3.1 Forschungsebene – Feedbackrunden und Reflexionen 217
6.3.3.2 Ebene der Projektsteuerung – Projektorganisation und -durchführung 218
6.3.3.3 Zielebene – Zielreviews mit Milestones 219
6.3.3.4 Inhaltsebene – Erstellung der Anforderungs- und Mitarbeiterprofile 219
6.3.3.5 Prozessebene – Durchlauf durch den Skill-Management-Standard-Prozess 222
6.3.3.5.1 Vorbemerkungen zur Vorgehensweise 222
6.3.3.5.2 Einschätzung der Skillanforderungen (SOLL) 223
6.3.3.5.3 Einschätzung des Skillbestandes (IST) 225
6.3.3.5.4 Soll-Ist-Vergleich und Gap-Analyse 227
6.3.3.5.5 Mitarbeiter-Fördergespräch 228
6.3.3.5.6 Evaluation durch den Skill-Manager 230
6.3.3.6 Ebene der Akteure/Kommunikation – Norming and Performing 231
6.3.3.7 Systemebene – Handling der Systeme im Pilotbetrieb 232

6.3.4 Evaluationsphase ... 233

6.3.4.1 Forschungsebene – Evaluation des Forschungsprojektes ... 233

6.3.4.2 Ebene der Projektsteuerung – Projektabschluss und Evaluation des Pilotprojekts ... 233

6.3.4.3 Zielebene – Zielkontrolle und Evaluation des Controllings ... 234

6.3.4.4 Inhaltsebene – Evaluation des Skillkatalogs und Skill-Pools ... 234

6.3.4.5 Prozessebene – Evaluation des Prozessdurchlaufs ... 236

6.3.4.6 Ebene der Akteure/Kommunikation – Feedbackrunden und Adjourning ... 237

6.3.4.7 Systemebene – Funktionalitäts- und Rentabilitätskontrolle ... 237

6.4 Ergebnisse des Pilotprojekts und Gestaltungsempfehlungen ... 237

6.4.1 Gestaltung der Zielebene ... 238

6.4.2 Gestaltung der Inhaltsebene ... 239

6.4.3 Gestaltung der Prozessebene ... 242

6.4.4 Gestaltung der Kommunikationsebene ... 242

6.4.5 Gestaltung der Akteursebene ... 243

6.4.6 Gestaltung der IKT-Ebene ... 246

6.4.7 Gestaltung des Einführungsprojekts ... 246

6.5 Diskussion der Thesen ... 247

6.5.1 Vorbemerkungen ... 247

6.5.2 Personalökonomische und mikropolitische Forderungen ... 248

6.5.3 Thesen zur Kompetenz und zur Kompetenzentwicklung ... 249

6.5.4 Thesen zur Konzeptionierung eines Kompetenzentwicklungssystems ... 250

6.5.5 Thesen zur Konzeptionierung eines Kompetenzmanagementsystems ... 251

7 Schlussbetrachtung ... 253

Literaturverzeichnis ... 261

Anhang ... 307

Verzeichnis der wichtigsten Abkürzungen

AG	Aktiengesellschaft
ASCII	American Standard Code for Information Interchange
BDSG	Bundesdatenschutzgesetz
BetrVG	Betriebsverfassungsgesetz
BP	Betonpumpe
BR	Betriebsrat
BSC	Balanced Score Card
BTD	Best!TD®
BV	Betriebsvereinbarung
BWL	Betriebswirtschaftslehre
CBT	Computer Based Training
EDV	Elektronische Datenverarbeitung
eHR	Electronic Human Resources
ERP	Enterprise Resource Planning
ESS	Employee Self Service
ET	ExecuTRACK®
EXTRA	Executive Training
FK	Führungskraft/-kräfte
GmbH	Gesellschaft mit beschränkter Haftung
HRM	Human Resource Management
IAS	International Accounting Standards
IBM	International Business Machines Corporation
IHK	Industrie- und Handelskammer
IKT	Informations- und Kommunikationstechnologie
IT	Informationstechnologie
IW	Institut der deutschen Wirtschaft Köln
MA	Mitarbeiter
MS	Microsoft
ODBC	Open Database Connectivity
OE	Organisationsentwicklung
OECD	Organisation for Economic Co-operation and Development
PAISY	Personalabrechnungs- und Informationssystem
PE	Personalentwicklung
PEM	Personalentwicklungsmanager
PEP	Personaleinsatzplanung

PIS	Personalinformationssysteme
PISA	Programme for International Student Assessment
PL	Personalleitung
PM	Putzmeister
PSM	Putzmeister Skill-Management
PWL	Personalwirtschaftslehre
ROI	Return on Investment
RSM	Regional Sales Manager
SAP	Systeme, Anwendungen und Produkte in der Datenverarbeitung
SMS	Skill-Management-System
SNI	Siemens Nixdorf Informationssysteme
SQL	Structured Query Language
TM	Trademark
UL	Unternehmensleitung
WA	Weiterbildungsanbieter
ZEW	Zentrum für Europäische Wirtschaftsforschung

Verzeichnis der Abbildungen

Abbildung 1: Personalentwicklung als Vereinigungsmenge von Person-, Team- und Organisationsentwicklung ... 23

Abbildung 2: Phasenmodell der betrieblichen Qualifizierung mit Feedbackschleife ... 37

Abbildung 3: Profilvergleichsmethode zur Ermittlung des qualitativen Personalbedarfs ... 39

Abbildung 4: Organisationsentwicklung im Qualifikationsmanagement ... 52

Abbildung 5: Fähigkeiten-Portfolio des Unternehmens vs. Kompetenz-Portfolio des Individuums ... 76

Abbildung 6: Competency Causal Flow Model ... 79

Abbildung 7: Modell der Kompetenzentwicklung im Betrieb ... 86

Abbildung 8: Central and Surface Competencies ... 90

Abbildung 9: Effizienzverluste in verschiedenen Bereichen der Personalentwicklung ... 91

Abbildung 10: Verborgene Kompetenzen ... 101

Abbildung 11: Modell des betrieblichen Kompetenzmanagements ... 106

Abbildung 12: Ansatzpunkte des Potenzialmanagements im Überblick ... 108

Abbildung 13: Organisationsgestaltung mit situationsbezogenem Empowerment ... 117

Abbildung 14: Abgrenzung von Skill-, Wissens- und Informationsmanagement ... 122

Abbildung 15: Einsatzmöglichkeiten von Skill-Management-Systemen in der Personalentwicklung ... 135

Abbildung 16: Ebenen des Skill-Management-Systems und Leitfragen ... 140

Abbildung 17: Horizontale und vertikale Auswertung von Skillprofilen ... 149

Abbildung 18: Ergebnismatrix der Gap-Analyse mit Norm-Strategien ... 150

Abbildung 19: Einfaches Phasenmodell des Skill-Management-Prozesses ... 151

Abbildung 20: Top-down-Erarbeitung der Skillanforderungen über drei Stufen ... 156

Abbildung 21: Matrix der Diagnosemöglichkeiten im Skill-Management-System ... 157

Abbildung 22: Skill-Management-Prozess ... 161

Abbildung 23: Skill-Management als Erfolgsfaktor in der PE - dargestellt mit einer Balanced Score Card 163

Abbildung 24: Akteursmatrix mit institutionalisierten Kommunikationsbeispielen 173

Abbildung 25: Erweiterter Skill-Management-Prozess 174

Abbildung 26: Skill-Management mit Self-Service-System 177

Abbildung 27: Ablauf von der Einführung bis zum Betrieb eines Skill-Management-Systems 184

Abbildung 28: Wissensorganisation in der Putzmeister AG 196

Abbildung 29: Überblick über Prozessebenen und Prozessphasen der Fallstudie 200

Abbildung 30: Ebenen im Forschungsprojekt 201

Abbildung 31: Vom Skill-Pool zum Stellenprofil 206

Abbildung 32: Zusammenhang der Anforderungsgerüste 207

Abbildung 33: Skill-Management-Prozess im Pilotprojekt 209

Abbildung 34: Forschungsparadigmen in der Planungsphase 213

Abbildung 35: Ausgewählte Funktionsprofile und Pilotgruppen im PM-Pilotprozess 217

Abbildung 36: Screenshot – Organigrammgesteuerte Maske der Fachkompetenzen 224

Abbildung 37: Screenshot – Startmaske Mitarbeitermenü 225

Abbildung 38: Screenshot – Mitarbeiter Basisdaten 226

Abbildung 39: Screenshots – Soll-Ist-Vergleiche (Testuser) 227

Abbildung 40: Möglichkeiten von Fördermaßnahmen in der Skillentwicklung 230

Abbildung 41: Screenshot – Evaluation von Testuser am Beispiel SAP-Kompetenz 231

Abbildung 42: Regeln für die Pilotgruppen (Originalfolie aus den Kick-Off-Meetings) 232

Abbildung 43: Laufbahnmodell im Praxisfeld der Putzmeister AG 240

Abbildung 44: Funktionsprofile im Pilot- und Nachfolgeprojekt 241

Verzeichnis der Tabellen

Tabelle 1: Umfassende Darstellung der Personalentwicklung im morphologischen Kasten ... 27

Tabelle 2: Managementebenen und Funktionsbereiche der Qualifizierung ... 34

Tabelle 3: Zweistufige Erfolgskontrolle der betrieblichen Qualifizierung ... 42

Tabelle 4: Bestandteile des operativen Qualifikationsmanagements ... 46

Tabelle 5: Struktur betrieblicher Lernfelder und Beispiele ... 48

Tabelle 6: Steuergrößen der individuellen Personalentwicklung ... 93

Tabelle 7: Kompetenzmanagement als Unterstützung individuellen Selbstmanagements ... 113

Tabelle 8: Phasen der EDV-Entwicklung im deutschen Personalwesen ... 124

Tabelle 9: Skalierungsmöglichkeiten in Skill-Management-Systemen ... 145

Tabelle 10: Struktur der Datenblätter in Skill-Management-Systemen mit Beispielen ... 148

Tabelle 11: Beispiel einer Gap-Analyse als horizontale Standardauswertung ... 149

Tabelle 12: Bewertungskriterien für EDV-gestützte Personalentwicklungssysteme ... 176

Tabelle 13: Die Skillausprägungsskalen nach der Entwurfsphase ... 208

Tabelle 14: Übersicht über die befragten Skill-Management-User ... 208

Tabelle 15: Überblick: **IKT-gestützte Skill-Management-Lösungen,** (Hersteller) und Anwenderbeispiele ... 211

Tabelle 16: Make-or-Buy-Analyse im Putzmeister-Pilotprojekt ... 212

Tabelle 17: Ausgewählte Schlüssel- und Querschnittsfunktionen im Praxisfeld der Putzmeister AG ... 214

Tabelle 18: Gliederung der Fachkompetenz im Putzmeister-Kompetenzprofil ... 220

Tabelle 19: Die Skillausprägungsskalen nach der Planungsphase ... 221

Tabelle 20: Funktionstiefen im Pilotprojekt ... 236

Verzeichnis der Forderungen und Thesen

Gestaltungsanforderungen aus personalökonomischer Perspektive (F1 – F4) 67

Gestaltungsanforderungen aus mikropolitischer Perspektive (F5 – F9) 67

Thesen zur Kompetenz und zur Kompetenzentwicklung (T1 – T6) 102

Thesen zur Konzeptionierung eines Kompetenzentwicklungssystems (T7 – T12) 103

Thesen zur Konzeptionierung eines Kompetenzmanagementsystems (T13 – T16) 119

Education makes a people easy to lead, but difficult to drive;
easy to govern, but impossible to enslave.
(Lord Henry Brougham, Schottischer Anwalt und Politiker, 1778–1868)

1 Einführung

1.1 Problemstellung

Diese Arbeit könnte mit einem gängigen Stereotyp begonnen werden, wie z.B.: „In einer dynamischen Unternehmensumwelt mit steigenden Anforderungen an die Qualifikation der Mitarbeiter wird die Weiterbildung bzw. die Personalentwicklung zu einem entscheidenden betrieblichen Erfolgsfaktor ..." oder „Aus der rasanten Entwicklung und Veränderung in Wirtschaft und Gesellschaft resultiert auch eine ständige Steigerung der Anforderungen an die Kompetenzen von Fach- und Führungskräften. Die Notwendigkeit einer systematischen Personalentwicklung wird immer deutlicher ...". Aber sind tatsächlich derart simple Schlüsse zu ziehen? Bei der Durchsicht der praxisorientierten Personalmanagementliteratur ist man geneigt, dies zu glauben. Nach SCHOLZ dominiert hier eine „kritiklose Euphorie"[1] an der Personalentwicklung, die sich angesichts des wirtschaftlich Machbaren und betrieblich Durchsetzbaren oft zu „zähneknirschender Ohmacht"[2] reduziert.

Personalentwicklung im Betrieb ist ein aktuelles und populäres Thema, was sich vor allem in der Kommunikation zeigt, weniger in der Umsetzung. So bemängeln einige Autoren[3], dass die Entscheidungsträger im Unternehmen zwar „bei jeder sich bietenden Gelegenheit fast gebetsmühlenhaft die große Bedeutung der Humanressourcen und damit der Personalentwicklung für den wirtschaftlichen Erfolg"[4] betonen, gleichzeitig aber diesen Bereich im Rahmen des praktischen unternehmerischen Handelns vernachlässigen. Nach HANFT bewegen sich Organisationen in Bezug auf Personalentwicklung „in zwei Wirklichkeiten, einer nach außen proklamierten und einer tatsächlich gelebten"[5]. Ist Personalentwicklung also eher ein positiv belegter Modebegriff für die Harmonierhetorik von Sonntagsreden der betrieblichen Entscheider oder spielt sie eine ökonomisch fundierte Rolle in der Erwirtschaftung des Betriebsergebnisses?

---

1 SCHOLZ 1995a, S. 232.
2 SCHOLZ 1995a, S. 232.
3 Vgl. MÜNCH 1995; HANFT 1998; STAUDT/KRIEGESMANN 1999.
4 MÜNCH 1995, S. 7.
5 HANFT 1998, S. 214.

Gerade in konjunkturell schwierigen Zeiten regieren in den Unternehmen Kostenkontrolle und Kostenreduktion. Die Bereitschaft der Unternehmen, in gezielte Personalentwicklungsmaßnahmen zu investieren, hat deutlich abgenommen. Zu diesem Ergebnis kommen sowohl theoretische Studien[6] als auch praxisorientierte Untersuchungen[7] und statistische Erhebungen.[8]

So haben sich z.B. die gesamten Ausgaben für Weiterbildung in den Betrieben der gewerblichen Wirtschaft in den sechs Jahren von 1995 bis 2001 nicht erhöht, sondern sind leicht gesunken.[9] Im Jahr 2001 investierten die Unternehmen der gewerblichen Wirtschaft knapp 17 Milliarden €[10] in das berufliche Training ihrer Mitarbeiter[11] und damit nicht mehr als 1998 oder 1995[12], obwohl sich von 1998 bis 2001 die Zahl der Beschäftigten deutlich erhöhte und die befragten Firmen 1998 noch angaben, dass der Weiterbildungsbedarf in Zukunft steigen wird und sie wohl mehr Geld für solche Maßnahmen aufwenden müssen.[13] Man kann demnach sogar eine deutliche Reduzierung der Weiterbildungskosten pro Beschäftigten feststellen.[14]

Die Studie „Human Capital Investment" der OECD[15] stellte schon 1999 fest, dass Deutschland nicht nur in ihrer Vergleichsstudie PISA[16], sondern auch bei der beruflichen Weiterqualifizierung im internationalen Vergleich weit abgeschlagen rangiert. Danach besuchten 1999

---

6 Vgl. HANFT 1998.

7 Vgl. Ergebnisse der Studie „Global Human Capital Survey 2002", PRICEWATERHOUSECOOPERS DEUTSCHLAND 2003.

8 Vgl. O.V. 2002c.

9 Dies belegt eine Weiterbildungserhebung des Instituts der deutschen Wirtschaft Köln, welches diese repräsentative Studie alle drei Jahre durchführt und dabei über 1.000 Unternehmen aller Sektoren schriftlich befragt. Vgl. O.V. 2002c, o.S.

10 In diesen Zahlen sind die Opportunitätskosten nicht enthalten.

11 Um die Lesbarkeit des Textes zu erleichtern, wird im Folgenden die maskuline Schreibweise benutzt. Der Begriff „Mitarbeiter" wird stellvertretend für die Mitarbeiterinnen und Mitarbeiter verwendet. Dies gilt analog für vergleichbare Begriffe. Ebenso ist anzumerken, dass in dieser Arbeit die Begriffe Arbeitnehmer, Beschäftigter, Mitarbeiter, Firmenangehöriger und dergleichen synonym verwendet werden.

12 1998 waren es 34,3 Mrd. DM, das entspricht 17,54 Mrd. €. 1995 waren es 33,8 Mrd. DM, das entspricht 17,28 Mrd. €. Quelle: vgl. O.V. 1999, o.S.

13 Vgl. O.V. 1999, o.S.

14 Wobei dies auch den Trend in der Weiterbildung widerspiegelt, die Kosten und das Zeitbudget für die Weiterbildung auf den Mitarbeiter zu verlagern. Vgl. BECKER 2004, S. 12.

15 Vgl. OECD 1999.

16 PISA 2000 erhob Daten zu den Leistungen von Schülern, Schulen und Ländern in den Bereichen Lesekompetenz sowie mathematische und naturwissenschaftliche Grundbildung und suchte nach den Faktoren, die die Entwicklung dieser Kompetenzen im familiären und schulischen Kontext beeinflussen. Ferner wurde untersucht, welche Wechselbeziehungen zwischen diesen Faktoren bestehen und welche Konsequenzen sich hieraus für die Politikgestaltung ergeben. Vgl. OECD 2001.

nur 20 % der 40- bis 44-jährigen Deutschen jährlich ein Seminar.[17] Schuld daran sei neben der niedrigen „Bildungsrendite", welche die Teilnehmer bezogen auf das Jahresgehalt in Deutschland nach vollzogener Qualifizierung erzielen können, auch das relativ knappe Weiterbildungsangebot.[18] Eine andere Untersuchung zeigt, dass es zusätzlich erhebliche Zweifel an der Qualität betrieblicher Weiterbildungsmaßnahmen gibt.[19]

Diese Ergebnisse deuten darauf hin, dass Anspruch und Wirklichkeit in der Personalentwicklung, zumindest in der Form von Weiterbildung, weit auseinander klaffen. Trotzdem erfreut sich der Begriff der „Personalentwicklung" nicht nur in der Betriebswirtschaftslehre, sondern auch in vielen Nachbardisziplinen, besonders aber in der „populärwissenschaftlichen" Managementliteratur einer anhaltend hohen Beliebtheit. „Personalentwicklung" scheint nach MEIXNER schon fast „etwas Magisches"[20] an sich zu haben. Der Begriff wird zum Zauberwort, mit dem sich anscheinend im Unternehmen fast alle mitarbeiterbezogenen Probleme lösen, zumindest aber behandeln lassen.[21]

Tatsache ist, dass die privat- und marktwirtschaftlich organisierten Unternehmen aufgrund einer dynamischen Umwelt einem permanentem Veränderungsdruck bezüglich der Kunden-, Markt- und Wettbewerbssituation unterliegen. Ihre Existenz ist nicht durch die öffentliche Hand gewährleistet, sondern muss über die Attraktivität ihrer Produkte und Dienstleistungen erarbeitet und gesichert werden. Der wichtigste Faktor im Prozess der Erstellung und des Absatzes der betrieblichen Leistungen ist das Personal bzw. sind die Menschen im Unternehmen. Von ihnen wird erwartet, dass sie sich dem permanenten Veränderungsdruck der Umwelt anpassen, um die Marktfähigkeit des Unternehmens zu sichern. Daneben liegt es im Interesse des Mitarbeiters seinen Arbeitsplatz zu erhalten bzw. seine Qualifikation der Nachfrage am internen und externen Arbeitsmarkt anzupassen.

---

17 Vgl. o.V. 2002f, S. 36.

18 So zeigte die CVTS II (Continuing Vocational Training Survey II), d.h. die zweite Befragung zur Weiterbildung in Unternehmen", die im Jahr 2000 im Auftrag der EU-Kommission in 25 europäischen Ländern durchgeführt wurde, dass zwar 67 % der deutschen Unternehmen ihren Mitarbeitern eine betriebliche Weiterbildung anbieten (Platz 9), dass aber nur 36 % aller Mitarbeiter die Chance haben, an einer solchen Maßnahme teilzunehmen (Platz 16). Damit liegt Deutschland am Ende der EU-Mitgliedsländer, hinter allen skandinavischen Staaten sowie hinter Österreich, Frankreich, Großbritannien und den Niederlanden. Vgl. GRÜNEWALD/MORAAL/SCHÖNFELD 2003.

19 Laut einer McKinsey-Umfrage in 25 deutschen Top-50-Großunternehmen sind weniger als 60 % der betrieblichen angebotenen Trainings effizient und effektiv. Vgl. MCKINSEY & COMPANY INC. DÜSSELDORF 2003.

20 MEIXNER 1996, S. 15.

21 Vgl. die Verwandtschaft zum Begriff der Schlüsselqualifikationen als „didaktische Zauberformel" in der Wirtschaftspädagogik (ZABECK 1989). Vgl. auch GERAMANIS 2002b, S. 1.

Träger jeder Veränderung sind die Mitarbeiter, die einem ständigen Lernprozess unterliegen. Eine Veränderung, d.h. Entwicklung des betrieblichen Kompetenzniveaus kann deshalb als informeller Prozess grundsätzlich unterstellt werden. Die Frage ist, inwieweit sich die Entwicklung der Mitarbeiter durch das Unternehmen institutionalisieren lassen kann und muss.

Ein Instrument der modernen, institutionalisierten Personalentwicklung ist das so genannte „Skill-Management", was im einfachsten Sinn bedeutet, die Qualifikationen der Mitarbeiter zielgerichtet und computergestützt zu steuern. Aufgrund der rasanten Entwicklung der Informations- und Kommunikationstechnologie ist dies heute sehr viel einfacher möglich als noch vor wenigen Jahren. Gleichzeitig verstärkt sich in wirtschaftlich schwierigen Zeiten der ökonomische Druck auf das „weiche Kapital" des Unternehmens. So sollen nun beispielsweise die schwer quantifizierbaren „Soft Skills" der Mitarbeiter ebenfalls durch Controllingkonzepte erfasst und gesteuert werden.[22] Doch die personalwirtschaftliche Forschung wagt sich nur zögerlich an die Untersuchung IKT-gestützter Personalprozesse.[23] GÜLDENBERG fordert deshalb, die damit verbundenen Möglichkeiten im Dienste der Unternehmen und seiner Mitarbeiter zu nutzen und den erfolgreichen Umgang mit diesen neuen Medien zu erforschen.[24]

1.2 Erkenntnisinteresse und Forschungsstrategie

Die Arbeit basiert auf der Frage, ob und unter welchen Prämissen eine institutionalisierte, systematisch geplante Qualifizierung, die sich auf kompetenztheoretische Überlegungen stützt, auf der Basis eines Skill-Management-Systems möglich erscheint. Das dabei entwickelte Konzept soll anschließend in einem betrieblichen Pilotprojekt zu dessen Einführung exemplarisch überprüft werden. Auch ist es dem Verfasser[25] wichtig, zu untersuchen, inwieweit sich der normativ-personalökonomische Anspruch der betriebswirtschaftlichen Theorie und die deskriptiv vorfindbare betriebliche Wirklichkeit sowohl in der Konzeption als auch in einem konkreten Fallbeispiel vereinbaren lassen.

---

22 Vgl. die Diskussion um die Einführung von Bildungscontrolling an Grund- und weiterführenden Schulen mit Hilfe so genannter „Bildungsstandards".

23 IKT (Informations- und Kommunikationstechnologie) wird im Folgenden synonym verwendet mit IT (Informationstechnologie) und EDV (Elektronische Datenverarbeitung), da diese Abkürzungen je nach wissenschaftlichem Kontext und konkretem Einsatzfeld in Literatur und Praxis für das im Grunde gleich Gemeinte verwendet werden.

24 Vgl. GÜLDENBERG 2001.

25 Das Substantiv „Verfasser" wird im Folgenden ausschließlich dann verwendet, wenn der Autor des vorliegenden Werkes gemeint ist.

Die Arbeit verfolgt also zwei Hauptinteressen:

(1) ein wissenschaftliches Interesse an einer Erweiterung qualifizierungstheoretischer Erkenntnisse um kompetenzorientierte Aussagen und

(2) eine exemplarische und explorative Umsetzung dieser Überlegungen im Rahmen eines Skill-Management-Projektes.

Generell wird seit Entstehung der Personalentwicklungsforschung bis heute in vielen wissenschaftlichen Publikationen beanstandet, dass auf diesem Gebiet gravierende theoretische Defizite bestehen.[26] Überwiegend ist eine „populärwissenschaftlich-folkloristisch"[27] ausgerichtete Fachliteratur und sind Beiträge von Praktikern meist größerer Unternehmen zu finden.[28] Dadurch stellt sich die Personalentwicklungsliteratur derzeit als ein Konglomerat vieler heterogener Beiträge zu Konzepten, Methoden und Instrumenten dar, deren theoretische Grundlagen häufig unklar und – soweit vorhanden – untereinander kaum anschlussfähig sind.[29] Auffallend ist in Bezug auf diese Arbeit, dass die Verbindung von Personalentwicklung, Kompetenzentwicklung und Skill-Management wissenschaftlich kaum thematisiert wird. Es gibt zwar einige neuere Untersuchungen zum Thema Skill-Management aus Sicht der Wirtschaftsinformatik[30], aber wenig bis fast nichts (Neues) über die theoretische Einordnung, die Konzeptionierung und Einführung von Kompetenz- und Skill-Management aus Sicht der Betriebs- und Personalwirtschaftslehre.[31] Ist das Thema wirklich nur ein Thema der Informations- und Kommunikationstechnologie?

Es besteht eher die Gefahr, dass alles, was mit IKT zu tun hat, von der Betriebswirtschaftslehre ausgeblendet und an die Wirtschaftsinformatik „verwiesen" wird, und zwar mit der Folge, dass die IT-Sicht dominiert und sozialwissenschaftliche Aspekte vernachlässigt werden. So besteht Forschungsbedarf an den Schnittstellen der betriebswirtschaftlichen Teildisziplin der Personalwirtschaftslehre mit der Wirtschaftsinformatik und wenn es um Fragen der Personalentwicklung geht, zusätzlich mit der Betriebspädagogik und der Betriebs- und Organisationspsychologie. Das Ziel ist, Interdependenzen von IT-gestützten Personalverwaltungsprozessen

---

26 Vgl. z.B. BALZEREIT 1980, S. 14; OECHSLER 1994, S. 386; WEIBLER 1995, S. 114; FELSCH 1999, S. 1; KAISER 2001, S. 6–10.

27 SCHNEIDER 1993, S. 50.

28 Vgl. FELSCH 1999, S. 1.

29 Vgl. auch KÜPPER im Geleitwort zu FELSCH 1999, o.S.

30 Vgl. z.B. DORRHAUER 2000; SCHÜRHOLZ 2001; ELBERT 2001; BUSCH 2001/2002a/2002b; LEY/ALBERT 2003; LEY U.A. 2003.

31 Vgl. z.B. Faix/Buchwald/Wetzler 1991.

und betrieblicher Personalentwicklung zu untersuchen und damit Forschungslücken zu schließen und weiteren Forschungsbedarf aufzuzeigen.

Ausgehend von diesen Betrachtungen werden in dieser Arbeit folgende zentrale Fragen gestellt:

1) Die **zentrale Frage des theoretisch-konzeptionellen Teils** ist: Inwiefern lässt sich die traditionelle Weiterbildung bzw. Qualifizierung als betrieblich induzierte Kompetenzentwicklung interpretieren und wie kann daraus im Rahmen der betrieblichen Personalentwicklung ein IT-gestütztes Kompetenzmanagementsystem abgeleitet werden? Um diese Frage zu beantworten, wird das Problemfeld begrifflich und inhaltlich durchleuchtet und ausgehend von einem interdisziplinären Bezugsrahmen ein Modell des betrieblichen Kompetenzmanagements entwickelt. Die Frage, die sich anschließt, ist, inwieweit auf diesem theoretischen Fundament eine Konzeption für ein IT-gestütztes Skill-Management-System entwickelt werden kann, welches die darin enthaltenen betriebswirtschaftlich-normativen und verhaltenstheoretischen Prämissen vereinbart?

2) Die **zentralen Frage des empirisch-explorativen Teils** sind: Wie kann eine exemplarische Umsetzung dieses Konzepts in die Praxis aussehen? Dazu wird ein Pilotprojekt zur Einführung eines Skill-Management-Systems wissenschaftlich vorbereitet, begleitet und evaluiert. Die Konzeption wird dazu auf den Praxisfall übertragen und durch aktionsorientierte und Feedback-gesteuerte Entwicklungsarbeit weiterentwickelt. Wichtige Fragen sind dabei: Welche Probleme können auftreten und wie können diese behandelt werden? Welche Aussagen lassen sich aufgrund der Ergebnisse der Fallstudie treffen und welche praktischen Gestaltungsempfehlungen können abgeleitet werden?

Die **Forschungsstrategie**, die für die vorliegende Fragestellung gewählt wurde, war durch einen spezifischen praxisbezogenen Kontext schon vorgezeichnet, denn im vorliegenden Fall handelt es sich um einen Forschungsauftrag eines Industrieunternehmens, der als praxisorientierte Promotion gestaltet werden sollte. Darauf aufbauend hat sich der Verfasser entschieden, das Forschungsziel in diesem Projekt multimethodisch anzugehen und durch einen Mix aus theoretischer Untersuchung und praxisorientierter Handlungsforschung zu verfolgen.

Im **theoretisch-konzeptionellen Teil** kommen mehrere Methoden zum Einsatz:

Zuerst ist eine heuristisch-hermeneutische Vorgehensweise zu nennen. Bisher vorliegendes Wissen in Form theoretischer, empirischer und praxeologischer Erkenntnisse wird im Rahmen einer Literaturanalyse gesammelt, systematisiert und deduktiv aufbereitet. Dabei werden die zentralen Begriffe dieser Arbeit in heuristischer Absicht idealtypisch definiert, um Ausgangspunkte für die weitere Untersuchung festzulegen.

Die zweite Methode ist eine der betriebswirtschaftlichen Forschung entsprechende entscheidungstheoretische Analyse des Stoffes, welche es ermöglicht, den rational-normativen Kern der Fragestellung freizulegen. Dies wird durch ein deduktives Verfahren auf systemtheoretischer Basis ergänzt. Anschließend wird ein theoretischer Bezugsrahmen gebildet und der Sachverhalt wird in einem Modell aufbereitet, um seine Komplexität zu reduzieren. Auf diesem theoretischen Fundament aufbauend wird die Fragestellung dann immer detaillierter und ohne das Gesamtsystem und den zentralen Entwurf aus dem Blick zu verlieren, werden theoriebasiert forschungsleitende Forderungen und Thesen entwickelt, welche die weitere Untersuchung des Themas bestimmen.

Als weitere Methode wird ein dialektisches Verfahren gewählt, d.h. ein kritisches, Gegensätze bedenkendes Analysieren von Forschungsobjekten, Positionen und Begriffen. In der vorliegenden Untersuchung werden dazu Ergebnisse der personalökonomischen und der verhaltenswissenschaftlichen Personalentwicklungsforschung dialektisch gegenübergestellt, um über eine Synthese vielleicht zu einem Erkenntnisfortschritt zu kommen.

Die weitere Forschung bedient sich im **empirisch-explorativen Teil** handlungs- und aktionsorientierter Methoden. Diese Vorgehensweise wurde auch aufgrund der Annahme gewählt, dass mikropolitische Aspekte sehr viel mehr den Alltag und den Verlauf von Personalentwicklungsprojekten bestimmen, „als dies praxisnahe Veröffentlichungen zur erfolgreichen Einführung von Personalentwicklung glauben machen wollen“[32]. Das Problem der Konzeptionierung und Einführung eines Skill-Management-Systems wird dazu anhand eines konkreten Praxisfalls auf der Basis von Ansätzen aus der Handlungsforschung ganzheitlich untersucht, d.h. es werden gleichzeitig betriebswirtschaftlich-normative und system- oder handlungstheoretische Prämissen beachtet. Entsprechend dem Forschungsdesign handelt es sich also insgesamt um eine analytisch-explorative Studie.

1.3 Gliederung der Arbeit

Nach dieser **Einführung** in das Forschungsthema werden im **zweiten Kapitel** die Grundlagen der betrieblichen Personalentwicklung erörtert. Da in der Literatur eine einheitliche, verbindliche Konzeptionalisierung, die Begriff und Gegenstand der Personalentwicklung klar be-

---

[32] HANFT/KÜPPER 1993, S. 210.

schreibt und deutlich abgrenzt, nicht vorliegt, ist es zuerst erforderlich, eine Bestimmung des Objektbereichs vorzunehmen.

Das **dritte Kapitel** umreißt die Qualifizierung als Kern der betrieblichen Personalentwicklung, stellt sie in ein Spannungsfeld von Personalökonomie und Verhaltenswissenschaft, entwickelt daraus Gestaltungsanforderungen an eine Konzeptionierung des Qualifikationsmanagements und schlägt dann den Bogen zu Begriff und Modell der betrieblichen Handlungskompetenz. Am Ende dieses Abschnitts werden Ansatzpunkte des Kompetenzmanagements diskutiert und Leitlinien für deren Gestaltung herausgearbeitet. Die drei Abschnitte innerhalb des dritten Kapitels schließen jeweils ab mit Forderungen und Thesen, die für die weitere Bearbeitung des Themas grundlegend sind.

Im **vierten Kapitel** wird das Instrument des Skill-Managements aus dem Konzept des Kompetenzmanagements ausgelagert und detailliert dargestellt. Damit sind die begrifflichen und kontextuellen Grundlagen entwickelt, welche einen Überblick über den wissenschaftlichen Diskussionsstand geben und die zu bearbeitenden Aspekte für die anschließende Fallstudie liefern.

Das **fünfte Kapitel** stellt den Gang der handlungsorientierten Untersuchung vor. Dabei wird die Methode der Aktionsforschung vorgestellt und deren Einsatz für den vorliegenden Fall begründet und so das Feld für den empirischen Teil der Studie vorbereitet.

Das **sechste Kapitel** zeigt exemplarisch den Praxisfall eines Pilotprojektes zur Einführung eines Skill-Management-Systems in einem mittelständischen Unternehmen der Maschinenbauindustrie. Nach der Vorstellung der Ergebnisse folgt die Interpretation der gewonnenen Erfahrungen hinsichtlich ihrer Übertragbarkeit auf ähnliche Praxissituationen.[33]

In der **Schlussbetrachtung** werden die Ergebnisse der Arbeit kurz zusammengefasst. Im Rückblick auf die Problemstellung werden die eingangs gestellten Fragen beantwortet und die betriebswirtschaftliche Relevanz der interpretierten Ergebnisse deutlich gemacht. In einem Ausblick werden aktuelle Perspektiven, wünschenswerte Entwicklungen und weitere Forschungsaufgaben aufgezeigt.

---

[33] Vgl. ähnlich HANFT 1998, S. 10.

2 Grundlagen der betrieblichen Personalentwicklung

2.1 Theorie und Forschung zur betrieblichen Personalentwicklung

2.1.1 Zum Theoriedefizit in der Personalwirtschaft

Bei der Verfolgung des vorliegenden Erkenntnisinteresses kann nicht auf eine differenziert ausgebildete Theorie bzw. einen eindeutig definierten Begriff der Personalentwicklung zurückgegriffen werden. Dies wird in der personalwirtschaftlichen Literatur immer wieder beanstandet.[34] BALZEREIT charakterisierte schon 1980 die wissenschaftliche Personalentwicklungsdiskussion zusammenfassend als „zu stark *einzeldisziplinorientiert*, *theoriearm*, empirisch *profil- bis anspruchslos und einseitig ressortzentriert*"[35]. In jüngeren Arbeiten werden Defizite der traditionellen Personalentwicklungsforschung vor allem in der mangelnden Einbeziehung der ressourcenorientierten Perspektive[36] bzw. des Human Resource Management[37] gesehen. WEIBLER stellt Theoriedefizite jedoch nicht nur im Gegenstandsbereich der Personalentwicklung, sondern generell in der Personalwirtschaftslehre fest.[38] Er fordert deshalb als künftige Forschungsaufgabe, „stärker die personalwirtschaftlichen Teilfunktionen dahingehend zu beleuchten, auf welchem theoretischen Fundament diese jeweils fußen und inwieweit personalwirtschaftliche Aktionen ... gewinnbringend zu formulieren seien."[39]

Dieser Forderung bedenkend, versucht der Verfasser mit den folgenden Abschnitten zur Reduktion des Theoriedefizits in der Personalentwicklung beizutragen. In einem deduktiven Vorgehen wird eine schrittweise Annäherung an ein Erklärungskonzept für die betriebliche Personalentwicklungsaktivität vorgenommen und dadurch das theoretische und begriffliche Fundament für die weiteren Ausführungen gelegt. Dazu sollen als erstes die folgenden metatheoretischen Betrachtungen zu übergeordneten wissenschaftlichen Methoden- und Denksystemen und korrespondierenden Menschenbildern dienen.

2.1.2 Metatheorien und Menschenbilder der Personalwirtschaftslehre

Einleitend ist festzuhalten, dass diese Arbeit eine wirtschaftswissenschaftliche Dissertationsschrift ist und so sieht sich der Verfasser auch in der (noch jungen) Tradition der personal-

---

34 Vgl. z.B. OECHSLER 1994, S. 386; KÜPPER im Geleitwort zu FELSCH 1999, o.S.; FELSCH 1999, S. 1.

35 BALZEREIT 1980, S. 14 [Hervorh. i. Orig.].

36 Vgl. KAISER 2001, S. 413.

37 Vgl. RIDDER 2001, S. 15.

38 WEIBLER 1995, S. 114.

39 WEIBLER 1995, S. 132.

wirtschaftlichen Forschung. Die Personalwirtschaftslehre (PWL)[40] gilt inzwischen als etablierte funktionelle Spezialisierung der sehr viel älteren Betriebswirtschaftslehre,[41] welche eine Subdisziplin der Wirtschafts- und Sozialwissenschaften ist.[42]

Doch BACKES-GELLNER stellt fest, dass „Personalwirtschaftslehre ... heute ... bis auf ganz wenige Ausnahmen *nicht als* ökonomische Disziplin betrieben [wird]“[43]. Versteht man das betriebliche Beschäftigungsverhältnis im Sinne der Theorien der „Neuen Institutionenökonomie“[44] als Tausch- und Aushandlungsprozess zwischen Arbeitnehmer und Arbeitgeber, dann untersucht die „Personalökonomie“ die Arbeitsleistung der Menschen im Unternehmen als Funktion und Instrument beider Seiten und bietet hier zahlreiche ergänzende Ansatzpunkte für eine Personalwirtschaftslehre bzw. für die Personalentwicklungsforschung.[45]

In der jüngeren Entwicklung der Personalwirtschaftslehre lassen sich dementsprechend auch zwei Forschungsrichtungen erkennen, eine (personal-)**ökonomische** und eine **verhaltenswissenschaftliche** Ausrichtung.[46] Die zugrunde liegenden Metatheorien unterscheiden sich deutlich hinsichtlich der Komplexität ihrer Menschenbilder. Wie wichtig die Explikation des Menschenbilds in Forschungszusammenhängen ist, betont SIMON:

„Nothing is more fundamental in setting our research agenda and informing our research methods than our view of the nature of the human beings whose behaviours we are studying“[47].

Während die „klassische“ personalökonomische Richtung von einem rational handelnden Menschen, dem „homo oeconomicus“[48] ausgeht, untersucht die neuere verhaltenswissenschaftliche Personalwirtschaftslehre das faktisch-situative Verhalten von Personen in Organisationen, greift von der Praxis definierte Problemstellungen auf und versucht diese unter dem

---

40 PWL wird in dieser Arbeit synonym verwendet mit „Personalwesen“, nicht aber mit „Personalmanagement“, „Personalpolitik“ oder sogar „Personal“. Vgl. auch Fußnote 3 bei BACKES-GELLNER 1993, S. 514.

41 Vgl. dazu WEIBLER 1995, S. 114.

42 Vgl. SCHANZ 1985. Ob die Wirtschaftswissenschaften wiederum eine Subdisziplin oder eine Nachbardisziplin der Sozialwissenschaften sind, ist umstritten. Vgl. WÖHE 2002, S. 25–27.

43 BACKES-GELLNER 1993, S. 514, [Hervorh. i. Orig.].

44 Darunter sind z.B. einzuordnen: Anreiz-Beitrags-Theorie, Vertragstheorie, Transaktionskostentheorie, Verhandlungstheorie, Spieltheorie. Einen Überblick gibt das Lehrbuch von RICHTER/FURUBOTN 2003.

45 Vgl. BACKES-GELLNER 1993, S. 519, 524.

46 Vgl. WEIBLER 1995, S. 124. Ob das HRM eine eigene dritte Ausrichtung darstellt (wie z.B. bei RIDDER 1999), ist umstritten und wird nicht eigens analysiert.

47 SIMON 1985, S. 293.

48 WÖHE 2002, S. 26. WÖHE schreibt im Weiteren, dass sich die Wirtschaftswissenschaften und im Speziellen die betriebswirtschaftliche Theorie eben durch die „Fiktion des '**homo oeconomicus**', d.h. eines ausschließlich nach wirtschaftlichen Zweckmäßigkeitsüberlegungen handelnden Menschen“ verselbständigt hat. (2002, S. 26. [Hervorh. i. Orig.]).

Rückgriff auf verschiedene Theorien aus unterschiedlichen Disziplinen zu beschreiben und (bevorzugt) ex post zu erklären.[49] WEIBLER, der eine Ausweitung verhaltenswissenschaftlicher Forschung in der Personalwirtschaftslehre begrüßt, fordert deshalb, dass eine angewandte Wissenschaft wie die Personalwirtschaftslehre auf vereinfachende Menschen- und Organisationsbilder verzichten sollte, „da der Praxiszusammenhang generell komplex zu denken ist."[50] Die verhaltenswissenschaftlich orientierte Personalwirtschaftslehre geht entsprechend von einem komplexen Menschenbild aus. Auch HENTZE verlangt – auf ULRICHS systemorientierten Ansatz rekurrierend[51] – die zusätzliche Berücksichtigung psychologischer und soziologischer Erkenntnisse in der Betriebswirtschaftslehre, „damit nicht ein einseitiges Menschenbild Gegenstand der Betrachtung wird."[52]

Der Nobelpreisträger und Wirtschaftswissenschaftler SIMON bevorzugte – abweichend von der damaligen wirtschaftswissenschaftlichen Lehrmeinung – schon 1957 eine verhaltensanalytische Herangehensweise („behavioral approach") in Bezug auf den handelnden Menschen.[53] SCHEIN forderte dem folgend die „Überwindung einseitiger Menschenbilder durch komplexe Annahmen"[54]. Danach ist der Mensch nicht simplifizierend teilbar in einen ökonomisch denkenden Menschen (rational man), einen Gruppenmenschen (social man) oder einen sich selbst verwirklichenden Menschen (self-actualizing man).[55] SCHEIN bezeichnet den Menschen als ein komplexes Wesen (complex man), das seine komplexe Umwelt nur begrenzt rational und kognitiv erfassen kann und seine Motivation aus einer Mischung aus ökonomischen Anreizen, sozialen Beziehungen, der Sinnhaftigkeit seiner Tätigkeit und situativen Reizen bezieht.[56]

Natürlich werden mit zunehmender Komplexität die Prognosen über das Handeln von Personen schwierig. Der (steigenden) Komplexität unserer Lebenswelt scheint der verhaltenswissenschaftliche Ansatz aber angemessener zu begegnen, zumindest ex post lässt sich so das Scheitern von Prognosen erklären.[57] SIMON hat mit seinem „behavioral approach" die Grundlage für einen handlungstheoretischen Ansatz geliefert, der einerseits den Akteuren die Notwendigkeit und Fähigkeit zu rationalem Handeln unterstellt, andererseits die systematische

---

49 Vgl. WEIBLER 1995, S. 124.

50 WEIBLER 1995, S. 117.

51 Vgl. ULRICH 1970.

52 HENTZE 1994, S. 43.

53 Vgl. SIMON 1957, (Kap. 14: „A Behavioral Model of Rational Choice") S. 241–260.

54 SCHEIN 1980, o.S.

55 Vgl. SCHEIN 1980. Die genannten Menschenbilder rekurrieren auf die klassischen Persönlichkeitstypologien der „Human-Relations-Schule", z.B. MASLOW 1954; HERZBERG 1959; MCGREGOR 1960.

56 Vgl. SCHEIN 1980, S. 45–48, S. 50–72, S. 93–104.

57 Vgl. WIESENTHAL 2001, o.S.

Erklärung konsequenzbedachten Handelns in komplexen Umwelten anstrebt.[58] In der vorliegenden Arbeit wird unter Berücksichtigung dieser Prämissen weitergearbeitet, wobei der Behandlung der Komplexität Grenzen gesetzt sind, denn wissenschaftliche Arbeit und daraus abgeleitete Vermutungen über die Realität werden erst möglich durch eine systematische Reduktion von Komplexität. Die wissenschaftliche Forschung selbst steht hier unter dem ökonomischen Druck, den Aufwand und den Nutzen in ein rechtes Maß zu bringen.

2.1.3 Theoretische Einordnung der betrieblichen Personalentwicklung

Die betriebliche Personalentwicklung ist eine der zentralen Funktionen der betrieblichen Personalwirtschaft bzw. des Personalmanagements. Dies zeigen die einschlägigen deutschsprachigen personalwirtschaftlichen Lehrbücher, welche die Personalentwicklung zwar unterschiedlich einordnen, aber ihr meist ein gewichtiges Kapitel widmen.[59]

KOLB z.B. bezeichnet die Personalentwicklung neben Personalbeschaffung, -einsatz und -freisetzung als eine der personalwirtschaftlichen „Kernfunktionen".[60] Auch die Praxis sieht die Personalentwicklung an zentraler Stelle. So ergab die Folgeausgabe einer 1995 zum ersten Mal durchgeführten Studie über Vergütungen, Trends und Prognosen im Personalwesen, dass im Jahr 2000 die Personalbeschaffung/-auswahl und die Personalentwicklung mit weitem Abstand als die wichtigsten „Kernkompetenzen des Human Resource Managements" betrachtet werden.[61] Die aktuelle Prognosestudie „Personalmanagement 2010" der Universität St. Gallen spricht der Personalfunktion „Personalentwicklung" unter zwölf klassischen Personalfunktionen sogar die größte Bedeutung und den größten Zuwachs bis zum Jahr 2010 zu.[62]

Trotzdem hat die Personalentwicklung aufgrund der Unschärfe des Objektbereiches keine fest abgegrenzte Lehre herausgebildet, sondern zeichnet sich wie eingangs bereits festgestellt durch eine Vielzahl heterogener Konzepte, Modelle, Methoden und Instrumente aus.[63]

---

58 Vgl. WIESENTHAL 2001. o.S.

59 Vgl. z.B. BERTHEL 1989, S. 202–275; OECHSLER 1994, S. 373–445; HENTZE 1994, S. 315–385; SCHOLZ 1994, S. 251–264 und S. 270–271; KOLB 1995, S. 170–204; JUNG 2001, S. 244-307 BÜHNER 1997, S. 117–140; OLFERT/STEINBUCH 1998, S. 419–474; KRIEG/EHRLICH 1998, S. 209–247; DRUMM 2000, S. 365–418; BRÖCKERMANN 2001, S. 355–394; KLIMECKI/GMUR 2001, S. 195–224; FREUND/KNOBLAUCH/EISELE 2003, S. 151–187.

60 KOLB 1995, S. 5.

61 Vgl. r & p Management Consulting Deutschland AG 2000.

62 Vgl. WUNDERER/DICK 2002, S. 7. Anmerkung: Die Prognosestudie konzentriert sich auf Entwicklungen im Personalmanagement schweizerischer Groß- und Mittelunternehmen.

63 Vgl. exemplarisch die Übersicht „Illustrierende Rahmenmodelle der PE" bei NEUBERGER 1994, S. 56–69; und das Modell von HEYMANN/SEIWERT 1984, S. 572.

Dies auch deshalb, weil die betriebliche Personalentwicklung ein junges Praxisfeld vieler am Betrieb interessierter Disziplinen ist, u.a. der Volkswirtschaftslehre, der Betriebs- und Wirtschaftspädagogik, der Betriebssoziologie und der Betriebs- und Organisationspsychologie, um die wichtigsten zu nennen.[64] Das gemeinsame Erfahrungsobjekt dieser Disziplinen im Rahmen der betrieblichen Personalentwicklung ist das Personal und dessen Entwicklung im institutionellen Rahmen des Betriebes.

Seit den 1980er Jahren erlebt die theoretische Bearbeitung der zumeist pragmatischen Ansätze der betrieblichen Personalentwicklung einen stetigen Aufschwung[65], scheint aber seitdem der schnell fortschreitenden Praxis hinterherzuhinken.[66] FELSCH spricht hier von einem „Theorie-Lag"[67]. Die gleiche Entwicklung ist auch in der erziehungswissenschaftlichen Nachbardisziplin der Personalentwicklung, der „Betriebspädagogik" zu beobachten.[68]

Vergleichbar zur Entwicklung in der allgemeinen Personalforschung lässt sich auch in der speziellen Personalentwicklungsforschung das **personalökonomische und das verhaltenswissenschaftliche** Metakonzept identifizieren. Im Begriff der Personalentwicklung tritt das Spannungsfeld dieser Konzepte besonders deutlich in Erscheinung. Dies zeigt sich schon in der Kombination des betriebswirtschaftlichen Ausdrucks „Personal" und der verhaltenswissenschaftlich interpretierbaren „Entwicklung". Analog zu den genannten Metakonzepten der Personalforschung gilt: Während die personalökonomische Richtung ein funktionalistisch-rationales Menschenbild zugrunde legt, setzt die verhaltenswissenschaftliche Personalentwicklungsforschung beim faktischen Verhalten der Individuen im sozialen Feld einer formell strukturierten Organisation an, behandelt vorwiegend praktische Problemstellungen und versucht diese interdisziplinär zu beschreiben und zu erklären.

---

64 Eine ausführliche Übersicht gibt BECKER 2002, S. 16–44.

65 Vgl. DRUMM 2000, S. 380–381 und MÜNCH 1995, S. 22.

66 Vgl. FELSCH 1999, S. 1 und ARNOLD 1990, S. 40. So sieht ARNOLD die wesentlichen Impulse für die rege Innovationstätigkeit auf dem Gebiet der betrieblichen Ausbildungsgänge, der betrieblichen Weiterbildung und der Personalentwicklung ebenfalls von der Praxis ausgehend.

67 FELSCH 1999, S. 1.

68 So stellte SOMMER 1990, S. 15, fest, dass die jüngeren praktischen und theoretischen Bemühungen der Betriebspädagogik vor allem von methodischen Innovationen in der betrieblichen Ausbildung geprägt sind. Insgesamt zeigt sich nach GEIßLER/WITTWER 1992, Sp. 606, „eine Expansion der Bildungsinitiativen in den Betrieben, welche empirische Einsichten in pädagogische Zusammenhänge und theoriegeleitete Handlungsorientierungen ... dringend notwendig erscheinen lassen."

2.1.4 Analyse der Hauptrichtungen in der Personalentwicklungsforschung

2.1.4.1 Personalökonomische Personalentwicklungsforschung

Ausgehend von GUTENBERGS **Sicht auf den Produktionsfaktor der menschlichen Arbeitskraft**[69] und dessen Aufspaltung in den Elementarfaktor „Ausführende Arbeit" und den „Dispositiven Faktor", welcher die Betriebsführung, Planung, Organisation und Überwachung umfasst, stellten schon die frühen Vertreter der Betriebswirtschaftslehre fest, dass sich dieser Faktor deutlich von den anderen Produktionsfaktoren unterscheidet. So meint WÖHE: „Der Mensch hat als 'Faktor Arbeit' ... im System der Produktionsfaktoren einen völlig **anderen Stellenwert** als die materiellen Produktionsfaktoren"[70]. In seinem Grundlagenwerk zur Allgemeinen BWL ist das Stichwort „Personalentwicklung" aber nicht zu finden.[71] Ohne auf die Kritik am GUTENBERG'SCHEN „Zwei-Klassen-Modell"[72] des Personals einzugehen, dürfen auch nach Erkenntnissen neuerer soziologisch-ökonomischer Forschungen personalökonomisch effiziente Lösungen nicht vordergründig kostenminimierend sein, sondern müssen immer auch das Problem der sozialen Akzeptanz einer solchen Beschäftigungsstrategie lösen.[73]

Festzuhalten ist, dass die Besonderheit des „Leistungsfaktors Personal"[74] in seiner Eigenwilligkeit, Eigenbestimmtheit und dem Verfolgen eines Eigeninteresses liegt. Nach WEIBLER „entzieht sich [der Leistungsfaktor Personal] einer definitiven ex ante-Planung des tatsächlichen Leistungsverhaltens informations- und wesensbedingt."[75] Um diesen Besonderheiten des Produktionsfaktors der menschlichen Arbeitskraft gerecht zu werden, wurde von Beginn der Personalentwicklungsforschung in den 1970er Jahren an gefordert, das Personal immer unter zweifacher Zielsetzung zu betrachten, nämlich unter Berücksichtigung **unternehmensbezogener** und **individueller** Ziele.[76] Dieser „Zieldualismus" ist deshalb besonders charakteris-

---

69 Vgl. GUTENBERG 1979.

70 WÖHE 2002, S. 83 [Hervorh. i. Orig.].

71 Zwar haben die Stichworte „Aus- und Weiterbildung" in der jüngsten Auflage inzwischen Eingang in das Sachverzeichnis gefunden, inhaltlich hat sich in den letzten 16 Jahren jedoch nichts verändert. Die „betriebliche Aus- und Weiterbildung" wird lediglich als „immaterielles indirektes Führungsinstrument" in einem kurzen, nur aus drei Sätzen bestehenden Abschnitts gestreift. Vgl. WÖHE 1986, S. 120–121 und WÖHE 2002, S. 255.

72 HENTZE 1994, S. 36.

73 Vgl. SADOWSKI 1991, S. 127–143.

74 Im Dienstleistungssektor spricht man nicht vom „Produktionsfaktor Menschliche Arbeit", sondern vom „Leistungsfaktor Personal", da die Personalkosten hier den überragenden Kostenblock darstellen und deshalb ein ungleich größeres Gewicht in Forschung und Praxis einnehmen als das Personal im industriellen Produktionsbetrieb. Vgl. LERCHENMÜLLER 1998, S. 206–218.

75 WEIBLER 1995, S. 118.

76 Vgl. WEIBLER 1995, S. 118–119. KUHNLE (vgl. 1987, S. 203) definiert zusätzlich gesellschaftsbezogene Ziele der Personalentwicklung.

tisch für das „klassische“ Verständnis der Personalentwicklung. Trotzdem streift die Personalentwicklungsforschung ihre normative Wurzel nicht einfach ab, sondern funktionalisiert wiederum die Einbeziehung des persönlichen Faktors, indem sie ihn personalökonomisch interpretiert.

In der „beschleunigten Welt“[77] der Gegenwart müssen die Menschen sich wesentlich schneller auf neue Arbeitssituationen einstellen und deshalb dazu fähig sein, sich situativ neues Wissen schnell anzueignen und sich dabei selbsttätig weiterzuentwickeln.

Konnte die industrielle Massenproduktion tayloristisch-fordistischer Prägung noch mit gering qualifizierten Beschäftigten in der Fließbandfertigung (stück)kostengünstig produzieren, so benötigen die modernen prozess- und gruppenorientierten Verfahren breit qualifizierte, flexible und motivierte Mitarbeiter. Diese sollen selbstorganisiert lernen und ihre Lernerfolge dann dem Unternehmen zur Verfügung zu stellen. Dies werden sie – so die ökonomische Logik – tun, wenn es ihren persönlichen Nutzen mehrt, indem auch ihre Ziele verfolgt werden.

So wird klar, dass trotz des Einbezugs des menschlichen Faktors und seiner Individualität viele Modelle und Konzepte der Personalentwicklung personalökonomischer Natur bleiben konnten. Normative Personalentwicklungslehren sehen analog dem menschlichen Handeln einen betriebswirtschaftlich-rationalen Problemlöseprozess zugrunde gelegt, welcher die Erreichung von Soll-Ist-Entsprechung der Qualifikation eines Stelleninhabers zum Ziel hat. FELSCH fasst diese Ansätze deshalb auch – NEUBERGER folgend – unter dem Stichwort „Lückenkonzepte“ zusammen.[78]

2.1.4.2 Verhaltenswissenschaftliche Personalentwicklungsforschung

Nach DÖRSCHEL lässt sich „quer durch alle Konzeptionen betrieblicher Bildung ... als Leitmotiv die Gestaltung des Verhältnisses von Mensch und betrieblicher Arbeit verfolgen“[79]. Entsprechende Forschungen unterscheiden sich jedoch hinsichtlich der Menschenbilder. Das der personalökonomischen Forschungsrichtung zugrunde liegende funktionalistische Menschenbild des homo oeconomicus, das von eigennützigen, rational handelnden und kalkulierenden Individuen ausgeht, wird in der verhaltenswissenschaftlichen Personalentwicklungsforschung heftig kritisiert. Sie fürchtet „ökonomischen Imperialismus und Indoktrination, der in einer Kommerzialisierung der Welt und Entfremdung des Menschen mündet“[80].

---

77 Vgl. SEIWERT 1998, Titel.
78 Vgl. FELSCH 1999, S. 29-40.
79 DÖRSCHEL 1975, S. 16.
80 BACKES-GELLNER 1993, S. 527.

Die verhaltenswissenschaftliche Personalentwicklungsforschung setzt erst in den 1990er Jahren ein, obwohl die Grundlagen eines neuen Verständnisses bereits früher gelegt wurden.[81] Einer der wichtigsten Ansätze dieser neuen Richtung in der wissenschaftlichen Untersuchung des Objektbereichs Personalentwicklung ist der handlungstheoretische Ansatz zur Personalentwicklung. Handlungstheoretische Konzeptionen[82] gehen von einem Menschen aus, der selbstbestimmt, geplant und zielgerichtet eine vorgefundene Situation in eine neue Situation transformiert, d.h. handelt.[83]

Bezogen auf die Personalentwicklung bedeutet dies, dass die Mitarbeiter über die notwendigen Anpassungs- und Entwicklungsmaßnahmen selbstreguliert und dezentral entscheiden, um ihre persönliche Handlungsfähigkeit in den vorfindbaren gesellschaftlichen Zusammenhängen und unmittelbaren Handlungskontexten sicher zu stellen.[84] Die Aufgabe der Personal(entwicklungs)abteilung reduziert sich damit auf die Hilfe zur Selbsthilfe. Dieses Verständnis der Personalentwicklung nimmt Bezug zur systemischen Theorie bzw. der Theorie der Entwicklung als Selbstorganisation.[85]

2.1.5 Zwischenergebnis

Die Personalwirtschaftslehre ist eine betriebswirtschaftlich und grundsätzlich ökonomisch ausgerichtete Wissenschaft, die anstrebt, gehaltvolle Theorien für die Praxis zu entwickeln. Eine ökonomisch „disziplinierte“ Personalentwicklungslehre sollte auch deshalb den Vorstellungen der Praxis in besonderer Weise genügen, weil sich die Personalentwicklungslehre, wenn sie sich genauso wie die Personalwirtschaftslehre als betriebswirtschaftliche Teildisziplin begreift, im ökonomischen Kontext des Betriebes bewähren muss.[86]

Die Personalwirtschaftslehre ist also auch eine angewandte Wissenschaft, deren Probleme sich aus dem Praxiszusammenhang ergeben und deshalb generell komplex zu denken sind. Dies gilt besonders für die Personalentwicklung mit ihrem immanent interdisziplinären Charakter.[87] Eine Anwendung simplifizierender Menschen- und Organisationsbilder erscheint dysfunktional für die Personalentwicklungsforschung und der Komplexität der Praxis nicht gerecht.

---

81 Vgl. STAEHLE 1991, S. 129-560; BERTHEL 1989, S. 9-44.
82 Für einen Überblick vgl. STEINKAMP 1989, S. 40–53 und FRESE/SABINI 1985.
83 Vgl. ROSENSTIEL 2000, S. 66.
84 Vgl. OECHSLER 1994, S. 387.
85 Vgl. NEUBERGER 1994, S. 53–54.
86 Vgl. auch BACKES-GELLNER 1993, S. 526.
87 Vgl. FELSCH 1999, S. 57, unterstützt auch durch BALZEREIT 1980, S. 14.

Dem Wissenschaftsgebiet der „Personalentwicklung“ fehlt es wie oben festgestellt an eindeutigen Theorien. Die Personalentwicklungsforschung kann dieses Defizit überwinden, indem sie sich als interdisziplinäre Wissenschaft begreift und Einzelerkenntnisse der benachbarten wissenschaftlichen Disziplinen zusammenführt, um zu einem geordneten Fundament wissenschaftlicher Aussagen zu gelangen, einer integrierten Personalentwicklungstheorie sozusagen. Dies kann jedoch nicht Ziel dieser Arbeit sein. Vielmehr erhofft sich der Verfasser durch die dialektisch aufgebaute Diskussion zweier gegensätzlicher Ansätze der Personalentwicklungsforschung interessante und neue Einblicke in das Theorie- und Praxisfeld dieser Disziplin.

Als Theoriefundamente werden deshalb für diese Arbeit sowohl Ergebnisse der personalökonomischen als auch der verhaltenswissenschaftlichen Personalentwicklungsforschung aufgegriffen. Während personalökonomische Ansätze das Handeln des Menschen unter rationalen Aspekten darlegen, wenden sich verhaltenswissenschaftliche Theorien von der Vorstellung des "homo oeconomicus" ab, verwenden handlungstheoretische Konzepte und das Bild vom sich selbst organisierenden Menschen, um dessen Handlungsstrategien in unsicheren betrieblichen Umwelten und gesellschaftlich-sozialen Kontexten zu erklären. Doch verwenden auch personalökonomische Forschungen den menschlichen Faktor, interpretieren sein Handeln aber immer im Hinblick auf individuelle Nutzenmehrung. Beide Forschungsrichtungen können zusammen betrachtet bzw. gegenüber gestellt werden.

In einem fruchtbaren Nebeneinander unterschiedlicher Ansätze sieht der Verfasser die Möglichkeit, der Vielfalt des Problemfeldes „betriebliche Personalentwicklung“ und der speziellen Fragestellung dieser Arbeit gerecht zu werden. Auf einer interdisziplinären und differenzierenden Grundlage lassen sich dann auch wissenschaftlich begründbare Gestaltungsempfehlungen ableiten, welche eine praktisch-normative Disziplin wie die Betriebswirtschaftslehre letztlich anstrebt.[88] Soweit anschlussfähige Konzepte vorliegen, werden Perspektiven der Nachbardisziplinen zum Erkenntnisgewinn zusätzlich herangezogen. Hier spielen vor allem berufspädagogische sowie betriebs- und organisationspsychologische Erkenntnisse eine wichtige Rolle.

---

[88] Vgl. z.B. die Diskussion bei RAFFÉE 1974, S. 69 ff; siehe BALZEREIT 1980, S. 15 Fußnote 14.

2.2 Begriff der Personalentwicklung

2.2.1 Vorbemerkungen

Der Erfolg wissenschaftlicher Arbeit hängt nach BECK maßgeblich auch „von der Präzision der in ihrer Sprache vorkommenden Termini“ [89] ab. Dies gilt im Besonderen für die Begriffswelt der „weichen“ betrieblichen Leistungsfaktoren, also der stark menschenbezogenen Personalwirtschaft, der Führungs- und der Organisationslehre. Hier werden viele Ausdrücke oft in unzulässiger Weise synonym verwendet, z.B. „Personalentwicklung“, „Qualifizierung“ und „Kompetenzentwicklung“.[90] Deshalb werden diese und andere Begriffe in dieser Arbeit ausführlich entwickelt und definiert.

Nach Klärung der grundsätzlichen theoretischen Einordnung des Objektbereichs lassen sich die relevanten Definitionen ableiten und analysieren. „Definitionen sind nicht Finde- sondern Bestimmungsleistungen“[91]. Im Folgenden geht es darum, eine pragmatische Definition der „Personalentwicklung“ für diese Arbeit zu entwickeln und dabei auch kurz aufzuzeigen, welche Probleme mit diesem Ausdruck verbunden sind.

Der Begriff der „Personalentwicklung“ ist auch heute noch durch „große Heterogenität und Unschärfe“ gekennzeichnet, was FLOHR/NIEDERFEICHTNER in einer viel zitierten Literaturübersicht schon 1982 feststellten.[92] Eine Auswertung aller verwendeten Definitionen der Personalentwicklung ist an dieser Stelle nicht möglich.[93] Die Vielfalt der Begriffsinhalte korrespondiert notwendigerweise mit den bereits genannten Theoriedefiziten.

Trotzdem kann man zwei Ausrichtungen unterscheiden, denn der Personalentwicklungsbegriff hat sich parallel mit den zwei Hauptströmungen der Personalentwicklungsforschung entwickelt.[94] Der Begriff Personalentwicklung wurde somit ebenfalls Anfang der 1970er Jahre erstmals verwendet und findet schließlich Eingang in das betriebswirtschaftliche Schrifttum[95], zuerst auf Stichwortebene in Fachlexika,[96] ab den 1980er Jahren auch in Lehrbüchern und

---

89 BECK 1980, S. 355.

90 Z.B. KOLMERER 1999, S. 1.

91 NEUBERGER 1994, S. 1.

92 FLOHR/NIEDERFEICHTNER 1982, S. 11; vgl. auch BECKER 1999, S. 2.

93 Einen kompakten Überblick gibt NEUBERGER 1994, S. 4–5.

94 Zur Entstehung des Begriffs vgl. HEYMANN/SEIWERT 1984, S. 562 und die Zusammenfassung bei THOM 1987, S. 6–7.

95 Er scheint von FRIEDRICHS und HACKSTEIN/NÜSSGENS/UPHUS in die deutschsprachige Literatur eingeführt worden zu sein. Vgl. FRIEDRICHS 1970, S. 212–215; HACKSTEIN/NÜSSGENS/UPHUS 1972, S. 85–106.

96 Vgl. z.B. KOLVENBACH 1975 und dort aufgeführtes Literaturverzeichnis.

Monographien.[97] Im Folgenden werden die beiden Schwerpunktsetzungen des Personalentwicklungsbegriffs herausgearbeitet.

2.2.2 Personalökonomische Definitionen

Diese Entwicklungslinie des Begriffs wird zunächst mit Hilfe ausgewählter Zitate veranschaulicht.

Eine der ersten begrifflichen Fassungen findet sich 1971 bei HACKSTEIN/NÜSSGENS/UPHUS, welche „Personalentwicklung" definieren als *„Entwickeln (d.h. Erweitern und/oder Vertiefen) des internen Angebots an menschlicher Arbeitsleistung (Leistungsfähigkeit und Leistungsbereitschaft) im Sinne von Ausbilden, Fortbilden, Weiterbilden, Erziehen und Umschulen von Personal"*[98].

Interessant an dieser Definition ist die Nähe zur Betriebspädagogik (Bilden und Erziehen), der stark personalökonomische Duktus und damit auch das Fehlen einer persönlichen, individuellen Komponente. Diese taucht zuerst 1970 bei FRIEDRICHS[99] und später bei KOLVENBACH auf, der – sich auf FRIEDRICHS beziehend – angibt, dass der Begriff der Personalentwicklung erst entstand, indem neben dem Unternehmensziel einer qualitativen Bedarfsdeckung durch Mitarbeiterausbildung *„im Rahmen der Personalentwicklung ebenfalls die individuellen Ziele und Wünsche der Mitarbeiter berücksichtigt [wurden], und zwar im Hinblick auf einen Einsatz, der den Fähigkeiten und Fertigkeiten des Mitarbeiters zumindest befriedigend entspricht und ihm die Chance eines Aufstiegs eröffnet"*[100].

Die Erweiterung der Weiterbildung um eine Perspektive, welche auch die Interessen und Bedürfnisse der weiterzubildenden Mitarbeiter einschließt, soll in erster Linie Motivation und Arbeitszufriedenheit der Mitarbeiter fördern, wobei anzustreben sei, mögliche Zielkonflikte auszugleichen.[101]

Dieser „Zieldualismus"[102] und das Streben nach Zielharmonie[103] ist heute charakteristisch für das personalökonomisch-normative Verständnis der Personalentwicklung und gibt ihr den

---

97 Obwohl anzumerken ist, dass der Begriff der „Personalentwicklung" auch heute noch nicht in allen personalwirtschaftlichen Lehrbüchern etabliert ist, vgl. z.B. SCHANZ 2000.

98 Hackstein/Nüssgens/Uphus 1972, S. 34.

99 Vgl. FRIEDRICHS 1970, S. 214.

100 KOLVENBACH 1975, Sp. 1546.

101 Vgl. KOLVENBACH 1975, Sp. 1546.

102 WEIBLER 1995, S. 119.

103 Vgl. NEUBERGER 1994, S. 3.

spezifischen „Doppelzielcharakter“[104].

CONRADI als einer der ersten Urheber einer umfassenden und methodisch angelegten Personalentwicklungskonzeption bezieht den Zieldualismus und den Aufstiegs- bzw. Laufbahngedanken ein und verdichtet KOLVENBACHs Gedanken, indem er in seiner wegbereitenden Monographie Personalentwicklung bezeichnet *„als Summe von Maßnahmen ..., die systematisch, positions- und laufbahnorientiert eine Verbesserung der Qualifikationen der Mitarbeiter zum Gegenstand haben, mit der Zwecksetzung, die Zielverwirklichung der Mitarbeiter und des Unternehmens zu fördern“*[105].

MENTZEL ergänzt die Definition um den Zusatz der Gegenwarts- und Zukunftsbezogenheit der anzustrebenden Qualifikationsniveaus: *„Personalentwicklung kann definiert werden als Inbegriff aller Maßnahmen, die der individuellen beruflichen Entwicklung der Mitarbeiter dienen und ihnen unter Beachtung ihrer persönlichen Interessen die zur optimalen Wahrnehmung ihrer jetzigen und künftigen Aufgaben erforderlichen Qualifikationen vermitteln“*[106].

Den Steuerungs- bzw. Controllinggedanken betont vor allem THOM, der mit Personalentwicklung einen *„Komplex von Maßnahmen zur Planung, Organisation, Durchführung und Kontrolle betrieblicher Qualifizierungsprozesse“* bezeichnet.[107]

In den 1990er Jahren ist die „Personalentwicklung“ schon institutionalisiert anzutreffen, was PULLIG in seiner Definition ausdrückt. Er versteht unter Personalentwicklung die *„Gesamtheit derjenigen organisatorischen Institutionen, Entscheidungen und Maßnahmen in einem Unternehmen, die Lern- und Veränderungsprozesse der Mitarbeiter initiieren, fördern und gestalten, damit diese ihre gegenwärtigen und künftigen Aufgaben – aus Sicht des Gesamtunternehmens und aus individueller Sicht – erfüllen können“*[108].

---

104 SCHANZ 2000, S. 484. STEINKAMP (1989, S. 9) unterscheidet hier „Ziele, die im direkten Zusammenhang mit den Organisationszielen stehen, wie die Schaffung, Erhaltung und Erhöhung der Leistung und Qualifikation der Organisationsmitglieder, ... [und] Ziele, die im individuellen Interesse der Organisationsmitglieder stehen, wie z.B. die Erhaltung und Erhöhung des individuellen Arbeitsmarktwertes sowie die Selbstverwirklichung und Selbstentfaltung.“ STEINKAMP (vgl. 1989, S. 9 ff.) trennt im weiteren bereits hier die Personalentwicklung von der Management- oder Führungskräfteentwicklung. Dem kann nicht zugestimmt werden, da die methodischen und inhaltlichen Konsequenzen verschieden sein mögen, die Doppelzielproblematik aber für alle Mitglieder der Organisation gleichermaßen zutrifft.

105 CONRADI 1983, S. 3 [im Orig. unterstrichen].

106 MENTZEL 1985, S. 15.

107 THOM 1987, S. 1.

108 PULLIG 1991a, S. 37.

Zusammenfassend sind drei wesentliche Bausteine charakteristisch für die Definition der Personalentwicklung aus Sicht der Betriebs- und Personalwirtschaftslehre[109]:

1) PE ist ein Sammelbegriff für zielorientierte, systematisch gesteuerte und z.T. im Unternehmen institutionalisierte Maßnahmen im Sinne des kybernetischen Modells eines Management-Regelkreises: Ziele setzen, Planen, Entscheiden, Realisieren, Kontrollieren.[110]
2) Ziel ist die optimale Anpassung der Qualifikationen der Mitarbeiter im Rahmen ihrer Entwicklungsfähigkeit an die heutigen und zukünftigen Anforderungen ihrer heutigen und/oder zukünftigen Positionen.
3) Neben den Unternehmenszielen sollen auch Individualziele und individuelle Interessen Berücksichtigung finden.

2.2.3 Verhaltenswissenschaftliche Definitionen

2.2.3.1 Kritik an den personalökonomischen Definitionen

Kritik an der personalökonomischen Definition von „Personalentwicklung" üben vor allem Betriebs- und Organisationspsychologen, die in dieser Arbeit als Vertreter einer verhaltenswissenschaftlich orientierten Personalentwicklungsforschung bezeichnet werden.[111] Dass Personalentwicklung zwingend bedeutet, gleichzeitig Unternehmensziele und individuelle Persönlichkeitsentwicklung anzustreben, ist, um hier SCHLITTLER zu widersprechen, in der Fachliteratur und in der Praxis keineswegs unbestritten.[112] So beziehen sich z.B. HEEG/MÜNCH 1993 immer noch auf die frühe funktionalistische Definition von HACKSTEIN/NÜSSGENS/UPHUS[113] und auch KRIEG/EHRLICH stellen nicht ab auf individuelle Ziele, wenn sie in ihrem neueren Personallehrbuch feststellen, Personalentwicklung sei notwendig, da *„menschliche Potentiale ... ständig weiterentwickelt werden [müssen], weil ... Kompetenzen nicht beliebig eingekauft werden können"* und weil *„ein hohes Qualifikations- und Leistungsniveau der Mitarbeiter ... den Aufbau haltbarer Wettbewerbsvorteile [ermöglicht]"*[114].

---

[109] Die Definitionen von „Personalentwicklung" in den meisten personalwirtschaftlichen Lehrbüchern lassen sich hier ebenfalls zuordnen bzw. sind aus den genannten Definitionen abgeleitet. Vgl. z.B. BERTHEL 1989, S. 202; HENTZE 1994, S. 315; SCHOLZ 1994, S. 251; KOLB 1995, S. 170–171; BÜHNER 1997, S. 117; DRUMM 2000, S. 382; BRÖCKERMANN 2001, S. 355.

[110] Vgl. KUHNLE 1987, S. 57–58; WÖHE 2002, S. 86.

[111] Ausgehend von OSWALD NEUBERGER später die „Hamburger Schule" unter Führung von KÜPPER mit dessen Schüler ORTMANN, FELSCH und HANFT.

[112] Vgl. SCHLITTLER 1992, S. 2.

[113] Vgl. HEEG/MÜNCH 1993, S. 302.

[114] KRIEG/EHRLICH 1998, S. 211.

Im Gegensatz dazu präsentiert NEUBERGER in einer viel zitierten Monographie von 1991/1994[115] eine eher „pragmatische Definition“[116]. Er bemängelt die normativen Auslegungen der Ökonomen als zu eng gefasst und beliebig und zerlegt den Begriff zur besseren Identifizierung in seine zwei Bestandteile: Personal und Entwicklung. Daraus entwickelt er einen umfassenden Personalentwicklungsbegriff.[117] Dieser wird im Folgenden beispielhaft für die verhaltenswissenschaftlich-pragmatischen Definitionen erläutert.

2.2.3.2 Der Personalentwicklungsbegriff von NEUBERGER

Das Personal bezeichnet NEUBERGER zuerst einmal als eine gesichtslose Masse. Es sind „die Menschen ohne Ansehen der Person“[118], die „Human Resources“ oder das „Humankapital“, also kurz der Aggregatbegriff des im Betrieb „unter Verwertungsabsicht zusammengefassten Arbeitsvermögens“[119]. Im Betrieb gibt es drei Subsysteme als Wirkungsfelder:

- Elemente (Personen im Sinne von Individuen),
- Subsysteme (Teams) und
- deren strukturelle und prozessuale Verbindung (Organisation).

Aus der Dreiteilung von Personal in **Individuum – Gruppe – Organisation**[120] leitet sich dann für die Personalentwicklung folgende Gliederung ab:

1. Person-Entwicklung (= PE im engeren Sinn),
2. Teamentwicklung und
3. Organisationsentwicklung.

Das Ganze ist dann die **Personal-Entwicklung** (= PE im weiteren Sinn).[121]

---

115 Vgl. NEUBERGER, 1. Auflage 1991, 2. und aktuelle Auflage 1994.

116 FELSCH 1999, S. 52.

117 Vgl. NEUBERGER 1994, S. 8–38 behandelt den Personalaspekt, S. 39–67 den Entwicklungsaspekt.

118 NEUBERGER 1994, S. 8.

119 NEUBERGER 1994, S. 3.

120 Die Dreiteilung Individuum – Gruppe – Organisation ist auch ein sehr verbreitetes Gliederungsschema für die wissenschaftliche Untersuchung des Verhaltens von Menschen in Organisationen. Vgl. z.B. ROBBINS 2001 (Organizational Behavior) und ROSENSTIEL 2000 (Organisationspsychologie).

121 Nicht zu verwechseln mit BECKER 2002, der ebenfalls eine Dreiteilung vornimmt, dabei aber weniger systematisch vorgeht: BECKER 2002, S. 4 definiert in seinem Lehrbuch zur Personalentwicklung den Begriff folgendermaßen: „*Personalentwicklung umfaßt alle Maßnahmen der Bildung, Förderung und der Organisationsentwicklung, die zielgerichtet, systematisch und methodisch geplant, realisiert und evaluiert werden*“ [Hervorh. im Orig.] und unterteilt im Weiteren seine Darstellungen in ein enges (Bildung), erweitertes (Förderung) und weites (OE) Verständnis von PE. Daran lehnen sich auch OLFERT/STEINBUCH 1998 an.

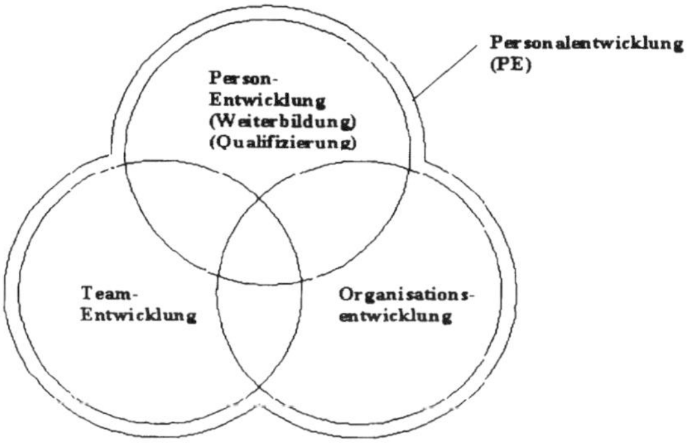

Abbildung 1: Personalentwicklung als Vereinigungsmenge von Person-, Team- und Organisationsentwicklung
Quelle: NEUBERGER 1994, S. 13.

Diese Einteilung von NEUBERGER ist in der Literatur zur betrieblichen Personalentwicklung sehr häufig zu finden.[122] NEUBERGER betont weitergehend, dass jedes formelle und informelle Personalentwicklungsgeschehen Anpassungsreaktionen in allen Systemkomponenten verursacht, auf der Individualebene (personal), auf der Team- oder Beziehungsebene (interpersonal) und auf der Organisations- oder Strukturebene (apersonal).[123] Abbildung 1 soll daher auch visualisieren, dass in der Personalentwicklung zwar Akzente gesetzt werden können, keines dieser drei Systeme aber ausgeblendet werden kann.[124] Im Vergleich zu anderen Gliederungsvorschlägen,[125] ist NEUBERGERS systemischer Ansatz multiperspektivisch angelegt und behält somit stets ein Spannungsfeld aus den drei Koordinaten individuelle Persönlichkeit, soziale Beziehungen und organisationale Strukturen und Prozesse im Blickfeld.

Dadurch ist der Objektbereich **Personal** beschrieben. Der zweite Wortbestandteil ist der Aktionsbereich des Begriffs, die **Entwicklung**. NEUBERGER stellt die Frage: „Was wird bei der PE konkret entwickelt?“[126] Das vorherrschende Entwicklungsverständnis ist seiner Meinung nach personalökonomischer Natur.[127]

---

122 Vgl. OLESCH/PAULUS 2000, S. 16–18; ähnlich auch EINSIEDLER U.A. 1999, S. 35–40.

123 Vgl. NEUBERGER 1994, S. 13.

124 Vgl. NEUBERGER 1994, S. 14–16.

125 Z.B. MEIXNER 1996, S. 16–17. Er sieht Personalentwicklung als Teil einer Organisationsentwicklung, trennt also Personalentwicklung und Organisationsentwicklung und legt sie als parallel laufende Prozesse an, welche laufend synchronisiert werden müssen.

126 NEUBERGER 1994, S. 39.

127 Vgl. NEUBERGER 1994, S. 1.

Entwicklung wird demnach verstanden als *„systematischer und rationaler Problemlöseprozeß, der die Diskrepanz zwischen Ist- und Sollsituation überbrückt“*[128].

NEUBERGER kritisiert daran, dass (Personal-)Entwicklung einseitig als konsequent zielbezogen geplante Veränderungen verstanden wird, während autonome und selbstorganisatorische Entwicklungsprozesse ausgeblendet werden. Deshalb erweitert er wiederum die Perspektiven und skizziert noch zwei weitere, anders akzentuierte Ansätze:*„Entwicklung als ...*

- Vollzug eines vorgezeichneten immanenten Phasenablaufs;
- ungeplante Konsequenz selbsterzeugter vernetzter Handlungsfolgen in komplexen Systemen“[129].

Mit der Differenzierung dieser drei Ansätze des Entwicklungsbegriffes will NEUBERGER „den Blick ... schärfen für die meist unausgesprochenen Entwicklungsbegriffe, die PE-Entwürfen zugrunde liegen.“[130] Für diese Arbeit wird diese Erweiterung des Begriffes der Personalentwicklung nicht aus dem Blickfeld verloren, der Fokus liegt jedoch auf dem personalökonomischen Verständnis der Personalentwicklung als vorwiegend rationalem und zielgerichtetem Veränderungsprozess von betrieblichen Individuen, Gruppen und deren organisatorischer Strukturen.

2.2.4 Definition der betrieblichen Personalentwicklung für die weitere Untersuchung

Der Methode NEUBERGERS folgend, wird zuerst das einschränkende Adjektiv der **„betrieblichen“ Personalentwicklung** betrachtet. Was bedeutet betrieblich und wie ist Personalentwicklung im Rahmen des Betriebs zu definieren?

Der Begriff **Betrieb** ist in einer klassischen Definition des Industriesoziologen FÜRSTENBERG abgegrenzt als eine „planmäßige Zusammenfassung von Arbeitsmitteln und Arbeitskräften zu einem nach technischen, wirtschaftlichen und sozialen Gesichtspunkten orientierten Leistungsgefüge“.[131] Auch die neuere betriebswirtschaftliche Literatur definiert den Betrieb als eine „technische, soziale, wirtschaftliche und umweltbezogene Einheit mit der Aufgabe der Bedarfsdeckung, mit selbständigen Entscheidungen und eigenen Risiken.“[132] Während SCHWEITZER „Unternehmen“ und „Haushalte“ als verschiedene Betriebsuntertypen klassifi-

---

[128] NEUBERGER 1994, S. 39.

[129] NEUBERGER 1994, S. 39.

[130] NEUBERGER 1994, S. 39.

[131] FURSTENBERG 1975, o.S.

[132] SCHWEITZER 1992, S. 22.

ziert,[133] ordnet MACHARZINA den Betrieb dem Oberbegriff „Unternehmen" unter, da das Unternehmen eine rechtlich-wirtschaftliche Einheit darstellt, welche auch mehrere Betriebe umfassen kann.[134]

Diese Überlegungen bringen zum Ausdruck, dass in der Betriebswirtschaftslehre der wissenschaftliche Zugang zum Realgebilde Betrieb unter spezifisch wirtschaftlichem Aspekt erfolgt, daneben aber die engen Wechselwirkungen der wirtschaftlichen Fragestellungen zu sozialen, technischen und ökologischen Kategorien beachtet werden.[135] In der Verbindung mit der Betrachtungsweise des Betriebes als geschlossenes sozio-ökonomisches System[136] kann der Betrieb definiert werden als sozio-ökonomisches Wirtschaftssystem mit der Aufgabe der marktwirtschaftlichen Leistungserstellung zum Ziel der Fremdbedarfsdeckung.

Personalentwicklung wird in dieser Arbeit also unter (betriebs-)wirtschaftlichem Fokus betrachtet. Wechselwirkungen müssen aber zwingend berücksichtigt werden, insbesondere zu pädagogisch-psychologischen, soziologischen und organisatorischen Fragen, während rechtliche und technische Betriebsauffassungen hier keine Rolle spielen.[137] Betriebe der öffentlichen Verwaltungen werden ebenso ausklammert, obwohl es auch dort inzwischen pragmatische Ansätze zur Personalentwicklung gibt.[138] Für die weitere Untersuchung soll ein Personalentwicklungsbegriff definiert werden, welcher in betriebs- und personalwirtschaftlicher Tradition steht, verhaltenswissenschaftliche Aspekte aber ebenfalls integriert.

Die begrifflichen Analysen zusammenfassend, wird **betriebliche Personalentwicklung** für diese Arbeit verstanden als vorwiegend rational gesteuerter Managementprozess zur zielgerichteten Veränderung der im sozio-ökonomischen System des Betriebs zusammengefassten Personen

1) auf der Individualebene (= Qualifizierung),
2) auf der Gruppenebene (= Teamentwicklung) und
3) auf der Organisationsebene (= Organisationsentwicklung),

---

133 Vgl. SCHWEITZER 1992, S. 23. SCHWEITZER stellt hier auf das Kriterium der Bedarfsdeckung ab. Danach sind Unternehmen Betriebe der Fremdbedarfsdeckung, während Haushalte Betriebe der Eigenbedarfsdeckung darstellen.

134 Vgl. MACHARZINA 2003, S. 16. Vgl. weiterführend WÖHE 2002, S. 12–13.

135 Vgl. SCHWEITZER 1992, S. 34–35.

136 Vgl. Ulrich, 1970, S. 134.

137 Vgl. SCHWEITZER 1992, S. 34–35.

138 Vgl. z.B. Meixner 1996, Frey 1999, Bundesverwaltungsamt Köln 2003.

wobei autonome und selbstorganisatorische Veränderungen als nicht direkt beeinflussbare Prozesse ebenfalls berücksichtigt werden.

2.3 Überblick über den Objektbereich der Personalentwicklung

2.3.1 Personalentwicklung im „morphologischen Kasten"

Hilfreich für die Abgrenzungen der weiteren Untersuchung ist eine umfassende Darstellung des Objektbereichs. Die möglichen objekt- und aktionsorientierten Kombinationen der betrieblichen Personalentwicklung werden zu diesem Zweck in einem „morphologischen Kasten"[139] visualisiert (vgl. Tabelle 1).

Die drei Elemente des Objektbereichs „Personal" einschließlich der von NEUBERGER zugeordneten „Diagnose- und Interventionsinhalte"[140] werden vertikal angeordnet und die drei Ansätze des Entwicklungsbegriffes nach NEUBERGER[141] werden horizontal abgebildet. Damit wird der Blick auf insgesamt neun analytisch mögliche Perspektiven frei. So wird ergänzend zu den bisherigen Ausführungen gezeigt, was Personalentwicklung in einem umfassenden Sinn sein kann.

Der morphologische Kasten hilft dem Betrachter die Vorstellung von Personalentwicklung als vorwiegend rational geprägtem Veränderungsmanagement zu relativieren, in dem auf allen „Personal-Ebenen" die alternativen NEUBERGER'schen Entwicklungsmöglichkeiten abgebildet werden. Tabelle 1 zeigt die möglichen neun Variationen mit einigen Beispielen.

Diese Vielfalt an Deutungsmöglichkeiten von Personalentwicklung verlangt eine Abgrenzung für die weitere Bearbeitung. Der Zielsetzung dieser Arbeit folgend, beschränkt sich die weitere Untersuchung im Wesentlichen auf die Spalte A, also die rational gesteuerte Veränderung des Personals mit den Diagnose- und Interventionsinstrumenten der **Qualifizierung**, der **Teamentwicklung** und der **Organisationsentwicklung**.

---

139 Der „morphologische Kasten" wurde von dem Schweizer Astrophysiker ZWICKY entwickelt und wird insbesondere in der naturwissenschaftlichen Forschung, aber auch in der Produktentwicklung in Unternehmen in der Phase der Ideengenerierung als Kreativitätstechnik eingesetzt. Ein Problem wird hierbei mehrdimensional klassifiziert, das heißt in Teilaspekte zerlegt. Alle Ausprägungen (Gestaltungsmöglichkeiten) der Teilaspekte werden in einer Tabelle dargestellt und dann systematisch miteinander kombiniert. Auf diese Weise entstehen zahlreiche neue potentielle Lösungswege. Der Vorteil des morphologischen Kastens liegt unter anderem darin, dass durch strukturiertes Denken und „kontrollierte Phantasie" neuartige Lösungen eines Problems ermöglicht oder neue Systeme entdeckt und visualisiert werden. Vgl. ZWICKY 1966.

140 NEUBERGER 1994, S. 27.

141 Vgl. NEUBERGER 1994, S. 39.

Entwicklung als / Personal als ... • Diagnose- und Interventionsinhalte	A rationales Veränderungsmanagement	B vorbestimmter Phasendurchlauf	C Selbstorganisation/ evolutionäre Eigendynamik
1. Individuum • Qualifikation • Motivation • Emotion • Belastbarkeit • Selbstbild	**Qualifizierung** • Anreizsysteme • Coaching • Wohlfühlprogramme • Stress-Seminare • Persönlichkeits-trainings	**Lebenszyklusmodell** **Life-Styling-Ansatz** **Berufliche Entwicklungsphasen**	**Eigendynamischer Prozess des Gestaltwandels** • Eigeninitiative • Selbstständigkeit • Bildung
2. Team • Interaktionsprozesse • Kooperationsdauer • Rollenzuweisung • Umgangsregeln und Normen • Wir-Gefühl • Emotionen • Interessen und Macht	**Teamentwicklung** • Teambildung • Gruppendynamische Trainingsformen • Prozessberatung • Assessment Center • Rollenanalyse • Qualitätszirkel • Projektarbeit • Netzwerkbildung	**Gruppendynamische Phasenverläufe**	**Selbstorganisation von Teams** • Experimentelle Projektgruppen • Planspielgruppen • Informelle Gruppen
3. Organisation • Vernetzung von Gruppen • Hierarchie und Machtgefälle • Formalisierung und Standardisierung • Werte und Unternehmenskultur • Veränderungsdruck und Wandel • Macht und (Mikro-) Politik	**Organisationsentwicklung** als • Design der optimalen Organisation und Anstreben einer gewünschten Corporate Identity • Data-Survey-Feedback • Konfrontationstreffen • NPI • Grid Organizational Development	**Entwicklungsverläufe von Organisationen**	**Populationsökologischer Ansatz** der Organisationstheorie **Systemische Organisationstheorie**

Tabelle 1: Umfassende Darstellung der Personalentwicklung im morphologischen Kasten
Quelle: Eigene Darstellung in Anlehnung an NEUBERGER 1994.

Trotzdem sollen fallweise die alternativen Entwicklungskonzepte der Spalten B und C ebenfalls berücksichtigt werden, sei es, um sich der Grenzen des rationalen „Entwicklungsmanagements" bewusst zu werden oder um die endogenen Entwicklungsfaktoren im Rahmen des rationalen Veränderungsmanagements ebenfalls zu berücksichtigen.

2.3.2 Die Systemtrias der betrieblichen Personalentwicklung

Das zweite Kapitel abschließend werden im Folgenden die drei Erscheinungsformen der betrieblichen Personalentwicklung kurz dargestellt. Dabei wird abweichend zu der bisherigen Reihenfolge mit der Organisationsentwicklung begonnen, dann die Teamentwicklung angeschnitten, um schließlich als Grundlage für das nächste Kapitel die betriebliche Qualifizierung ausführlicher zu definieren.

2.3.2.1 Organisationsentwicklung

Die Entwicklung der betrieblichen Organisation ist gemäß NEUBERGER der Veränderungspro zess des sozio-ökonomisch-technischen Systems des Betriebes und damit auch der darin tätigen Gruppen und Individuen und deren struktureller und prozessualer Verbindungen. Im Verständnis der Entwicklung als rationales, intervenierendes Veränderungsmanagement entstand auf die Organisation bezogen das weite Feld der „Organisationsentwicklung".[142] Diese ist nach BECKER/LANGOSCH „ein Sammelbegriff für den koordinierten Einsatz sozialwissenschaftlicher Erkenntnisse und Methoden in Organisationen, um diese durch die in ihnen tätigen Menschen und damit auch die Arbeit dieser Menschen selbst humaner und effektiver zu machen."[143]

OE soll Veränderungsprozesse im Betrieb gestaltend begleiten und bewältigen. Ziel ist, die Problemlösungsvorgänge innerhalb einer Organisation durch eine effiziente und auf Zusammenarbeit gegründete Steuerung der organisationalen Kultur zu verbessern. Angestrebt wird sozusagen das Design der optimalen Organisation. Eine Veränderung der Organisation kann z.B. erfolgen durch die Erarbeitung eines Leitbildes, Strategieklausuren, die Schaffung einer Unternehmenskultur, einer Corporate Identity oder einer Vision. Die Veränderungen können dabei verschiedene Teile einer Organisation betreffen, z.B. Gruppen und Individuen. Die OE kann so definiert auch den Überbegriff für die Team- und Personalentwicklung darstellen.

Besonders interessant für die Personalentwicklung ist das innerhalb der OE behandelte organisationale Lernen als das „Lernen in und von Organisationen."[144] Erst SENGES Veröffentli-

---

[142] Zur Geschichte der Organisationsentwicklung vgl. FRENCH/BELL 1994, S. 37–45.

[143] BECKER/LANGOSCH 2002, S. 6.

[144] Vgl. die vertiefende Studie von FELSCH 1999.

chung „Die fünfte Disziplin“[145] verhalf dem Konzept der Lernenden Organisation zu weltweiter Popularität, war es doch zwei Jahrzehnte zuvor schon von ARGYRIS/SCHON in zwei wegweisenden Publikationen begründet worden.[146] Während ARGYRIS/SCHON auf das paradoxe Zusammenwirken zwischen individuellem Lernen und organisationalem Lernen hinweisen *(„Organizations are not merely collections of individuals, yet there is no organization without such collections. Similarly, organizational learning is not merely individual learning, yet organizations learn only through the experience and actions of individuals“[147])* vertieft SENGE eher die Bedeutung der Führungskräfte in der Lernenden Organisation, die von ARGYRIS/SCHON die Rolle von „learning agents“ zugewiesen bekommen.[148] Führungskräfte sollen das selbstbestimmte Lernen fördern, so dass es allmählich als wesentlicher Bestandteil der Unternehmenskultur entsteht und damit eine gesunde Unternehmensentwicklung ermöglicht. Doch Betriebe in lernende Organisationen zu verwandeln hat sich seither als äußerst problematisch erwiesen.[149] Gerade die Führungskräfte müssen dazu ihre traditionellen Macht- und Kontrollbereiche aufgeben, was sich oft als hohe Hürde in OE-Prozessen erweist.

Bezogen auf den morphologischen Kasten der Personalentwicklung ist festzuhalten, dass organisationales Lernen eher „alltäglich-beiläufiges Lernen durch Kooperations- und Führungserfahrung“[150] darstellt und damit im Rahmen selbstorganisierter Organisationsentwicklung (Zelle C 3) zu untersuchen ist. Dies auch deshalb, weil die Funktionalisierung des organisationalen Lernens von Praktikern zwar angestrebt wird,[151] von wissenschaftlicher Seite aber als nicht durchführbar betrachtet wird,[152] denn „Lernen in Organisation ist ... nur in Ausnahmefällen steuerbar, sondern höchstens indirekt regelbar.“[153]

Individuelles Lernen dagegen erfolgt sehr viel stärker durch institutionalisierte Lernprozesse. Die weitere Untersuchung konzentriert sich zwar auf Letztere, will aber die unauflösliche Trennung des individuellen und organisationalen Lernens in den weiteren Überlegungen berücksichtigen.

---

145 Vgl. SENGE 1996.
146 Vgl. Argyris/Schon 1974; Argyris/Schon 1978.
147 ARGYRIS/SCHON 1978, S. 9.
148 Vgl. ARGYRIS/SCHON 1978, S. 29.
149 Vgl. CRAINER 1998, S. 263.
150 Vgl. ARNOLD/BLOH 2001, S. 19.
151 Vgl. exemplarisch BULLINGER 1996.
152 Vgl. WAHREN 2000.
153 FAULSTICH 1998, S. 171.

2.3.2.2 Teamentwicklung

Ein Team ist im soziologischen Verständnis eine Gruppe von Menschen, die eher kurz- als langfristig zusammenarbeiten, um bestimmte Ziele zu erreichen.[154] Genauer definiert FORSTER das Team als „eine kleine, funktionsgegliederte Arbeitsgruppe mit gemeinsamer Zielsetzung, relativ intensiven wechselseitigen Beziehungen, einem ausgeprägten Gemeinschaftsgeist sowie einem relativ starken Gruppenzusammenhalt unter den Mitgliedern und damit einer spezifischen Arbeitsform“[155].

Teamarbeit genießt vor dem Hintergrund aktueller Managementkonzeptionen[156] in zunehmend mehr Organisationen Priorität und ist heute ein wesentlicher Bestandteil der Leistungserbringung in unterschiedlichsten Organisationen. Statt der tief strukturierten linearen, klassisch-hierarchischen Organisation ist die neue Organisation schlank und fraktal aufgebaut und arbeitet in temporären Projektteams. Produktivität und Arbeitszufriedenheit der Mitarbeiter hängen nicht zuletzt davon ab, inwieweit Teamarbeit im Unternehmen gelingt. Vor diesem Hintergrund stellt sich für immer mehr Organisationen die dringliche Aufgabe, Teamarbeit zu fördern und zu unterstützen.

Aus einer Arbeitsgruppe bildet sich aber nicht zwangsläufig ein harmonisches Team. Vielmehr treten aufgrund unterschiedlicher Verhaltensweisen beim Zusammentreffen von Menschen zunächst häufig Konflikte auf. Um diese zu vermeiden bzw. sie konstruktiv zu verarbeiten, haben sich rational intervenierende Maßnahmen zur Entwicklung von Teams sehr bewährt. Hier sind insbesondere zu nennen: Teambildung, Gruppendynamische Trainingsformen, Prozessberatung, Assessment Center, Rollenanalyse, Qualitätszirkel, Projektarbeit und Netzwerkbildung.[157]

Zu beachten sind aber auch hier vorbestimmte und evolutionäre gruppendynamische Prozesse, die im Rahmen von Interventionen beachtet werden müssen. TUCKMANN beschrieb die Entwicklung von Gruppen als zwangsläufigen fünfstufigen Phasenverlauf.[158] Danach muss bei der Arbeit in Teams mit folgenden Sequenzen gerechnet werden:

---

[154] Vgl. WITTE 2002, S. 204.

[155] FORSTER 1981, S. 143.

[156] Beispielhaft seien hier genannt: Lean Management, 7-S-Modell, Kaizen, Total-Quality-Management, Value Management, Fraktale Fabrik, Business Reengineering, Virtuelles Unternehmen. Vgl. ausführlich MACHARZINA 2003, S. 893–942.

[157] Vgl. BENNIS/BIEDERMANN 1999; FRANCIS/YOUNG 1996. Einen aktuellen Überblick geben STUMPF/THOMAS 2003 in einem neuen Sammelwerk zu Teamarbeit und Teamentwicklung.

[158] Vgl. TUCKMAN 1965.

1. **Forming**: Die Mitglieder des Teams finden sich zusammen, Hoffnungen und Befürchtungen werden geäußert.

2. **Storming**: Das Team durchläuft Machtkämpfe um Positionen, Ränge, Ressourcen etc. Die Struktur des Teams wird dabei festgelegt und Konflikte werden ausgetragen.

3. **Norming**: Es werden Regeln für das Team aufgestellt. Erwartungen und Pflichten sind klar. Ein Wir-Gefühl entsteht, und erst jetzt kann das Team sich auf die Sachaufgaben konzentrieren.

4. **Performing**: In dieser eigentlichen Arbeitsphase bringt das Team die optimale Leistung. Durch die intensive Zusammenarbeit wird das Wir-Gefühl ausgebaut.

5. **Adjourning**: Das „Vertagen" bzw. Beenden. Die Phase in der Abschied genommen wird. Das Wir-Gefühl wird durch die Trennung gestört.

Im weiteren Verlauf der Arbeit liegt der Schwerpunkt auf der Person-Entwicklung, also der Individualentwicklung. Es wird nicht weiter auf Teamarbeit und Teamentwicklung eingegangen. Das NEUBERGER'SCHE Axiom, dass es keine Individualentwicklung gibt, die sich nicht auch gleichzeitig auf Team- und Organisationsebene auswirkt, wird aber beachtet und schlägt sich insbesondere in der späteren Modellierung des Kompetenzentwicklungsprozesses nieder.

2.3.2.3 Person-Entwicklung (Qualifizierung)

Die Qualifizierung gilt als Kernstück der Personalentwicklung und wird nicht nur bei NEUBERGER als „Personalentwicklung im engeren Sinn" verstanden.[159] In den letzten Jahren ist eine verstärkte Fokussierung auf das Individuum als Mittelpunkt der Personalentwicklung zu beobachten. Der von SPRENGER formulierte „Aufstand des Individuums"[160] wendet sich gegen das egalisierende Unternehmen, STRUCK beschreibt die „Individuenzentrierte Personalentwicklung"[161] und STREICH betont als Ziel der PE die Persönlichkeitsentwicklung.[162] Die individuelle Persönlichkeit muss aber von der individuellen Qualifikation unterschieden werden. Eine klare begriffliche Grundlegung ist dafür erforderlich.

Etymologisch zeigt der Begriff **Qualifikation** (von lateinisch: qualis facere, heißt in etwa: Beschaffenheit herstellen) eine Verwandtschaft zum rational-normativen Paradigma der Be-

---

[159] Siehe NEUBERGERS Definition unter Kap. 2.2.3.2. Vgl. auch REISCHITZ 1984, S. 579.
[160] Vgl. SPRENGER 2000a.
[161] Vgl. STRUCK 1998.
[162] Vgl. STREICH 1995.

triebswirtschaftslehre. Er entstand in den 1960er Jahren und wurde zu einer zentralen Kategorie der Bildungsökonomie[163] und damit auch der betrieblichen Bildung, als das Bildungssystem statt mit persönlichkeitsbezogenen Ansprüchen immer stärker mit dem ökonomisch-gesellschaftlichen „Bedarf" nach funktionalen „Fähigkeitsbündeln" konfrontiert wurde.[164] Der defizitäre Bildungsbegriff wurde durch einen funktionalistisch-operationalisierbaren Begriff ergänzt bzw. abgelöst.[165] BAETHGE definiert Qualifikation dementsprechend als *„Arbeitsvermögen*, als die Gesamtheit der je subjektiv-individuellen Fähigkeiten, Kenntnisse und Fertigkeiten, die es dem einzelnen erlauben, eine bestimmte Arbeitsfunktion zu erfüllen; Qualifikation bedeutet somit die an das arbeitende Subjekt gebundenen Voraussetzungen des Produktions- und Reproduktionsprozesses"[166]. Kennzeichnend für den Begriff der Qualifikation ist somit der darin ausgedrückte Dualismus von Anforderungen des Arbeits- und Berufsfeldes und Voraussetzungen (Handlungspotenziale) des Individuums zu deren Bewältigung.[167] Die Anforderungen werden extern definiert und erfordern individuelle Anpassungsbereitschaft und Anpassungsfähigkeit an die Arbeitswelt und die dort zu erfüllenden Funktionen.[168] Der genannte Dualismus impliziert die Forderung nach einer Abstimmung von funktionellen Anforderungen und individuellen Voraussetzungen, wobei so verstanden die Personalentwicklung immer als abhängige Größe, als Funktion der Unternehmensanforderungen, fungiert. Qualifikation ist ein statischer Begriff, ein Produkt und Resultat, denn der Begriff sagt aus, was ist (Ist-Qualifikation) oder in seiner normativen Wendung, was sein soll (Soll-Qualifikation). Die dynamisch-deskriptive Ergänzung des Begriffs beschreibt den Weg vom Ist zum Soll und wird **Qualifizierung** genannt. Qualifikation als Produkt und Qualifizierung als Prozess müssen demnach systematisch unterschieden werden.[169]

Betriebliche Qualifizierung kann dementsprechend definiert werden als der vorwiegend rational-gesteuerte und zielgerichtete Prozess der Veränderung der Fähigkeiten, Kenntnisse und Fertigkeiten der im sozio-ökonomischen System des Betriebs zusammengefassten Personen.

---

163 Die Bildungsökonomie ist eine sozialwissenschaftliche Disziplin, welche die Zusammenhänge von Bildung und Beschäftigung untersucht, und welche im Zuge der Bekämpfung der „Deutschen Bildungskatastrophe" zu Beginn der 1960er Jahre ihren Aufschwung nahm (vgl. EDDING 1963; PICHT 1964). Sie untersucht den volkswirtschaftlichen Zusammenhang von Wirtschaftswachstum und Bildungsinvestitionen und versucht dabei, Instrumente zur Bildungsplanung im Sinne langfristiger bildungspolitischer Zielvorstellungen zur Sicherstellung gesellschaftlich benötigter Qualifikationen zu entwickeln. Vgl. auch MAY 1996, S. 120–121: „‚Bildungsinvestitionen' als Input und erzeugte Qualifikationen als Output des Bildungssystems haben sich den Prüfkriterien ökonomischer Effizienz und Rentabilität zu stellen."

164 Vgl. BAETHGE 1989, S. 479.

165 Vgl. BAETHGE 1989, S. 478–479.

166 BAETHGE 1989, S. 479 [Hervorheb. im Orig.].

167 Vgl. FRANZKE 1989, S. 1290.

168 Vgl. GEORG/SATTEL 1995, S. 127.

169 Das gleiche gilt auch für den Begriff der „Bildung". Vgl. JUNGKUNZ 1995, S. 13.

Qualifizierung belegt so abgegrenzt im morphologischen Kasten der NEUBERGER'schen Personalentwicklung nur den Ausschnitt A 1,[170] also „Entwicklung als rationales Veränderungsmanagement" bezogen auf das „Personal als Individuum". Verhaltenstheoretische Annahmen werden (vorerst) ausgeblendet. Die Funktion einer zweckgerichteten Steuerung (Management) der betrieblichen Qualifizierung kann dann entsprechend als **Betriebliches Qualifikationsmanagement** bezeichnet werden.[171] und ist nicht synonym zur „Qualifizierung" zu verstehen. Das folgende Kapitel beleuchtet die betriebliche Qualifizierung bzw. das betriebliche Qualifikationsmanagement zuerst aus zwei Perspektiven, einmal aus personalökonomischer und dann aus systemorientierter Sicht. Ziel ist es, die gegensätzlichen Forderungen und daraus resultierenden Spannungs- und Problemfelder freizulegen.

---

170 Vgl. Tabelle 1.

171 Vgl. PERRIDON 1974, S. 47 (vgl. auch die Definition unter 3.1.1.1.).

3 Von der betrieblichen Qualifizierung zum Kompetenzmanagement

3.1 Betriebliche Qualifizierung im Spannungsfeld ökonomischer Rationalität und mikropolitischer Interessen

3.1.1 Qualifikationsmanagement aus personalökonomischer Sicht

3.1.1.1 Einordnung und Definition

Strategisches Personalmanagement ist ein Handlungsfeld der Unternehmensführung, welches sich nicht auf organisatorische Aufgaben beschränken sollte, sondern in die Gesamtstrategie des Unternehmens eingebunden werden muss.[172] Zum strategischen Personalmanagement zählt auch das „Change Management" oder Veränderungsmanagement[173], d.h. im Kontext dieser Arbeit die systematisch geplante zweckgerichtete Veränderung des betrieblichen Qualifikationsbestandes. Das betriebliche Qualifikationsmanagement lässt sich wiederum auf mehreren betrieblichen Gestaltungsebenen abbilden und ist in ein System übergeordneter Funktionsbereiche eingebunden (vgl. Tabelle 2).

	Unternehmensebene **Unternehmensführung**	**Funktionsebene** **Personalmanagement**	**Teilfunktion** **Personalentwicklung**	**Kernfunktion** **Qualifikationsmanagement**
Normative Ebene	Unternehmensleitbild, Unternehmenswerte, Unternehmenskultur → Visionäre Führung	Leitbilder des Personalmanagements → Normatives Personalmanagement	Leitbild der PE, Menschenbild → Normative Personalentwicklung	**Idealbild des Mitarbeiters** **→ Normative Qualifizierung**
Strategische Ebene	Unternehmensstrategie → Strategisches Management	Personalstrategie → Strategisches Personalmanagement → Qualitative Personalbedarfsplanung	PE-Konzeption → Strategische Personalentwicklung	**Strategische Qualifikationen** **→ Strategische Qualifizierung**
Operative Ebene	Betriebsführung → Operative Führungsaufgaben	Personalführung → Operatives Personalmanagement	PE-Maßnahmen → Operative Personalentwicklung	**Operative Qualifikationen** **→ Operative Qualifizierung**

Tabelle 2: Managementebenen und Funktionsbereiche der Qualifizierung
Quelle: Eigene Darstellung in Anlehnung an SCHOLZ 1994, S. VI–VII.

172 Vgl. REXER 1999, S. 28.
173 Vgl. ULRICH 1999, S. 167–251.

Die zielgerichtete Weiterbildung ist nach SCHANZ „eindeutig als das Kernstück der (qualifikationsbezogenen) Personalentwicklung aufzufassen."[174] Aufgrund seiner mangelnden Operationalisierbarkeit bleibt der Begriffe der (Weiter-)Bildung aber unscharf[175] und ist für die weitere Verwendung in dieser Arbeit nicht geeignet. Deshalb wird das Steuern der Kernfunktion Qualifizierung vor dem Hintergrund allgemeiner Managementfunktionen wie Zieldefinition, Planung, Entscheidung, Durchführung und Kontrolle im Folgenden als „Betriebliches Qualifikationsmanagement" bezeichnet und genauer betrachtet.[176]

Gegenstand der praktisch-normativen Betriebswirtschaftslehre Gutenbergschen Typs sind alle „Entscheidungen über den Einsatz von Mitteln, mit denen ... [bestimmte] Ziele optimal realisiert werden können"[177]. Ausgehend vom Doppelzielcharakter der Personalentwicklung kann man **betriebliches Qualifikationsmanagement** definieren als die an Unternehmens- und Mitarbeiterzielen orientierte Optimierung betrieblicher Qualifikationspotenziale in einem planmäßigen, im Unternehmen institutionalisierten, systematischen (Management-)Prozess der Zielsetzung, Planung, Entscheidung, Realisation und Kontrolle betrieblicher Qualifizierungsmaßnahmen.

Im Weiteren wird, wie in Tabelle 2 dargestellt, davon ausgegangen, dass dieser Managementprozess auf den drei wesentlichen betrieblichen Gestaltungs- und Lenkungsebenen identifiziert werden kann.[178] Im Folgenden wird zuerst der Grundprozess des Qualifikationsmanagements dargestellt und anschließend wird er im Gegensatz zu SCHOLZ, der den Grundprozess der Personalentwicklung als „personelle Einzelmaßnahme" gezielt auf der operativen Ebene ansiedelt,[179] auf alle drei Ebenen bezogen, da eine Reduktion auf die operative Managementebene wichtige Gestaltungsmöglichkeiten auf der strategischen und normativen Ebene aus dem Blick verlieren würde.

---

174 SCHANZ 2000, S. 484.

175 Vgl. BISANI 1989, S. 240. Vgl. ausführlich BECK 2001, S. 6–11.

176 WEINGÄRTNER 1995, S. 175 („Weiterbildungsmanagement"), FALK 2000, Titel („Betriebliches Bildungsmanagement") und GRÜNER 2000, Titel („Bildungsmanagement") schlagen alternative Begriffe vor, welche aber ebenfalls unter den Begriffsunschärfen des Wortbestandteils „Bildung" leiden.

177 WÖHE 2002, S. 3 [Im Original hervorgehoben].

178 Vgl. BLEICHER 1991, S. 4–6. BLEICHER ordnet dem normativen und dem strategischen Management eher eine Gestaltungsfunktion, dem operativen Management eher eine Lenkungsfunktion zu.

179 Vgl. SCHOLZ 1994, S. 233 ff.

3.1.1.2 Grundprozess der Mitarbeiterqualifizierung

3.1.1.2.1 Übersicht

Wurde die betriebliche Personalwirtschaft früher vorwiegend funktional strukturiert,[180] so dominiert heute die prozessuale Betrachtung,[181] welche die personalwirtschaftlichen Teilfunktionen in einen ganzheitlichen Personalmanagementprozess integriert.[182] Qualifikationsmanagement erscheint so als ein Teilprozess der betrieblichen Personalentwicklung, welche ihrerseits wiederum als eine „Prozessfunktion" des Personalmanagements betrachtet werden kann.[183]

Betriebliche Qualifizierung als personalökonomische Aufgabe ist ein ständiger Koordinierungs- und Anpassungsprozess von Soll und Ist im Rahmen der qualitativen Personalbedarfsplanung.[184] Der betrieblich ermittelte Sollbestand an Qualifikationen wird im Folgenden als Qualifikationsbedarf bezeichnet. Den Istbestand bildet das (interne) Qualifikationsangebot. Soll-Ist-Abweichungen zwischen Qualifikationsbedarf und Qualifikationsangebot werden als Qualifizierungsbedarf bezeichnet. Die älteren Termini Ausbildungsbedürfnis[185] und Weiterbildungsbedarf finden aufgrund der genannten Begriffsunschärfen keine Verwendung.

Der ideale Managementprozess sollte aus sich periodisch wiederholenden Regelkreisen von systematischer Planung, Durchführung und Kontrolle bestehen und nicht eine Aneinanderreihung von (einmaligen) Improvisationen und unkoordinierten Einzelmaßnahmen darstellen.[186] Dies wird auch von SONNTAG, einem Vertreter der personalpsychologischen Forschung, im Hinblick auf die Personalentwicklung bestätigt: „Ohne eine fundierte Bedarfserfassung, ohne

---

180 Vgl. KOLVENBACH 1975; BRÖCKERMANN sieht Personalentwicklung als ein Aufgabenfeld neben anderen Aufgabenfeldern wie z.B. Personalbeschaffung (vgl. BRÖCKERMANN 2001, S. 27–32); HORSCH 2000 sieht Personalentwicklung als Teil der Personalplanung; bei HUMMEL 1999 ist sie Element des Bildungsmanagements bzw. Bildungscontrollings.

181 Vgl. dazu HAMMER/CHAMPY 1994; NIPPA/PICOT 1995.

182 Vgl. SCHOLZ 1994, S. VII; HILB 2000, S. 12; THOM 2001, S. 117. Gleichzeitig hat sich die Personalmanagementlehre als betriebswirtschaftliche Teildisziplin an deutschsprachigen Hochschulen etabliert (vgl. die Lehrbücher von HENTZE 1994; HENTZE 1995; BÜHNER 1997; DRUMM 2000; OECHSLER 2000; SCHOLZ 2000; MENTZEL 2001; KLIMECKI/GMÜR 2001; BERTHEL 2003). KLIMECKI/GMÜR stellen in ihrem jüngeren Lehrbuch einen umfassenden Personalmanagement-Prozess vor, von der Personalaktivierung (-werbung, -einsatz, -entwicklung) über die Personallenkung (-auswahl, -sozialisation, -beurteilung, -entlohnung, -freisetzung) bis hin zur Personalbindung (motivationale Personalbindung und Qualifikationssicherung in Wissenssystemen), vgl. KLIMECKI/GMUR 2001.

183 Vgl. THOM 2001, S. 118.

184 Vgl. Steininger/Fichtbauer/Goeters 1995, S. 49.

185 Z.B. bei HUMM 1978.

186 Vgl. OECHSLER 1994, S. 408–442.

konzeptionelle Vorarbeiten zur Gestaltung der Maßnamen und, nach deren Realisierung, ohne ausreichende Effektkontrolle bleibt Personalentwicklung suboptimal.“[187]

Der Grundprozess der betrieblichen Qualifizierung kann in Anlehnung an das Phasenmodell von SONNTAG[188] und an die von DRUMM entwickelte „instrumentelle Theorie der Personalentwicklung“[189] in einigen, logisch aufeinander aufbauenden Hauptphasen dargestellt werden, wie dies Abbildung 2 verdeutlicht:

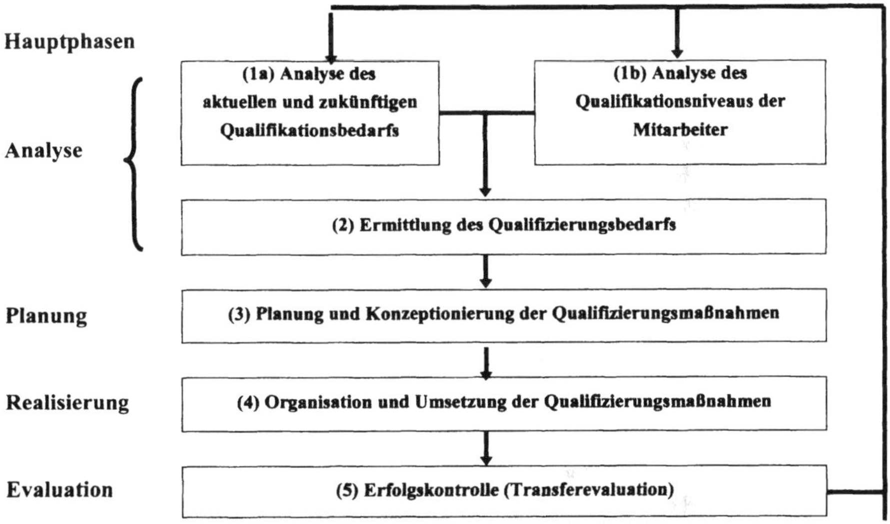

Abbildung 2: Phasenmodell der betrieblichen Qualifizierung mit Feedbackschleife
Quelle: Eigene Darstellung.

Die einzelnen Hauptphasen sollen nachfolgend näher erläutert werden, wobei aber hier nur die wesentlichen Fundamente dargestellt werden. Ähnliche Darstellungen finden sich in vielen Lehrbüchern und in der Fachliteratur.[190]

3.1.1.2.2 Analyse des aktuellen und zukünftigen Qualifikationsbedarfs

Die systematisch durchgeführte Qualifikationsbedarfsanalyse ist die methodische und ökonomische Grundlage jeder betrieblichen Qualifizierungsmaßnahme, denn „nur durch sie ist

---

187 SONNTAG 2002, S. 61.

188 Vgl. SONNTAG 2002, S. 61–73.

189 Vgl. DRUMM 2000, S. 388–392.

190 Vgl. z.B. GLUMINSKI/STANGEL-MESEKE 1993, S. 52; FIEDLER 1994, S. 33–58; KLÖTZL 1996, S. 14, BÜHNER 1997, S. 119; BRÖCKERMANN 2001, S. 356; SONNTAG 2002, S. 61.

der hohe finanzielle Aufwand für Bildungsmaßnahmen zu rechtfertigen ... und der Grundstein für alle aufbauenden Komponenten gelegt."[191] Die benötigten Qualifikationen werden im Rahmen der Personalbedarfsplanung als qualitative Größen idealtypisch aus den Unternehmens-, Abteilungs-, Projekt- und Individualzielen abgeleitet.[192] Dabei werden die aktuellen und zukünftigen Arbeitsplatzanforderungen analysiert bzw. prognostiziert und anschließend zu einem Katalog der geforderten aktuellen und zukünftigen Qualifikationen mit den benötigten Ausprägungen verdichtet. OLESCH/PAULUS betonen insbesondere die Bedeutung einer proaktiven Antizipation neuer Anforderungen und Qualifikationen für die Zukunftssicherung des Unternehmens.[193] Die Ergebnisse der Qualifikationsbedarfsanalyse fließen als qualifikatorisches Soll-Profil des Arbeitsplatzes in die zweite Phase des Qualifikationsmanagements ein.

3.1.1.2.3 Analyse des Qualifikationsniveaus der Mitarbeiter

Parallel zur Analyse der Soll-Qualifikationen gilt es, die vorhandenen Ist-Qualifikationen der Mitarbeiter zu erfassen und in einem Personalinventar bzw. einer entsprechenden Datei festzuhalten.[194] Dazu können verschiedene Instrumente eingesetzt werden, z.B.:[195]

- Mitarbeiterbeurteilung,
- Vorgesetztenbefragung,
- Potenzialanalyse,
- Assessment-Center,
- biografischer Fragebogen,
- Mitarbeiterfördergespräch,
- Auswertung der Personalakte,
- Auswertung von Personalkarteien,
- Testverfahren, z.B. Persönlichkeitstests,
- computergestützte Prüfungen und Simulationen.

Die Qualifikationen bzw. Qualifikationsausprägungen des Mitarbeiters werden ebenfalls in einem individuellen Qualifikationsprofil festgehalten, welches als Ist-Profil (= Ausgangssituation) in die weitere Planung einfließt.

---

191 HUMMEL 1999, S. 49.

192 Vgl. KUHNLE 1989, S. 190.

193 Vgl. OLESCH/PAULUS 2000, S. 16–17.

194 Vgl. HEYMANN/SEIWERT 1984, S. 566.

195 Eine ausführliche Darstellung gibt BÜHNER 1997, S. 124–131.

3.1.1.2.4 Ermittlung des Qualifizierungsbedarfs

Sind die Soll- und Ist-Profile einheitlich strukturiert, können sie in einem zweiten Analyseschritt abgeglichen werden. In diesem „Matching“ ergeben sich qualifikatorische Überdeckungen, Unterdeckungen oder Kongruenzen. „Maßnahmen der Personalentwicklung sind dann erforderlich, wenn zwischen den gegenwärtigen oder den künftigen Arbeitsanforderungen und den Leistungen und Fähigkeiten der Mitarbeiter Abweichungen bestehen“[196]. Die Unterdeckungen werden als Deckungslücken[197] oder „Gaps“ bezeichnet.

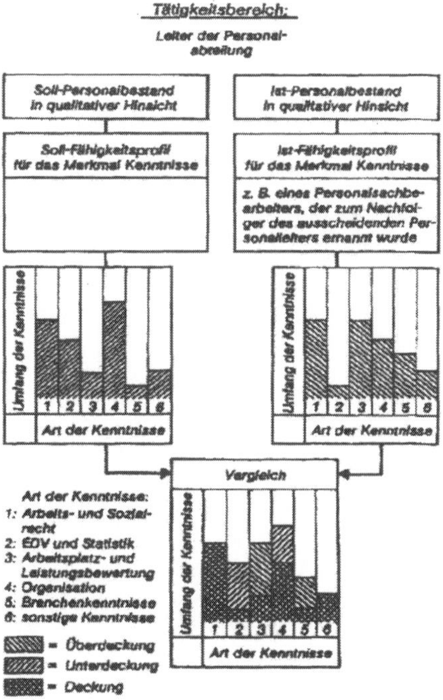

Abbildung 3: Profilvergleichsmethode zur Ermittlung des qualitativen Personalbedarfs
Quelle: HACKSTEIN/NUSSGENS/UPHUS: Personalbedarfsplanung, in GAUGLER (Hrsg.): Handwörterbuch des Personalwesens. Stuttgart 1975, S. 1496.

---

196 HENTZE/KAMMEL 2001, S. 373.

197 Vgl. DRUMM 2000, S. 389.

Die qualifikatorische Eignung einer Person für eine bestimmte Stelle wird durch das Ausmaß der Übereinstimmung zwischen den individuellen Qualifikationen der Person und den spezifischen Anforderungen der Position bestimmt. Neben dem Unternehmensziel der qualitativen Bedarfsdeckung werden gemäß des Doppelzielcharakters der Personalentwicklung auch die individuellen Ziele und Wünsche des Mitarbeiters berücksichtigt und mit den Unternehmenszielen abgestimmt.

Die Ergebnisse der Bedarfsanalyse können dann zur zielgerichteten Förderung des Mitarbeiters verwendet werden. Abbildung 3 zeigt die Profilvergleichsmethode zur Ermittlung des qualitativen Personalbedarfs an einem Beispiel von HACKSTEIN/NÜSSGENS/UPHUS aus dem Jahr 1975.[198] Dadurch wird deutlich, dass es sich um keine neue Methode handelt, sondern dass diese bereits so alt ist wie die betriebliche Personalentwicklung in Deutschland überhaupt.

3.1.1.2.5 Planung, Konzeptionierung und Durchführung der betrieblichen Qualifizierungsmaßnahmen

Nach Auswertung des Profilvergleichs und der Entscheidung für bestimmte Maßnahmen gemäß den Zielsetzungen des Unternehmens und des Mitarbeiters wird der festgestellte Bedarf an Qualifizierung in die Planung überführt. Dazu werden die Qualifizierungsmaßnahmen in den Planungshorizont zeitlich eingeordnet und konzeptualisiert. Die Konzeption ist im Wesentlichen als die didaktisch-methodische Aufbereitung der Qualifizierung zu verstehen.[199] Die Didaktik als wissenschaftliche Disziplin vom Lehren und Lernen[200] bedient sich didaktischer Modelle. Dies sind erziehungswissenschaftliche Theorien „zur Analyse und Modellierung didaktischen Handelns in schulischen und **nichtschulischen** Handlungszusammenhängen"[201].

Nach dem lerntheoretischen Didaktikmodell der Berliner Schule[202] ist jede planmäßige, systematische Unterweisung (Unterricht) auf die gleiche formale Struktur zurückzuführen. Für die Planung des Unterrichts müssen zunächst die Entscheidungen getroffen werden, welche **Ziele** (Intentionen) verfolgt werden, was das **Thema** (Inhalt) sein soll und welche **Methoden** und **Medien** zur Zielerreichung eingesetzt werden sollen. Außerdem ist es eine Bedingung für

---

198 Vgl. Hackstein/Nüssgens/Uphus 1975, S. 1496.

199 Vgl. SONNTAG 2002, S. 61.

200 Vgl. PETERßEN 2001, S. 22.

201 JANK/MEYER 2002, S. 35 [Hervorh. v. Verf.].

202 Das so genannte Berliner Modell der lerntheoretischen Didaktik wurde von dem Erziehungswissenschaftler Paul HEIMANN zusammen mit seinen Assistenten Wolfgang SCHULZ und Gunter OTTO 1962–1965 entwickelt. SCHULZ entwickelte das Berliner Modell später zum Hamburger Modell weiter. Vgl. HEIMANN/OTTO/SCHULZ 1979.

eine gelungene Planung, Informationen über die Voraussetzungen der Lernenden zu haben.[203] BRANDSTÄTTER betont, dass eine „bestmögliche Effizienz der Bildungsbemühungen ... nur durch Abstimmung der Lehr- und Lernmethode auf die Persönlichkeitsmerkmale der Lernenden zu erreichen“[204] ist.

Zusammenfassend werden in der didaktischen Analyse und Konzeption:

⇒ **Bedingungen** (Voraussetzungen der Lernenden) analysiert und

⇒ **Entscheidungen** getroffen über:

- Zielfragen (Zielperson oder Zielgruppe, Lernziele),
- Inhaltsfragen (was wird gelehrt/gelernt?),
- Vermittlungsfragen (Methoden),
- Lehrpersonen (Trainer, Seminarleiter, Referent, Coach etc.),
- Lehr-/Lernorte und Medien,
- Zeitplanung.

Die zeitnahe Organisation und Durchführung der Maßnahmen erfolgt in der anschließenden Realisationsphase.

3.1.1.2.6 Erfolgskontrolle (Transferevaluation)

Die Transferevaluation, d.h. die bewertende Bestandsaufnahme des Qualifizierungserfolgs im Sinne des Lerntransfers[205], stellt den schwierigsten und daher in der Praxis oft vernachlässigten Bereich des Qualifikationsmanagements dar.[206] Eine Kontrolle des Erfolgs ist aber unter ökonomischen Gesichtspunkten sehr wichtig, denn eine Qualifizierungsmaßnahme löst Ressourceneinsatz aus, welcher wie jede andere Investition einem Controllingprozess unterworfen werden sollte.[207] „Like any asset, they [skills, SB] need to be constantly examined an reevaluated.“[208]

Grundsätzlich kann nach DRUMM von einem Erfolg gesprochen werden, wenn der erreichte Zustand mit dem gesetzten Ziel übereinstimmt.[209] Schwierig ist aber insbesondere die Klä-

---

203 Vgl. HEIMANN/OTTO/SCHULZ 1979, S. 23.

204 Vgl. BRANDSTÄTTER 1999, S. 72.

205 Vgl. BORTZ/DÖRING 2002, S. 676; vgl. für ein Gesamtmodell der Evaluation STUFFLEBEAM 1972.

206 Vgl. BECKER 2003, S. 16.

207 Vgl. HUMMEL 1999, S. 11; vgl. zu Bildungscontrolling: HUMMEL 1999 und SEEBER/KREKEL/VAN BUER 2000 (Überblick); RANK/WAKENHUT 1996 (Controlling der Führungskräfteentwicklung); HÖFER 1997 (Wie können Qualifizierungsinvestitionen betriebswirtschaftlich bewertet werden?).

208 BRAIM 1999, S. 31.

209 DRUMM 2000, S. 403.

rung des Begriffs „Qualifizierungserfolg". Da sich das Ergebnis von Qualifizierungsmaßnahmen nur indirekt in monetären Größen abbildet, ist es mit den üblichen betriebswirtschaftlichen Kontrollinstrumenten nur schwer erfassbar. WEINGAST schlägt als notwendiges Bindeglied der Erfolgskontrolle deshalb eine (multimethodische) Evaluierung von ökonomischen und pädagogischen Zielgrößen vor,[210] während BECKER eine zweistufige Bewertung in verschiedenen Aktionsfeldern favorisiert[211]. RIEDEL bezieht sich auf KIRKPATRICK und verknüpft den Lernerfolg mit dem Grad der Zufriedenheit als zusätzlichem Indikator, welcher die subjektive Aufwand/Nutzen-Rechnung des Teilnehmers spiegelt, aber auch dessen emotionale Reaktion auf die Maßnahme ausdrückt.[212]

Tabelle 3 integriert die ökonomischen und pädagogischen Indikatoren und zeigt, dass eine ausschließliche Lernerfolgsbewertung zu kurz greift, da betriebliche Qualifizierung immer auf einen Aufbau der Performanz zielt, also auf eine quantitative oder qualitative Verbesserung der tatsächlich vollbrachten Leistungen, während der Lernerfolg lediglich einen Zwischenschritt darstellt.:

	Aktionsfeld	**Zielgröße**	**Bewerteter Erfolg**	**Pädagogischer Indikator**	**Ökonomischer Indikator**
1	Lernfeld	Qualifikation	Lern- und Zufriedenheitserfolg	Grad der Zufriedenheit mit der Maßnahme und der Erreichung der Lernziele	Zusätzlicher Aufwand/ zusätzlich erwarteter Nutzen der Maßnahme
2	Tätigkeitsfeld	Arbeitsleistung (Performanz)	Handlungserfolg	Grad der Umsetzung des Lernstoffs in die Praxis (Transfer)	Zusätzlicher Aufwand/ zusätzliche Leistungserstellung

Tabelle 3: Zweistufige Erfolgskontrolle der betrieblichen Qualifizierung
Quelle: Eigene Darstellung.

Dies bedeutet, dass bei Qualifizierungsmaßnahmen, die direkt am Arbeitsplatz („on-the-Job") durchgeführt werden, eine Kontrolle des Handlungserfolgs sofort möglich ist, während dieser bei arbeitsplatzfernen Maßnahmen („off-the-Job") nur in gestuften Verfahren zu ermitteln ist. Dass innerhalb der geplanten betrieblichen Qualifizierung dennoch Off-the-Job-Maßnahmen bei weitem überwiegen[213], mag verwundern, liegt aber vermutlich an den organisatorischen

---

210 Vgl. WEINGAST 1996. Zur Kritik eines rein betriebswirtschaftlichen Bildungscontrollings vgl. auch FAULSTICH 1998, S. 203–220.

211 Vgl. BECKER 2002, S. 485.

212 Vgl. RIEDEL 1992, S. 24; KIRKPATRICK 1987.

213 Vgl. BECKER 2003, S. 16.

und methodisch-didaktischen Schwierigkeiten eines effizienten und kostengünstigen Designs von On-the-Job-Maßnahmen.

RIEDEL und insbesondere STEININGER/FICHTBAUER/GOETERS betonen die Notwendigkeit eines fest implementierten Regelkreises, der eine periodische Evaluation sicherstellt.[214] Danach muss das Ergebnis der Evaluation in einer Feedbackschleife wieder in die Analyse des aktuellen und zukünftigen Qualifikationsbedarfs der nächsten Planungsperiode zurückfließen.[215] Eventuell müssen als Ergebnis der Evaluation Qualifizierungsziele revidiert oder Maßnahmen (ggf. modifiziert) wiederholt werden.[216]

3.1.1.3 Gestaltungsebenen des Qualifikationsmanagements

3.1.1.3.1 Normative Ebene

Ein personalökonomisch bestimmtes Qualifikationsmanagement beinhaltet immer normative Zielsetzungen, welche teilweise in Führungsgrundsätzen[217] und Unternehmensleitbildern expliziert werden und sich in einem Bild vom idealen Mitarbeiter spiegeln (vgl. Anlage 1).

Durch eine entsprechende Qualifizierung soll über die gezielte Förderung des gewünschten Mitarbeiterverhaltens (Primärziel) der Zustand der gewünschten Unternehmenskultur im Sinne des Leitbildes erreicht werden (Sekundärziel).[218] Für BECKER ist eine systematische Unternehmenskulturentwicklung die normative Voraussetzung gezielter Personalentwicklung.[219] Unternehmenskulturen können sich jedoch nur **indirekt** über die Entwicklung und Qualifizierung der im Betrieb arbeitenden Menschen verändern.[220] Das bedeutet, dass im Rahmen des Qualifikationsmanagements auch die normative Orientierung über eine entsprechende Formulierung von Leitgedanken (Visionen) und normativen Zielen im Rahmen der Unternehmenspolitik kommuniziert werden muss.[221]

---

214 Vgl. RIEDEL 1992, S. 19–26.; STEININGER/FICHTBAUER/GOETERS 1995, S. 45.

215 Vgl. Abbildung 2; vgl. auch STEININGER/FICHTBAUER/GOETERS 1995, S. 44.

216 Vgl. das Managementmodell der Personalentwicklung bei HEYMANN/SEIWERT 1984, S. 572–573.

217 Vgl. als Bsp. die Führungsgrundsätze der Putzmeister AG in MACHARZINA 2003, S. 209210.

218 Vgl. Kritik dazu bei MÜNCH 1995, S. 34–35. Vgl. zu Leitbildentwicklung BELZER 1998; GRAF/SPENGLER 2000.

219 Vgl. BECKER 2002, S. 50–75.

220 Vgl. BECKER 2002, S. 64. Ähnlich argumentieren auch DÜRR U.A. 1988, S. VII.

221 Vgl. BLEICHER 1991, S. 4.

3.1.1.3.2 Strategische Ebene

Eine Vielzahl von Veröffentlichungen behandeln verschiedene strategische Funktionen der Personalentwicklung[222] oder beschäftigen sich mit dem Beitrag der Personalentwicklung bei besonderen strategischen Problemen.[223] Dabei geht es um die Frage, welche strategischen Leistungen das Qualifikationsmanagement für das strategische (Personal-)Management bzw. das Gesamtsystem Unternehmen erbringen kann.

Fragen, die sich im Kontext dieser Arbeit stellen, zielen auf den Objektbereich der Qualifizierung: Welche individuellen, strategisch-orientierten Qualifikationen sind aus den normativen Vorgaben sowie aus den strategischen Unternehmenszielen abzuleiten[224] und sollen daher langfristig angestrebt, gefördert oder erhalten werden?[225] Und: Wer ist Träger strategisch bedeutsamer Qualifikationen? So versteht SCHOLZ unter personenorientierten strategisch-orientierten Qualifikationen die Führungsqualifikationen der „(wenigen) Schlüsselfiguren im Unternehmen“[226], da ihnen wegen ihrer Handlungsspielräume eine große Aufmerksamkeit zukommt. Nach BECKER sind aber „strategisch-orientiert handelnde Mitarbeiter auch auf unteren Hierarchieebenen einzusetzen und zu fördern, ... da strategische Qualifikationen nicht erst auf den Managementebenen vorhanden sein sollten.“ [227]

Besonders wichtig ist für BECKER auf der Individualebene „der Aufbau bzw. Ausbau eines den strategischen Orientierungen ... entsprechenden Leistungsverhaltens und der Abbau von – potentiellen – individuellen Widerständen, die der Zielerreichung entgegen stehen können.“[228] Dafür muss die strategische Orientierung des Unternehmens den Individuen aber bekannt sein.

---

222 Vgl. z.B. BECKER 1988 (Rolle im Rahmen der strategischen Führung); MEYER-DOHM 1991 (Strategische Bedeutung der Führungskräfteentwicklung); SCHOLZ 1995a (Überblick); SCHOLZ/DJARRAHZADEH 1995 (Rolle im Rahmen des Personalmanagements); ROTHER 1996 (Rolle im Rahmen des Strategischen Managements); NEUBAUER 1996 (Strategische Bedeutung im Kontext von Genossenschaften); RODEHUTH 1999 (Weiterbildungsstrategien); BRINKMANN 1999 (Qualitätssicherung und Leistungssteigerung des Unternehmens); GRÜNER 2000 (Strategisches Bildungsmanagement im Mittelstand); KAISER 2001 (Strategische Entwicklung von Humanressourcen); RIEKHOF 2002 (Strategien der Personalentwicklung in der Praxis); BÖHME 2003 (Praxisorientierte Anleitung).

223 So z.B. die Bedeutung von Personalentwicklung zur Bewältigung von Unternehmenskrisen, vgl. HERTIG 1996.

224 Vgl. BLEICHER 1991, S. 4.

225 Vgl. HENTZE 1994, S. 322; REXER 1999, S. 22; vgl. auch MEFFERT/WAGNER 1992.

226 SCHOLZ 1995a, S. 236.

227 BECKER 1988, S. 200.

228 BECKER 1988, S. 201.

3.1.1.3.3 Operative Ebene

Das Management der individualorientierten Qualifizierung ist wie festgestellt als vorwiegend operative Funktion der Personalentwicklung vorzufinden. Die aus dem normativen und strategischen Zielsystem abgeleiteten und mit den individuellen Zielen des Mitarbeiters abgestimmten Qualifikationsziele müssen im operativen Management umgesetzt werden. Dazu müssen Ziele operationalisiert werden.[229] Ein Ziel ist dann operational formuliert, wenn es „durch praktisches Handeln verwirklicht und diese Verwirklichung kontrolliert werden kann“[230].

Bezogen auf das Qualifikationsmanagement heißt das, die zu erreichenden Qualifikationsziele müssen:[231]

- inhaltlich genau bezeichnet werden,
- durch eine quantifizierte Skala spezifiziert werden, damit die Messung des Zielerreichungsgrades möglich ist,
- mit einem bestimmten auf dieser Skala zu erreichenden Zielniveau (Soll-Wert) versehen werden,
- terminiert werden, d.h. die Zeit, innerhalb der dieses Zielniveau zu erreichen ist, muss festgesetzt sein,
- an den Handlungsträger angepasst sein, so dass dieser einen entscheidenden Einfluss auf die Zielerreichung ausüben kann.

Operatives Qualifikationsmanagement[232] heißt dann, die operationalisierten Qualifikationsziele in praktisches Handeln umzusetzen. Dabei lautet die Frage: Wer qualifiziert wo wen? Träger, Lernfelder und Adressaten der Qualifizierung sind in folgender Tabelle 4 zusammengefasst.

Betriebliche Qualifizierungsmaßnahmen unterscheiden sich grundsätzlich danach, in welchem **Lernfeld** sie stattfinden. Maßnahmen, die einer Person erst die Ausübung einer Berufstätigkeit ermöglichen, werden unter dem Begriff **„Training into-the-Job“** bezeichnet.[233] **„Training near-the-Job“** sind Maßnahmen der arbeitsplatznahen Qualifizierung. Die späteren An-

---

229 Vgl. BLEICHER 1991, S. 42–44.

230 Hill/Fehlbaum/Ulrich 1994, S. 141.

231 Vgl. HILL/FEHLBAUM/ULRICH 1994, S. 141.

232 Vgl. Auch GRÜNER 2000, Kap. 6. (Operatives Bildungsmanagement).

233 Vgl. KLIMECKI/GMÜR 2001, S. 205; vgl. im Folgenden als „Urquelle“ dieser Differenzierung: CONRADI 1983, S. 22–25. CONRADI benennt die Maßnahmen noch umfassender als „PE-into-the-Job“, „PE-on-the-Job“ usw.

forderungen des Arbeitsplatzes werden simuliert und deren Erfüllung pädagogisch-didaktisch aufbereitet trainiert.[234]

Wer? (Träger)	Wo? (Lernfelder)	Wen? (Adressaten)
• **Personalmanager** • **Interne Spezialisten** (Bildungsverantwortliche, Personalentwickler, Trainer) • **Externe Spezialisten** (Berater, Trainer, Coaches) • **Führungskräfte** (Teamleiter, Projektleiter, Abteilungsleiter, Geschäftsführer) • **Mitarbeiter** • **Betriebsrat**	• **Berufsvorbereitung** (Into-the-Job) • **Berufsbegleitung** (Off-the-Job, On-the-Job, Near-the-Job) • **Berufsveränderung** (Change-the-Job) • **Berufsausstieg** (Out-of-the-Job)	**Führungskräftequalifizierung** (Management Development) • Top-Führungskräfte • Mittlere Führungskräfte • Nachwuchsführungskräfte • Temporäre Führungskräfte (Projektleiter) **Fachkräftequalifizierung** • Fachspezialisten • Matrixverantwortliche **Mitarbeiterqualifizierung** • Mitarbeiter ohne spezielle Fach- und Führungsverantwortung

Tabelle 4: Bestandteile des operativen Qualifikationsmanagements
Quelle: Eigene Darstellung in Anlehnung an KLIMECKI/GMÜR 2001, S. 205–218; BRÖCKERMANN 2001, S. 373–378; NEUBERGER 1994, S. 176–198.

Konzepte des **„Training on-the-Job“** sind Qualifizierungsmaßnahmen, die als geplante Lernprozesse in die Ausübung der Arbeitstätigkeit integriert sind.[235] Es handelt sich um praxisorientiertes Learning by Doing, also das Lernen im Betrieb während der Arbeitszeit, praktisch kombiniert mit der Arbeitserledigung selbst.[236]

„Training off-the-Job“ hingegen findet losgelöst vom Arbeitsplatz statt und beruht darauf, aus der Distanz zur normalen Tätigkeit und Umgebung neue Einsichten und Motivationen zu erzielen.[237] Das Training kann dabei in einem speziellen Schulungsbereich im Betrieb (z.B. Firmenakademie) oder extern erfolgen.[238]

---

[234] Vgl. dazu HORWALD U.A. 2000.

[235] Vgl. KLIMECKI/GMÜR 2001, S. 208.

[236] Vgl. weiterführend für On-the-Job-Training: SCIUCHETTI 1994; SONNTAG in KLEINMANN/STRAUß 1998; GUNTHER 2001.

[237] Vgl. CONRADI 1983, S. 22 ff.

[238] Vgl. weiterführend für Off-the-Job-Training: LAMMERS in KLEINMANN/STRAUß 1998.

Die Lernfelder Berufsveränderung („**Training to-change-the-Job**") und Berufsausstieg („**Training out-of-the-Job**") sind weitere Handlungsfelder der Personalentwicklung.[239] Eine berufsverändernde, d.h. in diesem Fall berufsverlassende Qualifizierung wird im Rahmen der Konzepte einer lebenszyklusorientierten Personalentwicklung[240] und einer begleiteten Ruhestandsvorbereitung (Outplacement)[241] immer wichtiger. Hier stößt auch das rationale Veränderungsmanagement an seine Grenzen und muss sich dem Entwicklungsbegriff als vorbestimmtem Durchlauf bestimmter beruflicher Lebensphasen anpassen.[242]

Wichtige Instrumente und Methoden der Qualifizierung werden in der folgenden Tabelle 5 nun denjenigen Lernfeldern zugeordnet, in denen sie hauptsächlich zum Einsatz kommen. Im **Learning On-the-Job** sind dies vor allem Methoden zur qualifikationsfördernden Gestaltung oder zum Wechsel des Arbeitsplatzes, zur planmäßigen Unterweisung und vielfältige Instrumente zur Übertragung zusätzlicher, aber meist begrenzter Aufgaben und Verantwortung mit erhoffter Qualifizierungswirkung.

Die Methoden des **Learning Off-the-Job** unterscheiden sich hinsichtlich des Grades an Beeinflussung durch Dritte (vom Selbststudium bis zum Lehrgespräch), durch die verschiedenen Sozialformen und dem Grad der Aktivität im Training und Unterricht. Besonders hohe Nachfrage erfahren derzeit solche Instrumente, welche individuelle Veränderungsprozesse **(Into-the-job, Change-the-job und Out-of-the-job)** beratend begleiten und unterstützen. Dies sind in erster Linie Coaching, Mentoring und Supervision.[243]

---

239 Vgl. CONRADI 1983, S. 25.

240 Vgl. Sattelberger in Sattelberger 1995; Graf 2001.

241 Vgl. HEYMANN/MOTZ 1989; SCHOLZ 1994, S. 255.

242 Vgl. Zelle B1 in Tabelle 1, Kapitel 2.3.1.

243 Vgl. zu Lernpartnerschaften, Mentoring und individueller Beratung WEINGARTNER 1994; TEUCHERT 1995; BECK/SCHWARZ 1997; zu Supervision CONRADS 1997; BELARDI 2002; zu Coaching RAUEN 1999; SCHREYÖGG 2001.

On-the-Job	Off-the-Job	Into-the-Job
Qualifikationsfördernde Arbeitsgestaltung • Job-Enlargement (= Hinzufügung qualitativ gleichwertiger Aufgaben) • Job-Enrichment (= Anreicherung der Arbeitsinhalte) **Geplanter Arbeitsplatzwechsel** • Job-Rotation • Traineeprogramm **Planmäßige Unterweisung am Arbeitsplatz** • Leittextmethode • Lehrunterweisung • Gelenkte Erfahrungsvermittlung **Übertragung von Sonderaufgaben** • Einbeziehung in den Personalauswahlprozess • Eigenverantwortliches Führen von Kunden- und Lieferantengesprächen • Leitung und Moderation von Besprechungen • Halten von Vorträgen und Referaten • Mitarbeit in Projektgruppen • Mitarbeit an externen Forschungsprojekten • Einsatz als Mentor • Verfassen von Fachartikeln • Auslandseinsätze **Mehrgleisige Unternehmensführung** • Juniorfirma • Junior Board **Übertragung begrenzter Verantwortung** • Übernahme von Budget- und Ergebnisverantwortung • Übernahme begrenzter Führungsverantwortung • Stellvertretertätigkeiten • Übernahme einer Assistentenstelle • Einsatz als Leiter eines Projektteams • ...	**Methoden mit Dominanz der unterweisenden Person** • Vortrag • Lehrgespräch • Fachlehrgänge (Seminare/Schulungen) • Tagungen/Konferenzen **Aktivitätsorientierte Einzel- oder Gruppenarbeit** • Fallstudien • Planspiel • Workshops • Gruppendynamisches Training (Sensitivity Training) • Rollenspiel • Verhaltenstraining • Teamtraining **Lernpartnerschaften und Beratung** • Mentoring • Coaching • Supervision • Mitarbeitergespräch **Selbststudium** • Fernunterricht • Computer Based Training (CBT) • Programmierte Unterweisung • ...	• Berufsausbildung • Einarbeitung • ... **Near-the-Job** • Werk- und Lernstatt • Entwicklungsarbeitsplatz • Qualitätszirkel • ... **Change-the-job** • Umschulung • Berufliche Rehabilitation • ... **Out-of-the-job** • Outplacement • Mentoren-/Patenschaft • Senior Consultant-Modell • ...

Tabelle 5: Struktur betrieblicher Lernfelder und Beispiele
Quelle: Eigene Darstellung.

3.1.1.4 Zusammenfassung und Kritik

Zusammenfassend können an dieser Stelle folgende Punkte aus Sicht der Personalökonomie festgehalten werden:

- Betriebliche Qualifizierung ist eine Managementfunktion, welche in die Gesamtstrategie und das Gesamtzielsystem des Unternehmens eingebunden ist. Sie wird gestaltet als systematisches, didaktisch-methodisch fundiertes, planvolles und institutionalisiertes Vorgehen im Rahmen eines Managementprozesses, welcher als periodisch zu durchlaufender Regelkreis von Planung, Durchführung und Kontrolle verstanden wird.
- Der Qualifikationsbedarf wird aus dem Gesamtzielsystem des Unternehmens abgeleitet, mit den individuellen Zielen des Mitarbeiters abgestimmt und mit den identifizierten Qualifikationsbeständen des Mitarbeiters abgeglichen. Daraus ergibt sich der Qualifizierungsbedarf.
- Das betriebliche Qualifikationsmanagement verfolgt die Erreichung normativer, strategischer und operativer Qualifizierungsziele. Für die Erfolgsmessung sind diese Ziele nach Inhalt, Ausmaß und Zeitbezug zu operationalisieren.
- Zum Zweck der Erfolgskontrolle und Bewertung werden Qualifizierungsinvestitionen anhand geeigneter Evaluationsinstrumente in Relation zur Zielerreichung gesetzt. Die Messung des Handlungserfolgs in betrieblichen Arbeitssituationen steht im Vordergrund.

HANFT 1998 kritisiert im Anschluss an NEUBAUER 1991/1994 die personalökonomische Perspektive, da die darin enthaltenen Mechanismen, wie z.B. die Zusammenführung von Mitarbeiter- und Unternehmensinteressen im Rahmen der Personalentwicklung, normative Setzungen seien, die nichts mit der „wirklichen Welt" der Personalentwicklung zu tun hätten.[244]

Nach FELSCH, einer weiteren Vertreterin der verhaltenstheoretischen Personalentwicklungsforschung, ist es realitätsnaher, „von einem potentiellen Konflikt- statt von einem Harmonieverhältnis auszugehen."[245] Sie kritisiert im Weiteren eine mit dem Lückenkonzept verbundene formalistische und reduktionistische Behandlung des Bezugssubjekts in der Personalentwicklung und weist darauf hin, dass die personalökonomische Perspektive systemische Zusammenhänge außer Acht lässt.[246]

---

[244] HANFT 1998, S. 10.

[245] FELSCH 1999, S. 53.

[246] Vgl. FELSCH 1999, S. 85.

Die personalökonomische Perspektive wird aufgrund dieser Kritik nicht aufgegeben, sondern im Folgenden um eine system- und handlungstheoretische Betrachtung ergänzt. Dies geschieht in der Absicht, durch verhaltenstheoretische Analysen die Schwächen der personalökonomischen Sicht aufzudecken und dadurch einen zusätzlichen Erkenntnisgewinn für die weitere Bearbeitung zu sichern.

3.1.2 Qualifizierung als Handlungsfeld mikropolitischer Subsysteme

3.1.2.1 Vorbemerkungen zur system- und handlungstheoretischen Betrachtung

FELSCH bemängelt, „daß es in der Personalentwicklungsforschung an einem ... Bezugsrahmen fehlt, der die Akteursperspektive konzeptionell berücksichtigt“[247]. Sie zeigt in einer organisationstheoretischen Untersuchung, dass es mehr als nur die oben benannten zwei Zielsetzungen von Unternehmen und Mitarbeiter gibt, sondern jeder Akteur im Feld der Personalentwicklung eigene Ziele verfolgt.[248] FELSCH fordert deshalb für die Personalentwicklungsforschung einen um die Systemperspektive erweiterten handlungstheoretischen Bezugsrahmen und schlägt dazu das organisationstheoretische Konzept der Mikropolitik vor.[249]

Im Mittelpunkt einer mikropolitischen Betrachtung betrieblicher Prozesse stehen die Handlungen der betroffenen Akteure in der (Mikro)-Organisation Betrieb.[250] Menschen handeln in betrieblichen Kontexten immer politisch,[251] d.h. die Organisationsmitglieder verfolgen in ihren Handlungen eigene Interessen, Ziele und Bedürfnisse, die zumindest teilweise mit den Interessen und Zielen anderer kollidieren,[252] und nutzen organisationale Ungewissheitsbereiche als Machtquellen, um ihre Autonomiezonen zu bewahren und zu erweitern.[253]

Davon ausgehend erweitert die folgende Betrachtung den Bezugsrahmen und skizziert die verschiedenen Akteure in der Qualifizierung, stellt ihre unterschiedlichen Zielsetzungen dar, lotet mögliche Interessenskonflikte aus und leitet schließlich aus dieser Analyse mikropolitische Prämissen für das betriebliche Qualifikationsmanagementsystem ab.

Die Rahmenbedingungen der Qualifizierung werden in der personalökonomischen Perspektive als Daten betrachtet, welche die betriebliche Qualifizierung als außerbetriebliche Bedin-

---

247 FELSCH 1999, S. 8.
248 Vgl. FELSCH 1999 (Personalentwicklung und organisationales Lernen).
249 Vgl. FELSCH 1999, S. 9.
250 Vgl. FELSCH 1999, S. 16.
251 Vgl. FELSCH 1999, S. 20.
252 Vgl. DICK 1992.
253 Vgl. FELSCH 1999, S. 25.

gungsgrößen[254] im Sinne ökonomischer, rechtlicher und gesellschaftlicher Faktoren beeinflussen und bestimmen.[255] Im systemischen Verständnis werden alle nicht dem Betrieb zurechenbaren Akteure und Elemente als „Umsystem" zusammengefasst, mit welchem das System und dessen Subsysteme in wechselseitiger Verbindung steht.

Fallweise wird im Folgenden auf Interdependenzen der Subsysteme mit dem Umsystem verwiesen. Aufgrund der gebotenen Kürze klammert die folgende Betrachtung das Umsystem aus, da sich diese Untersuchung auf die Ebene der Anspruchsgruppen sowie Geschäfts- und Entscheidungsprozesse im Betrieb konzentriert.

3.1.2.2 Akteure im Feld der betrieblichen Qualifizierung

Akteure im Feld der betrieblichen Qualifizierung können nach der handlungstheoretischen Definition sowohl Adressaten als auch Träger von Qualifizierungsmaßnahmen sein oder sie sind beratende, unterstützende oder entscheidende Dritte. Die Akteure im operativen betrieblichen Qualifikationsmanagement wurden bereits als „Träger der Personalentwicklung" eingeführt (vgl. Tabelle 4).[256]

Die weiteren Aussagen sollen für diese Arbeit in Anlehnung an THOM nach sechs Akteursgruppen segmentiert werden.[257] Abbildung 4 zeigt eine idealtypische Ausdifferenzierung von Funktionen und Institutionen in Abhängigkeit von der Betriebsgröße über die Zeit.[258]

In der weiteren Bearbeitung wird von einem Betrieb ausgegangen, der sich in der gezeigten Weise funktional ausdifferenziert hat, d.h. die gezeigten sechs Subsysteme bzw. Akteursgruppen aufweist. Die weitere Analyse zeigt, mit welchem Verständnis und mit welchen Ansprüchen sich die verschiedenen Funktionsbereiche mit dem Themenkomplex der betrieblichen Qualifizierung befassen.[259]

---

254 Vgl. z.B. das Modell von THOM 1993.

255 Eine differenzierte Analyse der externen Einflussfaktoren bietet DIEDRICH 1998.

256 Es sind dies: **Personalmanager** (Personalleiter, Personalreferenten); **interne Spezialisten** (Bildungsverantwortliche, Personalentwickler, Trainer); **externe Spezialisten** (Berater, Trainer); **Führungskräfte** (Teamleiter, Projektleiter, Abteilungsleiter, Geschäftsführer); **Mitarbeiter**; (ggf.) formelle **betriebliche Interessenvertretungen** (Betriebsrat, Personalrat).

257 Vgl. THOM 1987, S. 348–349.

258 Vgl. zum Konzept eines idealtypischen Verlaufs der Unternehmensentwicklung BLEICHER 1991, S. 792–795.

259 Vgl. ähnlich auch FAIX 2004, S. 124.

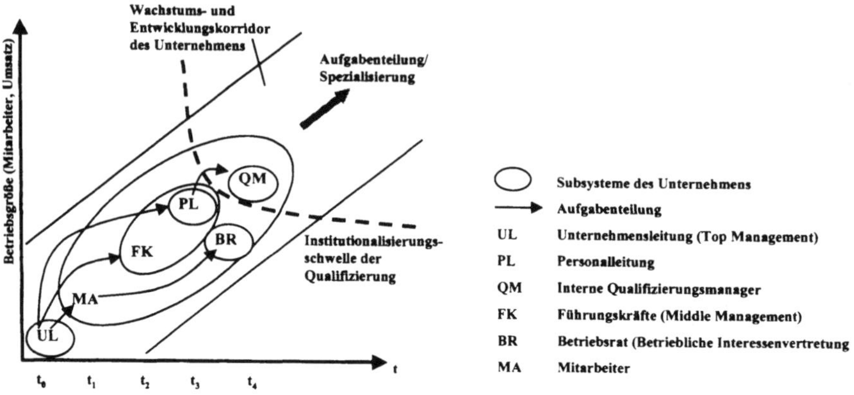

Abbildung 4: Organisationsentwicklung im Qualifikationsmanagement
Quelle: Eigene Darstellung in Anlehnung an BLEICHER 1991, S. 793. Vgl. auch MÜLLER/FUGE 2004, S. 68; KLOCKE/GMÜNDEN/RITTER 2004, S. 181–182.

3.1.2.2.1 Unternehmensleitung (Top Management)

Zum Zeitpunkt der Unternehmensgründung (t_0) besteht das Unternehmen nur aus der Unternehmensleitung, welche bei Wachstum des Betriebes (t_1) Mitarbeiter einstellt und an diese Aufgaben delegiert (Aufgabenteilung). Die Person bzw. die Personen der Unternehmensleitung sind die obersten Führungskräfte (Top Manager) und damit die Träger der unternehmenspolitischen Entscheidungen.[260]

Unter Aufsicht ggf. eingesetzter Kontrollorgane bestimmen sie die langfristigen Ziele und die grundlegenden Strategien des Unternehmens und tragen so die Verantwortung für den Bestand des Unternehmens und für die Erwirtschaftung der gewünschten Rendite. Wird Personalpolitik im Sinne einer Bestimmung über das Leistungspotenzial Personal von der Unternehmensleitung als Teil der Unternehmenspolitik begriffen, werden personalwirtschaftliche Ziele strategischer Natur aus den Unternehmenszielen abgeleitet und im Rahmen des Personalmanagements weiter verfolgt. Für DRUMM hat die Unternehmensleitung deshalb unter den Trägern der Personalwirtschaft „die wichtigsten Funktionen wahrzunehmen."[261]

---

260 Vgl. SIEBER 1974, Sp 15731574.

261 DRUMM 2000, S. 40.

Unternehmensführer sehen die Funktion von Personalentwicklungsmaßnahmen vornehmlich in der Sicherstellung der Leistungsfähigkeit der Mitarbeiter an ihrem Arbeitsplatz.[262] Entsprechende Teilziele sind nach KRÄKEL dann in der Summe **Allokations- und Matchingziele**, d.h. die ziel- und zeitoptimale Verteilung (Allokation) von qualifizierten Personen auf die vorhandenen Positionen (Matching).[263] „Entscheidend hierfür ist ..., daß die für den Betrieb notwendigen Qualifikationen vorhanden und die Stellen im Betrieb möglichst zu jedem Zeitpunkt mit einem geeigneten Arbeitnehmer besetzt sind.“[264] Die wichtigsten Schritte dahin sind der Aufbau, die Aktivierung, die Anpassung und die Erhaltung eines dafür notwendigen qualifikatorischen Mitarbeiterpotenzials.[265]

Zwar behält sich die Unternehmensleitung personalstrategische Entscheidungen wie z.B. Festeinstellungen und Neuschaffung von Stellen aufgrund der damit ausgelösten Kosten meistens vor,[266] delegiert jedoch operative Aufgaben wie z.B. Entgeltabwicklung und Schulung der Mitarbeiter schon bei geringer Betriebsgröße an Externe (z.B. Steuerberater, IHK etc.) oder bei weiterem Wachstum des Personalbestandes (zum Zeitpunkt t_3, vgl. Abbildung 4) auch an eine interne Personalleitung. Man könnte vermuten, dass die Unternehmensleitung aufgrund der großen Bedeutung des Kostenfaktors Personals Qualifizierungsfragen vorrangig behandelt. Tatsächlich sind Personalentwicklungsthemen in den Unternehmensleitungen jedoch sekundärer Natur, wobei die Bedeutung, die der Qualifizierung beigemessen wird, stark von den individuellen Unternehmerpersönlichkeiten abhängt.[267]

3.1.2.2.2 Personalleitung

Da die Unternehmensleitung sich Entscheidungen zur strategischen Personalpolitik meist vorbehält, stehen administrative sowie verfahrenstechnische Fragen im Vordergrund, wenn personalwirtschaftliche Problemstellungen aus Sicht der Personalleitung diskutiert werden.[268] Eine Auswertung von 27 empirischen Studien im Bereich der Personalforschung durch SACKMANN/ELBE bestätigt dies.[269] Obwohl die Personalleiter ihre eigene Tätigkeit als wichtig einschätzen, erachten sie diese nicht als Schlüsselfaktor für den betrieblichen Erfolg.[270] Innerhalb der Personalarbeit aber sehen sie die Personalentwicklung als eine der drei wichtigsten

---

262 Vgl. BECKER 2003, S. 15; vgl. ähnlich in einer früheren Untersuchung STEINKAMP 1989, S. 325.
263 Vgl. KRÄKEL 1999, S. 103–116.
264 KRÄKEL 1999, S. 104.
265 Vgl. BALZEREIT 1980, S. 11.
266 Vgl. KRAKEL 1999, S. 13.
267 Vgl. STEINKAMP 1989, S. 352; vgl. auch Kapitel 3.1.3.2.1.
268 Vgl. KRÄKEL 1999, S. 13–14.
269 Vgl. SACKMANN/ELBE 2000.
270 Vgl. SACKMANN/ELBE 2000, S. 131.

Zukunftsaufgaben.[271] Dabei stehen folgende Ziele und Maßnahmen der Personalentwicklung für die Personalleiter im Vordergrund: Durch den internen Aufbau der benötigten Qualifikationspotenziale kann die Abhängigkeit vom externen Arbeitsmarkt verringert werden und durch attraktive Qualifizierungsprogramme können Anreize zur Leistungs- und Produktivitätssteigerung geschaffen werden.[272]

Im Rahmen der Qualifizierung geht es für die Personalleitung vorwiegend um methodisch-technische Fragestellungen. Da die Personalleiter nach SACKMANN/ELBE den Einfluss der Personalarbeit auf den Unternehmenserfolg im Vergleich zu anderen Funktionen eher nachrangig einstufen, kann vermutet werden, dass auch die gezielte Qualifizierung zum Zweck des Erreichens strategischer Unternehmens- und Abteilungsziele eher vernachlässigt wird bzw. operative Ad-hoc-Qualifizierung im Vordergrund steht. SACKMANN/ELBE betonen deshalb die Notwendigkeit einer stärkeren Anbindung des Personalmanagements an das strategische Management (der Unternehmensleitung)[273], auch um damit das Selbstverständnis des Personalmanagements zu stärken und Personalprozesse besser mit den Unternehmensstrategien zu verzahnen.

3.1.2.2.3 Interne Qualifizierungsmanager

Mit zunehmender Betriebsgröße und Ausdifferenzierung der Stellen wird die Funktion des Qualifikationsmanagements aus der Personalmanagementfunktion teilweise oder ganz herausgelöst und die entsprechenden Aufgaben auf eine eigene Position übertragen (zum Zeitpunkt t_4, vgl. Abbildung 4). Innerhalb des Wachstums- und Entwicklungskorridors des Unternehmens wird damit die personelle Institutionalisierungsschwelle der Qualifizierung überschritten. MÜNCH unterscheidet die Qualifizierungsmanager je nach Ausprägung der Managementfunktion in Ausbilder, Weiterbildner/Trainer und Personalentwicklungsmanager.[274] Während die **Ausbilder** im Rahmen des Dualen Systems den betrieblichen Teil der beruflichen Erstausbildung organisieren und zum Teil auch selbst durchführen, sind **Weiterbildner/Trainer** vor allem in der operativen Umsetzung der betrieblichen Qualifizierung tätig. In der vorliegenden Untersuchung ist insbesondere die dritte Gruppe der strategisch-konzeptionell arbeitenden **Personalentwicklungsmanager** im Fokus.[275]

---

271 Vgl. auch BECKER 2003, S. 17.

272 Vgl. MENTZEL 2001, S. 10–11; vgl. auch KLEIN-SCHNEIDER 2003.

273 Vgl. SACKMANN/ELBE 2000, S. 131.

274 Vgl. MUNCH 1995, S. 109131.

275 In vielen Betrieben wird der Personalentwicklungsmanager auch „Personalentwickler" oder noch kürzer „PE-ler" genannt. Da diese Bezeichnung die Managementfunktion in den Hintergrund rückt, harmoniert sie nicht mit der oben eingeführten Definition von „Personalentwicklung" und wird daher nicht verwendet.

Eine Studie von MÜNCH über die wichtigsten Funktionen des Personalentwicklungsmanagers im Betrieb unterstreicht dessen zentrale Bedeutung als Manager des Qualifizierungsprozesses.[276] Deshalb wird er in dieser Arbeit vorerst als **Qualifizierungsmanager** bezeichnet. Dieser Spezialist kann auf die unterschiedlichste Art organisatorisch im Unternehmen verankert sein. Denkbar sind z.B. die Eingliederung in die Linie der Personalabteilung, als Stab der Personalleitung, als zentrales Service-Center oder als Profit-Center.[277] Eine zunehmend wichtige Aufgabe des Personalentwicklungsmanagers ist nach der Untersuchung von MÜNCH und nach einer jüngeren Untersuchung von BECKER[278] auch die Beratung sowohl der Teilnehmer an Qualifizierungsmaßnahmen als auch der weiteren an der Qualifizierung direkt beteiligten Personen (Führungskräfte, Ausbilder, Trainer). Der Personalentwicklungsmanager berät jedoch selten die Unternehmensleitung – ein zusätzliches Indiz für die schwache Anbindung der Personalfunktionen an die Unternehmensleitung.[279]

Die zunehmende Bedeutung des Qualifikationsmanagers als interner Berater und Coach bringt ihn zunehmend in die Rolle des Mediators und Konfliktlösers.[280] Damit übernimmt er eine schwierige Position der Vermittlung zwischen den Forderungen und Ansprüchen der an der Qualifizierung beteiligten Gruppen und benötigt eine hohe Integrationsfähigkeit, um im Spannungsfeld der verschiedenen Zielsetzungen bestehen zu können. Sein vorrangiges Ziel muss es nach HANFT deshalb sein, mit einem guten „Gespür für machtstrategische Fragen"[281] die eigene Reputation im Betrieb zu erhalten und erhöhen, um als qualifizierter und kompetenter Gesprächspartner und Berater anerkannt und akzeptiert zu werden. Ohne einen hauptberuflichen Qualifikationsmanager fehlt dem Qualifikationsmanagement insgesamt der „Promotor"[282] bzw. der „Facilitator"[283] (Förderer).

3.1.2.2.4 Führungskräfte (Middle Management)

Mit zunehmender Anzahl von Mitarbeitern im Unternehmen sind von der Unternehmensleitung auch zunehmend Führungsaufgaben wahrzunehmen. Sukzessive werden diese Aufgaben delegiert und durch die Berufung von Führungskräften eine erste Zwischenebene in der Hierarchie eingeführt (zum Zeitpunkt t_2, vgl. Abbildung 4). Zu den Führungskräften sind gemäß

---

276 Vgl. MÜNCH 1995, S. 114–127.

277 Vgl. FIEDLER 1994; BECKER 2003, S. 16. Überbetriebliche Kooperationsmodelle, z.B. im Qualifizierungsverbund werden hier nicht eingerechnet. Zu Verbundmodellen siehe WÜRKNER 2001; JÜLICHER 2001.

278 Vgl. BECKER 2003, S. 16.

279 Vgl. MÜNCH 1995, S. 127.

280 Vgl. auch SCHREYÖGG 2001, S. 47–62 (Coaching als innovative Form der Personalentwicklung).

281 Vgl. HANFT 1998, S. 273.

282 Vgl. HANFT 1998, S. 144.

283 BECKER 2003, S. 16.

SIEBER „alle diejenigen Mitarbeiter ... zu rechnen, die an den Führungsfunktionen, d.h. an der Planung, Ausführung und Kontrolle von Entscheidungen durch zielgerichtete Steuerung und Überwachung des Einsatzes von Menschen und Mitteln beteiligt sind.“[284] Diese funktionale Definition schließt die Führungskräfte aller Hierarchiestufen und Führungskräfte ohne Personalverantwortung mit ein. Zur besseren Abgrenzung werden Führungskräfte im Folgenden institutionell definiert als Personen des „mittleren Managements“, welche gegenüber anderen Personen weisungsbefugt sind, aber nicht zur Unternehmensleitung zählen.[285]

Führungskräfte sind immer stärker in der Rolle des selbstverantwortlichen Team-Managers gefordert.[286] Vor allem in dezentral organisierten Abteilungen übernehmen die Führungskräfte weitgehend das Qualifizierungsmanagement für ihr Mitarbeiterteam.[287] Die internen Qualifizierungsmanager haben dann die Aufgabe, ein „Managementunterstützungssystem“[288] bereitzustellen. Außerdem beraten sie die Führungskräfte über die Leistung des Systems und bei Problemen mit den Teams.

Die Führungskräfte sind per Definition in das Zielsystem des Unternehmens eingebunden, verfolgen also die aus den Unternehmenszielen abgeleiteten Abteilungsziele. Auf die Qualifizierung bezogen heißt das, die Führungskräfte müssen sicherstellen, dass die qualifikatorischen Voraussetzungen zur Erreichung der Unternehmensziele in ihrem Team heute und in Zukunft vorhanden sind und auch in einer entsprechenden Zielerreichung (Performance) umgesetzt werden.[289]

Durch entsprechende Qualifizierung ihrer Teammitglieder erwartet die Führungskraft

- eine optimierte Erreichung der Abteilungsziele,
- eine Verbesserung des Qualifikationsniveaus ihrer Gruppe und
- eine qualifikatorische Sicherstellung für zukünftige Aufgaben des Teams.[290]

Gleichzeitig muss sie die individuellen Qualifizierungs- und Karriereziele der Teammitglieder berücksichtigen und innerhalb des Teams oder im Konflikt mit Nachbarteams und anderen Anspruchsgruppen, wie z.B. dem Betriebsrat, harmonisieren. Daneben hat auch die Füh-

---

284 SIEBER 1974, Sp. 1571.

285 Vgl. HAHN, D. 1996, S. 33.

286 Vgl. auch THÖNNEBEN 1996.

287 Vgl. BECKER 2003, S. 16; vgl. auch FIEDLER'S dezentrales Modell der Personalentwicklung auf der Basis der Profit-Center-Konzeption bei FIEDLER 1994.

288 Vg. BRUNS 1998.

289 Vgl. STEHLE 1999, S. 207.

290 Vgl. COMELLI 1999, S. 407.

rungskraft eigene Qualifizierungs- und Karriereziele, die sie durch ihre Führungstätigkeit (und damit auch durch ihre Qualifizierungsarbeit) verfolgt.

Insbesondere hier kann es einerseits zu **Zielkonflikten** mit **Allokationszielen** der Unternehmensleitung kommen. Dies ist dann der Fall, wenn z.B. Führungskräfte Leistungsträger ihres Bereiches für die Höherpositionierung identifizieren sollen (Allokationsziel der Unternehmensleitung) und gleichzeitig anspruchsvolle Bereichsziele verfolgen, die aber durch den Weggang dieser Leistungsträger gefährdet sind. Andererseits kann es zu Zielkonflikten mit **Karrierezielen** ihrer Mitarbeiter kommen: wenn z.B. ein Mitarbeiter das Karriereziel der Höherpositionierung anstrebt, verliert die Führungskraft durch eine entsprechende Förderung des Mitarbeiters unter bestimmten Bedingungen ihre Machtposition innerhalb des Bereichs. Hier bergen besonders die Nachfolge- oder Stellvertreterqualifizierung hohes Konfliktpotenzial.

3.1.2.2.5 Betriebsrat (Betriebliche Interessenvertretung)

Der Betriebsrat, der von FASSBENDER aufgrund der Befugnisse des BetrVG sogar als „Teil des Führungskorps im Unternehmen" interpretiert wird,[291] hat klare Mitwirkungs- und Mitbestimmungsrechte im Bereich der Qualifizierung.[292] Der Betriebsrat tut sich aber im Allgemeinen schwer mit diesem Mitbestimmungsfeld. In einer repräsentativen Befragung zur Personalentwicklung in deutschen Unternehmen antworteten 82,2% der Befragten, dass „Betriebsräte ...bei Teilnahmeentscheidungen eine untergeordnete Rolle [spielen]"[293]. Die Mitbestimmungspolitik der Betriebsräte im Bereich Personalentwicklung bewegt sich in einem Spannungsfeld von ökonomischen Notwendigkeiten und sozialen Forderungen und wirkt laut einer mikropolitischen Studie von AUER vor allem egalisierend, was im Gegensatz zum Postulat der individuellen, bedarfsgerechten Förderung steht.[294]

Die Zurückhaltung der Betriebsräte ist nach FELSCH neben der Unbestimmtheit und Interpretationsbedürftigkeit der Rechtslage vor allem auf die Tendenz zur Dezentralisierung der betrieblichen Personalarbeit und die zunehmende Abhängigkeit der Qualifizierungsaktivitäten von Vorgesetzten zurückzuführen.[295] AUER zeigt, dass „die Rolle des Betriebsrates im betrieblichen Politikfeld PE ... insgesamt als eher bescheiden eingeschätzt werden [muss]"[296] und fordert deshalb ein neues Selbstverständnis des Betriebsrats.

---

[291] FASSBENDER 1975, Sp. 887.

[292] Vgl. die Zusammenstellung der relevanten §§ des BetrVG bei SKUPNIK 2003, S. 204–207.

[293] BECKER 2003, S. 16.

[294] Vgl. AUER 1994.

[295] Vgl. FELSCH 1999, S. 50, Fußnote 41.

[296] AUER 1994, S. 185.

Eine Möglichkeit, die in größeren Betrieben ausgeschöpft wird, ist auch hier, eine weitere Spezialisierung vorzunehmen und einen Ausschuss für Ausbildungs-, Weiterbildungs- und Qualifizierungsangelegenheiten zu bilden, welcher sich intensiv in dieses Gebiet einarbeitet und hier die Mitbestimmung wahrnimmt.[297] Auch durch jüngere Entwicklungen auf der Ebene der Tarifparteien ergeben sich neue Spielräume für das Mitgestaltungsrecht der betrieblichen Interessenvertretungen. So werden z.B. den Betriebsräten im traditionellen Pilotgebiet der baden-württembergischen Metallindustrie durch den neuen Qualifizierungstarifvertrag[298] Mittel an die Hand gegeben, bei gleichzeitigem Einbezug aller Mitarbeiter eine individuelle Förderung zu ermöglichen.[299]

3.1.2.2.6 Mitarbeiter

Als Mitarbeiter werden in dieser Arbeit alle Personen im Betrieb bezeichnet, die im Gegensatz zu den Führungskräften nicht mit formeller Macht ausgestattet sind, sondern als „Unterstellte" von „Vorgesetzten" zur Zielerreichung „geführt" werden.[300] In diesem hierarchischen Führungsverständnis ist in erster Linie auch die Führungskraft dafür verantwortlich, dass der Mitarbeiter die zur Zielerreichung erforderlichen Qualifikationen besitzt bzw. aufbaut, aktiviert, anpasst und erhält. Die Mitarbeiter verfolgen unabhängig von den hierarchisch explizit oder implizit „verordneten" Qualifikationszielen auch persönliche, individuelle Ziele. Diese ebenfalls impliziten Ziele können zum Teil in Zielgesprächen mit den Führungskräften auch expliziert werden. Als Ziele der Mitarbeiter werden insbesondere die berufliche Entwicklung und persönliche Entfaltung, Arbeitszufriedenheit und des Weiteren Arbeitsplatzsicherheit und Karrierechancen genannt.[301]

DRUMM vermutet das größte Konfliktpotenzial zwischen den individuellen Zielen der Mitarbeiter und den wirtschaftlichen Zielen der Unternehmensführung.[302] Idealerweise werden Unternehmensziele top-down über die Hierarchiestufen heruntergebrochen. Gleichzeitig werden sie aber von den Führungskräften gefiltert und den Abteilungs- und persönlichen Zielen der Führungskraft angepasst. Insofern der Mitarbeiter auf seiner Stelle bleiben möchte, arbeiten

---

297 Vgl. SKUPNIK 2003, S. 54–55.

298 Im „Tarifvertrag zur Qualifizierung" der Metall- und Elektroindustrie Nordwürttemberg/Nordbaden Süd-württemberg-Hohenzollern/Südbaden vom 19.06.2001 ist unter § 3.1 festgehalten: „Beschäftigte haben Anspruch auf ein regelmäßiges Gespräch mit dem Arbeitgeber, in dem gemeinsam festgestellt wird, ob ein Qualifizierungsbedarf besteht. Soweit ein Qualifizierungsbedarf besteht, werden die notwendigen Qualifizierungsmaßnahmen vereinbart." Vgl. auch IG METALL-BEZIRK BADEN-WÜRTTEMBERG 2001.

299 Siehe auch KAILER U.A. 2001 S. 37–38; Vgl. auch BREISIG 1993.

300 Vgl. ECKARDSTEIN/SCHNELLINGER 1978, S. 107–108.

301 Vgl. BECKER 2003, S. 15; vgl. dazu auch ROSENSTIEL/LANG-VON WINS/SIGL 1997.

302 Vgl. DRUMM 2000, S. 382.

beide Seiten an der Optimierung der Passung von Qualifikationsanforderung und Qualifikationsangebot durch den Mitarbeiter. Verfolgt der Mitarbeiter vorwiegend Karriereziele, hat die Führungskraft und u.U. auch die Unternehmensleitung ein Matchingproblem, welches aus Sicht des Verfassers nur mit einer langfristig und strategisch angelegten, dynamischen Karriereplanung für beide Seiten befriedigend gelöst werden kann.

3.1.2.3 Zusammenfassung

Zu untersuchen war, welche Funktionen die verschiedenen Akteure im Rahmen des Qualifizierungsmanagements wahrnehmen, mit welchem Selbstverständnis sie diese Aufgaben angehen, welche eigenen Interessen, Ziele und Bedürfnisse die Organisationsmitglieder in ihren Handlungen verfolgen und welche Zielkonflikte auftreten können. Es zeigt sich, dass die Akteure unterschiedliche Zielsetzungen mit der Qualifizierung verbinden und es zu vielerlei Zielkonflikten kommen kann. Die alleinige Betrachtung des „klassischen“ Zielkonflikts der Personalentwicklung, also zwischen Mitarbeiter und Unternehmen, scheint der betrieblichen Wirklichkeit nicht zu entsprechen. Mitarbeiter sind dahingehend zu differenzieren, welche Rolle sie im Qualifizierungsgeschehen des Unternehmens einnehmen und auch das Unternehmen ist nicht eindimensional und „gesichtslos“[303], sondern wird repräsentiert durch Leitungspersonen und Führungskräfte.

Im Folgenden werden deshalb alle relevanten Akteure in die Betrachtung einbezogen und die Akteure als unterschiedlich motiviert Handelnde im mikropolitischen Feld des Betriebes betrachtet. Weiterhin ist nach Auswertung der vorliegenden Studien zu vermuten, dass die Akteure ein institutionalisiertes Qualifikationsmanagement eher akzeptieren, wenn die Ziele und Bedürfnisse aller relevanten Akteure in der Mikro-Organisation Betrieb berücksichtigt werden und die Beschneidung oder Erweiterung der individuellen Handlungsspielräume der verschiedenen Akteure ausbalanciert gestaltet wird.[304]

Unternehmen, welche die personelle Institutionalisierungsschwelle der Qualifizierung aufgrund der Betriebsgröße und/oder der mangelnden Bereitschaft der Unternehmensleitung zur Professionalisierung der Qualifizierungsfunktion noch nicht überschritten haben, fehlt der personalisierte Kristallisationspunkt des Qualifikationsmanagements.

Diese Unternehmen tendieren zu unsystematischer und eher reaktiver Qualifizierung mit einem hohen Anteil an extern beschafften Standardlösungen,[305] während Betriebe mit fest insti-

---

303 NEUBERGER 1994, S. 8.
304 Vgl. dazu auch MÜNCH 1997, S. 13.
305 Vgl. ALTEN/WEISS 2000, S. 9–46.

tutionalisierten, intern geführten Qualifikationsmanagementsystemen mehr konzeptionelle, vorausschauende und systematische Qualifizierung betreiben.

3.1.3 Analyse ausgewählter Problemfelder

Aus den vorangegangenen Betrachtungen ergeben sich für die zielgerichtete und gleichzeitig praxisgerechte Konzeptionierung eines Qualifikationsmanagementsystems verschiedene Problembereiche, die entweder durch die Setzungen der personalökonomischen Perspektive, durch die Zielkonflikte der mikropolitischen Akteure oder durch die Konflikte zwischen ökonomischer Rationalität und mikropolitischen Interessen entstehen. Im folgenden Kapitel werden ausgewählte Problemfelder analysiert und daraus Konsequenzen für die Gestaltung der betrieblichen Qualifizierung gefolgert.

3.1.3.1 Personalökonomische Problemfelder

3.1.3.1.1 Machbarkeit von Qualifizierung?

Die personalökonomische Perspektive geht von der Machbarkeit, d.h. „Herstellbarkeit“ von Qualifizierung aus. Qualifikationen werden in einem expliziten Vorgang rational gesteuerter Qualifizierung „produziert“. Im verhaltenstheoretischen Verständnis läuft Entwicklung und Lernen auch ungesteuert und selbstorganisiert ab, nach vorbestimmten Phasen oder mit einer evolutionären Eigendynamik.[306] Damit stellt sich die didaktisch-methodische Frage, ob und wenn ja inwieweit der rationale Qualifizierungsprozess von impliziten Lernprozessen „abgetrennt“ werden kann und wie die Unterscheidung zu treffen ist zwischen permanenter, informell ungesteuerter Entwicklung und fallweise einsetzender, formell gesteuerter, standardisierter und institutionalisierter Vermittlung von Qualifikationen.

Der Erziehungswissenschaftler FAULSTICH bezeichnet die Vorstellung der eindeutigen Planbarkeit des Lernerfolgs durch entsprechende „didaktische Zurüstung“ der Rahmenbedingungen als illusorisch und kontraproduktiv.[307] Auch andere Autoren warnen vor einer Renaissance des „Nürnberger Trichters“[308] in der betrieblichen Qualifizierung.[309] FAULSTICH bezeichnet entsprechende Lehr-Lern-Konzepte als „Herstellungsdidaktik“, welche Individuen zu

---

306 Vgl. Tabelle 1, Kap. 2.3.1.

307 Vgl. FAULSTICH 1998, S. 123; KAISER (2001, S. 7) spricht von einer „Machbarkeitsillusion“.

308 Ein von FRANZ GRAF VON POCCI überliefertes Volksmärchen erzählt die Geschichte vom kleinen Franz, der auf dem Jahrmarkt den Nürnberger Wundertrichter ersteht, da ihm von einem Hanswurst versprochen wird, dass er dann nicht mehr zur Schule müsse: „... hier ein Wundertrichter auch, wie in Nürnberg ist der Brauch, der die Gabe in sich schließt, daß euch alles schnell einfließt!“ Vgl. http://www.maerchen.de/-Der_Nuernberger_Trichter.htm. Zugriffsdatum: 05.12.2003.

309 Vgl. SPITZER 2002, S. 1-2; BOES 2003, S. 12.

verplanbaren Lernsubjekten reduziere und deren tatsächlichen Lernbedürfnisse dabei ignoriere.[310] Als verbindendes Prinzip der realen Erlebenswelt des Individuums und der zielgerichteten Vermittlung gewünschter Qualifikationen schlägt er das **Konzept der Handlungsorientierung** vor, da es vorrangig darum gehe, „die Teilnehmenden in die Lage zu versetzen, selber handeln zu können."[311]

Das Konzept der handlungsorientierten Didaktik ist gekennzeichnet durch:[312]

- **Teilnehmerorientierung**, d.h. die Lernenden werden individuell angesprochen und gefördert.
- **Interessenbezug**, d.h. die Lernziele werden unter Berücksichtigung aller Anspruchsgruppen ausgehandelt.
- **Problembezug**, d.h. die Qualifizierungsthemen sind auf die konkreten Handlungsanforderungen der Mitarbeiter bezogen.
- **Methodenoffenheit**, d.h. die Qualifizierung kann auf den verschiedensten Wegen erfolgen. Es gibt keinen „Königsweg", sondern nur ziel- und themenadäquate Methoden.
- **Selbsttätigkeit**, d.h. die Qualifizierung ist lerntheoretisch erfolgreicher, wenn die Individuen sich die Qualifikationen in eigener Tätigkeit erarbeiten.
- **Gruppenbezug**, d.h. der Transfer der Lerninhalte ist höher, wenn gemeinsame Probleme einbezogen werden.

Handlungsorientierte Ansätze gehen, wie oben definiert, von einem Menschen aus, der selbstbestimmt, geplant und zielgerichtet handelt.[313]

Das bedeutet, dass die Mitarbeiter in erster Linie zum Handeln qualifiziert werden müssen. Es wäre dann Aufgabe der betrieblichen Qualifizierung, entsprechende „Handlungsqualifikationen" zu vermitteln. Doch für gelungenes Handeln braucht es neben einem funktionalen Bündel aus Fähigkeiten, Fertigkeiten und Wissen (Qualifikation) auch die individuelle Bereitschaft zum Handeln und den notwendigen Handlungs- und Gestaltungsspielraum.[314]

3.1.3.1.2 Menschen im Betrieb als „Humankapital"?

Die personalökonomische Terminologie verwendet neben dem Begriff der „Humanressourcen" auch den Begriff des „Humankapitals" oder „Human Capital". Als „Humankapital" bezeichnet KAMARAS in einer neuen volkswirtschaftlichen Analyse des Begriffs „die angeborenen und erlernten Fähigkeiten und das Wissen einer Person ..., welche in einem Produktions-

---

310 Vgl. FAULSTICH 1998, S. 125.
311 FAULSTICH 1998, S. 126.
312 Vgl. FAULSTICH 1998, S. 126–127.
313 Vgl. ROSENSTIEL 2000, S. 66.
314 Vgl. SCHWADORF 2003, S. 61.

prozess Verwendung finden können."[315] Begriffe wie „Humanressourcen" und „Humankapital" sind geprägt von der Vorstellung, dass man die Mitarbeiter im Betrieb bzw. deren in einem bestimmten Betrieb einsetzbaren Qualifikationen als „betriebsspezifisches Humankapital"[316] wie Sachkapital monetär bewerten und bilanzieren kann. Damit ließe sich das „Humanvermögen" eines Unternehmens sinnvoll, d.h. nutzenstiftend für unternehmensinterne und externe Entscheidungsträger erfassen.[317] Dies ist jedoch nur annäherungsweise möglich[318] und bedarf äußerst komplizierter volkswirtschaftstheoretischer Modelle.[319] Die genannte Definition von KAMARAS drückt interessanterweise aber auch aus, dass das Humankapital in einem Produktionsprozess Verwendung finden *kann*, und sagt nicht, dass es zwingend eingehen muss. Dieser individuelle Vorbehalt ist der wesentliche Unterschied zur automatisierten „Arbeitsweise" des investierten Sachkapitals. Die Folgerung daraus ist, im Sinne des Menschenbilds des „complex man", die betrieblichen Akteure nicht nur in ihrer funktionellen Rolle zu sehen, sondern als ganzheitliche Individuen. Individuen handeln im mikropolitischen Feld des Betriebes nicht begrenzt kapitalfunktional, sondern aus vielfältigen Motiven und Einstellungen heraus. Sie sind dabei bestrebt, ihre Autonomiezonen bzw. Handlungsspielräume zu behaupten.

3.1.3.1.3 Verknüpfung von Unternehmensstrategie und Qualifizierung

Die personalökonomische Perspektive fordert eine strategische Ausrichtung des Qualifikationsmanagements, d.h. die Einbindung der betrieblichen Qualifizierung in die Personalstrategie,[320] welche wiederum aus der Unternehmensstrategie abgeleitet ist. Damit ist auch die strategische Personalentwicklung bei der Unternehmensleitung angebunden. Zwar beobachtete BECKER 1988 in der Personalentwicklungsforschung eine beginnende „systematische Auseinandersetzung damit, was eine ‚strategisch-orientierte Personalentwicklung' ... eigentlich ist"[321], und in der Folge entstanden auch einige (vorwiegend theoretisch orientierte) Arbeiten in diesem Feld.[322] Insgesamt ergab die empirische Personalforschung in den 1990er Jahren aber, dass in der betrieblichen Wirklichkeit immer noch ein großes Strategiedefizit im Rahmen der Personalentwicklung zu beobachten ist.[323] STIEFEL fordert eine stärkere Verzahnung

---

315 Vgl. KAMARAS 2003, S. 145.
316 ABRAHAM 2002, S. 422.
317 Vgl. dazu die kritische Analyse von PERSCH 2003.
318 Vgl. dazu einige Erfahrungsberichte aus der Praxis bei EDVINSSON/BRUNIG 2000, S. 153–200.
319 Vgl. KAMARAS 2003, S. 5.
320 Vgl. dazu RODEHUTH 1999.
321 BECKER 1988, S. 197.
322 Vgl. z.B. CIUPKA 1991; ROTHER 1996.
323 Vgl. z.B. STAEHLE 1991; MEIER 1995; STIEFEL 1999, S. 19–21; SACKMANN/ELBE 2000, S. 132.

von Personalentwicklung und Strategieformulierung und sieht im fehlenden Aufbau von strategieumsetzenden Qualifikationsmanagementsystemen die größten Defizite.[324] Inwieweit neue Steuerungsinstrumente wie z.B. die „Balanced Score Card" (BSC) eine Lösung auch für das Qualifikationsmanagement darstellen können, ist noch nicht mit ausreichender Sicherheit zu beantworten, Ansätze dazu sind aber vorhanden.[325] Eine stärkere Anbindung des Qualifikationsmanagements an den Prozess der Strategieformulierung scheint aufgrund der Forschungsergebnisse grundsätzlich erfolgsversprechend. In der Praxis lässt sich diese Koppelung aber nur mühsam umsetzen. Dies könnte auch der Grund dafür sein, dass in der betrieblichen Praxis statt integrierter, systematischer Konzepte oft Insellösungen anzutreffen sind.[326]

3.1.3.1.4 Informationsmangel über Bedarfe und Potenziale

Im Grundprozess der Qualifizierung wird der Qualifikationsbedarf ermittelt durch Erhebung von Informationen über die heutigen und zukünftigen Anforderungen einer Stelle und über den heutigen und zukünftigen Qualifikationsstand des Mitarbeiters. Künftig mögliche Qualifikationen des Mitarbeiters werden als Potenziale bezeichnet. Die rationale Planung der Qualifizierung ist aus personalökonomischer Perspektive dann um so besser, je genauer und zutreffender diese Informationen sind. Tatsächlich scheint aber genau hier ein Schwachpunkt vorzuliegen, da diese Bedarfe sowohl auf Stellen- als auch auf Mitarbeiterseite schwierig zu ermitteln sind. Insbesondere die Antizipation künftiger Qualifikationserfordernisse der Stellen ist für BULLINGER „von entscheidender Bedeutung", wobei aber zu beachten sei, dass dafür „seriöse und geduldige Erkundung von Entwicklungen erforderlich" ist und die Aussagen nur prognostischen Charakter haben können.[327]

BULLINGER plädiert im Weiteren für eine praxisnahe Vorgehensweise bei der Früherkennung zukünftig benötigter Qualifikationen, da sich seiner Ansicht nach entsprechende Veränderungen zuerst in der Realität der Arbeit selbst zeigen.[328] Für die betriebliche Ebene bedeutet dies, dass der Prozess der Ermittlung künftiger Qualifikationserfordernisse „geduldig", d.h. langfristig und periodisch angelegt werden sollte und die (späteren) Träger dieser Qualifikationen, also die Arbeitenden selbst in die Bestimmung des Qualifizierungsbedarfs einbezogen werden müssen.[329]

---

324 Vgl. STIEFEL 1999, S. 16–17.

325 Vgl. KAPLAN/NORTON 1992 (Urquelle für BSC); ACKERMANN 2000 (BSC im Personalmanagement); HORVATH & PARTNER 2001, S. 270–286 (Mitarbeiter führen mit der BSC).

326 Vgl. dazu auch die kritische Analyse bei HANFT 1998, S. 214217.

327 Vorwort von Hans-Jörg BULLINGER in GIDION U.A. 2000, S. 7.

328 Vgl. BULLINGER in GIDION U.A. 2000, S. 7.

329 Vgl. auch FAULSTICH 1998, S. 103.

Auch das Wissen über die Qualifikationen der Mitarbeiter sowie deren Potenziale und Präferenzen ist im Allgemeinen gering.[330] Die unter Abschnitt 3.1.1.2 genannten eignungsdiagnostischen Instrumente sind zwar hilfreich, liefern aber nur deskriptive Situationsanalysen, die nach FAULSTICH „höchstens Ausgangspunkt, niemals aber Ergebnis eines Erschließens von Qualifikationsbedarfen sein [können].“[331] FAULSTICH spricht sogar vom „Bedarf als Phantom der betrieblichen Weiterbildungsplanung“ und weist darauf hin, dass Bedarfe eigentlich Bewertungen und Einschätzungen sind, die nicht exakt messbar sind und daher „dynamisch, perspektivisch und personalorientiert bestimmt werden müssen.“[332] Dies kann seiner Meinung nach nur durch eine kommunikative, kooperative und dezentrale Strategie verwirklicht werden.[333]

3.1.3.2 Mikropolitische Problemfelder

3.1.3.2.1 Subjektive Theorie der Unternehmensleitung zur Personalentwicklung

STEINKAMP konnte in einer empirischen Studie zu (subjektiven) Unternehmertheorien zur Personalentwicklung zeigen, dass die tatsächlichen Personalentwicklungsaktivitäten im Unternehmen direkt abhängig sind von der Summe der unterschiedlichen Funktionen, welche Unternehmer mit der Personalentwicklung verbinden.[334] Eine über- oder unterproportionale Aktivität im Bereich der betrieblichen Qualifizierung variiert danach auch weniger mit der Betriebsgröße, als mehr mit der persönlichen Einstellung des obersten Entscheidungsträgers zur Qualifizierung.[335]

MÜNCH beklagt, dass es oft einen großen Widerspruch gibt zwischen der verbalen Bekundung der Unternehmensleitung zur zentralen Rolle der Personalentwicklung im Betrieb und dem realen Handeln der Top-Manager, welche in der Personalentwicklungsarbeit lediglich einen Kostenfaktor sehen und diesen in der Krise ausdünnen, auslagern oder sogar ganz eliminieren.[336] Die Folge davon ist eine stark diskontinuierliche und situative Verfolgung von Qualifizierungszielen, welche dann auch meist nur operativer Natur sind. Ist die Firmenöffentlichkeit noch leicht über einen bestehenden Widerspruch zwischen Rhetorik und Realität der Bildungspraxis zu täuschen, bleibt den Akteuren im Betrieb jedoch die mangelnde Unterstützung

---

330 Vgl. z.B. FRANKE 1999 (für „High-Potentials“).

331 FAULSTICH 1998, S. 114.

332 FAULSTICH 1998, S. 105.

333 Vgl. FAULSTICH 1998, S. 115.

334 Vgl. STEINKAMP 1989, S. 352.

335 Vgl. auch Abbildung 4. Dort wird diese Varianz im Spezialisierungstempo durch das Korridormodell abgebildet.

336 Vgl. MUNCH 1997, S. 12.

der Unternehmensleitung für die Personalentwicklung in der Regel nicht verborgen. LEONHARDT verweist auf die außerordentliche Bedeutung der (Vorbild-)Rolle der Geschäftsführung für die Akzeptanz einer Qualifizierungsstrategie bei den Mitarbeitern.[337]

Diese Ausführungen unterstreichen die große Bedeutung des Akteurs „Unternehmensleitung" und den enormen Einfluss, den seine subjektive Vorstellung von Personalentwicklung für das gesamte betriebliche Qualifizierungsgeschehen hat. Daraus folgt, dass sich die anderen Akteure stark an der Haltung der Unternehmensleitung orientieren, wenn sie vor der individuellen Kosten-Nutzen-Entscheidung stehen, sich innerhalb der betrieblichen Qualifizierung zu engagieren. In einem Klima „Pro-Qualifizierung" sind die Chancen auf eine Erhöhung der individuellen Handlungsspielräume und damit auch die Nutzenerwartung höher, während im anderen Fall das Risiko steigt, den Aufwand der Qualifizierung nicht in einen höheren individuellen Nutzen umsetzen zu können.

3.1.3.2.2 Reduktion der Personalentwicklung auf die Managementebene

Oft werden Qualifizierungsprogramme auf die Führungsebene beschränkt. Traditionell war Personalentwicklung und Weiterbildung für das höhere, später auch für das mittlere Management reserviert. Dies zeigen ältere Studien, die sich noch überwiegend mit dem Klientel der Führungskräfte beschäftigten.[338] Trotz des Einzugs einer modernen Sichtweise des Personalmanagements und der sukzessiven Ausdünnung bzw. Veränderung hierarchischer Unternehmensstrukturen liegt der Schwerpunkt der betrieblichen Qualifizierung bis heute auf der Managementebene.[339]

Die Gründe liegen erstens in dem Bedarf an Nachwuchsführungskräften, welche vor allem größere Unternehmen traditionell im eigenen Haus heranziehen. Zweitens versprechen sich die Unternehmen durch eine Höherqualifizierung der Führungskräfte eine starke Hebel- und Multiplikatorwirkung, da sich qualifiziertere Entscheidungen auf den gesamten geführten Bereich des Managers auswirken. Drittens sind viele Qualifizierungsmaßnahmen eigentlich als Belohnungen (Incentives) für Managementerfolge konzipiert. Die Konzentration der Qualifizierung auf die Führungsebene birgt jedoch die Gefahr, dass ausgeschlossene Akteure Qualifizierungsmaßnahmen als politisches Instrumentarium verstehen, welches von den Führungskräften benutzt wird, um ihren Machtbereich zu sichern. Das Verständnis von Qualifizierung

---

[337] Vgl. LEONHARDT 1984, S. 50–51.

[338] Vgl. z.B. FUCHS 1977; HUMM 1978; REPPEL 1980; LEONHARDT 1984; SCHWUCHOW bezeichnet noch 1992 „Weiterbildungsmanagement" als das Management der Führungskräfteweiterbildung (vgl. SCHWUCHOW 1992).

[339] Vgl. MÜNCH 1997, S. 7; HANFT 1998, S. 215.

als „optimale Entfaltung der Qualifikationspotentiale *aller* Mitarbeiter auf allen Ebenen und allen Bereichen“[340] des Betriebes ist dann nur noch schwer zu vermitteln.

3.1.3.2.3 Mangelnde Professionalisierung der Qualifizierungsmanager

Die Entscheidungsträger im Unternehmen sind immer stärker gefordert, die organisatorischen Strukturen und Prozesse flexibel und rasch an die in der Zukunft abzeichnenden Veränderungen anzupassen. Diese Tatsache bedingt auch ein Umdenken im Selbstverständnis des Personal- und Organisationsmanagements. Personalmanager sind gefordert, in diesen beiden Bereichen laufend zu lernen und diesbezügliche Metakompetenzen aufzubauen.[341] Auch aus diesem Grund bildete sich in den vergangenen Jahren die Funktion des Personalentwicklungs- bzw. Qualifizierungsmanagers heraus.

Im Gegensatz zu vielen anderen Akteuren in der betrieblichen Realität können die Qualifizierungsmanager nicht auf ein traditionelles Berufsbild verweisen. Auch gibt es keine standardisierte Ausbildung, sondern eine Vielzahl höchst unterschiedlicher Fachlehrgänge und Curricula, obwohl Ansätze für eine einheitliche akademische Ausbildung zum Bildungsmanager schon früh vorlagen.[342] BONZ/COMPTER/KUHNLE betonen die Notwendigkeit der Professionalisierung des betrieblichen Bildungspersonals als Voraussetzung für autonomes Handeln im Betrieb und für „ein von Anpassungszwängen sich emanzipierendes Berufsethos“[343]. Ein mangelndes professionelles Selbstverständnis der Personalentwicklung behindert auch deren Aktionsradius im Unternehmen und bedroht langfristig die Existenzberechtigung der PE im Unternehmen[344] Eine stärkere Professionalisierung der Personalentwicklung erscheint notwendig: einerseits als Gegenstrategie gegen die zunehmende Komplexität der Anforderungen an die betriebliche Qualifizierung[345] und andererseits, um sich im innerbetrieblichen Kampf um Status und Aufgaben zu profilieren, d.h. das Handlungsfeld abstecken, um darin autonom handeln zu können.[346]

Dazu benötigt der Qualifizierungsmanager die Unterstützung der Unternehmensleitung, welche er insbesondere durch messbare Resultate erreicht. Die Ergebnisse einer europaweiten Studie von REINHARDT legen es den Qualifizierungsmanagern nahe, „in Zukunft verstärkt auf

---

340 MÜNCH 1997, 7–8.
341 Vgl. THOM/ZAUGG 2001.
342 Vgl. COMPTER 1988.
343 BONZ/COMPTER/KUHNLE 1990, S. 53. Vgl. ausführlich zur Professionalisierung ebd., S. 51–54.
344 Vgl. HABELT 1998, S. 23.
345 Vgl. ALTRICHTER/GORBACH 1993, S. 77.
346 Vgl. BEYER/METZ 1995, S. 185.

die Nutzung von Evaluationsinstrumenten zu achten, um den eigenen Beitrag zum Unternehmenserfolg deutlicher herausstellen zu können."[347]

3.1.4 Ergebnis der Gegenüberstellung und Gestaltungsanforderungen

Als Ergebnis ist zu fragen, wie betriebliche Qualifizierung zu gestalten ist, will man die Forderungen der personalökonomischen und der verhaltenswissenschaftlichen Perspektiven konvergieren. Die folgende Analyse soll zeigen, ob sich aus der Gegenüberstellung der beiden Perspektiven Synergien ermitteln lassen, deren Umsetzung in der betrieblichen Realität besondere Wirkung entfalten dürften.

Es stellen sich folgende Anforderungen an ein Qualifikationsmanagement:

Aus **personalökonomischer Perspektive** kann gefordert werden,

(F1) dass betriebliche Qualifizierung im betriebswirtschaftlichen Verständnis als systematischer, dynamisch-periodischer, vorausschauender und strategischer Managementprozess angelegt und im Rahmen des Personalmanagements institutionalisiert werden muss,

(F2) dass das Qualifikationsmanagement hierfür in die Strategieentwicklung des Top-Managements eingebunden werden muss,

(F3) dass der Qualifikationsbedarf top-down erarbeitet und durch den Soll-Ist-Vergleich in Abstimmung mit den betroffenen Mitarbeitern Qualifikationsziele operationalisiert und entwickelt werden müssen, und

(F4) dass der gesamte Prozess durch ein begleitendes Controlling permanent geprüft und evaluiert werden muss, wobei sich der Erfolg der Qualifizierung letztendlich durch den Handlungserfolg, also die spür- und messbare Verbesserung der Arbeitsleistung bestimmt, nicht durch den Lernerfolg.

Diese Forderungen implizieren **auf der mikropolitischen Seite**,

(F5) dass professionelle Strukturen nötig sind, d.h. dass es einen prozessverantwortlichen Qualifikationsmanager gibt, welcher mit allen hierarchischen Ebenen des Unternehmens in Verbindung steht, von dem als Berater, Initiator und Moderator an der Schnittstelle von ökonomischen und psychologisch-pädagogischen Prozessen hohe Kommunikati-

---

[347] REINHARDT 2000, S. 209.

ons- und Integrationsfähigkeiten verlangt werden und der den Erfolg betrieblicher Qualifizierungsarbeit in arbeitsplatznahen Leistungszuwächsen beschreiben kann,

(F6) dass das Top-Management den Ausgangspunkt des Prozesses darstellt, was bedeutet, dass der Qualifikationsmanager an der Strategieformulierung beteiligt sein sollte und betriebsintern sichtbar unterstützt werden muss,

(F7) dass alle Führungskräfte in den Prozess der betrieblichen Qualifizierung und damit auch in den Prozess der Bedarfsermittlung und Transfersicherung einbezogen werden,

(F8) dass alle Mitarbeiter auf allen Ebenen des Betriebes aktiv in die Bestimmung von Qualifikationsbedarfen integriert werden, wobei sich die Intensität der Einbindung aus den strategischen Zielsetzungen des Unternehmens ergibt,

(F9) dass zum Ziel eines akzeptierten und damit effektiven Qualifikationsmanagementsystems die Ziel- und Nutzenvorstellungen aller innerbetrieblichen Anspruchsgruppen einbezogen und ausbalanciert werden müssen.

Es wurde dargestellt, dass betriebliche Qualifizierung ohne den konsequenten Einbezug des Selbstbestimmungsrechts des Individuums nicht „machbar" ist, sondern als mehrdimensionale Hilfe zur Selbsthilfe auf den Ebenen der Fähigkeiten und Fertigkeiten, der Handlungsbereitschaft und der Handlungsspielräume erfolgen muss. Wichtig ist diese Erkenntnis auch deshalb, weil Qualifizierungserfolge nur auf der Handlungsebene als Veränderungen der Arbeitsleistung beobachtet und bewertet werden können.

Dieses Verständnis der Qualifizierung weist (erneut) über das rationale Veränderungsmanagement hinaus und bezieht die Selbstorganisation des handelnden Menschen mit ein.[348] Wenn Personalentwicklung lediglich als qualifikationsbezogene Weiterbildung definiert wird, die das Ziel hat, die Leistungs*fähigkeit* des Personals zu erhöhen, die Objektbereiche Leistungs*bereitschaft* und Leistungs*ermöglichung* aber ausblendet, dann verkennt sie die betrieblichen Realitäten und nimmt die Schwächen der rein personalökonomisch-normativen Personalentwicklungskonzepte in Kauf.[349]

Eine Erweiterung des rein qualifikationsbezogenen Verständnisses von Personalentwicklung erscheint durch die Aufnahme des Kompetenzkonstrukts möglich, da es mehr beschreibt als Leistungsfähigkeit und Fachwissen. In der weiteren Untersuchung wird deshalb geprüft, inwiefern betriebliche Qualifizierung im Rahmen eines betrieblichen Kompetenzmanagement-

---

348 Vgl. NEUBERGER 1994, S. 53–54.

349 Ähnlich auch KRAKEL 1999, S. 104.

systems möglich erscheint. Dazu wird im Kapitel 3.2.1.1 zunächst der Begriff der Kompetenz eingeführt, analysiert und danach für die weitere Behandlung des Themas in einem gedanklichen Konzeptionsrahmen (Modell) der betrieblichen Handlungskompetenz dargestellt. Anschließend wird die betriebliche Qualifizierung zur Kompetenzentwicklung erweitert, um so die Voraussetzung für die Untersuchung eines betrieblichen Kompetenzmanagementsystems zu schaffen.

3.2 Entwicklung betrieblicher Handlungskompetenz

3.2.1 Begriffsklärungen und Modellbildung

3.2.1.1 „Kompetenz" und „Qualifikation"

Die Berücksichtigung des Kompetenzbegriffes zur Erweiterung des Qualifikationskonzeptes wurde schon in den 1970er Jahren im Rahmen bildungspolitischer Empfehlungen in Deutschland vorgeschlagen.[350] Zwar hatte der funktionale Qualifikationsbegriff den normativen und schwer operationalisierbaren Bildungsbegriff weitgehend verdrängt, nun erwies sich aber die Fixierung der „Qualifikation" auf klar nachweisbare Fähigkeiten zur Erfüllung genau bestimmter Arbeitsaufgaben als problematisch,[351] da situativ unbestimmte und schnell wechselnde Anforderungen einer zunehmend dynamischen, komplexen und diskontinuierlichen (Arbeits-)Umwelt damit nur unzureichend abgebildet werden können.[352]

Gefordert wurden und werden in den Betrieben zunehmend auch fach- und berufsübergreifende, langfristig verwertbare Fähigkeiten der Mitarbeiter.

Behalf man sich zwischenzeitlich mit dem Konzept der Schlüsselqualifikationen[353], welches sich jedoch für Theoriebildung und Operationalisierung als ungeeignet erwies,[354] hat sich seit den späten 1990er Jahren der Begriff der „Kompetenz" in der praktischen Bildungsarbeit und nachlaufend auch in der wissenschaftlichen Diskussion etabliert. Eine erste Annäherung an den Begriff der Kompetenz kann am Besten über die Abgrenzung zur Qualifikation gewonnen werden. Kompetenzen bezeichnen im Gegensatz zu Qualifikationen nicht klar umrissene Befähigungen, sondern beschreiben eher unbestimmte Fähigkeitspotenziale: „Qualifikationen stellen die äußere, objektive, beobacht- und überprüfbare Seite der Leistungsanforderungen

---

[350] Vgl. DEUTSCHER BILDUNGSRAT 1974, S. 65.
[351] Vgl. BAETHGE 1989, S. 479.
[352] Vgl. DUBS 1995, S. 13.
[353] Vgl. MERTENS 1974.
[354] Vgl. BECK 2001, S. 147–149.

dar. Kompetenzen bezeichnen hingegen die innere, subjektive Seite der Leistungsfähigkeit, die sich einer direkten Beobachtung, Überprüfung und objektiven Bewertung entzieht."[355]

Kompetenz ist demnach ein hypothetisches Konstrukt, das dabei hilft, innerpsychische Veranlagungen (Dispositionen) des Menschen zu beschreiben, welche nur indirekt über die Realisierung dieser Dispositionen in beobachtbarem Verhalten erschlossen werden können.[356] BAITSCH fügt den Begriff der „Handlung" hinzu und beschreibt Kompetenz als „das System der innerpsychischen Voraussetzungen, das sich in der Qualität sichtbarer Handlungen niederschlägt und diese reguliert."[357]

Handlungen wiederum sind zielgerichtete, in fassbaren Ergebnissen mündende und reflektierte Interventionen einer Person, durch die eine Situation in eine andere Situation transformiert wird.[358] Im Unterschied zum Verhalten als bloße Aktivität und Tätigkeit als zielgerichtetes Verhalten ist Handlung eine durch ein bewusstes Ziel abgrenzbare, selbstständige Einheit der willentlich gesteuerten Tätigkeit,[359] welche einen Gestaltungs- und Veränderungsspielraum des Individuums erfordert.[360]

In Abgrenzung zur Qualifikation können also drei Unterschiede festgehalten werden:

(1) Kompetenzen sind Dispositionen, also potenzielle Fähigkeiten, die in der „Tiefenstruktur" des Menschen liegen und daher generell unbestimmt sind, während die durch Qualifikationen beschriebenen Fähigkeiten in der empirisch wahrnehmbaren „Oberflächenstruktur" des Menschen liegen.[361] Qualifikationen sind operationalisierte Fähigkeiten und können daher direkt beobachtet, geprüft und bewertet werden, während Kompetenzen nur indirekt erfasst werden können.

(2) Qualifikationen werden von der Anforderungsseite her definiert, d.h. sie beschreiben explizit die notwendigen Fähigkeiten für eine bestimmte betriebliche Funktion und sind daher „sachverhaltszentriert"[362]. Kompetenzen dagegen sind innerpsychische Voraus-

---

355 Deutscher Bildungsrat 1974, S. 65.

356 Vgl. ERPENBECK/ROSENSTIEL 2003, S. XI.

357 BAITSCH 1996, S. 6.

358 Vgl. STEINKAMP 1989, S. 40.

359 Vgl. HACKER 1998, S. 67; vgl. ausführlich SIEGER-HANUS 2001, S. 40–50.

360 Vgl. SCHWADORF 2003, S. 63.

361 Zu „Tiefenstruktur" und „Oberflächenstruktur" vgl. SCHWADORF 2003, S. 67.

362 Erpenbeck/Rosenstiel 2003, S. XI.

setzungen und daher „subjektzentriert“. Sie beschreiben das implizite Leistungspotenzial des Menschen.[363]

(3) Kompetenzen werden wie Qualifikationen in Handlungen sichtbar. Qualifikationen realisieren sich aber nur funktional, d.h. innerhalb der „von Menschen zu erfüllenden Funktionen im Leistungserstellungsprozeß“[364], während angenommen wird, dass Kompetenzen durch ihre Unbestimmtheit vielseitiger einsetzbar („generic“), dauerhafter und flexibel auf wechselnde Situationen adaptierbar sind. Dadurch reichen sie über die aktuell erforderliche Qualifikation hinaus.

Doch um welche Fähigkeitspotenziale handelt es sich bei Kompetenzen genauer? Welche innerpsychischen Potenziale und Voraussetzungen können in diesem Konstrukt zusammengefasst werden? Zur Beantwortung dieser Fragen wird der Begriff im Folgenden interdisziplinär und multiperspektivisch analysiert.

3.2.1.2 Interdisziplinäre Analyse des Kompetenzbegriffs

Zum Begriff der Kompetenz existieren „unzählige Definitionsansätze aus unterschiedlichen Disziplinen“[365]. Die Bedeutung von „Kompetenz“ (abgeleitet aus dem lat. „competere“, d.h. zusammentreffen, zustehen) variiert je nach wissenschaftlichem Kontext und stellt sich heute als ein vielschichtiges Konzept aus juristisch-organisatorischen, ökonomischen, linguistischen, psychologischen und pädagogischen Elementen dar.[366] Es lassen sich aber nach Durchsicht neuerer Literatur zur begrifflichen Bestimmung von Kompetenz fünf wesentliche Bedeutungen des Begriffs differenzieren:[367]

1) **eine juristisch-organisatorische Bedeutung von Kompetenz**, die auf einem expliziten Recht basiert, etwas tun zu *dürfen*, für etwas *„befugt“* zu sein. Kompetenz ist in diesem Kontext die rational abgegrenzte sachliche *Zuständigkeit* im Innen- und/oder Außenverhältnis einer Organisation.[368] Kompetenzzuweisung bedeutet entsprechend das Übertragen (Delegieren) von Rechten oder Befugnissen an einen Aufgabenträger (Stelleninhaber), „die es ihm ermöglichen ..., innerhalb eines vorgegebenen Handlungsspielraums Tä-

---

[363] Vgl. BADER 1989, S. 73.

[364] BECK 1980, S. 355.

[365] STAUDT U.A. 1997, S. 40. Einen Überblick gibt LEICHNITZ 2002, S. 33–38.

[366] Daneben gibt es weitere inhaltlich abweichende, z.T. auch veraltete Begriffsbestimmungen, z.B. in der Biologie, im Kirchenrecht und im Verfassungsrecht. Diese werden hier nicht betrachtet.

[367] Vgl. STAUDT U.A. 1997, S. 40–64.; MAX 1999, S. 37–63; FREILING 2001, S. 22–27; AUHAGEN 2002, S. 231–232; SCHWADORF 2003, S. 67–69; ERPENBECK/ROSENSTIEL 2003, S. X–XIII.

[368] Vgl. WEBER 1972, S. 125.

tigkeiten bestimmter Art zur Erfüllung seiner Aufgaben vorzunehmen"[369]. STAUDT U.A. unterstreichen die Bedeutung von Kompetenz im Sinne von Zuständigkeit als „äußere Legitimation" zur Handlung: „Ohne Zuständigkeit kommt es im beruflichen Kontext i.d.R. nicht zur Handlung."[370] Kompetent handeln kann also nur derjenige, der über einen explizit (oder implizit) definierten Handlungsspielraum verfügt. Da diese Definition von außen, zumindest aber in Absprache mit anderen Organisationsmitgliedern erfolgt, ist Kompetenz in diesem Sinne keine Persönlichkeitseigenschaft, sondern eine der Person zugeordnete Ermächtigung im Rahmen der Aufgabenteilung in Organisationen. Zuständigkeit kann daher nicht dem bisher entwickelten Verständnis von Kompetenz zugeordnet werden. Als Voraussetzung für die Durchführung einer Handlung wird sie jedoch auf der Handlungsebene der Kompetenz berücksichtigt.[371]

2) **eine funktionelle Bedeutung von Kompetenz**, die auf den psychischen und physischen Voraussetzungen einer Person beruht, etwas tun zu *„können"*, zu etwas *imstande* und *„befähigt"* zu sein. Funktionale Kompetenz beinhaltet die *Fähigkeiten* als „die Basis für individuelle Handlungen"[372] und die *Fertigkeiten* als „konkretes und inhaltlich bestimmtes Können ..., das durch Übung so weit automatisiert ist, dass eng umgrenzte Verhaltensweisen routiniert vollzogen werden können."[373] Fähigkeiten und Fertigkeiten werden im Folgenden zusammengefasst und als *„Können (Gesamtheit aller Kenntnisse)"* bzw. engl. *„Skill (skills)"*[374] bezeichnet.

Kompetent im Sinne von „funktional handeln" kann also nur, wer über die situativ erforderlichen konkreten Fähigkeiten und Fertigkeiten (Skills) verfügt. Da dies genau der Definition von „Qualifikation" entspricht, kann festgehalten werden, dass Kompetenz das Potenzial für die funktionellen Leistungsanforderungen (= Qualifikation) *enthält* und so betrachtet das qualifikatorische Potenzial eine Teilmenge der Kompetenz darstellt. Es gibt demnach in funktionalen Arbeitssituationen kein kompetentes Handeln, das nicht

---

369 HAHN 1975, Sp. 1112.

370 STAUDT U.A. 1997, S. 64. Zum juristischen Begriff der Kompetenz vgl. ebenda, S. 61–64; vgl. ausführlich STETTNER 1983, S. 31–78.

371 So auch bei STAUDT/KRIEGESMANN 2000, S. 584.

372 STAUDT U.A. 1997, S. 44.

373 Staudt/Kriegesmann 2000, S. 585.

374 Das engl. Substantiv „the skill" hat als Bedeutung von „das Können" keinen Plural. Der Plural „Kenntnisse" kann jedoch mit „skills" übersetzt werden, z.B. „language skills" (Sprachkenntnisse). Zur Operationalisierung der einzelnen Kenntnisse bzw. „skills" wird im Folgenden die Pluralform im Sinne von „Kenntnisse" benutzt. Durch das angehängte Plural-S wird auch die Lesbarkeit im Deutschen verbessert. Vgl. das Stichwort „skill" in: MERRIAM-WEBSTER'S COLLEGIATE DICTIONARY 1993, S. 1099–1100; BROCKHAUS 1996, S. 667.

zugleich auch qualifiziertes Handeln ist. Dies drückt sich auch aus in einer englischen Bedeutung von „*skill*": „*a learned power of doing something competently*"[375].

Umgekehrt gibt es aber durchaus qualifiziertes Handeln, das nicht selbstorganisiert ist und daher nur Qualifikationen zeigt, aber keine Kompetenz. Nach ERPENBECK/ROSENSTIEL liegt hier der entscheidende Unterschied zu Qualifikationen, welche nicht wie „Selbstorganisationsdispositionen" (= Kompetenzen) erst im selbstorganisierten kreativen Handeln sichtbar werden, sondern als zertifizierfähige „Wissens- und Fertigkeitspositionen" (= Qualifikationen) auch in davon abgetrennten, normierbaren Prüfungssituationen.[376]

3) **eine kognitive (wissensbezogene) Bedeutung von Kompetenz**, die auf dem Bestand an theoretischen Erkenntnissen (Fachwissen) und praktischen Alltagsregeln und Handlungsanweisungen (Erfahrungswissen) einer Person beruht, zu *wissen*, *wie* eine Aufgabe ausgeführt bzw. wie ein Problem gelöst werden kann[377] und zu wissen, *dass* man das erforderliche „Know-how" dazu hat. Bei Letzterem spricht man von dem von BANDURA (1977) eingeführten Konstrukt der „Self-Efficacy"[378] (Selbstwirksamkeitserwartung), welches die kognitiven Selbsteinschätzungen von Menschen hinsichtlich ihrer Fähigkeiten beinhaltet und mit der individuellen „tatsächlichen" Kompetenz in vielschichtiger Verbindung steht.[379]

Kompetenz im kognitiven Sinne kann demnach als zweigestaltig betrachtet werden, als tatsächlich vorhandenes *Erkenntnis- und Erfahrungswissen* und als subjektives *Metawissen* über Vorhandensein und Güte dieses Wissens. Letzteres ist dem *Selbstkonzept* einer Person zuzuordnen.[380] Kompetent ist folglich, wer etwas weiß und wer überzeugt ist, dass dieses Wissen zur Aufgabenerfüllung ausreicht. Dabei ist es unerheblich, ob dieses Wissen *expliziert*, d.h. in formaler, systematischer Sprache weitergegeben werden kann[381] oder ob es als *implizites*, d.h. als schweigendes Wissen („tacit knowledge"[382]) vorliegt, welches nur schwer formalisierbar ist. Nach NONAKA/TAKEUCHI ist Wissen immer

---

375 Merriam-Webster's Collegiate Dictionary 1993, S. 1100.

376 Vgl. ERPENBECK/ROSENSTIEL 2003, S. XI.

377 Vgl. PROBST/RAUB/ROMHARDT 1999, S. 46.

378 BANDURA 1977, Titel

379 Vgl. AUHAGEN 2002, S. 232.

380 Vgl. STEGMAIER 2000, S. 24. Vgl. Ausführlich zum Selbstkonzept beruflicher Kompetenzen STEGMAIER 2000, S. 23–29. Zur Bedeutung des Selbstkonzepts beruflicher Handlungskompetenz vgl. SCHWADORF 2003, S. 132–157.

381 Vgl. NONAKA/TAKEUCHI 1997, S. 72.

382 POLANYI 1966.

zweckgerichtet auf Handeln.[383] Mitentscheidend für den Handlungserfolg ist der adäquate Einsatz des Wissens in der Aufgabenerfüllung, nicht die Möglichkeit der Explikation. So kann sich z.B. der Mensch im Allgemeinen in seiner Muttersprache problemlos unterhalten (Handlungserfolg), obwohl er nur die wenigsten Regeln der dafür erforderlichen Grammatik (Wissen) explizieren kann, sondern einfach anwendet bzw. nur weiß, dass er gewisse Regeln (implizit) beherrscht.[384]

Aufgrund der vorgenommenen Trennung von Qualifikationen als direkt erfassbare Fähigkeiten und Kompetenzen als implizite Potenziale wird im Folgenden eine Trennung vorgenommen und „implizites Wissen" der verborgenen Tiefenstruktur der menschlichen Persönlichkeit, der „Black Box"[385] zugeordnet, während „explizierbares Wissen" zusammen mit den „Skills" an der Oberfläche angesiedelt wird, da es jederzeit abgerufen und geprüft werden kann.[386]

4) **eine (motivations-)psychologische Bedeutung von Kompetenz**, die auf der Disposition des Menschen beruht, etwas tun zu *wollen*, zu etwas innerlich „*bereit*" zu sein. „Motivation" als Bereitschaft zum Handeln wird auch durch die ihr zugrunde liegenden Elemente wie Werte und Einstellungen beeinflusst. Die Bereitschaft ist nach SCHWADORF als Bestandteil der Kompetenz zu sehen, da sie in enger Wechselwirkung zur Fähigkeit steht und sich nicht exakt davon trennen lässt.[387] Dabei spielt insbesondere die „intrinsische Motivation", d.h. die Befriedigung durch die Handlung selbst, eine große Rolle.[388] Im Gegensatz zur „extrinsischen Motivation", der Befriedigung durch die Begleitumstände der Handlung oder Erreichen des Endzustandes, ist intrinsisch motiviertes Handeln dadurch gekennzeichnet, dass die zu erledigende Tätigkeit als sehr leicht und einfach erlebt wird, bis hin zum „Flow-Erlebnis"[389], da die Anforderungen den persönlichen Fähigkeiten entsprechen und somit „die Tätigkeit ... das Potential der Befriedigung in sich selbst trägt".[390] Demnach kann festgehalten werden: Wer aus innerem Antrieb und Interesse an der Sache handelt, handelt kompetent. Die Chancen dazu lassen sich erhöhen, indem die

---

383 Vgl. NONAKA/TAKEUCHI 1997, S. 72.

384 Vgl. SPITZER 2002, S. 62.

385 WATZLAWICK/BEAVIN/JACKSON (2000, S. 45) schlagen vor, das Verborgene und Unbewusste der menschlichen Persönlichkeit als „Black Box" zu bezeichnen. Da es unmöglich ist, deren komplexes Innenleben zu beschreiben, kann nur aufgrund der Beobachtung der Interaktionen mit vor- und nachgelagerten Systemen auf deren Funktion geschlossen werden kann.

386 Ähnlich auch STAUDT/KRIEGESMANN 2000, S. 584–585.

387 Vgl. SCHWADORF 2003, S. 68. Ähnlich auch STAUDT U.A. 1997, S. 59.

388 Vgl. im Folgenden ROSENSTIEL 2000, S. 208.

389 Vgl. Csikszentmihalyi 2002.

390 ROSENSTIEL 2000, S. 208.

Abstimmung der persönlichen Fähigkeiten und der Anforderungen der Arbeitssituation optimiert wird. Wer aufgrund externer Anreize handelt, ist „extrinsisch motiviert", nicht unbedingt jedoch kompetent.

5) **eine ökonomische Bedeutung von Kompetenz**, welche Kompetenz kennzeichnet als die *„Möglichkeit zum kollektiven Handeln in einer Unternehmung, welches darauf beruht, verfügbare Inputgüter ... so zu kombinieren, dass dadurch ein Sich-bewähren-können gegenüber der Marktgegenseite gewährleistet wird."*[391]

Diese Definition des „resource-based view"[392] behandelt „Kompetenzen"[393] bzw. „Kernkompetenzen"[394] als organisationale Fähigkeitspotenziale im Rahmen des *kollektiven* Handelns in Unternehmen und unterscheidet sich damit grundlegend von dem hier weiter zu verfolgenden Verständnis von Kompetenz als subjektive Voraussetzung zu *individuellem* Handeln. Trotzdem kann auch die ressourcenorientierte Sichtweise auf die individuelle Kompetenzentwicklung übertragen werden. Dazu kann auf das Fähigkeiten-Portfolio der kernkompetenzbasierten Strategie zurückgegriffen werden.[395]

In einer Vierfelder-Matrix (vgl. Abbildung 5) wird das ganze Unternehmen im Hinblick auf seine Kernkompetenzen analysiert. Danach hängt der Unternehmenserfolg von spezifischen Fähigkeiten ab, die einen hohen Kundennutzen stiften können (Markteffektivität) und zu einem dauerhaften Wettbewerbsvorteil führen können. Die strategische Handlungsempfehlung ist, alle Bemühungen des Unternehmens darauf auszurichten, solche „Kernkompetenzen" zu erlangen, um sich dadurch dauerhaft vom Wettbewerber zu differenzieren.

---

391 FREILING 2001, S. 27 [Hervorh. i. Orig.]. Interessant ist auch die enge sprachliche Verwandtschaft zum engl. Begriff „competition" (Wettbewerb), welcher sich aus dem lat. „competere", d.h. zusammentreffen, auch: gemeinsam nach etwas streben, und somit aus dem gleichen Wortstamm wie „Kompetenz" ableitet. Ein „Kompetent" ist außerdem ein veralteter Ausdruck für „Mitbewerber". Vgl. BROCKHAUS 1995, S. 1928–1929 und DUDEN 1997, S. 430.

392 Vgl. MACHARZINA 2003, S. 65–69; ausführlich FREILING 2001.

393 Im „resource-based view" wird der Begriff „Kompetenz" nur im Plural verwendet.

394 Vgl. PRAHALAD/HAMEL 1991 („The Core Competence of the Corporation"); vgl. auch ULRICH 1999, S. 33–96.

395 Vgl. DEUTSCH U.A. 1997, S. 23–28.

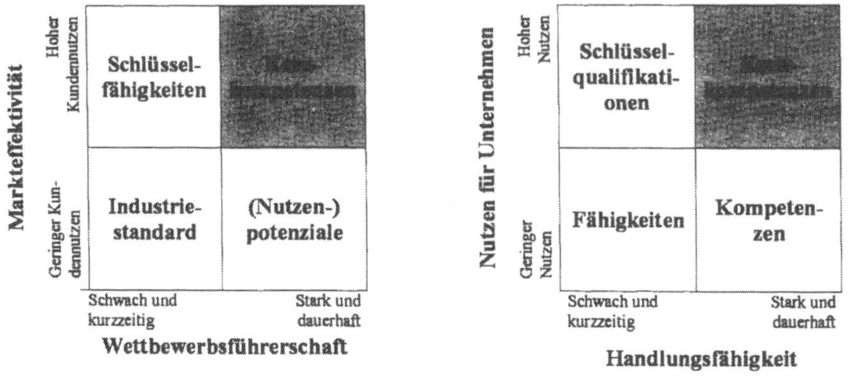

Abbildung 5: Fähigkeiten-Portfolio des Unternehmens vs. Kompetenz-Portfolio des Individuums
Quelle: Eigene Darstellung in Anlehnung an DEUTSCH U.A. 1997, S. 24.

Heruntergebrochen auf die individuelle Ebene würde dies bedeuten, den Menschen als Ressourcenpool aus potenziellen Fähigkeiten zu betrachten. Dabei wird davon ausgegangen, dass es Fähigkeiten gibt, die nur schwach und kurzzeitig wirken, während andere eine starke und dauerhafte Handlungsfähigkeit gewährleisten.

Im Rahmen der betrieblichen Kompetenzentwicklung hat die Personalentwicklung dann die Aufgabe, solche Fähigkeiten des Mitarbeiters zu identifizieren und zu fördern, welche dauerhaft und stabil sind (Kompetenzen) und gleichzeitig für das Unternehmen den größtmöglichen Nutzen stiften (Kernkompetenzen).[396] Kernkompetenzen sind dann „einzigartige Ressourcenbündel“[397], die dem Unternehmen in der „Verwendung“ einen nachhaltigen Wettbewerbsvorteil nach außen sichern.

Ohne auf die generellen Schwächen der Portfolio-Analyse näher einzugehen,[398] kann das kollektiv orientierte Fähigkeiten-Portfolio des „resource-based view“ nicht ohne weiteres auf das Individuum übertragen werden, denn die Förderung einzigartiger individueller Kernkompetenzen zur Stärkung der strategischen Wettbewerbsposition impliziert immer auch eine gegenläufige Tendenz, welche die ursprünglichen strategischen Ziele konterkarieren kann. Denn aufgrund der starken „Kompetenzposition“ einzelner Mitarbeiter erhöht sich die Abhängigkeit des Unternehmens von diesen Mitarbeitern, da das Risiko steigt, dass diese vom externen Arbeitsmarkt abgeworben werden, wodurch Wettbe-

396 Vgl. BECKER 2002, S. 31.
397 BECKER 2002, S. 31.
398 Vgl. dazu KUHNLE 1989, S. 28–32.

werbsvorteile auf die Konkurrenz übergehen. Intern führt die starke Position gegenüber dem Unternehmen als (Arbeits-)Vertragspartner zumindest zu einer Schwächung der Verhandlungsposition des Arbeitgebers, was wiederum eine Erhöhung der Personalkosten für diese Mitarbeiter bewirken kann.

6) **Zwischenergebnis:** Obwohl die Ansatzpunkte zur Klärung einzelner *Kompetenzfaktoren* aus unterschiedlichen wissenschaftlichen Richtungen stammen, weisen sie im Kern hohe Übereinstimmung auf. Die Ansätze beschreiben den Kompetenzbegriff subjektbezogen (mit Ausnahme der ökonomischen Interpretation) und handlungs- bzw. tätigkeitsbezogen. Ebenfalls wird die Struktur der Kompetenz in ähnlicher Weise als Ressourcenpool oder Potenzial aus den in unterschiedlichen Schichten der Persönlichkeit angesiedelten Komponenten *Können*, *Wissen* und *Wollen* auf der Grundlage des Selbstkonzepts sowie persönlicher Werte und Einstellungen beschrieben, während die Zuständigkeit als „Schnittstelle zur Organisation“[399] das *Dürfen* darstellt.

3.2.1.3 Analyse des „Competency“-Konzepts

Aufschlussreich für eine weitere Betrachtung des Themas erscheint ein Blick auf das begrifflich verwandte, aus dem angelsächsischen Raum stammende „Competency“-Konzept.[400] Beachtenswert ist dies auch deshalb, weil es dort schon sehr viel länger diskutiert wird als das Kompetenzkonzept bei uns. Es wird im Folgenden geprüft, inwieweit begriffliche und inhaltliche Unterschiede und Gemeinsamkeiten unser Verständnis des Kompetenzbegriffs erweitern und präzisieren können.

„Testing for Competence Rather than for 'Intelligence'" – dieser Artikel des amerikanischen Psychologen McClelland (1973) bemängelt die traditionellen eignungsdiagnostischen Testverfahren wie z.B. Intelligenztests und schlägt eine Erweiterung um kompetenzdiagnostische Verfahren vor.[401] Damit legt McClelland den Grundstein für die inzwischen auch in Europa beachtlich gewachsene „Competency"-Bewegung, die in der wissenschaftlichen Eignungsdiagnostik kaum zur Kenntnis genommen wird, sich aber vor allem in der Praxis des Personalmanagements hoher Akzeptanz erfreut.[402] Insbesondere sind anwendungsorientierte „Competency-Models“ in der Form arbeitsplatzbezogener Anforderungskataloge weit verbrei-

399 Staudt/Kriegesmann 2000, S. 585.
400 Vgl. zusammenfassend Lucia/Lepsinger 1999.
401 Vgl. McClelland 1973.
402 Vgl. dazu die ausführliche Analyse von Sarges 2002, S. 285–300.

tet[403] und dienen als Basis für Entscheidungen über Einstellungen, Trainings, Beförderungen und andere Personalmanagementaktivitäten im Sinne eines „Competency-based human resource management".[404]

Doch wie sind „Competency" (bzw. „Competence")[405] und „Kompetenz" im bereits beschriebenen Sinn abzugrenzen? Oder ist damit dasselbe gemeint? McCLELLAND (1973) definierte:[406]

„Competence is understood as the relation between humans and work tasks, i.e. the concern is not about knowledge and skills in itself, but which knowledge and skills are required to perform a specific task in an efficient way".

Da McCLELLAND „Competence" als relationales Konstrukt von spezifischen Arbeitsanforderungen und Menschen bezeichnet, ist insoweit noch kein Unterschied zu unserer Definition der „Qualifikation" zu erkennen.[407] Erst die späteren, viel zitierten Definitionen von BOYATZIS und SPENCER/SPENCER ordnen die Kompetenz eindeutig dem Individuum zu und präzisieren so den Begriff:[408]

BOYATZIS (1982):[409] *„Competence is an effective mix of motives, traits, skills, aspects of one's self image or social role, of body of knowledge used by an individual."*

SPENCER/SPENCER (1993):[410] „A competency is an *underlying characteristic* of an individual that is *causally related* to *criterion-referenced effective and/or superior performance* in a job or situation."

SPENCER/SPENCER beschreiben Kompetenzen weitergehend als

---

403 Vgl. z.B. GRÖNIG/LAMPE 2002 (VW), S 37; NICKUT 2002 (Bosch), S. 64–65; SATTELBERGER (Lufthansa) 1995, S. 274–283. Zusammenstellung bei PLATH 2000, S. 587–588 und dazu kritisch S. 588.

404 Vgl. ARMSTRONG 2001, S. 267–278; vgl. auch SARGES 2002, S. 286.

405 Die Begriffe „Competence" und „Competency" werden in dieser Arbeit synonym verwendet. Die Unterscheidung ist nur im Englischen relevant und wird hier vernachlässigt. Eine Analyse bietet ARMSTRONG 2001, S. 268–270.

406 McCLELLAND 1973, S. 21 [Hervorh. i. Orig.].

407 Vgl. Definition von „Qualifikation" in Kapitel 2.3.2.3.

408 Eine neuere Definition durch COOPER (2000, S. 18): „Competence as (1) a cluster of related knowledge, attitudes, and skills that affects a major part of one's job, (2) that correlates with performance on the job, (3) that can be measured against well-accepted standards, (4) and that can be improved via training and development." wird abgelehnt, da COOPERS Einschränkung des Competency-Konzeptes auf Trainierbarkeit der Kompetenzen nur schwer nachvollziehbar ist.

409 BOYATZIS 1982, S.22.

410 SPENCER/SPENCER 1993, S. 9 [Hervorh. i. Orig.].

- fünf Typen von zugrunde liegenden individuellen Kompetenzmerkmalen: „*Motives*" (Motive), „*Traits*" (Charakterzüge), „*Self-Concept*" (Selbstbild), „*Knowledge*" (Wissen) und „*Skills*" (Fähigkeiten und Fertigkeiten),

- die in sichtbaren, peripheren oder verborgenen, zentralen Persönlichkeitsschichten angesiedelt sind, und

- in messbarer Kausalbeziehung *(„causally related")* zu einer effektiven und hochwertigen Leistungserfüllung *(„performance")* stehen.[411]

Competencies umfassen also sowohl verborgene Charaktereigenschaften einer Person als auch sichtbare „Skills" sowie (Anwendungs-)Wissen, welche in der Summe wiederum ursächlich sind für Leistungen im Beruf.[412] Nur wenn diese Kriterien erfüllt sind, sprechen SPENCER/SPENCER von Competencies (vgl. Abbildung 6).

Die Analyse des Begriffs und das „Competency Causal Flow Model" von SPENCER/SPENCER (vgl. Abbildung 6) verweisen deutlich auf den für die „Competency" untrennbaren Zusammenhang von professionellem Handeln („Action") im betrieblichen Kontext mit einer messbaren Leistung („Job Performance") als Ergebnis („Outcome").[413]

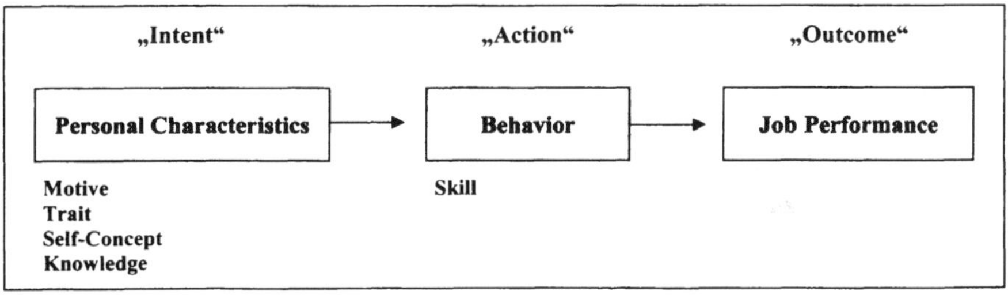

Abbildung 6: Competency Causal Flow Model
Quelle: SPENCER/SPENCER 1993, S. 13.

Eine Kompetenzsteigerung muss sich demnach in einem messbaren qualitativen Leistungszuwachs zeigen bzw. kann nur dadurch festgestellt werden. Dies gilt grundsätzlich für die

411 Vgl. SPENCER/SPENCER 1993, S. 9–15 [Übersetzungen durch den Verfasser].

412 Vgl. BOYATZIS 1982, S. 7.

413 Vgl. auch AUHAGEN 2002, S. 231.

Entwicklung des Personals als Leistungsträger im Kontext der definitorisch auf Leistungserstellung zielenden Organisation Betrieb.[414]

Diese Überlegungen zum Competency-Konzept decken sich mit der bereits entwickelten Auffassung von „Kompetenz" insoweit, als hier ebenfalls eine Stufung in sichtbare und verborgene Kompetenzbestandteile vorgenommen wird. Auffällig und unterschiedlich ist, dass das stärker auf betriebliche Arbeitssituationen bezogene Competency-Konzept den Zusammenhang der Kompetenz mit einer messbaren „Job Performance" als Handlungsergebnis deutlich herausstellt. Dies hängt damit zusammen, dass das Competency-Konzept ursprünglich von der Ergebnisseite her definiert wurde. McClelland suchte Persönlichkeitsmerkmale bzw. insbesondere Motive zu identifizieren, die für exzellente Leistungen im Beruf verantwortlich sind. Dazu verglich er Mitarbeitergruppen mit hoher Leistung („High-Performer") mit Kontrollgruppen („Medium- und Low-Performer") und schloss aus den erfolgskritischen Unterschieden auf die dafür verantwortlichen Kompetenzen.[415] Ein überraschendes Ergebnis war, dass einer überdurchschnittlichen Performance weniger ein hohes Leistungsmotiv, sondern ein ausgeprägtes Machtbedürfnis in Verbindung mit einem niedrigeren Anschlussmotiv vorhergeht.[416] Schon allein deshalb sollten Untersuchungen im Bereich des Kompetenzmanagement das mikropolitische Feld der Akteure immer mit einbeziehen.

Ob jemand kompetent handelt, zeigt sich im Competency-Konzept in einem qualitativ überdurchschnittlichen Handlungsergebnis („superior performance"). Das Konzept ist somit normativ angelegt, da es bereits eine Zielsetzung enthält. Sarges sieht den Vorteil der Competencies in erster Linie in dieser Zukunftsbezogenheit und fordert eine entsprechende Modifikation des klassischen Anforderungsbegriffes der diagnostischen Psychologie.[417] „Viele Competencies sind final konzipiert und damit lässt sich ein Bezug auf das Leitbild und die strategische Positionierung des betreffenden Unternehmens herstellen."[418]

Sarges zitiert aber auch amerikanische Psychologen, die „Competency als Konzept und begriffliche Benennung schlicht für überflüssig halten"[419], da Competencies im Wesentlichen den Anforderungsmerkmalen der psychologischen Diagnostik entsprächen. So verstanden sind Competencies nichts anderes als Qualifikationen, da diese von der Anforderungsseite her

---

[414] Vgl. auch Schuler (2000, S. 3), der unter Personalentwicklung „die Gesamtheit der Maßnahmen in *Leistungsorganisationen* zur Förderung der berufsbezogenen Qualifikationen der Beschäftigten" versteht [Hervorhebung durch den Verfasser].

[415] Vgl. Hooghiemstra 1992, S. 31 ff.

[416] Vgl. McClelland/Boyatzis 1982, zit. bei Nerdinger 1995, S. 134.

[417] Vgl. Sarges 2003, S. 199.

[418] Sarges 2003, S. 199.

[419] Sarges 2003, S. 198.

definiert werden. Dies um so mehr, als es in einer empirischen Untersuchung nur unter Ausschluss vieler Variablen möglich sein kann, erfolgskritische Kompetenzen der „High-Performer" zu ermitteln. Eine Entwicklung dieser Kompetenzen würde nur dann erfolgswirksam, wenn exakt die gleichen Bedingungen vorliegen würden. Hier liegt auch die größte Gefahr anwendungsorientierter „Competency-Models", da sie suggerieren, man hätte eine Vorstellung, wie sich Erfolg „herstellen" lässt. Dies widerspricht einerseits dem modernen Menschenbild des „complex man" und lässt sich auch mit unserer Definition von Kompetenz als innere, individuelle Leistungspotenziale, die sich einer externen Steuerung entziehen, nicht vereinbaren.

Auffällig im Competency-Konzept ist die deutliche Unterscheidung von Potenzial und Handlung. Es unterscheidet eine Persönlichkeitsebene, welche die offenen und verborgenen Kompetenzbestandteile enthält, und eine Handlungsebene, auf der sich die Kompetenz in konkreten Situationen manifestiert. HOLMAN betont dies insbesondere für den Bereich der Skills: „It is therefore possible to distinguish between skills and skilled activity ... Skilled activity can be defined as the 'surface manifestation' of skill use".[420]

Interessant ist in diesem Zusammenhang auch die in den Sprachwissenschaften getroffene Unterscheidung zwischen Kompetenz und Performanz.[421] CHOMSKY bezeichnet mit Kompetenz die Fähigkeit eines Sprechers, ein abstraktes System von Regeln zur Spracherzeugung zu beherrschen, während er den aktuellen Gebrauch der Sprache in der konkreten Situation als „Performanz" bezeichnet.[422] Kompetenz ist also Potenzialität, d.h. bevorratete Befähigung,[423] während Performanz den handlungsorientierten, praktizierten Einsatz der Kompetenz darstellt. In der betriebswirtschaftlichen Literatur wurde dieser Zusammenhang zuerst von BECKER/ROTHER aufgegriffen.[424] Sie bezeichnen Kompetenz als „intrapsychische Potenziale ..., die sich in Tätigkeiten materialisieren, d.h. sich beim Handlungsvollzug als Performanz in der situativen Anwendung zeigen"[425]. Wir können also die Persönlichkeits-/Potenzialebene als Kompetenzebene, die Handlungsebene aber als Performanzebene kennzeichnen.

---

420 HOLMAN 2000, S. 958.

421 Vgl. auch BECKER/ROTHER 1998, S. 12.

422 Vgl. CHOMSKY 1969, S. 13 ff; vgl. auch GEIßLER 1974, S. 33–34.

423 Vgl. JUNGKUNZ 1995, S. 60.

424 Vgl. BECKER/ROTHER 1998.

425 BECKER/ROTHER 1998, S. 12.

3.2.1.4 Dimensionen der Kompetenz

In den vorangegangenen Abschnitten wurde der Begriff der Kompetenz über die Darstellung der wichtigsten Bestandteile (Kompetenzfaktoren) näher beschrieben. Eine anders gelagerte, eher perspektivische Herangehensweise definiert den Begriff über die Formen, in denen Kompetenz ausgeprägt wird (Kompetenzdimensionen).[426]

Herrscht bezüglich der zentralen Kompetenzfaktoren noch Einigkeit in den verschiedenen Ansätzen, verhält es sich mit den Kompetenzdimensionen ungleich schwieriger, werden diese doch „mit einem kaum erschöpfbaren Facettenreichtum"[427] beschrieben. So werden mit großer Beliebigkeit Kompetenzmodelle als normative Kataloge aufgestellt,[428] welche alle denkbaren gewünschten Eigenschaften und Verhaltensweisen der Mitarbeiter enthalten. Solche „Competency-Models" werden (entgegen McCLELLANDS ursprünglicher Vorgehensweise) meist von der Anforderungsseite her definiert und listen daher nicht Kompetenzen, sondern Qualifikationen auf. Werden diese Listen von der „Angebotsseite", also vom Arbeitnehmer als Kompetenzinhaber aus definiert, benötigt man empirisch nachgewiesene Konstrukte, welche die Bestandteile der Kompetenz beschreiben können.[429]

Um der Beliebigkeit von Competency-Models zu entgehen, schlagen SONNTAG/SCHAPER das aus der Berufs- und Arbeitspädagogik stammende empirisch gestützte Konstrukt der „beruflichen Handlungskompetenz" als Zielgröße der betrieblichen Personalentwicklung vor.[430] SARGES sieht darin auch die Chance der Konvergenz von beruflicher und betrieblicher Bildung,[431] denn auch die deutsche Berufspädagogik hatte unter dem Druck des wirtschaftlichen Wandels in den letzten Jahrzehnten ihr Zielkonzept vom *Können* (Erwerb durch fremdorganisierte Vermittlung) über die *Qualifikation* (Erwerb durch selbstständige Aneignung fixierter Lehrplaninhalte) zur *Kompetenz* (Erwerb durch selbstorganisierte Weiterentwicklung) erweitert, bzw. ihr Interesse dorthin verlagert.[432]

Kompetenzen sind wie oben gezeigt, immer handlungsorientiert und handlungswirksam. Durch den Ausdruck „Handlungskompetenz" wird dieser Sachverhalt auch begrifflich herausgestellt. Werden Handlungen auf berufliche Situationen eingegrenzt, so ergibt sich die berufliche Handlungskompetenz. Diese wird im berufspädagogischen Kontext, von SCHWADORF

---

426 Bei ERPENBECK/ROSENSTIEL (2003, S. XV–XVII) als „Kompetenzklassen" bezeichnet.
427 STAUDT U.A. 1997, S. 61.
428 Vgl. Kritik an den „Competency-Models" in Kapitel 3.2.1.3.
429 Z.B. das Fünf-Faktoren-Modell („Big-Five") der Persönlichkeit. Vgl. SCHULER 2000, S. 29.
430 Vgl. SONNTAG/SCHAPER 1992/1999.
431 Vgl. SARGES 2003, S. 200.
432 Vgl. ARNOLD 1997.

im Anschluss an BADER definiert als „die Fähigkeit und Bereitschaft des Menschen, in beruflichen Situationen *sachgerecht, gruppen- und beziehungsorientiert* sowie *verantwortlich reflektiert* zu handeln."[433] Entsprechend werden die Ausprägungen der beruflichen Handlungskompetenz über drei Dimensionen konkretisiert:

(1) Sachkompetenz (beinhaltet Fach- und Methodenkompetenz),

(2) Sozialkompetenz und

(3) Selbstkompetenz.[434]

Diese Grundstruktur der Kompetenzausprägungen ist inzwischen auch im betrieblichen Kontext weitgehend akzeptiert,[435] wobei in Unternehmensmodellen, wie in einer früheren Untersuchung des Verfassers bereits festgestellt wurde,[436] immer noch die typische um die Selbstkompetenz verkürzte Trias aus Fach-, Methoden- und Sozialkompetenz zu finden ist.[437]

Im Gegensatz zu pädagogischen Konzepten, welche das Individuum in den Mittelpunkt des Interesses stellen, ist Handlungskompetenz als Zielgröße *betrieblicher* Personalentwicklung wie im „Competency-Konzept" stärker auf die Unternehmensziele und den Betriebserfolg ausgerichtet. So definiert z.B. MÜNCH Personalentwicklung explizit als „das Insgesamt derjenigen Maßnahmen, die geeignet sind, die Handlungskompetenz der Mitarbeiter weiterzuentwickeln, zu erhalten und ständig zu erneuern, und zwar mit dem Ziel, den *Unternehmenserfolg* unter weitestgehender Berücksichtigung der Mitarbeiterinteressen zu sichern."[438] Im Kontext dieser Arbeit wird deshalb der Ausdruck „Betriebliche Handlungskompetenz" verwendet. Damit lassen sich die Kompetenzfaktoren und Kompetenzdimensionen als zwei sich ergänzende Ansätze zur Beschreibung des Kompetenzkonstrukts nun bewusst kombinieren.[439]

---

433 SCHWADORF 2003, S. 70; vgl. BADER 1989, S. 74–75. Ähnlich SONNTAG/SCHAPER 1999, S. 211.

434 Vgl. SCHWADORF 2003, S. 73.

435 Vgl. SONNTAG/SCHAPER 1999, S. 212. Sie bezeichnen die Inhalte der Selbstkompetenz jedoch als „Personale Kompetenz". ERPENBECK/ROSENSTIEL (2003, S. XVI) benennen als zusätzlich vierte Kompetenzklasse „Aktivitäts- und umsetzungsorientierte Kompetenzen". Bei KAUFFELD/GROTE (2002, S. 32) sind die Fach- und Methodenkompetenz eigenständige Dimensionen.

436 Vgl. BECK 2001, S. 78–79.

437 Vgl. z.B. STAUDT U.A. 1997, S. 59–60.

438 MÜNCH 1995, S. 15–16 [Hervorh. v. Verf.].

439 Vgl. ähnlich bei STAUDT U.A. 1997, S. 61.

3.2.1.5 Modell der betrieblichen Kompetenzentwicklung

Die Ergebnisse der Begriffsanalyse werden im Folgenden kurz zusammengefasst und in einem Modell der Kompetenzentwicklung im Betrieb visualisiert (vgl. Abbildung 7).

Kompetenz im weiteren Sinn kann definiert werden als gesamtes Leistungspotenzial des Menschen, das sich in der Qualität sichtbarer **individueller Handlungen** der Person niederschlägt und diese reguliert. Dadurch ergeben sich zwei Ebenen der Betrachtung, eine grundlegende Persönlichkeitsebene (*Kompetenzebene)* und eine aufbauende Handlungsebene *(Performanzebene).*

3.2.1.5.1 Kompetenzebene

Das Fähigkeits- und Leistungspotenzial des Menschen wird im Eisbergmodell der Persönlichkeit („personality iceberg"[440]) besonders anschaulich dargestellt. Das Modell verdeutlicht, dass immer nur ein kleiner Teil der menschlichen Persönlichkeit sichtbar oder wahrnehmbar ist. Das Wahrnehmbare selbst (perceptas) ist wiederum „Zeichen" für zugrunde liegende (aber als solche nicht sichtbare) Konzepte (konzeptas).[441] Von der Gesamtmasse des Eisbergs ist nur ein Siebtel zu sehen, alles andere entzieht sich der direkten Sicht. In unserem Fall befindet sich nur ein kleiner Teil des Potenzials „über der Wasseroberfläche", der größere Teil aber bleibt verborgen. Dennoch, das Wissen um die Existenz dieser großen Menge Eis unter dem Wasser ist vorhanden und im Umgang mit Menschen muss das immer wieder vergegenwärtigt werden. Übertragen heißt das, der Mensch als Individuum (lat. „das Unteilbare") ist immer in seiner ganzen Persönlichkeit zu begreifen. Deshalb ist das in der Kompetenz zusammengefasste Potenzial als Gesamtsystem zu betrachten, in welchem die Elemente der oberen und unteren Schichten verbunden sind und sich wechselseitig beeinflussen.

Der „Eisberg" **Kompetenz** dehnt sich weit über die Dimensionen des qualifikatorischen Potenzials hinaus. *Kompetenz als das gesamte menschliche Leistungspotenzial* umfasst zuerst das einfach abrufbare, d.h. an der Oberfläche „sichtbare" Potenzial. Dieses steht zur Verfügung, um den expliziten Leistungsanforderungen (Qualifikation) zu entsprechen. Zum expliziten Potenzial zählen wir die Skills und das explizierbare Wissen. Skills und Wissensbestände, welche nicht auf der Grundlage von tätigkeitsspezifischen Anforderungen nachgefragt werden, gehören zwar zum Potenzial, nicht aber zur Qualifikation.[442]

---

440 SPENCER/SPENCER 1993, S. 11.

441 Vgl. AFS INTERCULTURAL PROGRAMMS INC. 1984, S. 14; vgl. auch den Abschnitt „Ein Eisbergmodell des Lernens" bei SCHAFFTER 2001, S. 159–170.

442 Vgl. PAWLOWSKY/BAUMER 1996, S. 7.

Hinzu kommt das tiefer liegende, implizite Leistungspotenzial des Menschen, welches in Abgrenzung zur Qualifikation als *Kompetenz im engeren Sinn* verstanden wird. Es setzt sich zusammen aus den Faktoren des impliziten Wissens, der Motivation, des Selbst- und Rollenkonzepts sowie aus Einstellungen, Werthaltungen und Charakterzügen. Es wird nach SPENCER/SPENCER angenommen, dass diese Kompetenzfaktoren entsprechend dem Grad ihrer Operationalisierbarkeit in unterschiedlich tiefen Persönlichkeitsschichten angeordnet sind.[443] In der Ausprägungsform tritt Kompetenz in den Dimensionen der Sozial-, Sach- und Selbstkompetenz auf, welche in dieser Arbeit zusammenfassend als betriebliche Handlungskompetenz bezeichnet werden.

3.2.1.5.2 Performanzebene

Das menschliche Leistungspotenzial wird nach Überschreiten der „Performanzschwelle" in der Qualität individueller Handlungen sichtbar. Dabei wird in der ersten Phase der Handlung eine betriebliche Arbeitssituation durch den Menschen vorgefunden und aufgrund bestimmter Motive mit einer gewissen Veränderungsabsicht belegt. Ist ein ausreichender Handlungsspielraum, d.h. Zuständigkeit und die notwendigen Informationen und Ressourcen, vorhanden, kann in einer weiteren Phase die geplante Veränderung ausgeführt werden. Abschließend wird das Arbeitsergebnis (Leistung) in Bezug auf die Erreichung der gesetzten persönlichen und betrieblichen Ziele (Erfolg) hin reflektiert und bewertet. Das Arbeitsergebnis führt zu einer neuen Arbeitssituation. Entsprechend der drei Kompetenzdimensionen realisiert sich solches *kompetentes* betriebliches Handeln über alle Phasen sachgerecht, gruppen- und beziehungsorientiert sowie verantwortlich reflektiert. Die gewonnenen Erfahrungen beeinflussen und verändern wiederum alle Kompetenzfaktoren und führen zu einer Veränderung der betrieblichen Handlungskompetenz. Gegebenenfalls wird eine erneute Handlung ausgelöst und der Kreislauf beginnt von vorn.

---

[443] Vgl. SPENCER/SPENCER 1993, S. 11.

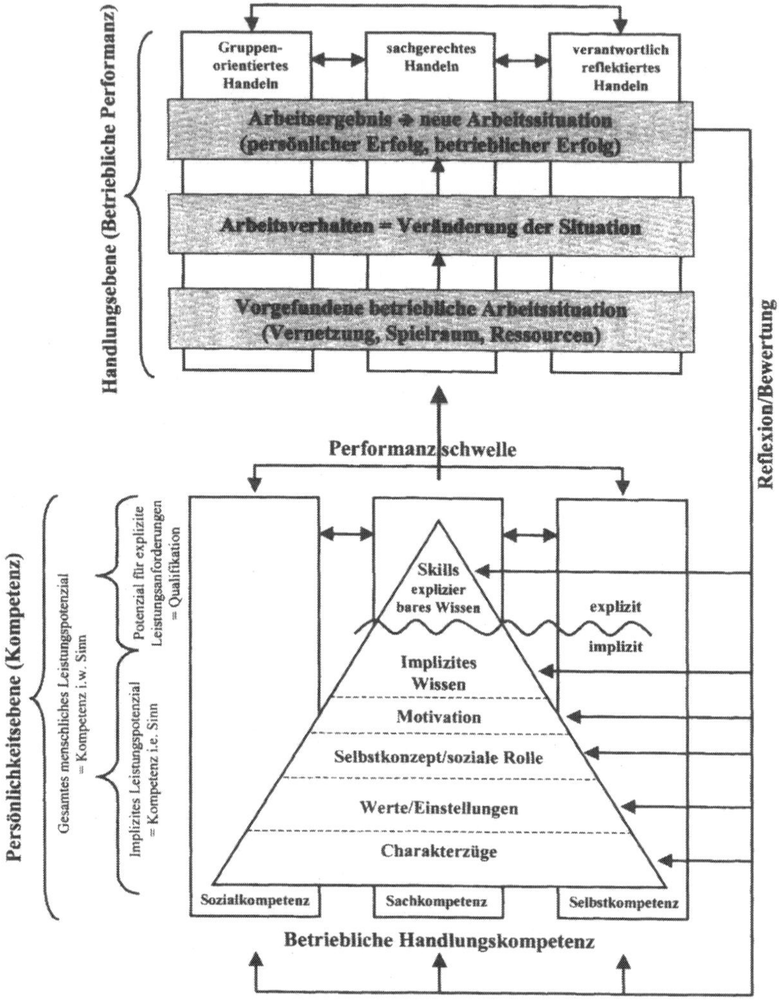

Abbildung 7: Modell der Kompetenzentwicklung im Betrieb
Quelle: Eigene Darstellung in Anlehnung an Spencer/Spencer 1993, S. 11.

Betriebliche Handlungskompetenz kann abschließend definiert werden als gesamtes Leistungspotenzial des Menschen, das sich aus sichtbaren Potenzialen zur Erfüllung expliziter Leistungsanforderungen und in tieferen Persönlichkeitsschichten liegenden impliziten Fähigkeitspotenzialen zusammensetzt und im Rahmen des Betriebes als sachgerechtes, gruppen- und beziehungsorientiertes sowie verantwortlich reflektiertes Arbeitshandeln der Person eine wahrnehmbare qualitative Veränderung der Arbeitsleistung und damit des persönlichen und betrieblichen Erfolgs bewirkt.

3.2.2 Betriebliche Kompetenzentwicklung

3.2.2.1 Kompetenzentwicklung im Betrieb als autopoietischer Prozess

Der in Abbildung 7 dargestellte Kreislauf der Kompetenzentwicklung entspricht dem dieser Arbeit zugrundeliegenden Verständnis von Entwicklung als Veränderung.[444] Diese Sichtweise folgt der kognitiven Psychologie und ist deshalb wertfrei gehalten. Die Veränderung ist nicht im Sinne eines rational-normativen Managements von außen beabsichtigt, gesteuert oder kontrolliert. Veränderung geschieht „autopoietisch“, d.h. selbsttätig.

Das Konzept der *Autopoiese*[445] wurde 1980 durch VARELA und MATURANA begründet[446] und benennt im Wesentlichen drei Axiome:

1) Die eigenen Zustände werden nur intern gesteuert **(Selbstreferenzialität)**.[447]

2) Das Gehirn nimmt nur eigene Zustandsveränderungen wahr, ein Reiz von außen kann nur Selbstveränderung initiieren, die dann wahrgenommen wird **(operationale Geschlossenheit)**.[448]

3) Das System wählt seine Außenkontakte selbst aus **(strukturelle Koppelung)**.[449]

JANK/MEYER betrachten davon ausgehend die Selbsttätigkeit des Menschen als Schlüssel zum Lernerfolg und definieren Lernen entsprechend als *„die Veränderung der Reflexions- und Handlungsfähigkeit durch die selbstorganisierte Verarbeitung äußerer Anregungen und Impulse“*[450].

---

444 Vgl. Kapitel 2.2.4.

445 Der Begriff „Autopoiese“ ist abgeleitet aus dem Griechischen von „autos“ = selbst und „poiein“ = machen.

446 Vgl. MATURANA/VARELA 1980.

447 Vgl. MATURANA/VARELA 1987, S. 55ff.

448 Vgl. MATURANA/VARELA 1987, S. 100.

449 Vgl. MATURANA/VARELA 1987, S. 85ff.

450 JANK/MEYER 2002, S. 48.

Auf diese Arbeit übertragen bedeutet es, dass Mitarbeiter auch ohne äußere Veranlassung in allen Handlungen im Betrieb ihre Reflexions- und Handlungsfähigkeit verändern, d.h. ihre Handlungskompetenz entwickeln. Eine selbsttätige Kompetenzentwicklung kann also immer unterstellt werden. Daraus folgt, dass ein extern angestoßener Prozess immer nur die individuellen Entwicklungsprozesse unterstützen, begleiten und reflektieren kann.

Eine direkte Steuerung von außen ist modellimmanent unmöglich. Unter autopoietischen Gesichtspunkten wird der Mitarbeiter selbst auswählen, welche Einflussnahmen er akzeptiert (strukturelle Kopplung) und welche in ihm eine Selbstveränderung auslösen (operative Geschlossenheit). Weiterhin wird er diese auch selbst steuern (Selbstreferenzialität). Trotz einiger Zweifel an der Allgemeingültigkeit der autopoietischen Axiome[451] unterstreichen diese Annahmen erneut das Selbstbestimmungsrecht des Individuums und wiesen auf die Unveräußerlichkeit der Subjektivität des Menschen hin. Dies muss eine betrieblich induzierte und rational gesteuerte Kompetenzentwicklung berücksichtigen, will sie nicht an den Menschen vorbei, sondern mit ihnen und für sie arbeiten.

3.2.2.2 Definition der betrieblichen Kompetenzentwicklung und Abgrenzung zum Qualifizierungskonzept

Betriebliche *Qualifizierung* wurde definiert als der vorwiegend rationalgesteuerte und zielgerichtete Prozess der Veränderung der Fähigkeiten, Kenntnisse und Fertigkeiten der im Betrieb zusammengefassten Personen.[452] Nachdem der Begriff der betrieblichen Handlungskompetenz definiert ist, kann er als Zielgröße betrieblich induzierter *Kompetenzentwicklung* eingesetzt werden.

Betriebliche Kompetenzentwicklung bezeichnet dann den *betrieblich beeinflussten Prozess* der Veränderung des gesamten Leistungspotenzials des Menschen, also der qualifikatorischen Potenziale *und* der impliziten Fähigkeitspotenziale, um den Mitarbeiter zu befähigen, die expliziten Leistungsanforderungen bestmöglich zu erfüllen. Darüber hinaus sollen entsprechende Maßnahmen dem Mitarbeiter sachgerechtes, gruppen- und beziehungsorientiertes sowie verantwortlich reflektiertes betriebliches Arbeitshandeln ermöglichen. Das Ziel ist eine wahrnehmbare Verbesserung der Arbeitsleistung und damit des persönlichen und betrieblichen Erfolgs des Mitarbeiters.

---

451 Vgl. z.B. ROTH 1987.

452 Vgl. Kapitel 2.3.2.3.

Es zeigt sich, dass betriebliche Kompetenzentwicklung:

(1) in unserem Verständnis betriebliche Qualifizierung *enthält*, aber sehr viel weiter gefasst ist, da Kompetenzentwicklung **vertikal** nicht auf die Entwicklung der peripheren Könnens- und Wissensbestände beschränkt ist, sondern auch auf die Veränderung tiefer liegender Persönlichkeitseigenschaften als nutzbare Leistungspotenziale zielt,

(2) da Kompetenzentwicklung **horizontal** ein differenziertes Spektrum betrieblichen Arbeitshandelns und zugehöriger Kompetenzdimensionen aktivieren und fördern will, und

(3) dass **Kompetenzentwicklung** neben der vorwiegend rational und von außen gesteuerten **Qualifizierung** auch eine – vorwiegend vom Individuum regulierbare – Veränderung verborgener Fähigkeitspotenziale beinhaltet. Kompetenzentwicklung kann dementsprechend auch nicht auf betriebliche Ziele beschränkt werden, sondern enthält wie die klassische Definition der Personalentwicklung eine duale Zielperspektive aus persönlichem und betrieblichem Erfolg.

Diese drei Aspekte erweitern und spezifizieren das Qualifizierungskonzept. Inwiefern die betriebliche Kompetenzentwicklung damit die Chance für eine effektivere und effizientere betriebliche Personalentwicklung bieten kann, wird im Folgenden genauer untersucht.

3.2.2.3 Analyse der wesentlichen Unterscheidungsmerkmale

3.2.2.3.1 Veränderung tiefer liegender Leistungspotenziale

Qualifizierung und Kompetenzentwicklung können in der Praxis nicht getrennt werden, da Qualifizierung eine Teilmenge der Kompetenzentwicklung darstellt. KELL spricht hier von „einem (dialektischen) Wechselverhältnis von Kompetenzentwicklung – das wäre die Entwicklung allgemeiner Tiefenstrukturen im Menschen – und Qualifikationserwerb – das wäre die Befähigung zum Handeln in spezifischen Oberflächenstrukturen“[453]

Kompetenzentwicklung bezieht *neben* explizitem Wissen und Skills *zusätzlich* Persönlichkeitsmerkmale wie Motive, Einstellungen, Werthaltungen, Selbstkonzept und Charakterzüge mit ein. Die beiden Konzepte können aber methodisch-didaktisch unterschieden werden. SPENCER/SPENCER differenzieren die verborgenen Persönlichkeitseigenschaften („Hidden Competencies“) nach dem Aufwand, der zu deren Veränderung betrieben werden muss (vgl. Abbildung 8).

---

[453] KELL 1977, zit. bei KADE 1983, S. 861.

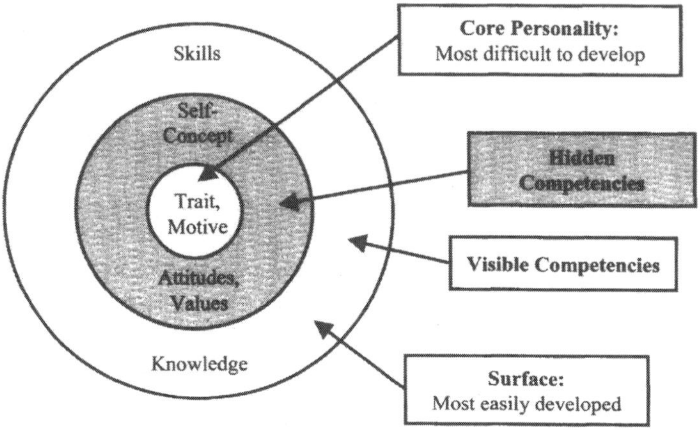

Abbildung 8: Central and Surface Competencies
Quelle: SPENCER/SPENCER 1993, S. 11 [Ergänzt durch den Verfasser].

Aus dieser Schichtung leiten SPENCER/SPENCER praktische Implikationen für Personalauswahl und -entwicklung ab.[454] Je näher die Competencies am Kern der Persönlichkeit liegen, desto schwieriger und aufwändiger sind sie tendenziell zu entwickeln. Während Fachwissen und fachliche Fertigkeiten relativ leicht vermittelt und angeeignet werden können, lassen sich Gewohnheiten, Selbstkonzept und Werte wesentlich schwieriger verändern. Zentrale Charakterzüge und Prägungen sind – zumindest ab einem gewissen Lebensalter – sehr stabil und daher kaum veränderbar. Unternehmen sollten daher in der Personalauswahl nach den zentralen Persönlichkeitseigenschaften selektieren, da dies die wenigsten Folgekosten in der Personalentwicklung verursacht.

Entsprechend kann eine Gegenüberstellung einer optimalen und tatsächlich empirisch ermittelbaren betrieblichen Personalentwicklung folgendermaßen aussehen:

---

[454] Vgl. SPENCER/SPENCER 1993, S. 11.

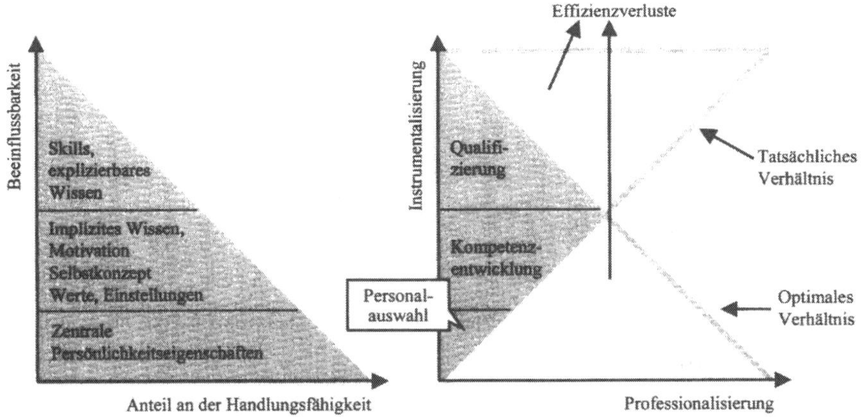

Abbildung 9: Effizienzverluste in verschiedenen Bereichen der Personalentwicklung
Quelle: Eigene Darstellung in Anlehnung an SPENCER/SPENCER 1993, S. 11 und STAUDT/KRIEGESMANN 2000, S. 585.

STAUDT/KRIEGESMANN schätzen, dass die traditionelle Weiterbildung bestenfalls 20 % der Handlungsfähigkeit abdeckt, 80 % aber als „an die Person gebundene Elemente der Kompetenz unberücksichtigt [bleiben] bzw. ... oft zufällig, unsystematisch und mit einem deutlich geringeren Professionalisierungsgrad angegangen [werden]“[455]. Einerseits ist Qualifizierung hoch professionalisiert auf den gut beeinflussbaren Bereich der Skills und des expliziten Wissens ausgerichtet, andererseits fehlen für die handlungsbestimmenden Kompetenzbestandteile der „mittleren“ Persönlichkeitsschichten analoge Entwicklungsmuster.

Eine neuere ZEW-Studie zeigt jedoch, dass die Produktivität klassischer Weiterbildung relativ hoch ist.[456] Es ist deshalb nahe liegend, die klassische Weiterbildung nicht zu vernachlässigen, aber als Erweiterung besonders die Entwicklung der Kompetenzfaktoren in den mittleren Persönlichkeitsschichten (z.B. implizites Wissen, Erfahrungen, Motivation, Selbstkonzept) ins Auge zu fassen, während die „Verfügbarkeit“ der gewünschten zentralen Persönlichkeitseigenschaften durch eine effiziente Personalauswahl gesteuert werden muss.[457]

---

[455] STAUDT/KRIEGESMANN 2000, S. 586.

[456] Vgl. ZWICK 2003.

[457] Vgl. auch JETTER 1996.

Im mittleren Bereich der Kompetenzentwicklung (vgl. Abbildung 9) sind außerdem aufgrund des günstigen Verhältnisses von Beeinflussbarkeit und Anteilen an der Handlungsfähigkeit die geringsten Effizienzverluste zu erwarten.

3.2.2.3.2 Differenziertes Spektrum betrieblicher Kompetenzdimensionen

Kompetenzentwicklung erstreckt sich auf ein differenziertes Spektrum von drei Kompetenzdimensionen und beinhaltet

(1) Fach- und Methodenkompetenz (sachgerechtes),

(2) Sozialkompetenz (gruppen- und beziehungsorientiertes Arbeitshandeln) und

(3) Selbstkompetenz (verantwortlich reflektiertes Arbeitshandeln).

Abbildung 7 zeigt, dass kompetentes Handeln sich immer aus allen drei Bereichen zusammensetzt. Die Kompetenzdimensionen können aber differenziert entwickelt werden. So spricht Qualifizierung vor allem das sachgerechte Handeln im Rahmen der Fach- und Methodenkompetenz an, während die Entwicklung der tiefer liegenden Potenziale eher die Sozial- und Selbstkompetenz fördert. SONNTAG/SCHAPER verwenden die drei Kompetenzdimensionen, „um die Vielzahl vorhandener Methoden und deren Intentionen einigermaßen sinnvoll und praktikabel zu klassifizieren und zu beschreiben“[458].

Der *Fach-/Methodenkompetenz* ordnen sie Trainingsmaßnahmen zu, welche die Entwicklung spezifischer Fertigkeiten und Kenntnisse beinhalten (z.B. Lerninseln) und/oder auf die Vermittlung kognitiver Fähigkeiten (z.B. computerunterstützte Lernsysteme) ausgerichtet sind. Der Bereich *Sozialkompetenz* umfasst Methoden, deren Intention in der Förderung kommunikativer und kooperativer Verhaltensweisen liegt (z.B. Teamtraining, Lernstatt) und der Kategorie *Selbstkompetenz* (personale Kompetenz) werden jene Maßnahmen zugeordnet, die explizit die Selbstwahrnehmung und das bewusste Reflektieren eigener Fähigkeiten (Selbstkonzept) fördern und damit zusammenhängend motivationale und emotionale Aspekte thematisieren (z.B. Mentoring und Coaching).[459] Während die Qualifizierung also vorwiegend auf die Entwicklung der Fach- und Methodenkompetenz konzentriert ist, hat die Kompetenzentwicklung auch die benachbarten Dimensionen der Selbst- und Sozialkompetenz im Blick.

---

[458] SONNTAG/SCHAPER 1999, S. 212.

[459] Vgl. dazu ausführlich SONNTAG/SCHAPER 1999, S. 212–233.

3.2.2.3.3 Steuerung durch das Individuum

Dieser Punkt zeigt den größten, da prinzipiellen Unterschied der Kompetenzentwicklung zur Qualifizierung. Liegt bei den beiden zuletzt genannten Punkten lediglich eine (horizontale bzw. vertikale) Ausdehnung des Betrachtungsraums vor, stellt die Verlagerung der Steuerungsgewalt auf das Individuum einen kompletten Perspektivenwechsel dar. Während Qualifizierung vorwiegend außengesteuert ist, beinhaltet Kompetenzentwicklung die nur vom Individuum regulierbare, autopoietische Veränderung. KUGEMANN definiert deshalb den Kompetenzbegriff als „individuumsbezogen" und Kompetenzentwicklung als „individualisierte, selbst gestaltete Personalentwicklung von innen"[460].

Entwicklung	A ... als rationales Veränderungsmanagement	B ... als vorbestimmter Phasendurchlauf	C ... als autopoietische Veränderung
...des Individuums	Qualifizierung	Lebenszyklus Berufliche Entwicklungsphasen	Kompetenzentwicklung
gesteuert durch...	Externe und Individuum	hinterlegte (genetische) Programme	Individuum

Tabelle 6: Steuergrößen der individuellen Personalentwicklung
Quelle: Eigene Darstellung in Anlehnung an Tabelle 1 und NEUBERGER 1991/1994.

Ein externer „Zugriff" auf die menschlichen Potenziale erscheint erneut nur begrenzt, d.h. indirekt möglich (A). Entsprechende Veränderungen unterliegen gemäß dem NEUBERGER'schen Modell eher der Selbstorganisation bzw. folgen einer autopoietischen Eigendynamik (C). Dazwischen liegt der weder von Individuum noch von außen steuerbare, da vorbestimmte Phasenablauf (B).

Außerdem wird durch die Fokussierung auf die Bezugsgröße des Individuums auch klar, dass Kompetenzentwicklung im Gegensatz zur Qualifizierung nicht auf den betrieblichen Bereich beschränkt werden kann, denn wie der DEUTSCHE BILDUNGSRAT schon 1974 feststellte, „bezeichnen [Kompetenzen] den Lernerfolg im Hinblick auf den Lernenden selbst und seine Befähigung zu selbstverantwortlichem Handeln im privaten, beruflichen und gesellschaftlich-politischen Bereich".[461]

---

460 KUGEMANN 2003, S. 2. FAULSTICH (2003, S. 3) spricht von der Verlagerung der Weiterbildung auf den „Kompetenzentwicklungspfad" und leitet daraus ein „personalorientiertes Produktionsmodell" ab.

461 Deutscher Bildungsrat 1974, S. 65.

Betriebswirtschaftlich betrachtet sind bei betrieblichen Investitionen in die Kompetenzentwicklung der Mitarbeiter demnach immer „Streuverluste" einzukalkulieren, da der „Return on Investment" (ROI) immer dem Menschen in seiner ganzen Lebenswelt zugute kommt. Diese Streuverluste werden durch den Motivationseffekt solcher Maßnahmen wieder teilweise kompensiert, was aber außerordentlich schwer zu messen ist.

3.2.2.4 Diskussion der Kompetenzentwicklung in Wissenschaft und Praxis

3.2.2.4.1 Vorbemerkungen zum handlungstheoretischen Ansatz

Das Konzept der betrieblichen Kompetenzentwicklung ist aus den bisherigen Überlegungen als **handlungstheoretischer Ansatz** der Personalentwicklung[462] zu verstehen. Es geht von einem sich selbst regulierenden Menschen aus, der betriebliche Arbeitssituationen vorfindet, persönliche und/oder betriebliche Ziele entwickelt, um danach in einem selbst verantworteten Prozess die Situation durch praktischen Vollzug in eine andere Situation zu transformieren.[463] Anschließend wird der Handlungserfolg reflektiert und ggf. erneut gehandelt. In der Handlung erfahren alle Kompetenzfaktoren eine Veränderung. Skills werden durch Anwenden erlernt oder durch Übung verfeinert, Wissen wird hinzugewonnen, gefestigt und vernetzt, neue Motive entwickeln sich, das Selbstkonzept, Werte und Einstellungen werden überprüft und prägen sich ein. Kurz: Der Mensch geht mit einer veränderten Kompetenzstruktur in die nächste Situation. Eine Entwicklung hat stattgefunden. Nun stellt sich die Frage, unter welchen Voraussetzungen Kompetenzentwicklung eher gelingen kann bzw. welche Maßnahmen die betriebliche Personalentwicklung ergreifen kann, um die betriebliche Handlungskompetenz der Mitarbeiter im Hinblick auf Erreichung betrieblicher Ziele zu erhöhen.

Im folgenden Abschnitt sollen zuerst zwei Studien zur handlungstheoretisch fundierten Kompetenzentwicklung untersucht werden. Dabei wird geprüft, welche Implikationen ihre Ergebnisse für die betrieblich induzierte Kompetenzentwicklung haben und inwiefern sich Anschlussmöglichkeiten an unser Modell ergeben. Danach wird ergänzend untersucht, welche Erkenntnisse die Praxis der betrieblichen Kompetenzentwicklung liefern kann.

3.2.2.4.2 Entwicklungsförderliche Aspekte von Arbeits- und Lernbedingungen

Der Arbeitspsychologe VOLPERT beschreibt in einer theoretischen Studie „entwicklungsförderliche Aspekte von Arbeits- und Lernbedingungen"[464]. Obwohl VOLPERT den Kompetenz-

---

[462] Vgl. Kapitel 2.1.4.2.

[463] Vgl. STEINKAMP 1989, S. 40; ROSENSTIEL 2000, S. 66.

[464] VOLPERT 1989.

begriff nicht verwendet, sondern sich auf „Qualifizierungsprozesse“[465] beschränkt, können seine Überlegungen als „Kompetenz-entwicklungsförderliche Aspekte“ verstanden werden, da er sich explizit auf Konzepte der Selbstorganisation[466] und Handlungstheorie[467] bezieht.

VOLPERT beschreibt folgende **entwicklungsrelevante Aspekte**:[468]

Entwicklungsförderliche Arbeitsaufgaben

1. haben einen großen Handlungsspielraum,
2. erfordern einen angemessenen zeitlichen Spielraum,
3. müssen Angebote zur persönlich geprägten Erfassung und Bewältigung von Anforderungen im Sinne einer „Strukturierbarkeit“ machen,
4. müssen objektive Behinderungen der Arbeitstätigkeit vermeiden,
5. erfordern ausreichende und vielfältige körperliche Aktivität,
6. erfordern die Beanspruchung vielfältiger Sinnesqualitäten,
7. erfordern den konkreten Umgang mit realen Gegenständen und den direkten Bezug zu sozialen Bedingungen,
8. müssen das Merkmal zentrierter Variabilität tragen, also bei gleicher Grundstruktur der Aufgabe unterschiedliche Realisierungsbedingungen enthalten und
9. müssen Kooperation und unmittelbaren zwischenmenschlichen Kontakt ermöglichen und fördern.

Vergleichen wir diese Annahmen mit unserem Modell, dann können wir eine hohe Kompatibilität feststellen. Insbesondere betont VOLPERT die Bedeutung eines umfassenden Handlungsspielraums, der weitestgehende Offenheit („Variabilität“) im Umgang mit der vorgefundenen Situation ermöglichen soll, damit die Handlung autonom, d.h. selbstorganisiert und eigenverantwortlich vollzogen und reguliert werden kann.

---

465 VOLPERT 1989, S. 130.

466 Vgl. JANTSCH 1979 (Die Selbstorganisation des Universums); LASZLO 1987 (Evolution).

467 Vgl. OESTERREICH 1981 (Handlungsregulation und Kontrolle); HACKER 1998 (Arbeitspsychologie).

468 Vgl. VOLPERT 1989, S. 120–129.

3.2.2.4.3 Erfolgsfaktoren der Kompetenzentwicklung

FREI/DUELL/BAITSCH und nachfolgend ULICH/BAITSCH ermitteln in einer empirischen Untersuchung, dass für die Entwicklung von Kompetenzen vier kritische Momente zusammentreffen müssen:[469]

(1) Widersprüche in der Arbeitssituation, welche neue Zielformulierungen erfordern.

(2) Zur Zielentwicklung müssen Informationen über Alternativen vorhanden sein.

(3) Die Tätigkeit muss praktisch vollzogen werden.

(4) Es muss ein ausreichender Spielraum für individuelle und kollektive Selbstregulation vorhanden sein.

Individuelle Kompetenzentwicklung wird also ermöglicht, indem der Mensch aufgrund von dissonant erlebten Arbeitssituationen selbstbestimmt neue Ziele formuliert, die er innerhalb eines gegebenen Handlungsspielraums tatsächlich realisieren kann.

Auf das beschriebene Modell der Kompetenzentwicklung im Betrieb angewendet, bedeutet dies:

1) dass Kompetenzentwicklung eine prinzipiell offene und unbestimmte Arbeitswelt voraussetzt, die den Menschen immer wieder vor Hindernisse, Ungleichgewichte und Probleme stellt und ihn in widersprüchliche Situationen und Zielkonflikte bringt. Es bedeutet auch, dass der Mensch die Möglichkeit haben muss, neue Ziele eigenverantwortlich zu formulieren. Daraus kann gefolgert werden, dass betriebliche Ziele letztendlich nicht mit den persönlichen Zielen des Menschen konkurrieren dürfen, um verfolgt zu werden. Wenn der Mitarbeiter sich nicht mit betrieblichen Zielen identifizieren kann, wird er sie auch nicht als selbstbestimmte Ziele internalisieren.

   Der Zieldualismus der betrieblichen Personalentwicklung ist also soweit einzuschränken, als dass dieser im Rahmen der Kompetenzentwicklung nicht zwangsläufig gleichzeitig betrieblicher und persönlicher Natur ist. Wichtiger ist, dass ein betriebliches Ziel nicht im Widerspruch zu persönlichen Zielen des Mitarbeiters steht und dass der Mitarbeiter auch rein betriebliche Ziele selbstverantwortlich und damit überzeugt verfolgen kann. Dies

[469] Vgl. Frei/Duell/Baitsch 1984; Ulich/Baitsch 1987.

wird am ehesten durch eine offene Diskussion von betrieblichen und persönlichen Zielen z.B. in Mitarbeitergesprächen erreicht.[470]

(2) Die Ergebnisse implizieren, dass der Mitarbeiter Zugang zu Informationen über Zielalternativen haben muss. Innerhalb der Problemlösung ist ein ausreichender Zugriff auf die erforderlichen Informationen (z.B. Datenbanken) bzw. die kommunikative Vernetzung mit relevanten Wissensträgern (z.B. Kollegen und Führungskräfte) sicherzustellen.

(3) Kompetenzentwicklung fordert im Weiteren eine realisierte Problemlösung, also muss

(4) gewährleistet sein, dass ein Handlungsvollzug möglich ist. Neben den grundlegenden Ressourcen Zeit und Finanzmittel (Budget) ist insbesondere die Zuständigkeit erforderlich, also die explizit oder implizit formulierte Legitimation zum eigenverantwortlichen und ergebnisoffenen Handeln im Bezug auf die vorliegende Problemsituation.

3.2.2.4.4 Erkenntnisse zur Kompetenzentwicklung aus der Praxis

Nach KAILER U.A. hat der Begriff der Kompetenzentwicklung „in der Praxis ... derzeit trotz umfangreicher Forschungs- und Publikationstätigkeit ... noch kaum Eingang gefunden"[471]. Dies ist kaum verwunderlich, da als Voraussetzung der Begriff der Kompetenzen selbst und deren Abgrenzung zu Qualifikationen geklärt werden müsste, was bei KAILER U.A. selbst nicht geschieht. Statt theoretischer Vorüberlegungen wird in praxisorientierten Veröffentlichungen der Qualifikationsbegriff oft nur durch Kompetenz ersetzt und Kompetenzentwicklung wird im Wesentlichen als erweiterte Weiterbildung und Personalentwicklung verstanden.[472] Dadurch bringt der Begriff der Kompetenzentwicklung keinerlei wissenschaftlichen Nutzen. Dies sehen auch ERPENBECK/ROSENSTIEL so: „Außerhalb jeglichen theoretischen Rahmens ist der Kompetenzbegriff bedeutungslos. ... Ein sinnvolles Reden ... von Kompetenzen setzt ... ein taugliches Kompetenzmodell voraus."[473]

3.2.2.4.5 Zwischenergebnis

In den untersuchten Studien zur Kompetenzentwicklung werden zwei zentrale Erfolgsfaktoren deutlich. Erstens wird die Bedeutung eines ausreichenden Handlungsspielraums klar. Dieser umfasst über die legitim zugesprochene Zuständigkeit und die Verfügung über relevante Res-

---

[470] Vgl. HOFBAUER/WINKLER 1999, S. 3.

[471] KAILER U.A. 2001, S. 13.

[472] Vgl. z.B. OLESCH/PAULUS 2000, S. 15–18; KAILER U.A. 2001, S. 13; KELLINGHAUS 2001, S. 199; WÖRWAG/BOGDAHN 2003, S. 29; FRIEDRICHS 2003.

[473] Erpenbeck/Rosenstiel 2003, S. XII.

sourcen hinaus die autonome Regulation der gesamten Handlung: von der ergebnisoffenen Zielsetzung über die tatsächliche Durchführung bis zur selbstkritischen Bewertung. Sicher wird dieser Idealtypus durch die betrieblichen Rahmenbedingungen und Vorgaben eingeschränkt. Insbesondere die Zielsetzung wird nicht autonom vorgenommen, sondern im Regelfall mit dem Vorgesetzten vereinbart oder von diesem vorgegeben.

Zweitens zeigt sich die Bedeutung der Praxisnähe für Maßnahmen der Kompetenzentwicklung. Reale Arbeitssituationen einer prinzipiell offenen und unbestimmten Arbeitswelt ermöglichen die Begegnung mit realen Gegenständen und spürbaren sozialen Bezügen und fördern somit die Kompetenzentwicklung.

Die Ergebnisse der Kompetenzforschung stoßen auf hohe Resonanz in den Betrieben. Praxis und Wissenschaft kommunizieren derzeit über die gemeinsamen Fragen bezüglich der neuen Begriffe der Kompetenz bzw. der Kompetenzentwicklung und des Kompetenzmanagements. Die betriebliche Operationalisierung und Umsetzung entsprechender Konzepte scheint jedoch aufgrund der in der Praxis anzutreffenden Probleme mit der traditionellen Weiterbildung noch weit entfernt.[474]

Den Verantwortlichen in den Betrieben ist vermutlich (noch) nicht klar, welchen Paradigmenwechsel der „Pendelschlag von der Qualifikation zur Kompetenz"[475] erfordert und dass es nicht nur um eine horizontale und/oder vertikale Ausdehnung der Qualifizierung geht.[476] Bisher wird in vielen Fällen nur das Etikett getauscht und die frühere Qualifizierung firmiert dann als Kompetenzentwicklung.

Die Bedingungen für eine umfassende Kompetenzentwicklung erfordern vielmehr ein anderes Menschenbild. Statt eines umfassend kontrollier- und steuerbaren Menschen und damit der Übertragung eines tayloristischen „Maschinen-Mythos"[477] auf den Menschen ist nach ALALUF/STROOBANTS realistischer von einem *„homo competens"*[478] auszugehen, dessen Verhalten im Unterschied zum *„homo oeconomicus"* vorwiegend von der Bereicherung seines Bestandes an Kompetenzen motiviert sein dürfte.

Die bisherigen Analysen haben gezeigt, dass auch eine rational gesteuerte Qualifizierung, die auf eine Entwicklung von Skills und Fachwissen zielt, immer alle Persönlichkeitsbereiche des

---

474 Vgl. dazu ausführlich STAUDT/KRIEGESMANN 1999.

475 Becker/Rother 1998.

476 Das sog. QUEM-Memorandum plädiert für einen „Paradigmenwechsel von der traditionellen Weiterbildung zur Kompetenzentwicklung" (vgl. ARBEITSGEMEINSCHAFT QUEM 1995, S. 8).

477 VOLPERT 1989, S. 117. Vgl. ausführlich ebenda, S. 117–118. Vgl. auch EBERHARDT 1995, S. 112–113.

478 ALALUF/STROOBANTS 1994, S. 54 [Hervorh. v. Verf.].

Menschen beinhaltet. Da das Individuum auch in Qualifizierungsmaßnahmen immer als unteilbares Ganzes auftritt und seine tieferen Persönlichkeitsschichten einbringt, ist eine klare Abgrenzung nur methodisch und in einem abstrakten wissenschaftlichen Kontext der Modellbildung möglich, nicht aber in der praktischen Durchführung.[479] Deshalb muss auch eine als Qualifizierung interpretierte Personalentwicklung immer die Prämissen der Kompetenzentwicklung und damit den ganzen Menschen im Auge behalten.(Institutionen-)Ökonomische Aspekte und Folgerungen

Nun muss aus betriebswirtschaftlicher Sicht aber die Frage gestellt werden, ob Kompetenzentwicklung unter diesen Umständen überhaupt sinnvoll ist. Anders gefragt: Warum soll ein Unternehmen über die Qualifizierung hinaus in Kompetenzentwicklung investieren, welche wesentlich schwieriger und aufwändiger ist, dem Unternehmen nur teilweise zugute kommt sowie unbestimmter und weniger steuerbar verläuft als die Qualifizierung, ja sogar riskant sein kann?

Eine Antwort liegt in der Natur der Kompetenz selbst. Es ist ein unbestimmtes Fähigkeitspotenzial, das sich in Eigeninitiative ständig im selbst organisierten Handeln des Menschen, dem Wandel der Umwelt anpasst und sich damit im Sinne „selbstschärfender Qualifikationen“[480] laufend und en passant optimiert. Darauf gründet sich auch die Annahme, dass Kompetenzen durch ihre Unbestimmtheit vielseitiger einsetzbar, dauerhafter und flexibler auf wechselnde Situationen adaptierbar sind als Qualifikationen.

Die betriebliche Entwicklung und Nutzung individueller Kompetenzen reicht damit weit über die qualifikatorische Verwertung hinaus und bietet große Chancen den Anforderungen einer zunehmend dynamischen und komplexen Unternehmensumwelt gerecht zu werden. Durch die gezielte Nutzung individueller Persönlichkeitsmerkmale für betriebliche Zwecke rückt die betriebliche Kompetenzentwicklung aber in die Nähe des normativ geprägten „Competency-Managements“, das zum Ziel hat, „die fundamentalen Charaktereigenschaften einer Person [zu fördern], die ursächlich für die herausragende Leistung im Beruf verantwortlich sind.“[481]

Die begrenzte Steuerbarkeit individueller Kompetenzentwicklung durch betriebliche Institutionen und Prozesse bei gleichzeitig hohem Nutzenpotenzial im Hinblick auf die Erreichung der Unternehmensziele bringt die betrieblichen Entscheidungsträger in eine schwierige Situation. Durch den höheren Autonomiegrad des Individuums[482] trägt Kompetenzentwicklung das

---

479 Vgl. auch FELSCH 1999, S. 39.

480 HOCH 1998, S. 701.

481 BOYATZIS, 1982, S. 7.

482 Vgl. BREYDE 1995, S. 23.

Risiko einer nicht steuerbaren Eigendynamik in sich, da ein Mitarbeiter nicht zwangsläufig bereit ist für den Erwerb betriebsspezifischer Qualifikationen. In der Humankapitaltheorie von BECKER wird der Qualifikationserwerb als Investitionsentscheidung von Individuen begriffen.[483] Danach werden Arbeitnehmer Investitionen in betriebsspezifische Qualifikationen vermeiden, da dies zu einer Abhängigkeit von dem jeweiligen Arbeitgeber führt.[484] Wurden trotzdem Qualifikationen und Kompetenzen erworben, ist die nächste Frage, ob die Mitarbeiter ihre gesteigerte Handlungskompetenz auch in mehr Leistungsengagement umsetzen,[485] oder zurückhalten und im schlechtesten Fall sogar gegen die Absichten des Managements ins Spiel bringen.[486]

Wie kann das „Kompetenzrisiko“ beherrschbar gehalten werden? Kann man sich ein begleitendes Kompetenzcontrolling vorstellen? Wie aufwändig das wäre, lässt sich schon aus den Schwierigkeiten der Kosten- und Transfererfolgskontrolle im Rahmen der Qualifizierung ermessen.[487] Statt direktiver Steuerungs- und Kontrollmaßnahmen bieten sich hier eher Tausch- und Aushandlungsprozesse im Sinne der „Neuen Institutionenökonomie“ an.[488] Diese verstehen die betriebliche Arbeitsleistung als Verhandlungsmasse einer Nachfrage- (Unternehmen) und einer Angebotsseite (Mitarbeiter), welche nicht mit dem Zeitpunkt der Unterschrift unter einen Arbeitsvertrag als quantitative und qualitative Konstante im Gegenzug zum Arbeitsentgelt zu fließen beginnt, sondern täglich implizit oder explizit neu ausgehandelt wird.

Besonders geeignet scheint hier der **„Prinzipal-Agent-Ansatz“**[489], welcher die Kooperations- und Abhängigkeitsprobleme beschreibt, die sich aus Informationsasymmetrien zwischen Agent (Mitarbeiter) und Prinzipal (Arbeitgeber) ergeben.[490] Ausgehend von der Annahme eines unvollkommenen Arbeitsvertrages sind Arbeitgeber und Arbeitnehmer gemeinsam am unsicheren Erfolg der vom Mitarbeiter ausgeführten Arbeitsleistung beteiligt. Der Mitarbeiter ist bestrebt, den erwarteten Nutzen seines eigenen Anteils am Erfolg („persönlicher Erfolg“) zu maximieren. Da der Mitarbeiter mit seiner Entscheidung nicht notwendigerweise auch die Ziele des Arbeit- oder Auftraggebers verfolgt, können durch opportunistisches Verhalten des

---

483 Vgl. BECKER, G. 1993.

484 Vgl. ABRAHAM 2002, S. 422.

485 Vgl. WALDSCHMIDT 1999, S. 5.

486 Vgl. ARNOLD in ARNOLD/GEIßLER 1995, S. 28. WALDSCHMIDT (1999, S. 230) konnte empirisch zeigen, dass zusätzliche Personalentwicklungsmaßnahmen unter bestimmten Rahmenbedingungen (wenn z.B. das betriebliche Belohnungssystem nicht leistungsförderlich ist) dysfunktionale Verhaltenskonsequenzen zur Folge haben können, welche die betriebliche Effektivität mindern.

487 Vgl. Kapitel 3.1.1.2 (5).

488 Vgl. im Folgenden BECKER 2002, S. 26–29.

489 Vgl. z.B. JENSEN/MECKLING 1976.

490 Vgl. im Folgenden EBERS/GOTSCH 2002, S. 199–251.

Mitarbeiters Wohlfahrtsverluste für das Unternehmen entstehen. Solches Verhalten könnte z.B. die Täuschung über erzielbare Leistungen nach Vertragsabschluss („moral hazard") sein, welche hier in der Form bewusster Leistungszurückhaltung durch das Verbergen von Kompetenzen auftritt.

Die verborgenen Kompetenzen sind solche, die der Mitarbeiter dem Arbeitgeber entweder nicht offenbaren kann, da er sie noch nicht erschlossen hat, oder aufgrund „innerer Kündigung"[491] nicht mehr offenbaren will („Low Performer"), weil er sich durch eine Abzweigung der Kompetenz einen höheren Nutzen erhofft oder weil er die Kompetenzen aufgrund konkurrierender Verträge (z.B. Wettbewerbsverbot) nicht offenbaren darf (vgl. Abbildung 10).

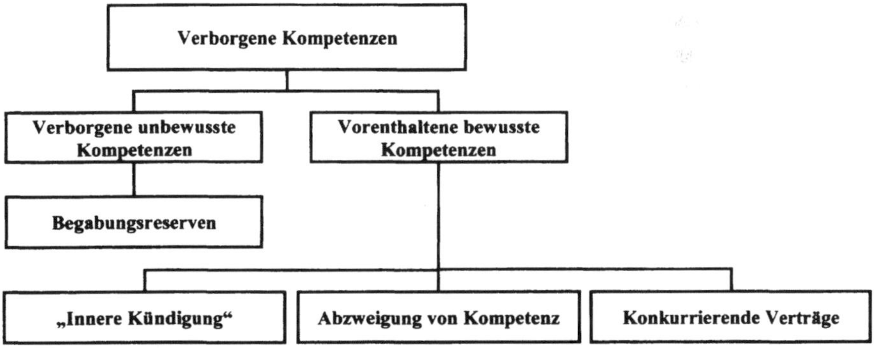

Abbildung 10: Verborgene Kompetenzen
Quelle: Eigene Darstellung in Anlehnung an BECKER 2002, S. 27.

Es liegt also im Interesse des Prinzipals auf die Entscheidung des Agenten Einfluss zu nehmen und diese Verluste zu verringern bzw. zu vermeiden. Dies kann der Arbeitgeber tun, indem er bestimmte Steuerungsimpulse setzt, die der Mitarbeiter bei der Alternativenauswahl seiner Entscheidung zu berücksichtigen hat. Solche Impulse sind dann institutionelle Regelungen, die ex ante das Risiko minimieren oder ex post den Arbeitsvertrag spezifizieren.

Denkbar sind vertragliche oder organisatorische Lösungen:[492]

---

[491] FALLER (1991, S. 90) definiert die innere Kündigung als „psychischen Zustand, der zunächst bewußten Verweigerung und desillusionierten, später u.U. depressiv-resignativen Distanzierung verbunden mit Engagementverzicht (Restriktion der Beitragsleistungen)."

[492] Vgl. BECKER 2002, S. 28–29.

- Sorgfältige, dem Risiko angemessene Personalauswahl, z.B. über gezielte Informationsbeschaffung in Gesprächen und Assessment-Center („Screening").
- Schaffung von materiellen und immateriellen Anreizen, die mit der erfolgreichen Aneignung und Anwendung gewünschter Kompetenzen verbunden sind („Interessenangleichung").[493]
- Transferkontrollen durch individuelle Leistungsbeurteilung („Monitoring").
- Gewährung von finanzieller und zeitlicher Unterstützung für Erlangung zertifizierter Abschlüsse verbunden mit vertraglichen Binde- und/oder Rückzahlungsvereinbarungen.[494]
- Gestaltung einer Unternehmenskultur, die das Vorenthalten von Kompetenzen negativ sanktioniert, z.B. durch soziale Ächtung.[495]

Diese Betrachtungen zu den institutionenökonomischen Aspekten der Kompetenzentwicklung zeigen, dass eine betrieblich gewünschte Kompetenzentwicklung des Mitarbeiters nicht erzwungen oder „hergestellt" werden kann, aber durch klare, institutionalisierte und möglichst von beiden Seiten akzeptierte Regelungen zielgerichtet unterstützt und gefördert werden kann.

3.2.3 Zwischenergebnis und Thesen

Im vorangegangenen Kapitel wurde zuerst der Begriff der Kompetenz definiert und der Qualifikation gegenübergestellt. Unter Berücksichtigung des Competency-Begriffs wurde dann das hypothetische Konstrukt der betrieblichen Handlungskompetenz eingeführt und in ein Modell der betrieblichen Kompetenzentwicklung eingesetzt. Im Weiteren wurde aus verschiedenen Perspektiven beleuchtet, inwieweit und unter welchen Voraussetzungen eine betrieblich induzierte Kompetenzentwicklung des Individuums denkbar ist.

Aus dieser Analyse ergeben sich zusammenfassend folgende Thesen für die weitere Behandlung des Themas:

(T1) Kompetenzen sind innerpsychische Leistungspotenziale des Menschen, welche als individuelle Ressourcen variabel in situative Handlungsbezüge eingebracht werden, sich gleichzeitig aber durch die Reflexion der Handlung rückbezüglich verändern und damit entwickeln.

---

493 Vgl. zu Anreizsystemen ausführlich KUHNLE 1987, S. 208–223.

494 Vgl. dazu ausführlich MROß 2001, S. 225–247.

495 Vgl. MROß 2001, S. 261–265.

(T2) Der „Pendelschlag“ von der Qualifizierung zur Kompetenzentwicklung erfordert einen Perspektivenwechsel von der externen Steuerung zur Selbststeuerung individueller Entwicklungsprozesse.

(T3) Die individuelle Kompetenzentwicklung im Betrieb ist ein subjektzentrierter und autopoietischer Prozess. Der Mitarbeiter entwickelt seine betriebliche Handlungskompetenz ständig selbsttätig weiter, indem er implizit diejenigen Kompetenzen einsetzt und damit „schärft“, mit denen er die aktuellen, situativ unterschiedlichen Anforderungen am Arbeitsplatz ökonomisch, d.h. effektiv und effizient bewältigen kann.

(T4) Die Entwicklung von „Competencies“ hingegen ist ein normativ geprägtes, sachverhaltszentriertes, extern definiertes und gesteuertes Verfahren, welches überdurchschnittliche Handlungsergebnisse (Performance) des Individuums erzeugen will. Das Competency-Konzept kann daher als Qualifizierungskonzept bezeichnet werden.

(T5) Ein externer Zugriff auf die impliziten Persönlichkeitsschichten des Menschen ist weder möglich noch ethisch begründbar. Durch betriebliche Maßnahmen kann die Kompetenzentwicklung des Individuums nicht „hergestellt“, wohl aber unterstützt, begleitet und reflektiert werden.

(T6) Der Mensch ist immer als unteilbare Persönlichkeit zu begreifen, d.h. dass menschliches Handeln immer ein Zusammenspiel aller expliziten und impliziten Kompetenzfaktoren ausdrückt, welche untrennbar miteinander verbunden sind und sich gegenseitig beeinflussen. Betriebliche Interventionen können zwar Schwerpunkte setzen, sollten aber keine Dimension völlig ausblenden.

Ein System, welches die individuelle Kompetenzentwicklung im Betrieb institutionalisiert und systematisch begleiten, unterstützen und fördern will, wird eher erfolgreich sein, wenn es folgende Rahmenbedingungen und Voraussetzungen beachtet:

(T7) Die Arbeitswelt des Mitarbeiters sollte offen und variabel gestaltet sein. Die betrieblichen Aufgaben sind eher herausfordernd und im Ausgang unbestimmt zu halten.

(T8) Kompetenzentwicklung kann betriebliche und private Ziele fördern. Der Mitarbeiter ist eher bereit, betriebliche Ziele selbstbestimmt zu verfolgen, wenn diese klar formuliert und operationalisiert sind, im Einklang mit der gelebten Unternehmenskultur stehen, ihm der strategische Hintergrund bekannt ist und die Ziele in einem kommunikativen Prozess mit ihm abgestimmt wurden.

(T9) Klare, institutionalisierte und beidseitig akzeptierte Regelungen zur Ergänzung bestehender Verträge fördern die Kompetenzentwicklung.

(T10) Der Mitarbeiter sollte innerhalb seines Arbeitsbereiches weitestgehend selbstbestimmt und selbstorganisiert handeln können. Dazu werden ihm die notwendigen Rechte und Ressourcen verantwortlich übertragen.

(T11) Der Arbeitsplatz sollte den sozialen Austausch fördern und dem Mitarbeiter Zugang zu allen relevanten Informationsquellen ermöglichen.

(T12) Maßnahmen zur betrieblichen Kompetenzentwicklung sollten so nahe wie möglich an der realen Arbeitssituation ansetzen.

3.3 Betriebliches Kompetenzmanagement

3.3.1 Grundlagen

3.3.1.1 Begriffsklärungen

Bevor nun das Kompetenzmanagement behandelt wird, muss geklärt werden, wie dieser Begriff verstanden wird, denn auch hier gibt es viele unterschiedliche Definitionen. In unternehmensnahen Veröffentlichungen[496] oder im Kontext des Wissensmanagements[497] wird Kompetenzmanagement oft in unserer Definition von Qualifikationsmanagement[498] verwendet und hätte hier keine eigenständige Berechtigung. Für die weitere Klärung scheint es daher sinnvoll, den Begriff „Kompetenzmanagement" in seine beiden Bestandteile zu zerlegen und einzeln zu betrachten.

Zuerst zum Managementbegriff, welcher institutionell und funktionell interpretiert werden kann. Zum einen ist Management die Gesamtheit der Führungskräfte eines Unternehmens,[499] zum anderen ist Management bzw. „managen" das eingedeutschte Synonym für das Führen und Leiten von Institutionen und Prozessen jedweder Art.[500] „Kompetenzmanagement" als substantivierte Form wird im Folgenden funktionell verstanden. Gemäß unserer oben eingeführten Managementdefinition kann Kompetenzmanagement als kybernetisch-rationaler Re-

---

496 Vgl. z.B. Krebs/Becker 2000; Aragon/Kleb 1998; Lamberty 2000; DaimlerChrysler 2001; Kellinghaus/Stüdemann 2002.

497 Vgl. z.B. LEY/ALBERT 2003.

498 Vgl. Definition in Kapitel 3.1.1.1.

499 Vgl. PERRIDON 1974, S. 47.

500 Vgl. die Kritik an diesem umfassenden Managementbegriff bei MACHARZINA 2003, S. 44.

gelkreis aus Grundsatz- und Zielbildung, Planung, Organisation, Realisation und Kontrolle beschrieben werden, wobei die Steuerung des Zyklus nur möglich ist durch ständigen Austausch an Informationen und damit über die Kommunikation der Akteure.[501]

Kompetenzen – hier als Objekte des Managements – sind definiert als subjektzentrierte, unveräußerliche Leistungspotenziale des Menschen, die als eigenverantwortlich reflektiertes Arbeitshandeln der Person eine persönlich und betrieblich wahrnehmbare qualitative Veränderung der Arbeitsleistung bewirken. Das „Kompetenzmanagement" des Individuums kann demnach als Vorgang betrachtet werden, bei dem der Mensch die Gesamtheit seiner Kompetenzen auf die bestmögliche Erreichung subjektiver Ziele ausrichtet. Kompetenzmanagement ist so verstanden ein Bestandteil des individuellen „Selbstmanagements".

„Betriebliches Kompetenzmanagement" hingegen würde sich aufgrund der bisherigen begrifflichen Herleitungen verbieten oder wäre nur in der Bedeutung des von uns abgegrenzten Konzepts des „resourced-based-view" möglich.[502] Setzt man jedoch „Betriebliche Kompetenzentwicklung" als Managementobjekt ein, dann würde daraus der Begriff „Betriebliches Kompetenzentwicklungsmanagement", welcher ähnlich sperrig ist wie z.B. der Begriff des betrieblichen Personalentwicklungsmanagement. Da sich trotzdem der Ausdruck „Kompetenzmanagement" in der Praxis inzwischen durchzusetzen scheint, wird vorgeschlagen, ihn hier zu verwenden, aber im Sinne von „betrieblich induziertem Kompetenzentwicklungsmanagement".

Betriebliches Kompetenzmanagement bezeichnet dann die Gesamtheit der betrieblich induzierten, zielgerichteten und planvollen Handlungen, welche individuelle Veränderungsprozesse der Leistungspotenziale des Mitarbeiters ermöglichen, begleiten und reflektieren. Das Ziel ist, den Mitarbeiter zu befähigen, die expliziten Leistungsanforderungen erfüllen zu können und ihm darüber hinaus ein umfassend kompetentes Arbeitshandeln zu ermöglichen, damit er persönliche und betriebliche Ziele bestmöglich erreichen kann.

3.3.1.2 Modell des betrieblichen Kompetenzmanagements

Betriebliches Kompetenzmanagement kann unserem Modell zufolge auf der Kompetenz- und auf der Performanzebene ansetzen (vgl. Abbildung 11). Die **Persönlichkeitsebene** beinhaltet

---

[501] Vgl. WÖHE 2002, S. 86.

[502] Vgl. Kapitel 3.2.1.2.

das gesamte menschliche Leistungspotenzial. Betrieblich induzierte Ansätze zur zielgerichteten Entwicklung dieser Potenziale können entsprechend als **Potenzialmanagement** zusammengefasst werden.

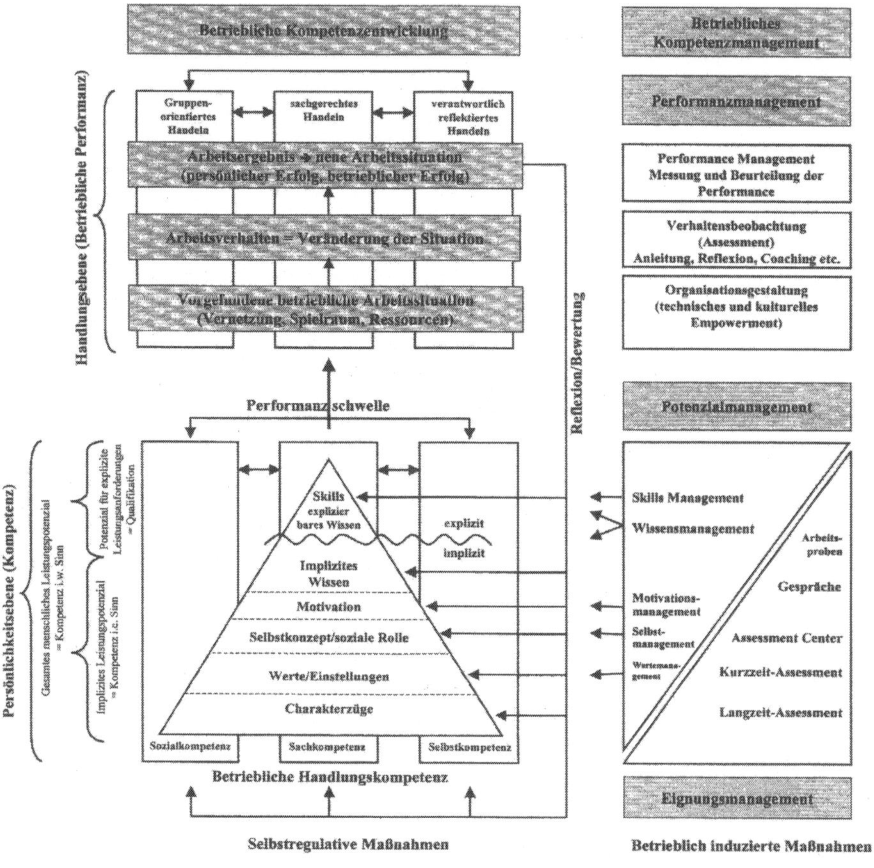

Abbildung 11: Modell des betrieblichen Kompetenzmanagements
Quelle: Eigene Darstellung in Anlehnung an Abbildung 7.

Ergänzend umfasst das **Eignungsmanagement** alle Maßnahmen, welche nicht auf die *Entwicklung* von Leistungspotenzialen zielen, sondern diese *identifizieren* und *messen*, mit dem Ziel, die Zuordnung von Personen und Arbeitsbündeln zu optimieren. Es wird im Weiteren davon ausgegangen, dass das Potenzialmanagement mit zunehmender Tiefenstruktur vom Eignungsmanagement ergänzt bzw. abgelöst wird, da aufgrund der zunehmenden Stabilität der Persönlichkeitseigenschaften eine extern induzierte Veränderung zunehmend schwieriger und daher „unrentabler" wird.

Das Eignungsmanagement kann im Wesentlichen mit der Funktion der Personalauswahl bzw. der betrieblichen Eignungsdiagnostik gleichgesetzt werden. Dieser Bereich wird im Folgenden nicht weiter behandelt.

Auf der **Handlungsebene** findet der Mensch eine betriebliche Arbeitssituation vor, die er bei ausreichenden Anreizen, Handlungsspielräumen, Ressourcen und Vernetzungen mit Informationen und Personen verändert und das Arbeitsergebnis reflektiert. Maßnahmen, die zielgerichtetes kompetentes betriebliches Handeln ermöglichen, begleiten und reflektieren, wird in dieser Arbeit unter **Performanzmanagement** zusammengefasst. Davon abzugrenzen ist das Performance-Management, das sich explizit mit dem Arbeitsergebnis beschäftigt.

3.3.2 Objekte und Ausprägungen des Potenzialmanagements

3.3.2.1 Vorüberlegungen

Es ergeben sich aus der Perspektive eines Unternehmen mehrere Ansatzpunkte des Potenzialmanagements. Gesucht sind Maßnahmen, die jeweils auf eines der angesprochenen Leistungspotenziale in einem positiven Sinne wirken. Hier zeigt sich jedoch, dass betrieblich induzierte Ansatzmöglichkeiten ihre Grenzen haben.

Einerseits gestaltet sich die Ansprache zentraler Persönlichkeitsschichten sehr schwierig, da die **Komplexität** der entsprechenden Potenziale kaum operativ beherrschbar ist. Andererseits nimmt die **Stabilität** dieser Merkmale zu, je tiefer sie in der Persönlichkeit verankert sind (vgl. Abbildung 12).[503] Stabil heißt, sie sind dauerhaft und beständig und lassen sich nur schwer verändern.

---

503 Vgl. BRONNER 1998, S. 10. Ähnlich auch DÖRING-KATERKAMP/TROJAN 2002, o.S.

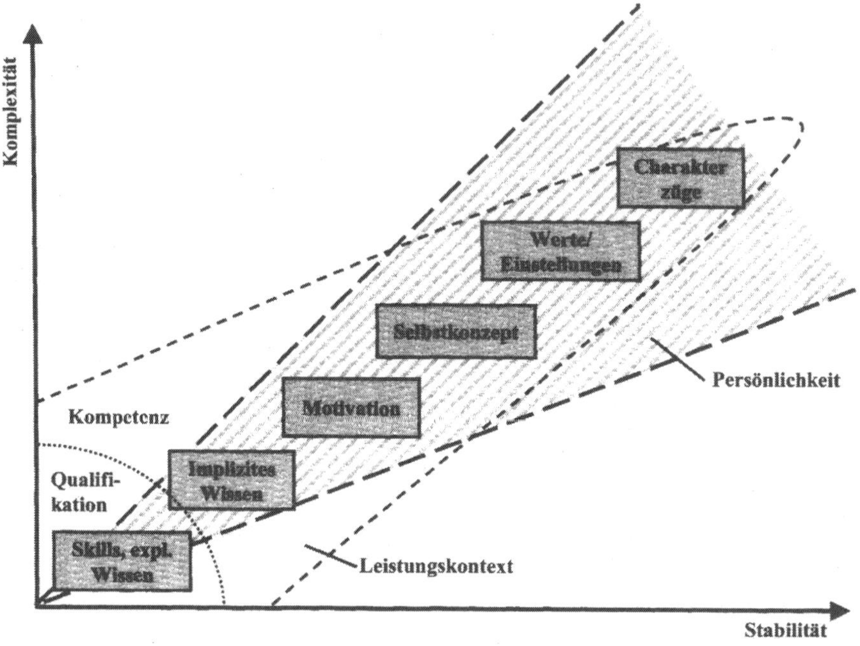

Abbildung 12: Ansatzpunkte des Potenzialmanagements im Überblick
Quelle: Eigene Darstellung in Anlehnung an BRONNER 1998, S. 10.

Innerhalb dieses Spektrums werden deshalb fünf Bereiche ausgewählt, für die im Folgenden geprüft wird, inwieweit sie im Rahmen eines betrieblichen Kompetenzmanagements operationalisiert werden können:

- Skills („können") → Skill-Management
- explizierbares und implizites Wissen („wissen") → Wissensmanagement
- Motive und Anreize („wollen") → Motivationsmanagement
- Selbstkonzept („sich einschätzen") → Selbstmanagement
- Werte und Einstellungen („an etwas glauben") → Wertemanagement

3.3.2.2 Skills und Skill-Management

„Skills" sind nach der hier verwendeten Definition die potenziellen Fähigkeiten und Fertigkeiten, welche dem Mitarbeiter sachgerechtes Handeln ermöglichen.[504] Ähnlich definiert auch HOLMAN: „Skills can be broadly defined as personal abilities which have the potential to enable a person to act effectively"[505] Sachgerecht Handeln kann also nur, wer über die situativ erforderlichen Skills verfügt: „Skilled activity is characterized as being situationally appropriate"[506]. *Skillentwicklung* ist somit ein Teil der Qualifikationsentwicklung und unter *Skill-Management* ist in einer ersten Definition gemäß der oben verfolgten Definitionslinie die Gesamtheit der betrieblichen Handlungen zu verstehen, welche individuelle Veränderungsprozesse der fachlichen und methodischen Fähigkeiten und Fertigkeiten des Menschen ermöglichen, begleiten und reflektieren. Das Skill-Management wird im folgenden Kapitel 4 ausführlich behandelt.

3.3.2.3 Wissen und Wissensmanagement

Innerhalb des personengebundenen Wissens lassen sich *explizierbares* und *implizites* Wissen unterscheiden.[507] Explizierbares Wissen zählt zur Qualifikation, wenn es im Arbeitsprozess nachgefragt wird.[508] Wissensmanagement im Rahmen des Qualifikationsmanagements kann sich demnach nur auf explizierbares Wissen beziehen. Wird Wissensmanagement als Teilbereich eines Kompetenz- bzw. Potenzialmanagements verstanden, dann muss es auch das implizite Wissen einbeziehen. Wissensmanagement im Sinne des zielgerichteten, planvoll organisierten und reflektierten Identifizierens, Erwerbens, Entwickelns, Nutzens und Bewahrens von personengebundenen, subjektiven und systemspezifischen Wissensbeständen stellt einen Teilbereich des Kompetenzmanagements dar. Wissensmanagement kann also auch nicht mit Kompetenzmanagement gleichgesetzt werden[509].

---

504 Im Gegensatz dazu unterscheiden TAUBNER/BRÖSSLER 2000 (vgl. S. 106) zwischen „skills" und „abilities" und setzen letzteren Begriff als „more general" gleich mit „competencies". Diese Abgrenzung führt aus Sicht des nur zur Begriffsverwirrung und wird auch von TAUBNER/BRÖSSLER nicht stichhaltig begründet.

505 HOLMAN 2000, S. 958.

506 HOLMAN 2000, S. 959.

507 Vgl. NONAKA/TAKEUCHI 1997, S. 72. Als Bsp. für die Begriffsverwirrung: STAUDT/KRIEGESMANN 2000 (vgl. S. 585) verstehen explizites Wissen im Sinne von Informationen, was der in dieser Arbeit erarbeiteten Definition widerspricht. Vgl. auch PLATH 2000, S. 586.

508 Vgl. PAWLOWSKY/BÄUMER 1996, S. 7.

509 So z.B. bei PROBST U.A. 2000, S. 13.

3.3.2.4 Motivation und Motivationsmanagement

Nach THOMAE ist die Frage nach der Motivation „die Frage nach dem *Warum* des menschlichen Verhaltens und Erlebens“[510] oder die „Sammelbezeichnung für alle Prozesse und Konstrukte, mittels deren dieses *Warum* zu klären versucht wird“[511]. Die Motivationspsychologie unterscheidet „intrinsische“, von innen kommende Bedürfnisse, die durch die Handlung selbst befriedigt werden, und „extrinsische“ Motive, welche nicht durch eine Tätigkeit an sich, sondern durch extern gesetzte Anreize angesprochen werden. Sie sind nur Mittel zur Befriedigung anderer Bedürfnisse, wie beispielsweise Geld, Sicherheit oder Prestige.

„Motivationsmanagement“ wird in der betriebswirtschaftlichen Literatur als Begriff selten verwendet[512] und ist im Gegensatz zu Wissensmanagement kein Modebegriff, geschweige denn ein Konzept, das als Basis der Unternehmensführung thematisiert wird.[513] Eher wird wissenschaftlich von der „Erfassung und Gestaltung von Motivationspotenzialen“[514] oder un spezifisch einfach von „Motivierung“ gesprochen. DÖRING-KATERKAMP/TROJAN verstehen darunter sehr weitgefasst „die Gesamtheit aller Maßnahmen, die ein Unternehmen einsetzen kann, um ihre Mitarbeiter zu einem an den Unternehmenszielen ausgerichteten Verhalten zu bringen.“[515] „Motivationsmanagement“ kann der hier verwendeten Definition entsprechend aber nur den Kompetenzfaktor „Motive“ behandeln. Aufgrund der fundamentalen Unterschiede intrinsischer und extrinsischer Motivation werden hier auch zwei Maßnahmenbereiche unterschieden.

Intrinsische Leistungsbereitschaft kann man als „Arbeitsengagement aus freien Stücken“[516] bezeichnen. Solches ist „frei“, lässt sich also nicht „managen“, d.h. durch zielgerichtete Maßnahmen beeinflussen, sondern nur indirekt „ermöglichen“, indem die Arbeitssituation so gestaltet wird, dass sie intrinsisch motivierte, individuelle Handlungspotenziale aktivieren kann.[517] Wie in These 2 festgehalten, geschieht dies, wenn sich das Individuum mit der vorliegenden Situation identifizieren kann.

---

510 THOMAE 1965, S. 3–4 [Hervorh. im Orig.].

511 THOMAE 1988, S. 463 [Hervorh. im Orig.].

512 Als Ausnahmen vgl. OSTERLOH/FROST/WARTBURG 2001, welche sich für eine Ergänzung des Wissensmanagement um Motivationsmanagement aussprechen (vgl. S. 219) oder ROSENSTIEL 2003, der „Motivation managen“ als praktischen Leitfaden für Führungskräfte ausweist (vgl. S. X).

513 Vgl. z.B. bei NORTH 1998.

514 EHRLICH 2003, Titel.

515 Döring-Katerkamp/Trojan 2002, S. 9.

516 MÜLLER/BIERHOFF 1994, S. 367.

517 Vgl. Osterloh/Frost/Wartburg 2001, S. 219.

Dies ist **(1)** eher der Fall, je besser die persönlichen Fähigkeiten und die Anforderungen der Arbeitssituation übereinstimmen.[518] Mitarbeiter erleben die Situation als befriedigend und sich selbst als kompetent, was sich wiederum in höherer beruflicher Leistungsfähigkeit ausdrückt.[519] Hier zeigt sich eine enge Verbindung zum Selbstkonzept. Mitarbeiter sind **(2)** eher intrinsisch motiviert, wenn sie das Ziel und den Sinn ihrer Arbeit verstehen und sich darüber hinaus mit den Strategien und Leitbildern des Unternehmens identifizieren können.[520] Darüber hinaus können sich Mitarbeiter mit der vorliegenden Situation eher identifizieren, wenn **(3)** Rahmenbedingungen vorliegen, die es ihnen erleichtern, ihre persönlichen Motive mit den Zielen des Unternehmens in Einklang zu bringen.[521]

Interventionen zur Erhöhung der intrinsischen Motivation sind nur als indirekte Einflussnahme möglich und spiegeln sich im organisatorischen Umfeld und in der Unternehmenskultur wider. MÜLLER/BIERHOFF schlagen zur „Kontextkontrolle" verschiedene Maßnahmen auf der individuellen, Team- und Organisationsebene vor, welche die Organisationsmitglieder aktivieren und motivieren sowie insgesamt eine motivierende Unternehmenskultur fördern.[522]

Extrinsische Motivation wird durch extern gesetzte Anreize bewirkt und bedeutet in der Umkehrung zu oben eine Beschränkung des freien Wollens. Extrinsisches Motivationsmanagement bedeutet dann die Schaffung spezieller materieller und immaterieller Anreizsysteme.[523] Damit wird versucht, eine direkte Verknüpfung des Mitarbeiterhandelns mit der Verfolgung der von der Unternehmensleitung an die Mitarbeiter delegierten Aufgaben zu erreichen. Die leistungssteigernde Wirkung von extrinsischer Motivierung auf Mitarbeiter ist motivationstheoretisch unbestritten. Wie lange derartige Leistungszugewinne aber anhalten oder gar Teile der intrinsischen Motivation dadurch abgeschwächt und verdrängt werden („hidden costs of rewards")[524], wird in der Wissenschaft schon seit langem,[525] in der Managementliteratur seit SPRENGERS These vom „Mythos Motivation"[526] kontrovers diskutiert. Es kann dann dazu kommen, dass Mitarbeiter „ihr intrinsisches Interesse in seiner großen Bedeutung für die Bewältigung beruflicher Aufgaben abwerten."[527]

---

518 Vgl. ROSENSTIEL 2000, S 208.

519 Vgl. dazu ausführlich SCHWADORF 2003, S. 137–142.

520 Vgl. Bullinger/Gommel/Bucher 1996, S. 95; Steinle/Ahlers/Riechmann 1999, S. 222.

521 Vgl. Döring-Katerkamp/Trojan 2002, S. 7.

522 Vgl. MÜLLER/BIERHOFF 1994, S. 376–377.

523 Vgl. im folgenden Absatz DÖRING-KATERKAMP/TROJAN 2002, S. 7–10; ROSENSTIEL 2001.

524 Nach LEPPER 1978.

525 Vgl. z.B. Deci 1976; Lepper 1978; Boggiano/Ruble 1979; Cameron/Pierce 1994; Deci/Koestner/Ryan 1999; Cameron/Banko/Pierce 2001.

526 SPRENGER 2000b (1. Aufl. 1991), Titel.

527 MÜLLER/BIERHOFF 1994, S. 370.

Extrinsische und intrinsische Motivation lassen sich empirisch nicht genau trennen, da sie meist gemeinsam auftreten.[528] Intrinsisches Interesse ist vor allem von großer Bedeutung für selbstverantwortliches und aufgabenbezogenes Arbeiten sowie Voraussetzung für nachhaltige Wettbewerbsvorteile des Unternehmens durch kreative und innovative Mitarbeiter.[529] Maßnahmen zur Erhöhung der extrinsischen Motivation können solchen zur Ermöglichung intrinsischer Motivation nur nachgelagert sein, denn es müssen nur dann Anreize gesetzt werden, wenn keine innere Bereitschaft zum Handeln vorliegt *und* entsprechende Interventionen keinen Effekt bewirken.

Trotzdem schlagen OSTERLOH/FROST/WARTBURG vor, beide Motivlagen anzusprechen, d.h. auf extrinsische Motivierung nicht zu verzichten, da diese ungleich einfacher zu erzeugen sei als intrinsische Motivation, wesentlich punktgenauer gesteuert werden könne und weil deren Mechanismen empirisch gut erforscht seien.[530]

3.3.2.5 Selbstkonzept und Selbstmanagement

Es war im Verlauf dieser Arbeit schon oft vom „Selbst" die Rede. Kompetent sein bedeutet danach nicht nur etwas können, wissen und wollen, sondern auch sich selbsttätig weiterentwickeln, sich selbst organisieren, selbstbestimmt handeln, sich selbst helfen, sich selbst motivieren, selbstorganisiert lernen, selbstständig entscheiden usw.

Das Partikel „selbst" zeigt nach SCHWADORF immer die subjektive Sicht in Bezug auf die eigene Person.[531] Unter dem **Selbstkonzept** des Menschen ist weiter gehend „die kognitive, vorrangig deskriptive Repräsentation der eigenen Person"[532] zu verstehen, während das „Selbstwertgefühl" eher ein gefühlsmäßig bestimmtes Selbstbild darstellt und das „Idealselbst" die normative Komponente im Sinne einer subjektiven Zielvorstellung bildet.[533] Das Selbstkonzept als Teil der individuellen Kompetenz des Menschen ist subjektiv und unveräußerlich. Das heißt aber nicht, dass es nicht gezielt beeinflusst werden kann.

Die Beschäftigung mit der eigenen Person und die bewusste Beeinflussung des subjektiven Verhaltens zur Ermöglichung persönlicher Veränderungen werden in der Psychologie als

---

528 Vgl. Osterloh/Frost/Wartburg 2001, S. 215.

529 Vgl. Osterloh/Frost/Wartburg 2001, S. 219.

530 Vgl. Osterloh/Frost/Wartburg 2001, S. 217.

531 Vgl. SCHWADORF 2003, S. 112.

532 SCHWADORF 2003, S. 115–116. Synonyme sind Selbstwahrnehmung, Selbsteinschätzung, Selbstbewertung und Selbstbeurteilung.

533 Vgl. ARGYLE 1972, S. 347.

Selbstregulation bezeichnet.[534]In der Managementliteratur[535], aber auch in wissenschaftlichen Veröffentlichungen[536] hat sich für alle Maßnahmen zur Verbesserung der Selbstregulation inzwischen der Begriff des „**Selbstmanagements**" durchgesetzt. Hier setzen Personen ihre eigenen Ziele, überwachen selbst ihr aktuelles Verhalten und bewerten bzw. reflektieren ihr Verhalten nach bestimmten Normen selbst.[537]

Betriebliches Kompetenzmanagement kann hier – wie schon bei den anderen impliziten Kompetenzfaktoren – nur das individuelle Selbstmanagement der Mitarbeiter unterstützen. Das Ziel ist, den Mitarbeiter zu befähigen, individuelle Veränderungsprozesse selbstregulatorisch bewältigen zu können, damit er dadurch persönliche und betriebliche Ziele bestmöglich erreichen kann.

Tabelle 7 gibt eine Übersicht über mögliche Maßnahmen.

	Entwicklung ...		
	A **... als rationales Veränderungsmanagement**	**B** **... als vorbestimmter Phasendurchlauf**	**C** **... als Selbstorganisation/evolutionäre Eigendynamik**
Interventionsmöglichkeiten	Skill-Management; Wissensmanagement	Erkennen und Akzeptieren der Phasen	**Unterstützung des Individuums in dessen Selbstmanagement**
Ziel	Wissensvermittlung; Training; Schaffung von Handlungsspielräumen	Erkennen und Einbeziehen als Rahmenbedingung und nicht beeinflussbare Steuergröße	**Hilfe zur Selbstorganisation und Ermöglichung evolutionärer Eigendynamik**
Methoden	Seminare zum Selbstmanagement und zur Selbstorganisation am Arbeitsplatz	Lebenszyklusorientierte Mitarbeitergespräche; Zielgruppenorientierte Interventionen	**Mentoring/Coaching und Selbstreflexionstechniken**

Tabelle 7: Kompetenzmanagement als Unterstützung individuellen Selbstmanagements
Quelle: Eigene Darstellung in Anlehnung an Tabelle 1 und NEUBERGER 1991/1994.

---

[534] Vgl. ZIMBARDO 1983, S. 230–234.

[535] Vgl. Z.B. WAGNER 1987; REMPE 1991; BEYER 1992; PDI 1997, S. 273–334; GRAF-GÖTZ/GLATZ 1998; HACKL 1998; MAIWALD 2001; KISS 2001.

[536] Vgl. Döring/Ritter-Mamczek 2001; Kehr 2001; Kehr 2002; Klein/König/Kleinmann 2003.

[537] Vgl. ZIMBARDO 1983, S. 231.

3.3.2.6 Werte, Einstellungen und Wertemanagement

Einstellungen sind als Bereitschaft einer Person zu verstehen, Gegenstände ihrer Erfahrungswelt in bestimmter Weise aufzufassen, zu bewerten und zu behandeln.[538] Im Gegensatz dazu sind **Werte** „überindividuelle Leitbilder“[539], welche im Unterschied zu präzisen Zielen über den Einzelnen und seine Lebenserfahrung hinausreichen und die sich biologischen Strukturen entsprechend evolutionär ausbilden. In diesem Verständnis von Werten zeigt sich, dass sich der Einzelne nicht beliebig eines einmal „eingravierten“ Wertesystems entledigen und es durch ein neues ersetzen kann.[540]

Die Hauptaufgabe der Unternehmensführung im Rahmen eines Wertemanagements[541] sieht BECKER darin, das Wertespektrum der Mitarbeiter und des Unternehmens durch aktive Beeinflussung anzugleichen.[542] Dadurch können

- eine höhere Identifikation und Loyalität,
- eine stärkere Motivation und Leistungsbereitschaft und
- bessere Arbeitsergebnisse und Zusammenarbeit

erreicht werden.[543]

Wie kann diese Angleichung stattfinden? STENGEL diskutiert verschiedene partizipative Veränderungsstrategien, welche es den Betroffenen ermöglichen, sich direkt an betrieblichen Entscheidungen zu beteiligen, um dadurch eine höhere Identifikation mit dem erarbeiteten Zielsystem zu erreichen.[544] Am Ende des Wertemanagements steht als Ziel eine gemeinsame Unternehmenskultur, ein „Wir-Gefühl“ oder die „Corporate Identity“[545], in der sich gemeinsame Wertvorstellungen ausdrücken.[546] Ob eine gewünschte Unternehmenskultur „hergestellt“ werden kann, ist jedoch höchst umstritten[547]. STENGEL warnt insbesondere davor, zu erwarten, „daß derartige Prozesse von oben verordnet werden können, etwa durch Vorgabe eines Ka-

---

538 Vgl. ausführlich ROBBINS 2001, S. 93–103.

539 WIENDIECK 1990, S. 760.

540 Vgl. STENGEL 1999, S. 835.

541 Im Bereich der Wirtschaftsethik werden als Variation davon auch das „Ethikmanagement“ bzw. „Ethikmanagementsysteme“ diskutiert (vgl. z.B. STEINMANN/OLBRICH 1998; BAUER 1998; WIELAND/GRÜNINGER 2000). Einen Überblick zu Konzepten der Wirtschaftsethik geben OSTERLOH/TIEMANN 1995.

542 Vgl. BECKER 2002, S. 47.

543 Vgl. BIHL 1993, S. 86.

544 Vgl. STENGEL 1999, S. 855.

545 Vgl. zu CI ausführlich BIRKIGT/STADLER 1992.

546 Vgl. zur Unternehmenskulturentwicklung im Rahmen der Personalentwicklung ARNOLD 1990, S. 71–97; KRUGER 1991; MÜNCH 1995, S. 31–37.

547 Vgl die ausführliche Diskussion dieser Debatte bei MACHARZINA 2003, S. 227–231 und ROBBINS 2001, S. 617–618.

nons an Werten, um den herum sich die gemeinsame Identität oder die Kultur kristallisieren soll"[548].

SCHEIN legt seinem Entwicklungsmodell von Unternehmenskulturen zugrunde, dass der vorherrschende Modus von der Lebensphase abhängt, in der sich das Unternehmen gerade befindet.[549] Zudem muss man sich vergegenwärtigen, dass das Wertesystem des Einzelnen als „überindividuelles Leitbild" stark von gesellschaftlichen Wertesystemen geprägt ist, auf dessen Veränderungen („Wertewandel") das Unternehmen wiederum reagieren muss, um sein Überleben langfristig zu sichern.[550] Betriebliches Wertemanagement kann sich also nicht allein auf den Mitarbeiter richten, sondern muss sich auch mit gesellschaftlichen Ansprüchen und Wünschen auseinandersetzen, um nicht den Anschluss an den Wertewandel der Umwelt zu verpassen. Dem entsprechend muss die Personalentwicklung auch fragen, „inwieweit eine *Anpassung der Organisation* an die Werte der Mitarbeiter [bzw. der durch sie repräsentierten Gesellschaft] sinnvoll und notwendig erscheint, um der Gefahr von Demotivation und Abwanderung entgegenzusteuern"[551]. Andererseits hat die international vergleichende Managementforschung in den 1980er Jahren gerade das ausgeprägte Wertesystem („Superordinate Goals"[552]) in japanischen Unternehmen als ihren wesentlichen Wettbewerbsvorteil ausgemacht.[553] Auch hier kann davon ausgegangen werden, dass das dominierende gesellschaftliche Wertesystem Japans die Unternehmenskulturen überlagert und entscheidend beeinflusst. Eine Übertragung auf unseren Kulturkreis ist daher problematisch.

Ob es überhaupt möglich und zweckmäßig ist, bestimmte Wertvorstellungen als normative Zielvorgabe im Unternehmen zu implementieren, kann hier nicht abschließend beantwortet werden. Die weitere Untersuchung geht aber davon aus, dass persönliche Wertvorstellungen als höchst individuell geprägte Strukturen weit weniger beeinflussbar sind als die weiter an der Oberfläche liegenden Kompetenzfaktoren und deshalb im Rahmen des Potenzialmanagements eine untergeordnete Rolle spielen.

Weit wichtiger erscheint ROBBINS die Berücksichtigung individueller Wertsysteme im Rahmen der Personalauswahl (Eignungsmanagement) und nachfolgend das „sichtbare Vorleben"

---

548 STENGEL 1999, S. 855.

549 Vgl. SCHEIN 1985, S. 270ff.

550 Vgl. STENGEL 1999, S. 855–856.

551 BECKER 2002, S. 47 [Hervorhebung durch den Verfasser].

552 MACHARZINA 2003, S. 907. „Superordinate Goals" sind das zentrale Element des dort vorgestellten „7-S-Management-Modells".

553 Vgl. MACHARZINA 2003, S. 905–909.

der Werte durch das Management, damit der Anpassungsprozess (Sozialisation) der neuen Mitarbeiter an die Unternehmenskultur gelingen kann.[554]

3.3.3 Objekte und Ausprägungen des Performanzmanagements

Maßnahmen, die zielgerichtetes kompetentes betriebliches Handeln ermöglichen, begleiten und reflektieren, werden unter **Performanzmanagement** zusammengefasst. Handeln besteht aus den drei Phasen der Auslösung, Durchführung und Bewertung des Ergebnisses.

In der Phase der Auslösung wird eine betriebliche Arbeitssituation durch den Mitarbeiter vorgefunden. Inwieweit die Situation handlungsauslösend wirkt, hängt von dem gegebenen *Spielraum*, der personellen und informationellen *Vernetzung* und den zur Verfügung stehenden *Ressourcen* ab. Das Management dieser Faktoren ist im Rahmen der **Organisationsgestaltung** zusammengefasst. In der Durchführungsphase kann das **Verhalten** des Mitarbeiters angeleitet, beobachtet, eingeschätzt und reflektiert werden. Die Messung und Bewertung des Arbeitsergebnisses (Leistung) in Bezug auf die Erreichung der gesetzten persönlichen und betrieblichen Ziele (Erfolg) findet dann als **Performance-Management** statt.

3.3.3.1 Organisationsgestaltung und Empowerment

Die Organisation des Unternehmens kann als Medium verstanden werden, das die Leistungsfähigkeit der Mitarbeiter bestimmt. Im negativen Fall stellt sie eine Art „eiserner Käfig"[555] dar, der Arbeitsbereitschaft und Kreativität der Mitarbeiter hemmt, im positiven Fall hingegen dient die Organisation der Entfaltung des Mitarbeiters. Abbildung 13 zeigt, dass die Ansatzpunkte der Organisationsgestaltung situativer Natur sind.

Kompetentes Handeln ist wie jedes menschliche Erleben und Verhalten stets von der Interaktion aus Person und Situation determiniert, wobei die Person die vorhandenen Möglichkeiten der Situation selektieren muss, um handeln zu können. Auf Seiten der *Person* hängt Handeln wie beschrieben vom Können, Wissen, Wollen und der Selbstwirksamkeitserwartung des Mitarbeiters ab. Auf Seiten der *Situation* sind es die Komponenten des Sollens und Dürfens einerseits und der situativen Ermöglichung andererseits. Damit ergeben sich die bereits im Rahmen des Potenzialmanagements besprochenen Ansatzpunkte der individuellen Kompe-

---

[554] Vgl. ROBBINS 2001, S. 605–610. Schon PETERS/WATERMAN (vgl. 1984, S. 321–334) ermittelten als erfolgskritisches Merkmal eines Spitzenunternehmens ein „sichtbar gelebtes Wertsystem" (ebd., S. 321). Nach BECKER (2002, S. 49) ist für die Identifikation des Mitarbeiters mit dem Unternehmen ein „Wertekonsens" herzustellen.

[555] WEBER 1972, S. 181.

tenzentwicklung und zusätzlich die sich aus den situativen Bedingungen ergebenden Grundlagen und Selektionsmöglichkeiten.

Faktoren der...	Möglichkeitsstruktur	Selektiven Kultur
Person	**Können** → Skill-Management **Wissen** → Wissensmanagement	**Wollen** → Motivationsmanagement **Überzeugung** → Selbstmanagement
Situation	**Situative Möglichkeiten** (Infrastruktur, Ressourcen, Vernetzung) → Empowerment im Bezug auf technische Möglichkeiten	**Sollen** (Werte, Normen, Ziele) → Wertemanagement → MbO **Dürfen** (Zuständigkeit, Legitimation) → Empowerment im Bezug auf Handlungs spielräume.

Abbildung 13: Organisationsgestaltung mit situationsbezogenem Empowerment
Quelle: Eigene Darstellung in Anlehnung an ROSENSTIEL 1999, S. 48 und PELIKAN 2000, Folie 20.

Eine Organisationsgestaltung, die zum Ziel hat, die situativen Handlungsmöglichkeiten und Handlungsspielräume des Mitarbeiters zu erhöhen, wird auch als **Empowerment** bezeichnet. Der Begriff Empowerment kann mit Ermächtigung übersetzt werden, wobei darunter sowohl die legale Autoritätszuweisung („legal power“) als auch die Unterstützung des Individuums im Aufbau von „individual power“ und „social power“ verstanden wird.[556] Das Konzept wird entsprechend auch in verschiedenen sozialwissenschaftlichen Kontexten untersucht. Im pädagogisch-therapeutischen Ansatz von THEUNISSEN/PLAUTE steht Empowerment „für einen Prozess, in dem Betroffene ihre Angelegenheiten selbst in die Hand nehmen, sich dabei ihrer eigenen Fähigkeiten bewusst werden, eigene Kräfte entwickeln und soziale Ressourcen nutzen. Leitperspektive ist die selbstbestimmte Bewältigung und Gestaltung des eigenen Lebens"[557]. Ähnlich argumentiert auch STARK, dem zufolge sich Empowerment „auf die Möglichkeiten und Hilfen [bezieht], die es Individuen oder Gruppen erlauben, Kontrolle über ihr Leben und ihre sozialen Zusammenhänge zu gewinnen, und die sie darin unterstützen, die da-

[556] Vgl. MERRIAM WEBSTER 1993, S. 379.

[557] Theunissen/Plaute 1995, S. 12.

zu notwendigen Ressourcen zu beschaffen"[558]. In der Organisations- und Managementlehre wird unter Empowerment im Wesentlichen die Vergabe von „Handlungsvollmachten“ an nachgeordnete Stellen und damit die Vergrößerung ihrer Handlungsspielräume verstanden. In einem weiteren Sinn kann die technische situative Ermöglichung als Empowerment bezeichnet werden. Gemeinsamer Nenner der Empowerment-Strategien ist die Verlagerung von Macht und damit auch Verantwortung auf das Individuum. Ökonomisches Ziel ist eine Verbesserung der Performance durch optimale Nutzung situativer und organisatorischer Ressourcen.

3.3.3.2 Verhaltensbeobachtung

Im Rahmen der Durchführung der Handlung, kann das Verhalten des Mitarbeiters von ihm selbst und von außen beobachtet werden. Während die Selbstbeobachtung Grundlage für eine Regulation der Handlung darstellt, ist die Fremdbeobachtung Grundlage für das Feedback an den Mitarbeiter, z.B. im Rahmen von Beurteilungs- und Coachinggesprächen oder im Feedbackgespräch nach einem Assessment Center (vgl. Abbildung 11).

Durch eine verbalisierte Spiegelung (Reflexion) des beobachteten Verhaltens erhält der (potenzielle) Mitarbeiter die Chance seine Selbstwahrnehmung mit der Fremdwahrnehmung abzugleichen, sein Verhalten zu überprüfen und ggf. zu modifizieren.

3.3.3.3 Performance-Management

Das Performanzmanagement wurde vom Performance-Management aus methodischen und begrifflichen Gründen abgetrennt. Tatsächlich wird die Messung und Bewertung des Arbeitsergebnisses (Leistung) in Bezug auf die Erreichung der gesetzten persönlichen und betrieblichen Ziele (Erfolg) in der betriebswirtschaftlichen Literatur auch als **Performance-Management** bezeichnet, wobei sich Performance meistens auf Ergebnisse von Unternehmen als Ganzes bezieht. Für diese Arbeit definieren wir Performance als das Ergebnis individuellen Handelns im Betrieb, welches als persönlicher und/oder betrieblicher Erfolg, d.h. als qualitative Veränderung der Arbeitsleistung individuell und vom sozialen Umfeld wahrgenommen wird.

SATTELBERGER beschreibt Performance-Management als betriebswirtschaftlich zwingende Verknüpfung des unzureichenden, da von „Sozialromantik“ geprägten Führungskonzeptes des „Management by Objectives“[559] (MbO) mit Vergütungsaspekten innerhalb einer Leistungs-

---

[558] STARK 1996, S. 17–18.

[559] ODIORNE 1965, Titel.

kultur im Unternehmen.[560] Danach ist es das Ziel von Performance-Management „die Leistungen der Mitarbeiter konsequent auf die Unternehmensziele hin auszurichten ..., sicherzustellen, dass die Ergebnisbeiträge auch effektiv und effizient erbracht werden und zu gewährleisten, dass Leistung honoriert und damit im nächsten Schritt verstärkt wird."[561] „Paying for Performance"[562], d.h. in diesem Fall, eine performanceorientierte Vergütung unterscheidet sich dann auch nicht von einer „kompetenzorientierten Vergütung"[563], bei welcher primär auf die Kompetenzen abgestellt wird, die ein Mitarbeiter in der Ausübung seiner Rolle im Unternehmen zeigt.

Das Performance-Management ist vielmehr der letzte Teilschritt in der Handlungsebene des Kompetenzmanagements und teilt sich im Wesentlichen auf in **Messung und Beurteilung der Performance** des Mitarbeiters. Als Maßstab der Performance gilt die Erreichung der gesetzten persönlichen und betrieblichen Ziele.[564]

3.3.4 Zwischenergebnis und Thesen

Betriebliches Kompetenzmanagement kann auf verschiedenen Ebenen ansetzen. Auf der Persönlichkeitsebene werden das Potenzial- und das Eignungsmanagement unterschieden. Auf der Handlungsebene setzt das Performanzmanagement an.

Folgende Thesen ergeben sich aus der Analyse für die weitere Behandlung des Themas:

(T13) Die einzelnen Kompetenzfaktoren können nur in abstrakt-methodischer Form getrennt werden. Die entsprechenden Kompetenzmanagementbereiche können deshalb nicht für sich alleine gedacht und behandelt werden, sondern müssen die Interdependenzen mit den anderen Kompetenzfaktoren im Blick behalten.

(T14) Zur gezielten Beeinflussung der Kompetenzfaktoren müssen auf allen Ebenen der Persönlichkeit Kommunikations-, Partizipations-, Akzeptanz- und Identifikationsstrategien eingesetzt werden. Je stabiler und komplexer die Kompetenzfaktoren sind, desto mehr Aufwand an Zeit und materiellen Ressourcen ist dazu notwendig.

(T15) Im Rahmen des betrieblichen Performanzmanagements sind zuerst organisatorische Gestaltungsmöglichkeiten auszuschöpfen. Kompetenzen können sich nur entfalten und

---

[560] Vgl. SATTELBERGER 1999, S. 303–330. Ähnlich auch JETTER 2000.

[561] SATTELBERGER 1999, S. 305.

[562] CHINGOS 2002, Titel.

[563] HAGENAUER 1997, Titel.

[564] Vgl. ausführlich FITZ-ENZ 2000; ARMSTRONG 2001.

entwickeln, wenn dem Mitarbeiter einerseits die notwendigen technischen, materiellen, personellen und informationellen Ressourcen für eine zielorientierte Performanz zur Verfügung stehen und er andererseits auch über einen maximalen Handlungsspielraum bzw. Verantwortungsbereich verfügt.

(T16) Im Rahmen der Handlungsausübung und des Performance-Managements ist durch gezielte Kommunikation sicherzustellen, dass der Mitarbeiter regelmäßig ein qualifiziertes und motivierendes Feedback erhält, welches ihm den Erfolg seiner Handlung widerspiegelt und damit die Selbsteinschätzung objektiviert und zudem als Lerneffekt eine Veränderung zukünftiger Handlungsweisen ermöglicht.

In **Kapitel 4** wird das Instrument des „Skill-Management" als Teil des Potenzialmanagements ausgelagert und detailliert behandelt. Dabei werden die begrifflichen und kontextuellen Grundlagen entwickelt, welche auch einen Überblick über den wissenschaftlichen Diskussionsstand geben und die in der anschließenden Fallstudie zu bearbeitenden Aspekte liefern.

4 Skill-Management als Basis eines Kompetenzmanagements

4.1 Grundlagen des Skill-Managements

4.1.1 Begriff und Entstehung

4.1.1.1 Abgrenzung des Untersuchungsgegenstandes

Die Fähigkeiten und Fertigkeiten eines Mitarbeiters wurden bereits als dessen Können oder Skill bezeichnet. **Skills-** oder **Skill-Management**[565] wurde vorläufig definiert als die Gesamtheit der betrieblichen Handlungen, welche individuelle Veränderungsprozesse der Fähigkeiten und Fertigkeiten des Mitarbeiters ermöglichen, begleiten und reflektieren.

DEITERS/LUCAS/WEBER hingegen definieren Skill-Management als „das Management des Wissens in den Köpfen der Mitarbeiter“[566], das zum Ziel hat, „Personen mit bestimmten Kenntnissen aus einer Menge von Mitarbeitern zu identifizieren“[567]. Diese Position beschränkt Skill-Management auf die Suche nach Trägern von implizitem Wissen (Experten). Das ist aber nur ein Einsatzfeld des Skill-Managements. Im Folgenden wird Wissensmanagement auf einem Kontinuum zwischen dem personengebundenen Skill-Management und dem personenungebundenen Informationsmanagement eingeordnet und abgegrenzt. Das explizite Wissen der Mitarbeiter bildet die Schnittstelle, da es in beiden Systemen einbezogen ist (vgl. Abbildung 14).

Der Unterschied zwischen Skill- und Wissensmanagement liegt für DEITERS/LUCAS/WEBER darin, dass beim Skill-Management der Wissensträger die Kontrolle darüber behält, wer (explizites) Wissen erhält, während er in Wissensmanagement-Systemen sein explizites Wissen allen zur Verfügung stellt.[568] Der Zugriff auf Informationen hingegen ist ohne Verbindung zu einem Wissensträger möglich und wird vorzugsweise durch ein elektronisch gestütztes Informations- bzw. Dokumentenmanagement gesteuert.

---

565 „Skill-Management” und „Skills-Management” werden meist synonym verwendet (vgl. z.B. BALLAUF 1997a, S. 65). Um eine einheitliche Lesart zu gewährleisten, wird im Folgenden die im deutschen meist gebrauchte Form „Skill-Management“ verwendet. Als weitere Synonyme werden in der Literatur und in der Praxis oft auch die Begriffe Skillmanagement, Skill Management oder (vorwiegend im angloamerikanischen Sprachraum) „Skills Management“ verwendet. Eine Suche in www.google.com (am 04.02.2004) ergab in englischsprachigen Webseiten für „Skills Management“ ca. 30.000 Treffer, für „Skill Management“ nur 3.000.

566 Deiters/Lucas/Weber 1999, S. 2.

567 Deiters/Lucas/Weber 1999, S. 8.

568 Vgl. DEITERS/LUCAS/WEBER 1999, S. 19; vgl. auch YIMAM 2000.

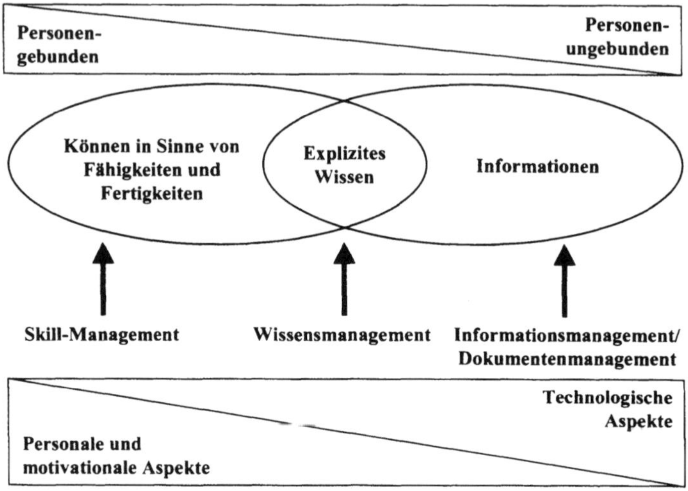

Abbildung 14: Abgrenzung von Skill-, Wissens- und Informationsmanagement
Quelle: Eigene Darstellung.

FAIX/BUCHWALD/WETZLER interpretieren Skill-Management als strategisch und operativ ausgerichtetes Qualifikationsmanagement in Organisationen und Unternehmen.[569] Dem ist insofern zuzustimmen, als sich das Skill-Management im Kompetenzmanagementmodell vorwiegend auf Qualifikationen richtet.[570] Skill-Management ist trotzdem nicht mit Qualifikationsmanagement gleichzusetzen, denn als Kompetenzmanagement verstanden, nimmt Skill-Management auch die Perspektive des Individuums ein (vgl. T2) und interessiert sich daher auch für solche Skills, die der Mitarbeiter aktuell nicht benötigt bzw. die derzeit nicht als qualifikatorische Anforderung für seine Stelle definiert sind. Solche Skills sind zum Beispiel Fertigkeiten und Fähigkeiten des Mitarbeiters, welche dieser in früheren Funktionen, in privaten Funktionen (z.B. als Vereinsvorsitzender) oder in Vorbereitung auf angestrebte Funktionen erworben hat und welche als Potenzial des Mitarbeiters zu einem späteren Zeitpunkt relevant und dann aktualisiert werden können.

---

569 Vgl. FAIX/BUCHWALD/WETZLER 1991, S. 11. Sie bezeichnen weiterhin Skill-Management im Untertitel von FAIX/BUCHWALD/WETZLER 1991 als „Qualifikationsplanung für Unternehmen und Mitarbeiter".

570 Vgl. Abbildung 11, Kapitel 3.3.1.2.

4.1.1.2 Skill-Management im Rahmen EDV-gestützter Personalentwicklung

Ein weiterer entscheidender Unterschied des Skill-Managements zum Qualifikationsmanagement bzw. zur traditionellen Weiterbildungsplanung ist die EDV-Unterstützung. Skill-Management als originäres Konzept entstand erst im Zuge des vermehrten Einsatzes von Informations- und Kommunikationstechnologie und des Aufbaus elektronisch vernetzter Informationsstrukturen im Unternehmen. Seit Anfang der 1960er Jahre wurden – amerikanischen Beispielen folgend – sukzessive alle betrieblichen Funktionsbereiche und Leistungserstellungsprozesse informationstechnisch durchdrungen.[571] Dabei nahmen das Rechnungswesen und die Produktionsplanung eine Vorreiterrolle ein. Während die Lohnabrechnung ebenfalls früh computergestützt abgewickelt wurde, fanden EDV-Systeme im übrigen Personalwesen in Deutschland „aufgrund institutioneller und emotionaler Hemmnisse“[572] erst ab den 1970er Jahren Verwendung, wurden dann aber angesichts des steigendenden Personalaufwands für die Administration des Personalwesens, aufgrund von Effizienzproblemen und wegen mangelnder Transparenz der Daten sukzessive eingeführt.[573]

Die Einsatzmöglichkeiten moderner Technologien im Personalmanagement erstrecken sich heute über die gesamte Bandbreite personalwirtschaftlicher Aktivitäten. Die Lösungen können danach unterschieden werden, „ob sie einzelne Aktivitäten eines Prozesses unterstützen oder erlauben, den gesamten Prozess abzubilden und zu unterstützen“[574]. Ab welcher Größenordnung hinsichtlich Datenvolumen und Arbeitsanfall der Einsatz von Software wirtschaftlich sinnvoll ist, kann allerdings nur individuell entschieden werden, da dies von vielen Parametern abhängt.[575] Nach einer KIENBAUM-Studie zum Stand des Managements von Humankapital („Human Asset Management“) in Deutschland hatte keines der untersuchten Unternehmen im Jahr 2001 ein umfassend integriertes System realisiert, welches als Gesamtlösung die HR-Prozesse über alle Wertschöpfungsstufen hinweg unterstützt.[576]

Insgesamt lassen sich mindestens sechs Phasen der EDV-Entwicklung im Personalwesen in Deutschland beschreiben:[577]

---

[571] Vgl. BOES 2003, S. 10. Vgl. im Folgenden BELLGARDT 1990b, S. 20–22.
[572] BELLGARDT 1990b, S. 20.
[573] BELLGARDT 1990b, S. 22.
[574] HUBER 2001, S. 26.
[575] Vgl. HÄNDSCHKE 1999, S. 307.
[576] Vgl. KIENBAUM 2002.
[577] Vgl. SEIZ 1989, S. 115; BELLGARDT 1990b, S. 20–21; FRÖHLICH/MAIER 1990; HEINECKE 1994, S. 5–6; HARTGE 1997; PROTZ 1999; SCHOLZ 2000, S. 132–137; HOYNIGG 2001; BOES 2003, S. 10–11.

1970er/1980er Jahre **(Einsatz von zentralen Großrechnern, in amerikanischen Großunternehmen auch erster PC-Einsatz)**	**1. Phase** (Erste Automatisierung)	Aufbau erster einfacher Personalinformationssysteme zum Einsatz in der Lohn- und Gehaltsabrechnung Anlage von Personalstammsätzen in Datenbanksystemen
	2. Phase (Computerisierung)	Aufbau komplexer administrativer Systeme, insbesondere in der Zeitwirtschaft mit Schnittstellen zur Betriebs- und Produktionsdatenerfassung (BDE)
1990er Jahre bis heute (zunehmender PC-Einsatz und Dezentralisierung)	**3. Phase** (Reengineering)	Aufbau integrierter Personalinformationssysteme zur Analyse, Planung und Steuerung des Personalwesens im Rahmen des Personalmanagements, insbesondere Berichtswesen, Controlling und Budgetierung
	4. Phase (Integration)	Integration der PIS in ERP-Systeme (SAP, Baan, PeopleSoft, Navision, etc.)
	5. Phase (Web Incorporation)	Nutzung der Internettechnologie durch Aufbau webbasierter Personalinformationssysteme mit integrierten Self-Service-Systemen auf der Grundlage von Rollen konzepten. Dadurch sukzessive Befreiung des Personalmanagements von administrativen Routineaufgaben.
Ausblick	**6. Phase** (Personalized Web)	Einbindung von HR-Plattformen in personalisierte Personalportale; Integration von Intranet und Internet

Tabelle 8: Phasen der EDV-Entwicklung im deutschen Personalwesen
Quelle: Eigene Darstellung in Anlehnung an BELLGARDT 1990, S. 20–21.

Schon seit den 1970er Jahren wird in Deutschland die elektronische Unterstützung der Planung, Steuerung und Kontrolle von Personalentwicklungsmaßnahmen in Wissenschaft und Praxis diskutiert.[578] Die zumeist nur ansatzweise entwickelten Programme und die erforderliche Hardware waren jedoch nicht massentauglich und dementsprechend auch nicht weit verbreitet. Dies änderte sich erst mit dem Innovationsschub durch die dezentral einsetzbare PC-Technologie, welche sich in den 1990er Jahren auch im Personalwesen durchsetzte. BALDIN forderte damals für den Einsatz in der Personalentwicklung „*DV-gestützte, operative Instrumente*, die als Selbstverständlichkeit im Unternehmen akzeptiert sind“[579].

Durch die Beschleunigung der Innovationszyklen der Produkte, Dienstleistungen und Technologien sind auch die zu deren Entwicklung benötigten spezifischen Skills und Wissensbestände immer kürzeren Lebenszyklen unterworfen.[580] Gleichzeitig nimmt die ökonomische Bedeutung dieser immateriellen Vermögenswerte für die betriebliche Wertschöpfung ständig zu.

---

578 Vgl. die Analyse bei RUMPF 1981, S. 60–64. Wegweisend waren danach die Arbeiten von DOMSCH 1972/1980 und HENTSCHEL 1979.

579 BALDIN 1990, S. 139 [Hervorh. im Orig.].

580 Vgl. HARTGE 1997, S. 295.

NORTH identifiziert als treibende Kraft dieser Entwicklung die Informations- und Kommunikationstechnologie, welche durch weltweite Vernetzung ökonomischer Aktivitäten den strukturellen Wandel von kapitalintensiven zu informations- und wissensintensiven Produkten und Dienstleistungen beschleunigt und zusammen mit der Deregulierung nationaler Wirtschaftsmärkte gleichzeitig den Prozess der Globalisierung vorantreibt.[581]

Durch die Verkürzung der „Halbwertszeit"[582] von Wissen und Qualifikationen wird ein systematisches und informationstechnologisch unterstütztes Skill- und Wissensmanagement nicht nur immer interessanter, sondern zunehmend zur wirtschaftlichen Notwendigkeit.[583] In wissensintensiven Tätigkeitsfeldern wie z.B. in allen Forschungs- und Entwicklungsbereichen, in Beratungsunternehmen und Branchen mit hochspezialisierten Fachkräften ist die effiziente Steuerung von Nachfrage und Angebot von Skills und Wissensbeständen schon heute ein kritischer Erfolgsfaktor. Trotzdem sind die Unternehmen noch sehr zurückhaltend, wenn es um den Einsatz von eHR im Bereich Skills und Qualifikationen geht.[584]

Für den Bereich der Personalentwicklung lassen sich vier Bereiche möglicher EDV-Unterstützung unterscheiden:[585]

1) Unterstützung der strategischen Personalentwicklung, z.B. durch Werkzeuge zur Steuerung langfristiger Qualifizierungsprojekte im Rahmen der Führungskräfteentwicklung;

2) Unterstützung der operativen Personalentwicklung, z.B. durch Werkzeuge zur Steuerung kurzfristiger Qualifizierungsmaßnahmen im Rahmen der Anpassungsentwicklung;

3) Organisation der Qualifizierungsmaßnahmen (z.B. durch Programme für das Seminarmanagement, Trainerdatenbanken etc.);

4) Vermittlung der Inhalte (z.B. durch E-Learning- und CBT-Programme).

Insbesondere für die beiden erstgenannten Punkte haben FAIX/BUCHWALD/WETZLER – damals Mitarbeiter der IBM Deutschland – ein EDV-gestütztes Qualifikationsmanagementsystem entworfen und als Bezeichnung den im Amerikanischen gebräuchlichen Begriff des „Skills

---

581 Vgl. NORTH 1998, S. 14–15; FRIEDRICHS 2002, S. 203.

582 Der ursprünglich aus der Atomphysik stammende Begriff der Halbwertszeit wird heute auch dazu verwendet, um die Dynamik zu beschreiben, mit der Wissen hinsichtlich seiner Anwendbarkeit, Relevanz und Wert veraltet. Vgl. BARTH/KIEFEL/WILLE 2002, S. 62.

583 Vgl. BRAIM 1999, S. 31.

584 Vgl. KPMG Consulting AG 2001, S. 4.

585 Vgl. WÖTZEL 1990, S. 94–95; HEINECKE 1994, S. 103–140; HARTGE 1997, S. 298–302.

Management" übernommen, welchen sie in den deutschen Sprachraum als „**Skill-Management**" eingeführt und beschrieben haben.[586]

Skill-Management ist also charakterisiert durch die EDV-Unterstützung, wobei im Zentrum der Anwendung eine **Skilldatenbank** steht.[587] Eine Skilldatenbank ist eine elektronische Dokumentation, in der Informationen über arbeitsbezogene Fertigkeiten und Fähigkeiten (Skills) von Personen so abgelegt werden, dass sie gemeinsam be- und verarbeitet werden können.[588] Neben den Skills sind in der Datenbank üblicherweise Personalstammdaten, also Daten zur Person sowie Informationen über die Ausbildung und den beruflichen Werdegang enthalten.[589]

Die Skilldatenbank und der Skill-Management-Prozess werden in der Literatur zusammengefasst als **Skill-Management-System** bezeichnet.[590] Dies sind „IKT-basierte Lösungen ..., die das Skill-Management unterstützen"[591] und ihrerseits meist in **Personalinformationssysteme** integriert sind. Ein PIS ist nach der umfassenden Definition von DOMSCH

„ein System der geordneten ... [Verarbeitung] von relevanten Informationen über das Personal und die Tätigkeitsbereiche/Arbeitsplätze mit Hilfe organisatorischer und methodischer Mittel incl. EDV unter Berücksichtigung ... relevanter Gesetze ... zur Versorgung der ... Nutzer des Systems mit denjenigen Informationen, die sie zur Wahrnehmung ihrer Planungs-, Entscheidungs-, Durchführungs- und Kontrollaufgaben ... benötigen."[592]

Waren PIS früher noch „eine Domäne großer Unternehmen (z.B. Konzerne) und Verwaltungen"[593], sind sie seit der breiten Einführung von ERP-Systemen[594] auch in mittleren Betrieben vorzufinden. Seit Ende der 1990er Jahre beinhaltet das weltweit führende ERP-System von

---

586 Vgl. Faix/Buchwald/Wetzler 1991.

587 Vgl. BALLAUF 1997a, S. 65.

588 Vgl. SEIZ 1989, S. 115.

589 Vgl. SEIZ 1989, S.115; PALASS 2000, S. 162.

590 Vgl. DEITERS/LUCAS/WEBER 1999, S. 3; ELBERT 2001, S. 129 ff.; HUNEKE/ZIMMERMANN 2000, S. 51 ff.; KREITMEIER/KRAUTER 1998a, S. 22 ff.; LANGE 2001, S. 32 ff.

591 SCHINDLER 2001, S. 185.

592 DOMSCH 1980, S. 17.

593 SEIZ 1989, S. 115.

594 ERP (Enterprise Resource Planning)-Systeme sind komplexe Software-Systeme, welche die Aufgabe unterstützen, die in einem Unternehmen vorhandenen Ressourcen (z.B. Kapital, Betriebsmittel, Personal) möglichst effizient für den betrieblichen Ablauf einzuplanen.

SAP innerhalb seines HR-Moduls auch ein Submodul für die Personalentwicklung, welches die wesentlichen Funktionen eines Skill-Management-Systems beinhaltet.[595]

Daneben gibt es Softwareanbieter, welche sich schon seit Ende der 1980er Jahre im Bereich Personalentwicklung spezialisiert haben.[596] Entsprechende Skill-Management-Lösungen sollten – so RUMPF 1991 – aus Gründen von Datenschutz, Datensicherheit und arbeitsrechtlicher Vertraulichkeit als Stand-alone-System ohne Vernetzung mit anderen Rechnern betrieben werden.[597] Heute werden Skill-Management-Systeme aufgrund der Forderung nach Systemintegration über meist vordefinierte Schnittstellen mit dem PIS verbunden bzw. sind bereits feste Bestandteile des PIS.

4.1.1.3 Forschungsstand und Literatur

In den wissenschaftlichen Publikationen der personalwirtschaftlichen Forschung in Deutschland wurde das Konzept des Skill-Managements bisher nicht diskutiert. Als einzige deutschsprachige Monographie kann die schon erwähnte, stark praxisorientierte IBM-Fallstudie von FAIX/BUCHWALD/WETZLER gelten.[598] Auch im angloamerikanischen Sprachraum ist derzeit kein wissenschaftliches Einzelwerk zu „Skills Management" aufgelegt. Die Forschungen im Bereich der Managementlehre konzentrieren sich dort auf das Thema „Competence-based Management"[599]. Skill-Management wird hier wie dort vor allem im Umfeld der informations- und kommunikationstechnologischen Wissenschaften behandelt. Die wichtigsten Impulse kommen seit den 1990er Jahren aus der parallel zum betrieblichen Einsatz der IKT entstandenden Wirtschaftsinformatik, welche sich intensiv mit diesem Thema beschäftigt.[600] Skill-Management ist in den vergangenen Jahren gehäuft in Beiträgen der Managementlitera-

---

595 Das entsprechende Modul von SAP ist in der Version von SAP® R/3® als Submodul HR-PD (Human Resources – Personnel Development) bezeichnet. Beschreibungen des Moduls und seiner Funktionen finden sich bei MÜLDER 1999, S. 59–61; HILDEBRAND/REBSTOCK 2000, S. 150–154; WENZEL 2001, S. 30–45; KRÄMER/LÜBKE/RINGLING 2002, S. 191–229. Eine Marktübersicht von PIS bieten KNEUSE/STRAUB 1999. Eine Synopse von Personalentwicklungssoftware bietet HÄNDSCHKE 1999/2000.

596 Als Beispiel die Spezialsoftware für Nachfolge- und Entwicklungsplanung „Executive TRACK". Das Programm wurde zuerst von EFS Management Software vertrieben (vgl. FRÖHLICH/MAIER 1990, S. 58–59), war später in das Programmpaket der H.R. Management Software GmbH integriert (vgl. HENTZE 1994, S. 351) und ist nach einem Management-Buy-Out heute unter der Bezeichnung „ETWeb™" im Vertrieb der „ExecuTRACK solutions" (vgl. EXECUTRACK SOLUTIONS 2002) zu finden.

597 Vgl. RUMPF 1991, S. 146.

598 Faix/Buchwald/Wetzler 1991.

599 Vgl. ARMSTRONG 2001, S. 267–278. Vgl. ausführlich Kapitel 3.2.1.3.

600 Vgl. z.B. SVD 1996; BALLAUF 1997a/1997b; BÖHM 1999a/199b; DORRHAUER 2000; SURE/MAEDCHE/STAAB 2000; SCHÜRHOLZ 2001; ELBERT 2001; BUSCH 2002a/2002b; LAU/SURE 2002; LEY U.A. 2003; BECK 2003; TOCHTERMANN/MAURER 2003, S. 135–207. Für einen ausführlichen Überblick über den Stand der Forschung im Bereich Personalinformationssysteme vgl. BUSCH 2002a, S. 26–29.

tur zu finden[601] und wird zunehmend von personalwirtschaftlich orientierten Unternehmens- und EDV-Beratungen fokussiert.[602] Dieses Material trägt weniger zur wissenschaftlichen Aufklärung bei, zeigt aber deutlich das ansteigende Interesse der Praxis an EDV-gestützten Lösungen für die Personalentwicklung.

Aufgrund der datenschutzrechtlichen Problematik und des befürchteten Eingriffs von Skill-Management-Systemen in Persönlichkeitsrechte des Mitarbeiters, beschäftigen sich auch gewerkschaftsnahe Forschungsinstitute und Autoren schon seit der Einführung der ersten PIS mit diesem Thema.[603] Ein Forschungsdesiderat kann jedoch bezüglich der theoretischen Einordnung, Konzeptionierung und Einführung von Kompetenz- und Skill-Management aus Sicht der Betriebs- und Personalwirtschaftslehre festgestellt werden. Nach WEBER finden Aspekte der Informationstechnik in der Personalforschung „auffallend wenig Beachtung ..., obwohl sie zentrale Herausforderungen des Personalmanagements berühren".[604]

4.1.1.4 Arbeitsdefinitionen

Abschließend können folgende Definitionen herausgestellt werden:

Skill-Management-Systeme sind EDV-gestützte Systeme der Verarbeitung von Informationen über die an den Arbeitsplätzen geforderten und bei den Mitarbeitern vorhandenen Skills, um unter Berücksichtigung der relevanten rechtlichen Normen den Nutzern des Systems die notwendigen Informationen zum Management der Skills zur Verfügung zu stellen.

Skill-Management als Teil eines integrativen Kompetenzmanagements beinhaltet aber mehr als die computergestützte Verarbeitung von Informationen über vorhandene und gewünschte Skills. Die folgende Begriffsbestimmung erweitert die erste Definition deshalb um die kompetenzrelevanten Prämissen, welche im Kontext dieser Arbeit Bedeutung haben.

Betriebliches Skill-Management ist zu verstehen als die Gesamtheit der strategischen und operativen betrieblichen Maßnahmen, welche innerhalb eines an Unternehmens- und Mitarbeiterzielen orientierten und EDV-gestützten Managementprozesses Skillentwicklungen der

---

601 Vgl. z.B. PALASS 2000; GLOGER 2003; KÖNNECKER 2003; PIELER/SCHUH 2003; WITTENHAGEN 2003; GILLIES 2004a/2004b.

602 Vgl. z.B. KREITMEIER/KRAUTER 1998a/1998b/1998c und KREITMEIER/RADY/KRAUTER 2000 (HR solutions); FRANZEN/SCHOON 2000 (cell consulting); GERICK 2001 (u.s.u. AG); SKILLVIEW TECHNOLOGIES INC 2002 (skillview), BENJAMINS u.a. 2002 (isoco S.A.); EFIPORT 2003 (efiport AG).

603 Vgl. z.B. IG METALL 1976; HÜMMERICH/GOLA 1993; HÜNEKE/ZIMMERMANN 2000/2003; BOES 2003, HESS 2003; vgl. auch die Internetseite der tse (technologieberatung und systementwicklung) Hamburg: http://www.tse-hamburg.de/.

604 WEBER 2003, S. 386.

Mitarbeiter ermöglichen, begleiten und reflektieren. Das zentrale Ziel dabei ist, die richtigen Skills am richtigen Ort zur richtigen Zeit zu optimalen Kosten einzusetzen und damit die Erfüllung expliziter Leistungsanforderungen durch die Mitarbeiter zu optimieren.

Bevor detaillierter auf die Funktionsweise von Skill-Management-Systemen eingegangen wird, wird im nächsten Kapitel ein erster Überblick über typische Einsatzfelder des Skill-Managements gegeben. Dabei wird deutlich, dass Skill-Management-Systeme nicht nur in der betrieblichen Personalentwicklung eingesetzt werden können, sondern auch in angrenzenden betrieblichen Funktionsbereichen. Wichtig ist die unterschiedliche Zielsetzung des Einsatzes, denn daraus leiten sich wesentliche Parameter für die Entscheidung für oder gegen ein solches System bzw. für dessen konkrete Ausgestaltung ab.

4.1.2 Anwendungsfelder von Skill-Management-Systemen

4.1.2.1 Anwendung als Wissensträgermanagement

Skill-Management wurde bereits über das Kriterium der Personengebundenheit vom Wissensmanagement abgegrenzt.[605] Auch GURETZKY sieht Skill-Management als neuere personalorientierte Form des Wissensmanagements, welche das bislang meist technologielastige Wissensmanagement nicht ersetzt, aber ergänzt.[606] Der erste Schritt vieler Unternehmen ins Wissensmanagement besteht aus dem Aufbereiten und Verteilen von Informationen in Form von explizitem Wissen. In der zweiten Stufe werden nun die Wissensträger (Personen) mit einbezogen, damit der Wissenstransfer durch die zusätzliche Übertragung impliziten Wissens an Qualität gewinnt.

Wird ein Skill-Management-System als Wissensmanagement-Werkzeug gestaltet, dann ist es in erster Linie ein „Expert-Finder-System"[607], das dazu eingesetzt werden kann, Personen mit spezifischem Wissen (Wissensträger) zu identifizieren und mit Personen, die dieses Wissen suchen, zusammenzubringen.[608] Damit wird Skill-Management zum **Wissensträgermanagement**.[609] Entsprechende Wissensträger- oder Expertenverzeichnisse (sog. „Yellow Pa-

---

[605] Vgl. Abbildung 14.

[606] Vgl. GURETZKY 2002b, o.S.

[607] YIMAM 2000, Titel.

[608] Vgl. DEITERS/LUCAS/WEBER 1999, S. 8. Vgl. auch FLEMM 2001, S. 12.

[609] Vgl. Hopfenbeck/Müller/Peisl 2001, S. 327.

ges"[610]) liefern Antworten auf Fragen nach Wissen oder Fähigkeiten der gelisteten Personen.[611] Typische Fragen, mit denen solche Listen durchsucht werden, sind:

- Wie finde ich jemanden, der ... kann?
- Wer hat schon Erfahrung mit ... gemacht?
- Wer stand vor der gleichen Aufgabe?

Entsprechend entwickelte Applikationen für den betrieblichen Einsatz unterstützen die Suche und das Erreichen von Ansprechpartnern durch eine Datenbank, in der Mitarbeiterverzeichnisse um Aussagen zu Kompetenzen erweitert sind. Während solche Verzeichnisse üblicherweise vollstrukturiert gestaltet sind, werden sie durch zusätzliche Textfelder zu Erfahrungsprofilen, die eine freie Beschreibung von Können und Wissen ermöglichen und dadurch für den Einsatz im Wissensträgermanagement geeigneter sind.[612]

Durch die Einbindung einer Kontaktmöglichkeit, z.B. über E-Mail, kann der gefundene Wissensträger direkt oder über Filterpersonen indirekt angesprochen werden.[613] Der Aufbau von Wissensträgerverzeichnissen kann einerseits personenorientiert erfolgen, z.B. über Personalakten und Selbstauskunft, aber auch informationenorientiert, d.h. über Metasuchsysteme, welche die digital zugänglichen Dokumente analysieren, explizites Wissen strukturieren, semantische Wissenslandkarten erstellen und dabei bestimmten Personen spezifische Wissenscluster zuordnen.[614]

Wissensträgerverzeichnisse können vielfältig eingesetzt werden, um Suchende mit dem Wissensträger für die Problemlösung zusammenzubringen, so z.B. in einem Call-Center, wie folgendes Beispiel zeigt.[615] „TeleCenter-System" ist eine Software zur Unterstützung von Call-Center im Kundendienst und verwendet ein Skill-Management-System, um überregionale Call-Center an verschiedenen Standorten zu einem Gesamtpool zusammenzuschalten. Für jedes spezielle Problem eines Kunden kann über das System ein freier und qualifizierter Mitarbeiter gefunden werden. Ein weiterer Aspekt, der durch ein Wissensträgermanagement gesteuert werden kann, ist der gezielte Wissensaustausch und Wissenstransfer durch systemati-

---

[610] Hopfenbeck/Müller/Peisl 2001, S. 273.

[611] Vgl. PROBST/RAUB/ROMHARD 1999, S. 110.

[612] Vgl. FÖCKER 2001, S. 11; TRITTMANN/MELLIS 1999.

[613] Vgl. DEITERS/LUCAS/WEBER 1999, S. 29.

[614] Vgl. z.B. VOGELSANG 1999; DUNLOP 2000; GERICK 2001.

[615] Vgl. im Folgenden O. V. 2001a, o.J.

sches Kombinieren von Wissensträgern und Lernenden.[616] Damit lassen sich zudem gezielt Expertennetzwerke aufbauen.[617]

Der Übergang vom Dokumenten- zum Wissensträger- bzw. Skill-Management verlangt durch den aktiven Einbezug der Mitarbeiter, dass zunehmend personale und motivationale Aspekte berücksichtigt werden.[618] Schwerpunkte sind dabei die Herstellung von Akzeptanz für die Wissenssysteme und die Schaffung der motivationalen Rahmenbedingungen für die Lernende Organisation und die selbstständige Bildung von „Communities of Practices", also Beziehungsnetze zur Pflege und Entwicklung des impliziten Wissens. Statt aufwändiger Technik, welche im Informationsmanagement im Vordergrund steht, geht es beim personal geprägten Wissensträgermanagement eher um eigenverantwortliches Engagement, Motivation, Vertrauen und partnerschaftlichen Erfolg.[619]

4.1.2.2 Anwendung im Projektmanagement

Innerhalb der qualitativen Personalplanung und Personaleinsatzplanung wird es für die Entscheider im Unternehmen zunehmend wichtiger, aus den vorhandenen Humanressourcen flexible Teams bilden zu können. Unter flexiblen Teams verstehen DEITERS/LUCAS/WEBER „eine Gruppe von Mitarbeitern ..., die gemeinsam an der Lösung einer temporären Aufgabe arbeiten und nach Erledigung der Aufgabe nicht in der gleichen Zusammensetzung fortbestehen"[620]. Für die Zusammensetzung eines Teams ist es wichtig zu wissen, welcher Mitarbeiter über welches Wissen und über welche Erfahrungen verfügt. Das Auffinden von geeigneten Skillträgern für ein Projekt kann mit Hilfe einer „Competence Query" in der Skilldatenbank erfolgen. Ziel der Personaleinsatzplanung für ein bestimmtes Projekt („Project Staffing") ist die Formierung einer ausgewogenen Arbeitsgruppe, welche in der Summe möglichst alle benötigten Kenntnisse zur Erledigung der Gesamtaufgabe in sich vereint.[621]

FÖCKER empfiehlt zur Vereinfachung der Prozesse, Skill- und Projektmanagement zu koppeln.[622] Personen werden dazu im Skill-Management-System zusätzlich zu den Skills und Wissensbeständen auch mit ihrer Verfügbarkeit, ihren Kostensätzen, ihrem Wohnort, ihren Präferenzen sowie weiteren personenbezogenen Projektparametern abgebildet.

---

616 Vgl. DEITERS/LUCAS/WEBER 1999, S. 54; BUSCH 2002b, S. 48.

617 Vgl. BÖHM 1999a.

618 Vgl. Abbildung 14.

619 Vgl. GURETZKY 2002b, o.S.

620 Deiters/Lucas/Weber 1999, S. 1.

621 Vgl. DEITERS/LUCAS/WEBER 1999, S. 1–4; Vgl. dazu auch: PALASS 2000, S. 162.

622 Vgl. FÖCKER 2001, S. 11; Vgl. zu diesem Aspekt auch SCHINDLER 2001.

Ein projektorientiertes Skill-Management-System kann außerdem Teammitglieder für ein Projekt ermitteln, welche im Rahmen eines gezielten Know-how-Transfers und Erfahrungsaufbaus eingesetzt werden sollen.[623] Diese Funktion bildet somit die Schnittstelle eines projektorientierten Skill-Management-Systems mit der Personalentwicklung.

4.1.2.3 Anwendung im strategischen Management

Nach PROTZ ist es durch ein modernes und flexibles PIS möglich, gegebenenfalls die Personalstrategie rasch neu auszurichten und damit strategische Wettbewerbsvorteile zu sichern und auszubauen.[624] Auch LEY U.A. betonen die strategische Bedeutung von Personalsoftware für das Personalmanagement. Insbesondere Skill-Management-Systeme können es demnach ermöglichen, die intellektuellen Kernkompetenzen des Unternehmens zu identifizieren, darzustellen, zielgerichtet zu entwickeln und strategiegerecht einzusetzen.[625]

Solche „einzigartige Ressourcenbündel" (Kernkompetenzen) sind nach BECKER dauerhaft, stabil und stiften gleichzeitig für das Unternehmen den größtmöglichen Nutzen, indem sie dem Unternehmen einen nachhaltigen Wettbewerbsvorteil nach außen sichern können.[626] Es wird jedoch schwierig sein, strategische Skills zu identifizieren, denn Skills sind in dieser Untersuchung als nicht besonders stabil und wenig komplex definiert.[627] Nur in Verbindung mit dem Skillträger (Mitarbeiter) entfalten sie ihre implizite Komponente, werden zur individuellen einzigartigen Kompetenz, die nicht kopiert werden kann. Im Rahmen des Skill-Managements wird die Kernkompetenzstrategie zur „Kernkompetenzträgerstrategie", d.h. einer Strategie zur Identifikation, Motivation, Entwicklung und zum optimalen Einsatz von „Schlüsselmitarbeitern", welche die Kernkompetenzen verkörpern.

Von der Anforderungsseite her gedacht, können über Skill-Management-Systeme auch solche Skills bestimmt und in die Anforderungsprofile integriert werden, die im Sinne einer identitätsstiftenden Unternehmenskultur (Corporate Culture) und einer daraus abgeleiteten einheitlich zu verfolgenden Unternehmensstrategie (Corporate Strategy) von allen Mitarbeitern des Unternehmens erwartet werden. Ziel dabei ist, über die geforderten Skills eine „kulturpolitische Integration"[628] zu erreichen bzw. die Erreichung strategischer Ziele auf breiter Front vo-

---

[623] Vgl. Kreitmeier/Rady/Krauter 2000, S. 80.
[624] Vgl. PROTZ 1999, S. 24.
[625] Vgl. LEY U.A. 2003, S. 2; vgl. auch Abbildung 5, Kapitel 3.2.1.1.
[626] Vgl. BECKER 2002, S. 31.
[627] Vgl. auch Abbildung 12, Kap. 3.3.2.1.
[628] Vgl. BOES 2003, S. 12.

ranzutreiben. Damit lässt sich über ein Skill-Management-System die oft geforderte Verbindung von normativer Ebene und operativer Personalentwicklung herstellen.

4.1.2.4 Anwendung im Rahmen der Personalplanung

Nach DRUMM ist die **Personalplanung** die „zentrale personalwirtschaftliche Funktion“[629] innerhalb der Personalwirtschaft, da ein arbeitsteiliges Unternehmen ohne quantitativ und qualitativ angemessene Personalbereitstellung nicht erfolgreich sein kann. Die wichtigsten Teilfunktionen, die auch im Rahmen des Skill-Managements eine zentrale Rolle spielen, sind die Personalbedarfsplanung und die Personalbestandsplanung. Davon abhängig sind Personaleinsatzplanung, Personalentwicklungsplanung, Personalbeschaffungsplanung und Personalfreisetzungsplanung.[630]

Für die Durchführung dieser Planungsaufgaben wird eine detaillierte Informationsbasis über quantitative und qualitative Merkmale des Personalbestands und des Personalbedarfs benötigt. Die **Personalbedarfsplanung** gibt Kenntnis über Zahl und Art der benötigten Mitarbeiter und ist so der Ausgangspunkt für alle weiteren Planungen (Soll-Werte). Die qualitative Seite legt fest, über welche Skills ein Mitarbeiter bei seinem Einsatz verfügen sollte und spiegelt so die Anforderungen der vom Mitarbeiter auszufüllenden Stellenaufgaben wider. Die quantitative Planung ermittelt dann, wie viel Personen bzw. Mitarbeiterstunden benötigt werden, um ein geplantes Leistungsprogramm zu verwirklichen.[631] Die **Personalbestandsplanung** erfasst den vorliegenden Mitarbeiterbestand sowohl quantitativ als auch qualitativ und generiert so die Vergleichsgröße zum Personalbedarf (Ist-Werte).

Insbesondere die qualitative Planung von Personalbedarf und Personalbestand ist ein schwieriges Problem, da die entsprechenden Merkmale des Mitarbeiters (Kompetenzfaktoren) schwer messbar sind. Zudem unterliegen die qualifikatorischen Anforderungen in einem dynamischen Umfeld einem ständigen Wandel und verändern sich ebenso wie die Skills des Mitarbeiters durch laufende Entwicklung.

Gegenstand der **Personaleinsatzplanung** ist die Zuordnung der Mitarbeiter zu den einzelnen Stellen entsprechend den quantitativen, qualitativen, zeitlichen und räumlichen Erfordernissen des Leistungserstellungsprozesses.[632] Die operative PEP wird zumeist dezentral von den Linienvorgesetzten vorgenommen, da hier von einer vorgegebenen Stellenstruktur und einer

---

[629] DRUMM 2000, S. 221.

[630] Vgl. ausführlich DRUMM 2000, S. 229–415.

[631] Vgl. DRUMM 2000, S. 229–230.

[632] Vgl. JUNG 2001, S. 180.

konstanten Stellenzuordnung ausgegangen werden kann.[633] Die mittel- bis langfristige PEP hingegen wird im Personalmanagement durchgeführt, da diese eine Gestaltungsaufgabe darstellt, deren optimale Umsetzung nur durch eine unabhängige Querschnittsfunktion geleistet werden kann. Untersuchungen zeigen, dass eine unzureichend durchgeführte qualitative PEP die Bindungswilligkeit engagierter und spezialisierter Mitarbeiter reduziert, da sich diese Mitarbeiter nicht am richtigen Platz fühlen, ihre Skills aber nicht verkümmern lassen möchten und deshalb das Unternehmen wechseln wollen.[634] Durch den Einsatz eines Skill-Management-Systems können solche betriebliche „mis-matches“ nicht in jedem Fall verhindert, zumindest aber abgebildet und dann mit den Betroffenen diskutiert werden.

Ziel der **Personalbeschaffungsplanung** ist „die rechtzeitige Bereitstellung von benötigtem und geeignetem Personal aller Kategorien für die Erfüllung von Aufgaben vakanter Stellen“[635]. Grundsätzlich werden auf der strategischen Ebene die interne und die externe Personalbeschaffung bzw. Rekrutierung unterschieden.[636]

Im Rahmen der **internen** Stellenbesetzung kann ein Skill-Management-System die qualitative Passung von Stelle und Mitarbeiter zeigen. Enthält das Skill-Management-System darüber hinaus die Möglichkeit, dass Mitarbeiter ihre Einsatzwünsche eingeben können, so kann nach PALASS daraus ein attraktiver unternehmensinterner Stellenmarkt mit Angebot und Nachfrage entstehen.[637] Die im Rahmen eines Skill-Management-Systems definierten Anforderungen können ebenso für die **externe** Personalbeschaffung herangezogen werden. Denkbar ist, dass die Stellenanforderungen den Bewerbern im Rahmen eines „Talent Relationship Management“ online für eine Selbsteinschätzung (Self-Assessment) angeboten werden.[638] Damit wird der Auswahlprozess zum einen in Hinblick auf neue Medien unterstützt und zum anderen kann sich das Unternehmen durch die systematische Unterstützung die Fähigkeit aufbauen, als attraktives Unternehmen die besonders leistungsfähigen Mitarbeiter auf dem Bewerbermarkt zu rekrutieren.[639]

Die **Personalentwicklungsplanung** bereitet den Vollzug der Personalentwicklung vor. Auf diesen für diese Arbeit zentralen Anwendungsbereich wird im Folgenden genauer eingegangen. Problematisch ist eine Kombination des Skill-Management mit der **Personalentlohnung.**

---

633 Vgl. SCHOLZ 2000, S. 643.
634 Vgl. BRAIM 1999, S. 31.
635 DRUMM 2000, S. 317.
636 Vgl. SCHOLZ 2000, S. 389.
637 Vgl. PALASS 2000, S. 163.
638 Vgl. JAGER/JAGER 2004, S. 15.
639 Vgl. KREITMEIER/KRAUTER 1998a, S. 24.

Die Verknüpfung von Skills mit Daten zum Gehalt und zu Fehlzeiten ist technisch möglich, aber nicht empfehlenswert.[640] Skillprofile taugen nach BALLAUF in keinem Fall für die interne oder externe Leistungsbeurteilung von Mitarbeitern, als Schlüssel bei der Zulagenberechnung oder als Datenbanksystem, um die statistische Abweichung individueller Kompetenzen von denen der Gesamtheit zu errechnen.[641] „The vast majority of organizations which have succeeded with Skills Management have laid explicit, conscious strategies to divorce their skills system from the formal Performance Appraisal process. You cannot expect honesty when asking people to tell you their capabilities if they believe that information will used in promotion and salary decisions (or worse, against them for layoffs).“[642]

4.1.2.5 Anwendung im Rahmen der Personalentwicklung

„Die konsequente Fortführung des Skill-Management-Gedankens und -Systems mündet in der Unterstützung der Personal-/Organisationsentwicklung“[643]. Obwohl Skill-Management-Systeme in der Praxis oft nur als Expertenverzeichnis genutzt werden,[644] gibt es aus Sicht der Personalentwicklung viele Bereiche, für die ein systematisches und integriertes DV-gestütztes Skill-Management-System eingesetzt werden kann (vgl. Abbildung 15).

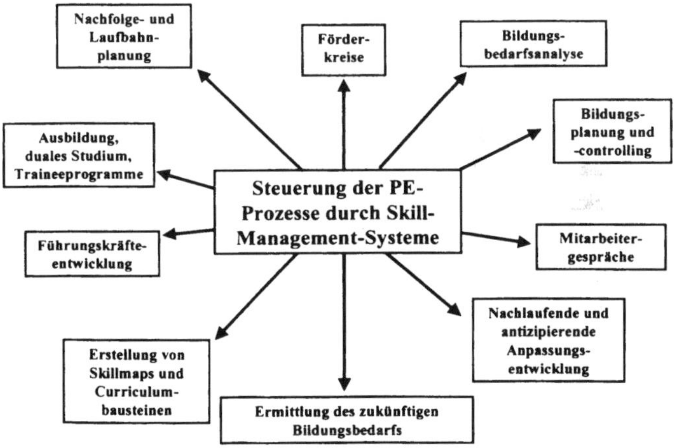

Abbildung 15: Einsatzmöglichkeiten von Skill-Management-Systemen in der Personalentwicklung
Quelle: Eigene Darstellung in Anlehnung an FAIX/BUCHWALD/WETZLER 1991, S.12.

640 Vgl. HÜNEKE/ZIMMERMANn 2000, S. 55.

641 Vgl. Ballauf, H. (1997), S. 66 vgl. dazu auch: o. V. (2001a), S. 1.

642 SkillView Technologies Inc (2001), S. 7 (Im Original hervorgeh.)

643 Kreitmeier/Rady/Krauter 2000, S. 77.

644 Vgl. z.B. DAIMLERCHRYSLER 2001.

BALDIN sieht das größte Nutzenpotenzial elektronischer Personalentwicklungssysteme insgesamt in einer effizienteren **Steuerung der Personalentwicklungsprozesse**.[645] Das elektronisch gestützte Management der Fertigkeiten und Fähigkeiten der Mitarbeiter dient in erster Linie zur Befreiung von Standard- und Routineprozessen[646], d.h. in diesem Fall zur „Abwicklung des Mengengeschäfts ... in wirtschaftlicher Form“[647]. Damit werden Freiräume zur Verbesserung der Servicequalität und für die Optimierung der Kernprozesse möglich. Ziel ist die Schaffung einer einheitlichen, unternehmensweiten technischen Infrastruktur für unternehmensweite Personalentwicklungsplanung und Personalentwicklungssteuerung sowie der Aufbau einer qualitativ hochwertigen Datenbasis für ein einheitliches Personalcontrolling. Im Folgenden werden mögliche Anwendungsfelder kurz vorgestellt.

Einer der wichtigsten Prozesse, die durch ein Skill-Management-System ermöglicht werden, ist eine anforderungsgerechte und kooperative **Bildungsbedarfsanalyse**[648] bzw. insgesamt eine bedarfsgerechtere **Bildungsplanung**, da diese nicht mehr als Resultat einer eher diffusen Kommunikation zwischen der Personalentwicklung und den potenziellen Schulungsteilnehmern erfolgt, sondern aus den im System ermittelten Soll-Ist-Vergleichen abgeleitet wird.[649] Insbesondere bei der **Einführung neuer Mitarbeiter** kann der Abgleich von Soll- und Ist-Profil ein effiziente Einarbeitungszeit gewährleisten. Damit verbunden ist die Unterstützung eines **Bildungscontrollings**, indem ein Skill-Management-System durch Messung der Skill- und Wissensbestände einerseits die Grundlage für objektivierte Planungs- und Steuerungssysteme liefern kann und andererseits ein prozess- und ressourcenorientiertes Kostenmanagement der Personalentwicklung ermöglicht.[650]

Personalentwicklungsmaßnahmen sollten aber grundsätzlich nicht über die Köpfe der betroffenen Mitarbeiter hinweg angesetzt werden. Im **Mitarbeitergespräch** können die Ergebnisse der individuellen Skillanalyse besprochen und gemeinsam Maßnahmen erörtert werden. Das Gespräch hat als positiven Nebeneffekt die Förderung der Kommunikationsbeziehungen und befriedigt Informationsbedürfnisse der Mitarbeiter, was sich in einer unmittelbaren Wirkung auf die Motivation äußern kann.[651]

---

645 Vgl. BALDIN 1990, S. 140–141.
646 Vgl. HARTGE 1997, S. 298.
647 Vgl. PROTZ 1999, S. 17.
648 Vgl. BALDIN 1990, S. 140.
649 Vgl. FAIX/BUCHWALD/WETZLER 1991, S. 64 f. vgl. dazu auch: KREITMEIER/RADY/KRAUTER 2000, S. 78.
650 Vgl. SCHMEISSER 1999, S. 4–12.
651 Vgl. dazu ausführlich Kapitel 4.2.5.1.

Personalentwicklungsmaßnahmen zielen einerseits auf die Erfüllung der heute gestellten Anforderungen und andererseits auf die Anforderungen der Zukunft. Man kann deshalb Maßnahmen im Rahmen einer nachlaufenden und einer antizipierenden **Anpassungsentwicklung** unterscheiden. Ein entsprechendes Skill-Management-System fordert und fördert die ständige Veränderungsbereitschaft der Mitarbeiter.[652] Für die **Ermittlung des zukünftigen Bildungsbedarfs** müssen zuerst die künftigen Anforderungen und damit verbundenen Skills bekannt sein.[653] Dann kann in Skill-Management-Systemen durch entsprechende Auswertungstools geprüft werden, ob die zukünftig benötigten Skills bei den Mitarbeitern vorhanden sind.

Andere Programmfunktionen können ermitteln, wie stark Skills nachgefragt und benötigt werden und die Ergebnisse dann in **Skill-Maps** darstellen. Diese visualisieren die Soll- und Ist-Entwicklungen einzelner Skills oder Skillgruppen über bestimmte Zeiträume. Ebenfalls lassen sich Entwicklungs- und Wachstumspotenziale aufzeigen und daraus Personalentwicklungsmaßnahmen sowie **Curriculumbausteine** ableiten.[654]

Skill-Management-Systeme werden in der Personalentwicklung vorwiegend zur strategisch ausgerichteten funktionalen und individuellen Steuerung langfristiger Qualifizierungsprogramme im Rahmen der (Nachwuchs-)**Führungskräfteentwicklung** eingesetzt.[655] Es kann dabei folgende Module unterstützen:

- Ausbildung, duales Studium[656], Traineeprogramme;
- Nachfolge- und Laufbahnplanung, um Mitarbeiter aus den eigenen Reihen auf fest definierte neue Fach- und Führungsaufgaben vorzubereiten[657] sowie
- Förderkreise, um Nachwuchsführungskräfte zu beobachten und durch koordinierte Maßnahmen auf ein gemeinsames Skillniveau zu bringen.

4.1.2.6 Praxisbeispiele

Bei **Bertelsmann media Systems**[658] wurde mit einem Skill-Management-Support-System (Skill-MSS) Transparenz über das vorhandene Wissen in den weltweiten Standorten geschaffen. Dadurch soll in erster Linie eine effektivere Personaleinsatzplanung, die konsequente Einbindung von Expertenwissen in der Projektarbeit und die Bildung von Expertennetzwer-

---

652 Vgl. HENTZE/KAMMEL 2001, S. 354.

653 Vgl. ebenda, S. 374.

654 Vgl. DEITERS/LUCAS/WEBER 1999, S. 27 f.; vgl. dazu auch: EINSIEDLER U.A. 1999, S. 257.

655 Vgl. PALASS 2000, S. 162.

656 Z.B. im Rahmen der Ausbildung an Berufsakademien in Baden-Württemberg.

657 Vgl. Kreitmeier/Rady/Krauter 2000, S. 81.

658 Vgl. im Folgenden ELBERT 2001. Inzwischen ist die Firma „Bertelsmann media Systems" aufgegangen in der „arvato systems Bertelsmann".

ken und Communities-of-Practice gefördert werden. Auch will **Bertelsmann media Systems** mit Hilfe des Skill-MSS bedarfsgerecht spezielle Weiterbildungsprogramme für neu auftretende Anforderungen schneller als bisher entwickeln und anbieten. Als weiteres Ziel soll das Skill-MSS für das Zielsetzungs- und Beratungsgespräch eine fundiere Entscheidungsbasis für Personalentwicklungsmaßnahmen liefern.[659]

Ähnliche Absichten hat die **DaimlerChrysler AG**[660]. Dort wurde im Transporterbereich im Jahr 2001 ein Kompetenzmanagement eingeführt. Ziel dabei ist, die Kompetenzen der Mitarbeiter zu erschließen, konsequent im Rahmen von Wissensmanagement zu nutzen und ein Instrument zur gezielten Qualifizierungsplanung und Personalentwicklung aufzubauen. Wissen soll schnell und standortunabhängig identifiziert werden, das Project-Staffing effizienter gestaltet sowie eine systematische Identifizierung von Experten für Communities-of-Practice und Tech Clubs ermöglicht werden. Verwaltet wird das Kompetenzmanagement mit Hilfe von PeopleSoft®[661]. Die Eingabe erfolgt über ein mitarbeiterspezifisches Intranet-Portal.[662]

Die **Deutsche Telekom AG**[663] hat seit ihrer Umstrukturierung von einem als Behörde organisierten, technisch operierenden Betrieb zu einem privatwirtschaftlichen, serviceorientierten Konzern mit dem hohen erforderlichen Personalum- und abbau zu kämpfen. Viele Mitarbeiter mussten und müssen in andere Bereiche mit anderen Anforderungen wechseln. Der Einsatz einer Skilldatenbank soll daher auch solche Personalentscheidungen unterstützen. Die Datenbank soll zu einem Archiv für das Personalmanagement und zu einem Forum für die Beschäftigten werden. Eine Arbeitsgruppe entwickelte rund ein Jahr lang ein konkretes Konzept, zur Realisierung eines Informationspools. Die Gruppe bestand aus Vertretern verschiedener Fachbereiche bei **Deutsche Telekom AG** und Mitglieder des Konzernbetriebsrats. Das Projekt wird in sechs Organisationseinheiten im Versuch gestartet. Technische Grundlage der Datenbank ist ein bisher ungenutztes Modul der Standardsoftware SAP R/3.[664] Den weiteren Stand des Projekts beschreiben MARTINA/ROSE.[665]

Bei der **Siemens AG**[666] soll das Siemens Nixdorf Informationssystem (SNI) einen den Wünschen und Möglichkeiten der Mitarbeiter, sowie dem Unternehmenserfolg dienenden Perso-

---

659 Vgl. ELBERT 2001, S. 129 f.

660 Vgl. im Folgenden DaimlerChrysler AG 2001.

661 Geschütztes Warenzeichen der PeopleSoft Inc., USA.

662 Vgl. DaimlerChrysler AG 2001.

663 Vgl. im Folgenden LANGE 2001.

664 Vgl. LANGE 2001, S. 32–33.

665 Vgl. MARTINA/ROSE 2004.

666 Vgl. im Folgenden BALLAUF 1997a, S. 65.

naleinsatz unterstützen. Gleichzeitig soll das System für eine vorausschauende Personalentwicklung und Weiterbildung genutzt werden. REINHARD GASSE (SNI-Arbeitsdirektor) sieht **Siemens AG** als einen Betrieb, der die Skills der Mitarbeiter vermarktet. Indem die vorhandenen Ressourcen bekannt gemacht werden, können sie optimal kunden- und projektorientiert eingesetzt werden.[667]

Ein Beispiel für die Nutzung eines Skill-Management-Systems für die Führungskräfteentwicklung im Rahmen von High Potential-Programmen ist bei der **Porsche AG** vorzufinden. Dort wurde aus den Führungsleitlinien heraus ein Kompetenzmodell für die zweite und dritte Führungsebene entwickelt, das als Grundlage für alle Personalentwicklungsprozesse dient. Verwendet wird dafür die Software ExecuTRACK®.[668]

Nach diesem ersten Überblick über Funktion und Einsatzfelder von Skill-Management-Systemen wird im Folgenden auf der Grundlage der zuvor erarbeiteten Forderungen und Thesen des Kompetenzmanagements ein idealtypisches Skill-Management-System konzeptualisiert. Die Konzeption wird dann im sechsten Kapitel durch eine betriebliche Fallstudie illustriert und modifiziert.

4.2 Konzeptionierung eines Skill-Management-Systems auf Grundlage der Anforderungen des Kompetenzmanagements

4.2.1 Die Ebenen des Skill-Management-Systems

SCHOLZ empfiehlt zur adäquaten Realisierung einer personalwirtschaftlich orientierten Software mindestens eine inhaltliche (Daten-)Ebene und eine organisatorische Ebene zu unterscheiden.[669] Da ein Skill-Management-System komplexer ist als eine Skilldatenbank müssen weitere Ebenen einbezogen werden. Nach BUSCH sind Skill-Management-Systeme unter den vier Aspekten **Inhalte**, **Prozesse**, **Kommunikation** und **IKT-System** zu betrachten.[670] Dieser Ansicht wird gefolgt, die Ebene der Kommunikation aber noch um die **Akteure** ergänzt, da die Gestaltung von betrieblichen PE-Konzepten gemäß den mikropolitischen Anforderungen (vgl. F5–F9) immer in Zusammenarbeit mit den betroffenen Anspruchsgruppen erfolgen sollte. Außerdem wird eine Zielebene vorgeschaltet, auf der die relevanten strategischen **Ziele** als Steuerungsgrößen abgebildet sind. In Bezug auf das Skill-Management-System ergeben sich

---

667 Vgl. BALLAUF 1997a, S. 65.
668 Gespräch mit dem Leiter der Führungskräfteentwicklung der Porsche AG am 29.06.2001.
669 Vgl. SCHOLZ 2000, S. 132–133.
670 Vgl. BUSCH 2002b, S. 48.

also fünf Betrachtungsebenen mit entsprechenden Leitfragen, welche in Abbildung 16 dargestellt sind.

Ebenen	Leitfragen
1) Ziele	Welche strategischen Ziele werden mit dem Skill-Management-System verfolgt?
2) Inhalte	Welche Daten werden im Skill-Management-System verarbeitet und abgebildet?
3) Prozesse	Welche Prozesse werden im Skill-Management abgebildet?
4) Akteure/ Kommunikation	Welche betrieblichen Akteure sind in das Skill-Management-System eingebunden? Wie kommunizieren sie in Bezug auf das System?
5) IKT-System	Mit welcher Informationstechnologie erfolgt die Verarbeitung der Skill-Daten?

Abbildung 16: Ebenen des Skill-Management-Systems und Leitfragen
Quelle: Eigene Darstellung in Anlehnung an BUSCH 2002b, S. 49.

Im Folgenden werden die einzelnen Ebenen dargestellt und untersucht. Dabei wird analysiert, welche Anforderungen sich aus den erarbeiteten personalökonomischen und mikropolitischen Forderungen sowie den kompetenztheoretischen Thesen für das Skill-Management-System ergeben. Im Rahmen der Konzeptionierung wird dann vorgeschlagen, wie diese Standpunkte in das Skill-Management-System integriert werden können. Hierfür werden *ausgewählte Thesen und Forderungen* als Gestaltungshinweise vorangestellt und anschließend in die Konzeption der jeweiligen Ebene eingearbeitet.

4.2.2 Analyse und Gestaltung der Zielebene

Skill-Management ist im betriebswirtschaftlichen Verständnis zu gestalten als strategischer Managementprozess (vgl. F1).

In betriebswirtschaftlich orientierten Management-Konzeptionen bilden Zielfragen den Ausgangspunkt aller Überlegungen[671] Die erste Leitfrage lautet entsprechend: Welche strategischen Ziele werden mit dem Skill-Management-System verfolgt? Die strategische Zielsetzung eines Skill-Management-Projekts spiegelt sinnvollerweise die aktuelle Geschäfts- oder Be-

---

671 Vgl. WÖHE 2002, S. 86.

reichsstrategie wieder. Ohne klares Ziel fehlt die Steuerungsgröße für das Projekt. Die Bedeutung einer klaren Zielsetzung unterstreicht PROTZ insbesondere mit dem Hinweis auf die zwingende Reihenfolge bei der Entwicklung und Implementierung von DV-gestützten Konzepten: „Zuerst die Strategie, dann die Software"[672], d.h. es können erst Instrumente zur operativen Umsetzung bestimmt werden, wenn das Ziel klar ist. „Sind Ursachen, Art und Ausmaß eines Sachproblems im Dunkeln, ist eine programmierte Lösung vom Ansatz her (noch) nicht denkbar."[673]. Diese Logik wird besonders häufig in Softwareprojekten, die unter hohem Problemdruck initiiert werden, nicht beachtet. Die Folge sind übereilte Entscheidungen mit hohem finanziellem Risiko.[674]

4.2.3 Analyse und Gestaltung der Inhaltsebene

Zum Inhalt einer Skilldatenbank stellt sich die Frage: Welche Daten werden durch ein Skill-Management-System verwaltet und wie lassen sich diese effizient strukturieren, abbilden und verarbeiten?*Aus personalökonomischer Perspektive kann gefordert werden, dass Qualifikationsziele operationalisiert werden müssen. Die Operationalisierung geschieht mittels des Soll-Ist-Vergleichs vorhandener und gewünschter Skills (vgl. F3).*

Ein Soll-Ist-Vergleich ist eine Gegenüberstellung von zwei Resultaten einer Messung auf einer identischen Skala. Als Ergebnis erhält man die Abweichung der Messpunkte. Zur Messbarkeit müssen die qualifikatorischen Anforderungen und Eignungen in identischer Weise abgebildet und skaliert werden. Die folgenden Kapitel zeigen, in welcher Weise die Inhaltsebene des Skill-Management-Systems gemäß dieser Vorgaben praktikabel operationalisiert werden kann.

4.2.3.1 Aufbau eines Skill-Management-Systems mit Fähigkeits- und Anforderungsvektoren

Kernstück eines Skill-Management-Systems ist die Skilldatenbank mit mitarbeiter- und funktionsbezogenen Informationen. Diese Datenbank wird anhand eines Merkmalskatalogs für jeden Mitarbeiter und für jede Stelle, die ein Mitarbeiter einnehmen kann, individuell strukturiert, d.h. genau auf die jeweiligen Bedürfnisse des Unternehmens zugeschnitten.[675] Als Modell kann die von RUMPF dargestellte „Personalbestandsplanung mit Hilfe von Fähigkeitsvek-

---

[672] PROTZ 1999, S. 15.
[673] BELLGARDT Jahr 1990b, S. 22.
[674] Vgl. BELLGARDT Jahr 1990b, S. 22.
[675] Vgl. RUMPF 1991, S. 145.

toren"[676] dienen. Ein Fähigkeitsvektor ist ein Indikator, mit dessen Hilfe Ausmaß und Struktur der Leistungsfähigkeit eines Mitarbeiters abgebildet werden können.[677] „Er [der Fähigkeitsvektor] soll erstens die Höhe der zu einem Zeitpunkt vorhandenen Leistungsfähigkeit eines Mitarbeiters beschreiben und zweitens Schwerpunkte der Qualifikation erkennen lassen"[678]. Werden Skills vektoriell beschrieben, müssen Sie also mindestens einen spezifischen Könnens- oder Wissensinhalt angeben und dessen Ausmaß.

RUMPF betrachtet in seiner Personalbestandsplanung aber nur die Mitarbeiterseite. Für ein Skill-Management-System kann diese Konzeption um die Anforderungsseite ergänzt werden, denn auch Anforderungen können vektoriell dargestellt werden. Der Unterschied zu einer reinen Listung der Skills ist, dass sich mit Vektoren sowohl die Leistungsfähigkeit von Mitarbeiter als auch die Anforderungen von Funktionen mehrdimensional erfassen lassen. RUMPF betont, dass eine mehrdimensionale Erfassung nur dann vorliegt, wenn sie „eine simultane mitarbeiterspezifische [bzw. funktionenspezifische; der Verf.] Betrachtung der Ausprägungen von mehreren ... Merkmalen erlaubt."[679]

RUMPF skizziert den Ablauf der Konzeption und Beschreibung eines Systems von Fähigkeitsvektoren folgendermaßen:[680]

1) Erstellung eines Merkmalskatalogs,
2) Skalierung der Merkmale,
3) Messung der Merkmale,
4) Auswertungen.

Im Folgenden werden diese vier Phasen auf ein System von Skill-Vektoren (Fähigkeits- und Anforderungsvektoren) übertragen und somit die inhaltliche Struktur des Skill-Management-Systems schrittweise erarbeitet.

4.2.3.2 Erstellung eines Skillkatalogs

Zuerst werden sowohl die skillrelevanten Merkmale des Mitarbeiters (Skillangebot) als auch die qualitativen Merkmale der spezifischen Aufgabe, Stelle oder Funktion (Skillnachfrage) in einem Skillkatalog (= Merkmalskatalog) zusammengefasst. Die Einträge des „skills invento-

---

676 Vgl. RUMPF 1981, Titel.

677 Vgl. RUMPF 1981, S. 67. ELBERT und LEY/ALBERT betrachten Skills ebenfalls als Fähigkeitsvektoren. Vgl. ELBERT 2001, S. 130; LEY/ALBERT 2003.

678 RUMPF 1981, S. 67–68.

679 RUMPF 1981, S. 33.

680 Vgl. RUMPF 1991, S. 145–146.

ry"[681] werden dann klassifiziert, d.h. bestimmten Kategorien zugeordnet und in der Regel hierarchisch geordnet oder mittels „Ontologien" strukturiert.

Ontologien erhielten in den vergangenen Jahren im Bereich der Informatik und insbesondere im Bereich Wissensrepräsentation immer mehr Aufmerksamkeit.[682] Unter einer **Ontologie** versteht man in der Informatik im Bereich der Künstlichen Intelligenz ein formal definiertes System von Dingen und/oder Konzepten und Relationen zwischen diesen Dingen.[683] Eine neuartige Anwendung dabei ist die Konstruktion und Strukturierung von Skillkatalogen.[684] Wesentlicher Vorteil ist die informationelle Einarbeitung von Beziehungen und Relationen zwischen den Skills und damit die Möglichkeit automatisierte Ranglisten für Suchläufe zu erhalten. LAU/SURE beschreiben die Entwicklung eines ersten Prototyps des „Ontology-based Skills Management"[685] in einer Fallstudie bei Swiss Life und arbeiten derzeit an einer Weiterentwicklung.[686]

Weitaus gebräuchlicher ist die Erstellung eines nach **Kategorien** gegliederten Skillkatalogs. Nach RUMPF lassen sich die grundsätzlich als Fähigkeits- und Anforderungsmerkmale denkbaren Kennzeichen und Maßgrößen in vier Gruppen zusammenfassen:[687]

1) Identifizierende Merkmale liefern z.B. durch den Namen oder die Personalnummer bzw. die Stellenbezeichnung und den Stellencode Sortier- und Suchkriterien für die Skill-Vektoren, was insbesondere für die Speicherung und Auswertung relationaler Datenbanken sehr wichtig ist.
2) Kenntnisbezogene Merkmale liefern Informationen über die Fähigkeiten und Fertigkeiten, welche ein Mitarbeiter besitzt bzw. welche eine bestimmte Stelle erfordert. Hierzu zählen sowohl formal vorliegende Ausbildungsabschlüsse und Weiterbildungszertifikate als auch lediglich informell vorhandene Kenntnisse und Fertigkeiten/Fähigkeiten, die im Lauf des beruflichen Werdegangs erworben wurden.
3) Physische Merkmale beschreiben Voraussetzungen und Umfang der körperlichen Leistungsfähigkeit, welche Mitarbeiter mitbringen bzw. welche vom Stelleninhaber verlangt werden. Physische Merkmale werden im Weiteren weitgehend vernachlässigt, da sie nicht

---

681 RUMPF 1981, S. 51.
682 Vgl. GUARINO 1998, FENSEL 2001.
683 Vgl. WIKIPEDIA 2004.
684 Vgl. SURE 2003.
685 LAU/SURE 2002, Titel.
686 Vgl. LAU/SURE 2002, S. 11.
687 Vgl. RUMPF 1981, S. 73–86.

zu den Skills (Fertigkeiten/Fähigkeiten und Kenntnisse) im beschriebenen Sinn gehören.[688]

4) Psychische Merkmale erfassen geistige, soziale und psychologische Aspekte individueller Leistungsfähigkeit bzw. spezifischer Leistungsanforderungen. Sie sind im Wesentlichen identisch mit denjenigen Persönlichkeitsmerkmalen und Charaktereigenschaften, welche im Kompetenzmanagement-Modell als tiefer liegende Kompetenzfaktoren der Persönlichkeit bezeichnet wurden, z.B. Motivation, Selbstkonzept, Einstellungen und Charakterzüge.

Das hier zu entwickelnde Konzept eines Skill-Management-System auf der Basis von Skill-Vektoren schließt die genannten psychischen Merkmale per Definition aus, da diese Eigenschaften nicht als Skills, sondern als implizite Persönlichkeitspotenziale definiert werden.[689] RUMPF lehnt die Aufnahme psychischer Merkmale in sein System der Fähigkeitsvektoren ebenfalls ab und nennt als Hinderungsgrund neben den **rechtlichen Schranken** der digitalen Erfassung von Persönlichkeitsmerkmalen vor allem die **zu weit gehende Abstraktion** von den Stellenaufgaben, da seiner Einschätzung nach „die Anforderungen von Stellen kaum in die Ausprägungen von [Charakter-]Eigenschaften transformiert werden können".[690] Auch andere Autoren betonen, dass sich Persönlichkeitsmerkmale mit hohem Anteil an Subjektivität schlecht objektivieren und operationalisieren lassen.[691]

Demgegenüber steht das Konzept der Förderung von „weichen" Fähigkeiten des Mitarbeiters, so genannter „**Soft Skills**". Soft Skills werden im Wesentlichen mit den genannten psychischen Merkmalen beschrieben und als „Kriterien Sozialer Kompetenz"[692] von Praktikern und Wissenschaftlern als „Schlüsselqualifikation der Zukunft" bezeichnet.[693] Ihr Einbezug in Skill-Management-Systeme ist jedoch in der betrieblichen Praxis sehr umstritten, da die Aufnahme von Seiten des Unternehmens meist gewünscht bzw. gefordert wird, während insbesondere die Interessenvertretungen dies vehement ablehnen. Nach den genannten Beschränkungen wäre es nur möglich Soft Skills ebenfalls in einen Skillkatalog aufzunehmen, wenn die rechtlichen Limitierungen eingehalten würden und die Merkmalsausprägungen der Soft Skills mit Verhaltensbeschreibungen operationalisiert werden könnten.

---

688 Vgl. RUMPF 1981, S. 81–82.

689 Vgl. Kapitel 3.2.1.5.

690 RUMPF 1981, S. 84.

691 Vgl. BALLAUF 1997b, S. 69; HORWALD U.A. 2000, S. 68; GLOGER 2003, S. 83.

692 SCHOLZ 1997, S. 17.

693 Vgl. dazu die Beiträge in LANDSBERG 1997.

Eine generelle Einschränkung ergibt sich aus der Prämisse des Kompetenzentwicklungsmodells, wonach ein externer Zugriff auf die impliziten Persönlichkeitsschichten des Menschen weder möglich noch ethisch begründbar ist (vgl. T5). Betriebliche Maßnahmen können die Entwicklung von Soft Skills nicht extern steuern. Sie können lediglich die Selbststeuerung individueller Entwicklungsprozesse unterstützen, begleiten und reflektieren (vgl. T2 und T5).

Ob unter diesen Vorbedingungen ein „Soft-Skill-Management" möglich ist, soll aufgrund der ihnen zugeschriebenen Bedeutung in der weiteren Konzeptionierung trotzdem geprüft werden. Soft Skills werden dazu im Folgenden wie Skills eingeordnet und behandelt, jedoch immer im Licht der Ansprüche des Kompetenzentwicklungsmodells diskutiert.

4.2.3.3 Skalierung der Merkmale

Im nächsten Schritt werden die Merkmale zu Vektoren erweitert, damit ihre Ausprägung gemessen werden kann. Dazu werden die Merkmale skaliert, d.h. ihnen wird ein passendes Messinstrument zugeordnet. Die folgende Tabelle 9 gibt einen Überblick über die Skalierungsmöglichkeiten in Skill-Management-Systemen.

	Art der Merkmale	**Art der Skalierung**	**Merkmals-ausprägungen**	**Eingabe**	**Beispiel**
1	**Identifizierende Merkmale**	Verbal-nominale Skalierung	Unbegrenzte Anzahl	Alpha-numerisch (beliebiger Text)	Name des Mitarbeiters, Stellencode
2	**Kenntnisbezogene Merkmale**				
	Merkmale der formalen Bildung	Kategorial-nominale Skalierung	Begrenzte Anzahl, in Form von Kategorien definiert	Auswahl aus den definierten Kategorien	Höchster Schul-abschluss
	Qualitative, nicht-metrische Merkmale (Hard und Soft Skills)	(Stufen-) Ordinale Skalierung	Begrenzte Anzahl in Form von Kategorien definiert, welche in einer klaren Rangordnung zueinander stehen	Angabe der (extern festgelegten) Rangstufe, welche dem Merkmal zugeordnet wird	Sprach-kenntnisse, Führungs-fähigkeit
3	**Numerische Merkmale**	Kardinale Skalierung	Werden auf Verhältnis- oder Intervallskalen erfasst	Rein numerische Angaben	Dauer der Betriebs-zugehörigkeit

Tabelle 9: Skalierungsmöglichkeiten in Skill-Management-Systemen
Quelle: Eigene Darstellung in Anlehnung an RUMPF 1981, S. 124–127; RUMPF 1991, S. 145–146.

Für Merkmalsausprägungen, welche auf **Nominalskalen** abgebildet sind, kann nur festgestellt werden, ob sie sich unterscheiden. Eine in Vergleichsalgorithmen verwertbare Quantifizierung des Ausmaßes eines eventuellen Unterschiedes ist jedoch nicht möglich.[694] Um Vektoren miteinander vergleichen zu können, müssen **Ordinal-**, **Verhältnis-** und **Intervallskalen** eingesetzt werden. Da Verhältnis- und Intervallskalen nur auf wenige Merkmale mit klar definierter numerischer Ausprägung anwendbar sind, muss in Skill-Management-Systemen vorwiegend eine Ordinalskala eingesetzt werden.

In **Stufenordinalskalen** sind den Merkmalsausprägungen extern festgelegte Rangstufen in Form von Ziffern zugeordnet (z.B. Schulnoten von 1 bis 6).[695] Die Zuordnungsziffern sind nicht als mathematische Zahlen zu verstehen, denn sie sagen nichts aus über den Abstand zwischen zwei Merkmalsausprägungen. Sie dienen vielmehr zur Unterscheidung der Ausprägung bzw. dazu, ein „Mehr" oder „Weniger" an Ausprägung zu kennzeichnen.[696] Es handelt sich daher bei Skills im Rahmen des hier konzeptualisierten Skill-Management-Systems immer um (stufen)-ordinalskalierte Merkmale in vektorieller Form.[697]

Jede Skala muss über eine **Abbildungsvorschrift** genau definiert werden, d.h. bei einer Stufenordinalskala müssen die vorgesehenen Skalenwerte (Stufen) z.B. durch verbale Bezeichnungen und Beispiele einzeln definiert und möglichst durch die Erläuterung der einzelnen Skalenwerte voneinander abgegrenzt sein.[698] Die methodische Schwierigkeit der „richtigen" Einschätzung von Skillausprägungen kann durch eine verbale Operationalisierung der Merkmalsausprägungen vermindert werden und es ist eine genauere und zuverlässigere Messung möglich, als wenn die Skalenwerte nur durch kurze Legenden verbalisiert sind. Für die Aufnahme von Soft Skills ist eine praktikable Abbildungsvorschrift in jedem Fall unerlässlich. Eine klare Bewertungsskala hilft, im Mitarbeitergespräch über differierende Einschätzungen zu sprechen und sie gegebenenfalls zu korrigieren.[699]

---

694 Vgl. RUMPF 1981, S. 126.

695 Demgegenüber ergibt sich die Skalendefinition in Rang-Ordinalskalen intern, d.h. aus der Rangfolge der Messobjekte selbst („Ranking").

696 Vgl. KOBELT/STEINHAUSEN 2000, S. 14 ff.

697 Vgl. ELBERT 2001, S. 130.

698 Vgl. RUMPF 1981, S. 127.

699 Vgl. KREBS/BECKER 2000, S. 233.

4.2.3.4 Messung der Skills

Um die Ausprägungen der Merkmale vergleichen zu können, müssen diese erfasst, d.h. gemessen und im Skill-Management-System abgebildet werden. In kategorial-nominalen Skalen können die Merkmalsausprägungen nur dichotom vorliegen, d.h. es wird lediglich festgestellt, ob das Merkmal vorhanden ist oder nicht. In einem vergleichenden Messverfahren wird die Merkmalsausprägung durch eine Beobachtung des Messobjekts mit dem vorliegenden Maßstab gemäß der Abbildungsvorschrift ermittelt.[700] Ohne die messtheoretischen Gütekriterien Objektivität, Validität und Reliabilität zu vernachlässigen, muss in einer anwendungsorientierten Konzeptionierung eines Skill-Management-Systems auch der Aspekt der Wirtschaftlichkeit und der zieladäquaten Einsetzbarkeit eine große Rolle spielen. Deshalb werden die bisher definierten Anforderungen an die inhaltliche Ausgestaltung der Skalen und des Messverfahrens als ausreichend erachtet.

Aus den Messungen ergeben sich Skilldatenblätter zu Personen und Stellen, welche zu Zwecken des Abgleichs gegenübergestellt werden können. Im Bereich der identifizierenden Merkmale eines Mitarbeiters oder einer Stelle ist ein Abgleich sinnlos, da es sich hier um freie Eintragungen handelt. In allen anderen Bereichen müssen die Merkmale für beide Datenseiten identisch gehalten werden, damit ein Vergleich möglich ist.

Wenn die Skillausprägungen beider Seiten verglichen werden, haben die Daten des Mitarbeiters Ist-Charakter (Ist-Skills), während die Daten der Stelle das zu erreichende Ziel darstellen (Soll-Skills). Tabelle 10 stellt die Struktur der Datenblätter an einem Beispiel dar. Die Skilldatenblätter erhalten im Bereich der vektoriell definierten Skills eine Profilstruktur. Das Datenblatt des Mitarbeiters wird deshalb vereinfacht als Mitarbeiterprofil bezeichnet, das der Stelle als Stellenprofil. Beide sind im Kontext des Skill-Managements Skillprofile.[701] Bezieht man die beiden Seiten aufeinander, dann ist das Mitarbeiterprofil das **Eignungsprofil**, während das Stellenprofil das **Anforderungsprofil** darstellt (vgl. Tabelle 10).

---

700 Vgl. RUMPF 1981, S. 128.

701 Begriffe wie „Kompetenzprofile", „Qualifikationsprofile" oder „Skill Maps" werden teilweise synonym verwandt. Vgl. BÖHM 1999, S. 119. Für diese Arbeit gilt die in Kap. 4.2.4.4 angegebene Terminologie.

<table>
<tr><td></td><td colspan="6">SOLL der Stelle
Anforderungsprofil
= Stellenprofil
= Skill-Profil der Stelle</td><td colspan="6">IST des Mitarbeiters
Eignungsprofil
= Mitarbeiterprofil
= Skill-Profil des Mitarbeiters</td></tr>
<tr><td>**Grundlegende Daten**
= Verbal-nominal skalierte Daten **(Freitext)**</td><td colspan="6">**Beschreibung der Stelle**
• Stellenbezeichnung
• Organisatorische Einbindung</td><td colspan="6">**Beschreibung des Mitarbeiters**
• Stammdaten
• Werdegang (extern, intern)
• Projektverantwortungen</td></tr>
<tr><td>**Formale Bildung**
= Kategorial- nominal skalierte Daten **(vorhanden/nicht vorhanden)**</td><td colspan="6">**Bildungsabschlüsse**
• Schulabschluss
• Studienabschluss
• Berufsausbildung(en)
• Zusatzausbildung(en)</td><td colspan="6">**Bildungsabschlüsse**
• Schulabschluss
• Studienabschluss
• Berufsausbildung(en)
• Zusatzausbildung(en)</td></tr>
<tr><td>**Skills**
= Stufenordinal skalierte Daten **(z.B. (1) bis (6))**</td><td colspan="6">**Skill-Anforderungen in Form von Vektoren**
(1) **Keine Kenntnisse erforderlich bis ...**
(6) **Umfassende Kenntnisse erforderlich**</td><td colspan="6">**Skill-Eignungen in Form vonVektoren**
(1) **Keine Kenntnisse vorhanden bis ...**
(6) **Umfassende Kenntnisse vorhanden**</td></tr>
<tr><td>• **Sprachkenntnisse**</td><td>1</td><td>2</td><td>3</td><td>4</td><td>5</td><td>6</td><td>1</td><td>2</td><td>3</td><td>4</td><td>5</td><td>6</td></tr>
<tr><td>• **EDV-Kenntnisse**</td><td>1</td><td>2</td><td>3</td><td>4</td><td>5</td><td>6</td><td>1</td><td>2</td><td>3</td><td>4</td><td>5</td><td>6</td></tr>
</table>

Tabelle 10: Struktur der Datenblätter in Skill-Management-Systemen mit Beispielen
Quelle: Eigene Darstellung.

4.2.3.5 Dokumentation und Interpretation der Messungen

Der Skillkatalog kann nach erfolgter Messung nun sowohl **vertikal**, also innerhalb der Mitarbeiter- oder innerhalb der Stellenseite, als auch **horizontal** anhand der einzelnen Skills rechnergestützt ausgewertet werden (vgl. Abbildung 17). **Vertikale Standardauswertungen** sind einerseits **Suchläufe** innerhalb aller Mitarbeiter oder aller Stellen nach bestimmten Merkmalsausprägungen oder Kombinationen von Merkmalsausprägungen, z.B.: Nenne alle Mitarbeiter mit EDV-Kenntnissen auf Stufe 4 oder höher! Oder: Nenne die Stellen mit Anforderungen an die EDV-Kenntnissen auf Stufe 4 oder höher! Andererseits können **Listen** ausgegeben werden mit allen oder ausgewählten Daten eines Mitarbeiters, einer Mitarbeitergruppe oder einer Stelle bzw. einer Gruppe von Stellen (Funktion), z.B.: Nenne alle Skills des Mitarbeiters A! Liste die EDV-Anforderungen an die Funktion B auf![702]

[702] Vgl. RUMPF 1991, S. 146.

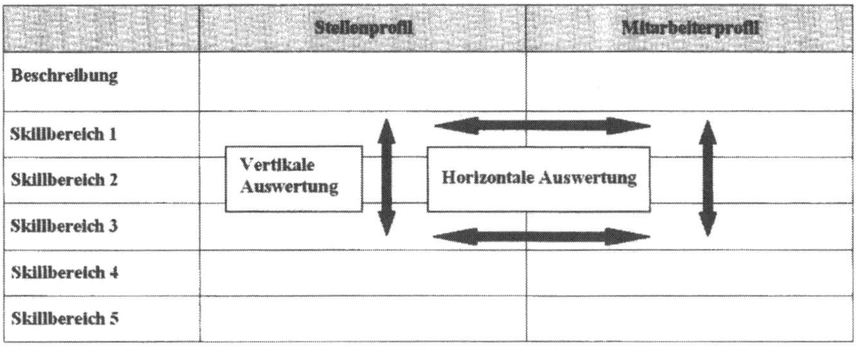

Abbildung 17: Horizontale und vertikale Auswertung von Skillprofilen
Quelle: Eigene Darstellung.

Horizontale Standardauswertungen sind **Gap-Analysen**, welche durch Soll-Ist-**Vergleich** von Anforderungs- und Eignungsprofil (Matching) zustande kommen. Hier wird Merkmal für Merkmal verglichen, um Soll-Ist-Abweichungen festzustellen. Tabelle 11 zeigt diesen Abgleich an einem Beispiel. Die Soll-Ist-Abweichungen ergeben: eine Überdeckung, bei der die Anforderungen übererfüllt werden, eine Unterdeckung, bei der die Anforderungen nicht erfüllt werden, und die Deckung, bei welcher der Mitarbeiter die an ihn gestellten Anforderungen genau erfüllt.[703] Die „Lücke" (Gap) kann also einen negativen Wert, einen positiven Wert oder den Nullwert annehmen.

	SOLL der Stelle						**IST** des Mitarbeiters						**Gap**
	(1) Keine Kenntnisse erforderlich bis ... **(6) Umfassende Kenntnisse erforderlich**						**(1) Keine Kenntnisse vorhanden bis ...** **(6) Umfassende Kenntnisse vorhanden**						
Sprachkenntnisse	1	2	3	4	5	6	1	2	3	4	5	6	- 1
EDV-Kenntnisse	1	2	3	4	5	6	1	2	3	4	5	6	+ 3
Arbeitstechniken	1	2	3	4	5	6	1	2	3	4	5	6	0

Tabelle 11: Beispiel einer Gap-Analyse als horizontale Standardauswertung
Quelle: Eigene Darstellung.

---

703 Vgl. ELBERT 2001, S. 130–131.

Die Ergebnisse der Gap-Analyse können je nach Zielsetzung des Suchlaufs zu verschiedenen Zwecken verwendet werden. Innerhalb der Personalentwicklungsplanung lassen sich durch die Verknüpfung von Ergebnis- und Entstehungsseite in einer Matrix vier verschiedene Kombinationen interpretieren und für die weitere Personalentwicklungsplanung mit einer Normstrategie unterlegen (vgl. Abbildung 18).

		Ergebnis	
		Unterdeckung (Anforderungen zu hoch)	**Überdeckung** (Anforderungen zu niedrig)
Entstehung	**Mitarbeiter**	**Defizit** ⇒ Anpassungsentwicklung	**Potenzial** ⇒ Aufstiegsentwicklung
	Stelle	**Stress** ⇒ Aufgaben anpassen	**Langeweile** ⇒ Job Enlargement/ Job Enrichment

Abbildung 18: Ergebnismatrix der Gap-Analyse mit Norm-Strategien
Quelle: Eigene Darstellung.

4.2.4 Analyse und Gestaltung der Prozessebene

Nach den Inhalten werden die Prozesse betrachtet. Die zentralen Fragen lauten hier: Welche grundlegenden Abläufe werden im Skill-Management-System abgebildet? bzw. Wie ist ein kompetenztheoretisch fundierter Skill-Management-Prozess zu gestalten? Nachfolgend wird dieser Prozess in sieben Stufen dargestellt, wobei die jeweils vorangestellten Forderungen und Thesen als Leitlinien der konzeptionellen Umsetzung dienen.

4.2.4.1 Grundgerüst des Skill-Management-Prozesses

Skill-Management ist zu gestalten als systematischer, methodisch durchdachter und institutionalisierter Managementprozess, welcher als periodisch zu durchlaufender Regelkreis von Zielsetzung, Planung, Realisierung und Evaluation verstanden wird (vgl. F1).

Zur Modellierung des Skill-Management-Prozesses wird in einer ersten Fassung der Grundprozess der betrieblichen Qualifizierung übernommen und auf das Skill-Management übertragen. Damit ergibt sich der in Abbildung 19 dargestellte Ablauf.

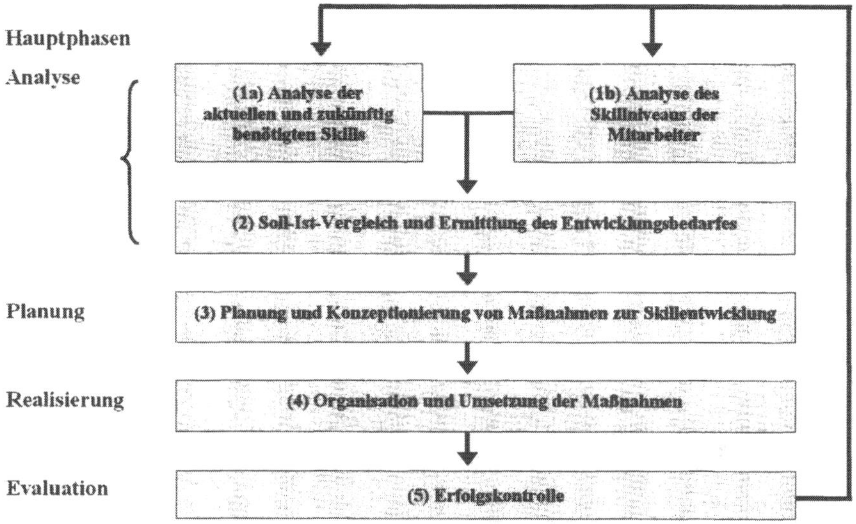

Abbildung 19: Einfaches Phasenmodell des Skill-Management-Prozesses
Quelle: Eigene Darstellung.

Dieses Modell des Skill-Management-Prozesses stellt zunächst ein Rohgerüst dar und wird im Folgenden erweitert, um weitere Gestaltungsanforderungen des Kompetenzmanagement aufnehmen zu können.

4.2.4.2 Top-down-Ermittlung der Skillanforderungen

Aus dem Gesamtsystem aus normativen, strategischen und operativen Zielen des Unternehmens ist der Skillbedarf top-down abzuleiten bzw. zu antizipieren (vgl. F3).

In dem in Abbildung 19 dargestellten Prozess wird zuerst die Frage gestellt, welche Skills heute und in Zukunft im Unternehmen benötigt werden. Erst danach wird ermittelt, ob diese Skills im Unternehmen vorhanden sind. Die bedarfsorientierte Vorgehensweise wird auch von RUMPF unterstützt. Danach wird die Skillerhebung immer mit der Frage nach den Anforderungen begonnen, d.h. es sind „diejenigen Aspekte der Leistungsfähigkeit eines Mitarbeiters zu erfassen, die voraussichtlich vom Unternehmen in Anspruch genommen werden (können)“[704]. Die Prognose der zukünftig benötigten Qualifikationen bzw. der Anforderungen ist jedoch nicht einfach zu beantworten, sondern erfordert ein strukturiertes prognostisches Vor-

---

704 RUMPF 1981, S, 89.

gehen. Die methodische Frage lautet: Wie kann man die Qualifikationen der Zukunft erkennen und erfassen?[705] GIDION benutzt zur Früherkennung der zukünftig benötigten Qualifikationen eine qualitative Fallstudienerhebung,[706] während HAHN situationsspezifische Anforderungsprofile entwirft.[707]

Nimmt man an, dass die wesentlichen unternehmensrelevanten Prognosen in die strategischen Ziele für die nächste Planungsperiode eingeflossen sind, dann können die zukünftig benötigten Skills davon abgeleitet werden. Es wird gefragt: Was müssen unsere Mitarbeiter können und wissen, wenn sie diese Ziele erreichen sollen?

Ausgangspunkt ist die (normative) Vision der Unternehmensleitung mit der wegweisenden Unternehmensstrategie und den daraus abgeleiteten Zielen für alle nachgeordneten organisationsrelevanten Bereiche. Diese Ziele definieren wiederum spezifische Aufgabenstellungen für alle Führungskräfte und Mitarbeiter des Unternehmens. Anforderungen sind dann Soll-Vorstellungen über diejenigen menschlichen Leistungsvoraussetzungen, die von diesen Aufgabenstellung ausgehen und verknüpfen somit die personenungebundene Stelle mit den Personenmerkmalen des Stelleninhabers.

Der Stelleninhaber muss diese Leistungsvoraussetzungen besitzen, d.h. die Anforderungen erfüllen, um die Aufgabe hinreichend bewältigen zu können. Im Idealfall kann für jeden Mitarbeiter definiert werden, welche funktionalen Ansprüche die Gesamtorganisation an ihn stellt, d.h. welchen Anforderungen er durch das Vorhandensein bestimmter Qualifikations- bzw. Skillmerkmale genügen sollte, um zum Gelingen des Gesamtprozesses beizutragen.[708]

4.2.4.3 Hierarchische Stufung der Anforderungsgerüste

Skill-Management ist im betriebswirtschaftlichen Verständnis als rationaler und effizienter Managementprozess zu gestalten (vgl. F1).

Der Skill-Management-Prozess muss im betriebswirtschaftlichen Kontext dieser Arbeit immer auch unter wirtschaftlichen Gesichtspunkten analysiert und ggf. modifiziert werden. Aufgrund der Komplexität der Tätigkeitsbilder in einem Unternehmen können im Zuge der Top-down-Erarbeitung die Leistungsanforderungen an den Mitarbeiter nicht erschöpfend erfasst werden. Nicht nur wäre eine solche Totalerhebung unwirtschaftlich, auch das entstehende Da-

---

705 Vgl. HEEG/MÜNCH 1993.
706 Vgl. GIDION 2000.
707 Vgl. HAHN, B. 1996.
708 Vgl. BRAKE 1997, S. 88. Ähnlich auch bei FAIX/BUCHWALD/WETZLER 1991, S. 72.

tenmaterial ließe sich nicht verarbeiten und zieladäquat verwalten. Um den Prozess zweckmäßig zu operationalisieren, wird vorgeschlagen, die Ausrichtung der Anforderungen hierarchisch zu strukturieren.[709]

Im Folgenden werden deshalb **drei Segmente** und entsprechende Anforderungsgerüste unterschieden:

- Unternehmen ➔ unternehmensweite Anforderungen,
- Funktion ➔ funktionenspezifische Anforderungen und
- Stelle ➔ stellenspezifische Anforderungen.

Die unternehmensweiten Anforderungen sind dabei auf alle Funktionen zu übertragen, die funktionenspezifischen Anforderungen wiederum sind auf allen, der Funktion zugeordneten Stellen abzubilden.

Funktionen werden im Folgenden als Zusammenfassung gleichartiger Stellen betrachtet. Sie werden in der Skill-Management-Literatur auch treffend als Berufsbilder bezeichnet. Die Identifikation der unternehmensspezifischen Berufsbilder kann über das **Organigramm** des Unternehmens, über die Darstellung in einer „**Stellenlandkarte**" (vgl. Anlage 2) oder über eine Kombination der beiden Instrumente erfolgen. Bei einer Kombination werden alle Stellen des Unternehmens mit ihrer organisatorischen Zuordnung und ihren qualifikatorischen Anforderungen erfasst und in einem erweiterten Organigramm abgebildet. In einem zweiten Schritt werden die Stellen zu Clustern gleichartiger Tätigkeitsbilder zusammengefasst. Durch eine weitere Priorisierung können die **Kern- oder Schlüsselfunktionen** eines Unternehmens ermittelt werden.

Aus ökonomischem Kalkül heraus ist es weiterhin geboten, die Kernfunktionen eines Unternehmens mit höherer Priorität zu bearbeiten, da hier von einer höheren Hebelwirkung für das Gesamtunternehmen ausgegangen werden kann. Kriterien zur Priorisierung können sein:

- Anzahl der Stellen, die einer Funktion zugeordnet sind,
- Anzahl der Mitarbeiter, die dem Funktions- bzw. Stelleninhaber nachgeordnet sind,
- Höhe des zurechenbaren Umsatz- und Ertragsbeitrags der Funktion,
- strategische Bedeutung der Funktion,
- Substitutionsmöglichkeiten des Funktionsinhabers.

---

709 Vgl. ähnlich bei RUMPF 1981, S. 88–96.

Aus dem Gesamtbild aller Stellen lassen sich auch **Querschnittsfunktionen** erkennen, welche in unterschiedlichen Organisationsbereichen vorliegen, aber ähnliche Skillanforderungen aufweisen, z.B. Assistenten, Sekretäre oder Sachbearbeiter. Im dritten Schritt wird jede einzelne Stelle einer Funktion zugeordnet, ungeachtet der Grenzen und Linien des Organigramms. Dies bedeutet, jede Stelle ist neben der organisatorischen Zuordnung im Organigramm, im Skill-Management-System auch in ein System von Berufsbildern eingeordnet.

4.2.4.4 Akteursorientierte Anforderungsermittlung im Stufenverfahren

Der Skill-Management-Prozess muss an den Strategieentwicklungsprozess der Unternehmensleitung gekoppelt werden (vgl. F2). Die Ziel- und Nutzenvorstellungen aller innerbetrieblichen Anspruchsgruppen müssen einbezogen und ausbalanciert werden (vgl. F9). Dazu ist es erforderlich, dass die Skillanforderungen in Abstimmung mit den Betroffenen erarbeitet werden (vgl. F3).

Die Schwierigkeit bei der Erarbeitung der Skillanforderungen besteht in deren Objektivierung, Verifizierung und Akzeptanz. Werden die Anforderungen (nicht die Ziele!) vom Top-Management „ausgegeben“ oder von einem nur aus Führungskräften bestehenden Strategiekreis erarbeitet, entsteht ein einseitiges Anforderungsbild.[710] Ein multiperspektivisches Vorgehen erhöht die Akzeptanz bei allen Beteiligten und deren Identifikation mit der unternehmerischen Strategie. Deshalb soll in der vorliegenden Konzeption jedes Segment möglichst nahe am Ort des Entstehens der Anforderung und wiederum in enger Abstimmung mit den betroffenen Akteuren bearbeitet werden. Dies führt zu einer Dezentralisierung des Prozesses im Sinne des „Subsidiaritätsprinzips“[711] und entspricht damit einer handlungsorientierten Gestaltung des Prozesses, wonach die Betroffenen über die notwendigen Maßnahmen selbstreguliert und dezentral entscheiden, um ihre persönliche Handlungsfähigkeit sicher zu stellen.[712]

In Kombination mit der hierarchischen Stufung der Anforderungsgerüste folgt, dass

(1) die Unternehmensleitung verpflichtet wird, strategische Gesamtanforderungen als Leitlinien zu formulieren,

(2) Berufsbilder von hierarchieübergreifenden Teams erarbeitet und „flach“ gestaltet werden, sich also auf funktionsspezifische Anforderungen beschränken,

---

[710] Vgl. Rückle/Mutafoff/Riekehof 1994, S. 97.

[711] Das Subsidiaritätsprinzip besagt, dass Einheiten der übergeordneten Ebene nur solche Aufgaben übernehmen sollen, zu deren Wahrnehmung untergeordnete Einheiten nicht in der Lage sind. Vgl. BRUCKS 1997, o.S.

[712] Vgl. OECHSLER 2000, S. 387.

(3) die Mitarbeiter an der Ermittlung ihrer stellenspezifischen detaillierten Anforderungen beteiligt sind und

(4) Querschnittsfunktionen durch entsprechend übergreifend besetzte Teams bearbeitet werden.

Um alle Anspruchsgruppen in den Prozess der Ermittlung der Skillanforderungen einzubeziehen und gleichzeitig die Top-down-Vorgehensweise beizubehalten, wird ein dreistufiges Verfahren vorgeschlagen. In **Stufe 1** erarbeitet die Unternehmensleitung ggf. in Zusammenarbeit mit Vertretern des Personalmanagements und weiteren Beratern unternehmensweite Anforderungen aus Vision und Unternehmensstrategie.

Auf **Stufe 2** wird zur Bearbeitung der Funktionen auf die von FAIX/BUCHWALD/WETZLER vorgeschlagenen „Skill-Boards" zurückgegriffen.[713] Skill-Boards sind Ausschüsse, die im Auftrag der Unternehmensleitung möglichst ausgewogene Skillanforderungen für die definierten Funktionen erarbeiten. In ihnen sind nach Möglichkeit Vertreter aller Anspruchsgruppen des Unternehmens vertreten. Die Skill-Boards „übersetzen" mit Hilfe von Expertengesprächen und unter Berücksichtigung innovativer Prognosen die Unternehmens- und Bereichsziele in Skillanforderungen und arbeiten diese in die vorliegenden funktionellen Anforderungsgerüste ein.[714] Die Ableitung der Skillanforderungen auf die einzelnen Stellen auf **Stufe 3** bleibt der Führungskraft und den betroffenen Mitarbeitern überlassen. Bei wiederholter, beispielsweise jährlicher Skillerfassung wird das zunächst kompliziert scheinende Verfahren nach FAIX/BUCHWALD/WETZLER weniger arbeitsintensiv und zu einer dynamischen Routine.[715] Abbildung 20 zeigt die Erarbeitung der Skillanforderungen der drei genannten Stufen.

---

[713] Vgl. FAIX/BUCHWALD/WETZLER 1991, S. 74.

[714] Vgl. FAIX/BUCHWALD/WETZLER 1991, S. 74.

[715] Faix/Buchwald/Wetzler 1991, S. 77.

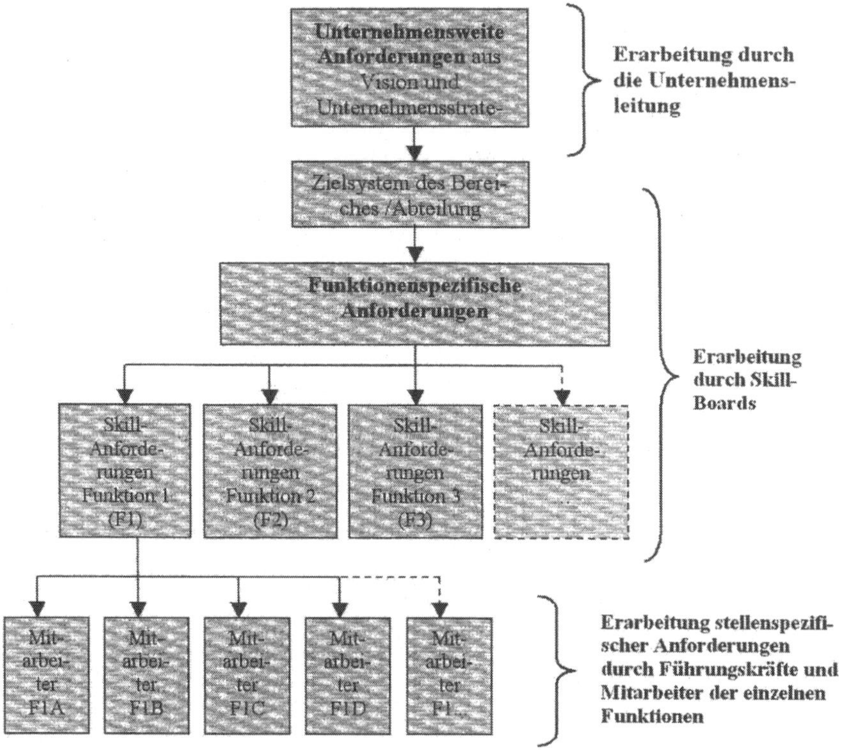

Abbildung 20: Top-down-Erarbeitung der Skillanforderungen über drei Stufen
Quelle: Eigene Darstellung.

4.2.4.5 Ermittlung des Skillbestandes

Konzepte, die sich auf das Kompetenzentwicklungsmodell stützen, gehen von der Selbststeuerung und der Selbstbestimmung des Individuums aus (vgl. T2).

Ist der Skillbedarf ermittelt, stellen sich zwei Fragen: Wie kann das aktuelle und das potenzielle Skillniveau des Mitarbeiters (Objekt) ermittelt werden und wer (Subjekt) nimmt die entsprechenden Messungen vor? Grundsätzlich besteht hinsichtlich des **Subjekts** die Möglichkeit der Selbst- und der Fremdbewertung.[716] Beide Varianten bergen Probleme. Eine Selbstbewertung des Mitarbeiters liegt unbestimmt zwischen den Extremen der falschen Bescheidenheit und der Überschätzung.[717] Bei Fremdbewertung kann es zu einer Vielzahl von psychologischen Beurteilungsfehlern kommen (z.B. Self-Fulfilling-Prophecy, Halo-Effekt, Streuungsfehler).

Hinsichtlich des zu messenden **Objekts** gibt die Trennung von Leistungsbeurteilung (Performance Management) und Kompetenzeinschätzung (Potenzial Management) im Kompetenzmanagementmodell die Linie vor (vgl. Abbildung 11). Danach wird die in der Vergangenheit erbrachte Leistung (Performance) *beurteilt*, das Potenzial des Mitarbeiters für künftig zu erbringende Leistungen lediglich *eingeschätzt*. Es ergeben sich vier Diagnosemöglichkeiten, wie Abbildung 21 zeigt.

		Bewertungsobjekt	
		Performance (Leistungserbringung in der Vergangenheit)	**Leistungspotenzial** (Leistungsvoraussetzungen für die Zukunft)
Bewertungs-subjekt	**Mitarbeiter**	**Selbstbeurteilung**	**Selbsteinschätzung**
	Vorgesetz-ter/Dritter	**Fremdbeurteilung**	**Fremdeinschätzung**

Abbildung 21: Matrix der Diagnosemöglichkeiten im Skill-Management-System
Quelle: Eigene Darstellung.

Diese Arbeit geht von einem Menschen aus, der seine Entwicklungsprozesse selbsttätig steuert und organisiert. Davon abgeleitet wird vermutet, dass der Mitarbeiter trotz aller subjektiven Färbungen selbst am besten in der Lage ist, sein Leistungspotenzial einzuschätzen. Die

[716] Vgl. HUNEKE/ZIMMERMANN 2000, S. 52–55.

[717] Vgl. HÜNEKE/ZIMMERMANN 2000, S. 53.

vorliegende Konzeption bevorzugt deshalb eine Selbsteinschätzung („self assessment") der Skills durch den Mitarbeiter. Eine aktive Selbsteinschätzung des Mitarbeiters anstatt einer passiven Entgegennahme einer Beurteilung fördert zudem die Motivation zur Kompetenzentwicklung und die Akzeptanz des Skill-Management-Prozesses. Der subjektive Messfehler in der Selbsteinschätzung wird dadurch aufgewogen, dass das Ziel der vorliegenden Konzeption nicht exakte Soll-Ist-Vergleiche sind, als vielmehr die Förderung einer selbstverantwortlich und motiviert erlebten Kompetenzentwicklung durch den Mitarbeiter. Der Soll-Ist-Vergleich dient lediglich der Objektivierung von impliziten Selbst- und Fremdeinschätzungen durch den Mitarbeiter und seinen Vorgesetzten und unterstützt damit eine bedarfsgerechte und effiziente Kompetenzentwicklung des Mitarbeiters.

Eine der Selbsteinschätzung nachfolgende Fremdeinschätzung des Leistungspotenzials, z.B. durch den Vorgesetzten, kann die Selbsteinschätzung ebenfalls objektivieren. Sie stellt jedoch hohe Anforderungen an das Bewertungssubjekt, denn es kann sehr leicht geschehen, dass sich die ursprüngliche Einschätzung zur Beurteilung wandelt und damit die Trennung der Bewertung von Potenzial (Kompetenz) und Leistung (Performance) aufgehoben wird. Es besteht dann die Gefahr, dass es auf Seiten des Mitarbeiters zu Demotivation und Ablehnung des Systems kommt. Wird eine Fremdeinschätzung trotzdem vorgenommen, sollte sie in jedem Fall der Selbsteinschätzung nachgelagert sein und explizit von ihr getrennt werden. Eine Fremdbeurteilung kann entsprechend nur als Leistungsbeurteilung erfolgen, da sich diese auf die objektiv vorliegenden Arbeitsergebnisse bezieht (vgl. T16). Der folgende Abschnitt zur summativen Evaluation unterstreicht und operationalisiert diese Forderung nochmals.

4.2.4.6 Gap-Analyse und Evaluation

Aus dem Vergleich von Soll- und Ist-Skills werden in einem kommunikativen Prozess mit dem Mitarbeiter die Ziele der Skillentwicklung entwickelt und operationalisiert (vgl. F3, T8). Für die Erfolgskontrolle sind Evaluationsinstrumente zu implementierten, welche sicherstellen, dass der Mitarbeiter regelmäßig Feedback erhält, welches ihm eine Veränderung zukünftiger Handlungsweisen ermöglicht (Vgl. F4, T16).

Hat der Mitarbeiter sein Skillniveau eingeschätzt und sind die Daten eingepflegt, kann sein Ist-Skill DV-gestützt mit den Skillanforderungen seiner Stelle abgeglichen werden. Entscheidend ist im Weiteren nicht der technische Vorgang des Abgleichs, sondern die **Evaluation** des Soll-Ist-Vergleichs in der sogenannten **Gap-Analyse**.

Evaluation kann sich nach SCRIVEN auf die Optimierung von Prozessen (formative Evaluation) oder auf die Bewertung von Ergebnissen (summative Evaluation) beziehen.[718] Die Gap-Analyse ist eine **summative Evaluation** und kann wie die Ermittlung des Ist-Skills in Fremd- und Selbstevaluation unterschieden werden.[719] Für die Evaluation der Ergebnisse der Gap-Analyse wird eine gestufte Vorgehensweise vorgeschlagen. Der externe Evaluationspartner ist dabei der jeweilige Vorgesetzte.

Den beiden Evaluatoren wird zuerst Gelegenheit gegeben, den Soll-Ist-Vergleich unabhängig voneinander zu bewerten. In Anlehnung an KREBS/BECKER wird vorgeschlagen, für die weitere kommunikative Abstimmung ein periodisch durchzuführendes Evaluationsgespräch zwischen Führungskraft und Mitarbeiter zu institutionalisieren.[720] Dies wird im Folgenden kurz „Mitarbeitergespräch" genannt.

Das Mitarbeitergespräch kann drei Blickrichtungen enthalten und wird entsprechend der Chronologie der Gesprächsinhalte in folgender Reihenfolge durchgeführt:

1) retrospektive Beurteilung der Performance (Leistungsbeurteilung),
2) Evaluation des Soll-Ist-Vergleichs (Gap-Analyse),
3) perspektivische Einschätzung des Entwicklungspotenzials (Potenzialanalyse).

Eine explizite Fremdeinschätzung des Ist-Skills durch den Vorgesetzten ist aus den genannten Gründen nicht vorgesehen. Die Fremdeinschätzung durch die Führungskraft wird jedoch innerhalb der Gap-Analyse implizit einfließen. Die Möglichkeit zur Objektivierung durch die Führungskraft ist durch die mündliche Abstimmung gewährleistet.

4.2.4.7 Prozess-Steuerung

Es muss einen verantwortlichen „Skill-Manager" geben, welcher in die Strategieentwicklung der Unternehmensleitung eingebunden ist (vgl. F5, F6).

Die Verwaltung und der Einsatz des Skill-Management-Systems liegen sinnvollerweise im Verantwortungsfeld des Personalentwicklungsmanagers (Skill-Manager), der als Berater und Moderator der Skill-Boards für alle Anspruchsgruppen zur Verfügung steht und an den Schnittstellen kommuniziert und integriert. Der Skill-Manager übernimmt auch die **formative Evaluation** des Skill-Management-Prozesses, welche in allen Phasen ansetzen kann. Vor-

---

[718] Vgl. SCRIVEN 1972, S. 62.
[719] Vgl. REISCHMANN 2002, S. 106–107.
[720] Vgl. KREBS/BECKER 2000, S. 233.

stellbar sind periodisch institutionalisierte Rückblenden („Reviews"), z.B. im Rahmen der Skill-Boards, in eigens dafür eingerichteten Evaluationsgruppen oder im Rahmen eines Tätigkeitsberichtes des Skill-Managers an die Personal- bzw. Unternehmensleitung.

Der Skill-Manager informiert die Unternehmensleitung anhand der aggregierten Informationen aus den Gap-Analysen und den Mitarbeitergesprächen über den Skillbestand und die Skillentwicklungsaktivitäten im Unternehmen, damit diese in ihren Überlegungen für die nächste Planungsperiode als strategischen Input auch die Qualität(en) der sich im Unternehmen befindlichen Humanressourcen einbeziehen können.[721] Damit wird die vorher reaktive PE zu einem proaktiven Instrument der strategischen Unternehmensführung. Es stellt sich in der Konsequenz für die Unternehmensleitung die Frage: Welche Wettbewerbsvorteile ergeben sich aus unseren qualitativen Humanressourcen (Kernkompetenzen) und welche strategischen Ziele können aufgrund dieses Potenziales angestrebt werden? Damit wird ein Bottom-up-Prozess als Gegenstück zum Top-down-Prozess aufgebaut (Gegenstromverfahren).

Wird der Skill-Manager bei Fragen der qualitativen Personalplanung für alle Akteure sichtbar in die Strategieentwicklung der Unternehmensleitung eingebunden, ist zu vermuten, dass der Skill-Management-Prozess erheblich an Bedeutung und Akzeptanz bei allen Beteiligten gewinnt.

4.2.4.8 Modellierung des Skill-Management-Prozesses

Unter Einbeziehung der bislang genannten Akteure[722] kann nun als Ergebnis der Analyse zur Prozessebene ein idealtypischer Ablaufplan für den Skill-Management-Prozess konstruiert werden (vgl. Abbildung 22). Der Ablauf umfasst eine Planungsperiode und zeigt wie die Akteure am Prozessdurchlauf beteiligt sind. Ausgehend von der Vision leiten sich in weiteren Schritten die Abteilungsziele, die Analyse des Skillbedarfs und die funktionsspezifischen Skillanforderungen ab. Anschließend konzentriert sich der Prozess auf den Mitarbeiter und die Führungskraft, während der Skill-Manager beratende und evaluierende Aufgaben übernimmt. Die gesammelten und aggregierten Daten können wieder Ausgangspunkt der strategischen Überlegungen zur nächsten Planungsperiode sein. Zu Beginn der Periode 2 müssen die in der ersten Periode neu erstellten Skillanforderungen in den Skill-Boards bearbeitet werden.

---

721 Vgl. ähnlich FAIX/BUCHWALD/WETZLER 1991, S. 115–117.

722 Vgl. Kapitel 3.1.2.2.

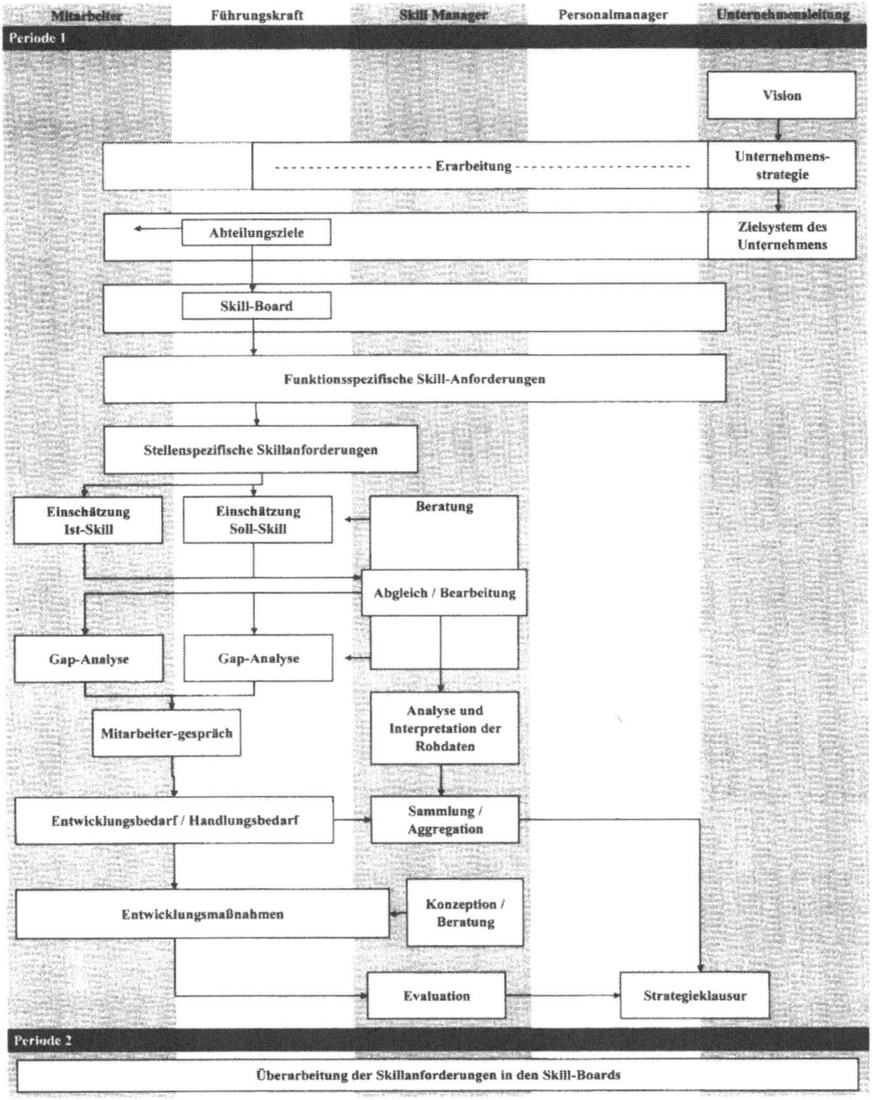

Abbildung 22: Skill-Management-Prozess
Quelle: Eigene Darstellung.

4.2.5 Analyse und Gestaltung der Akteurs- und Kommunikationsebene

Die mikropolitischen Forderungen lassen sich in einer zentralen Prämisse zusammenfassen: *Alle relevanten Akteure müssen in den Skill-Management-Prozess einbezogen werden und deren Ansprüche und Nutzenvorstellungen sind aus Gründen der Akzeptanzwirkung sorgfältig auszubalancieren (F6-F9).*

Um die Akteure zielführend einzubeziehen, muss man also die Ansprüche der Akteure an das Skill-Management-System kennen. Ansprüche sind eng verknüpft mit Nutzenvorstellungen. Für eine zielgruppengerechte Gestaltung des Systems ist es daher wichtig, aus den Ansprüchen Nutzenpotenziale zu entwickeln, diese in die Konzeption zu integrieren und dann entsprechend zu kommunizieren.

4.2.5.1 Ansprüche der Akteure an das System und Nutzenpotenziale

Als relevanten Anspruchsgruppen im Unternehmen werden im Folgenden betrachtet:[723]

- Unternehmensleitung,
- Personalleitung,
- Personalentwicklungsmanager = Skill-Manager,
- Führungskräfte,
- Betriebsrat,
- Mitarbeiter und zusätzlich
- interner oder externer Weiterbildungsanbieter.[724]

4.2.5.1.1 Ansprüche der Unternehmensleitung und Nutzenpotenziale

Die Unternehmensleitung ist in erster Linie im strategischen Potenzial von Skill-Management-Systemen interessiert.[725] Das Skill-Management-System eignet sich nach GERICK auf der strategischen Ebene besonders zur Sicherung und Entwicklung von **Kernkompetenzen** des Unternehmens.[726] In dem hier erarbeiteten Verständnis von Kompetenz sind Kompetenzen immer an Personen (Kompetenzträger) gebunden. Kernkompetenzträger sind dann z.B. die Mitarbeiter auf den Kern- oder Schlüsselfunktionen der Unternehmen. Eine Steuerung von Kompetenzen ist mit Einschränkungen nur im Bereich der „Hard Skills" mög-

---

[723] Vgl. Kapitel 3.1.2.2

[724] Vgl. zur Externalisierung von Weiterbildungsaktivitäten und Kooperationsstrategien mit externen Bildungsanbietern SCHMIDT-LAUFF 1999.

[725] Vgl. Kreitmeier/Rady/Krauter 2000, S. 80–81.

[726] Vgl. GERICK 2001, S. 64; vgl. auch Abbildungen 10/11.

lich.[727] „Soft Skills“ bleiben als innerpsychische Leistungspotenziale immer an das Individuum gebunden und können deshalb nur über partnerschaftliche Zusammenarbeit und kooperative Ausgestaltung der zugrunde liegenden Verträge mit dem Kernkompetenzträger entwickelt und beeinflusst werden (vgl. T9).

Das Skill-Management-System erlaubt der Unternehmensleitung durch das **Entwickeln von Skillkennziffern** im Bereich der Hard Skills vielfältige Steuerungs- und Kontrollmöglichkeiten. So kann ein Screening des Skillbestandes abschätzen, inwieweit die gegebenen strategischen Ziele mit dem vorhandenen Personalbestand erreicht werden können oder andersherum gedacht, welche neuen Unternehmensziele aufgrund bestimmter Skills von Mitarbeiter angestrebt werden können.[728] Inwieweit solche Suchläufe jedoch erlaubt werden oder anonymisiert werden müssen, hängt wiederum von der Zielsetzung und damit der Ausgestaltung der entsprechenden Regelungen mit den Mitarbeitern zusammen.

Ein Skill-Management-System kann auch der Ausgangspunkt sein für die **Bilanzierung des Wissenskapitals** (intellectual capital) nach IAS.[729] Eine umfassend dargestellte Methodik der Kompetenzbilanzierung ist jedoch noch nicht vorhanden und außerdem ist eine Verbindung zu ökonomischen Messinstrumenten, wie z.B. der BSC, bislang noch nicht erarbeitet bzw. publiziert.[730]

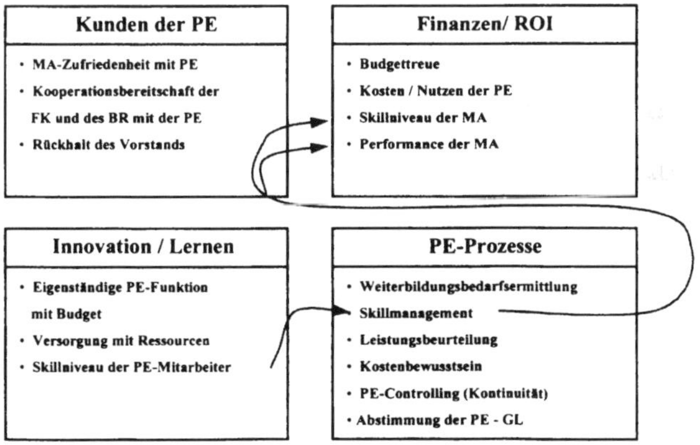

Abbildung 23: Skill-Management als Erfolgsfaktor in der PE - dargestellt mit einer Balanced Score Card
Quelle: Eigene Darstellung.

---

727 Vgl. GAMBÖCK 2003a, S. 56.

728 Vgl. GERICK 2001, S. 64.

729 Vgl. JUMPERTZ 2004, S. 13.

730 Vgl. JUMPERTZ 2004, S. 13; GLOGER 2003, S. 82.

Abbildung 23 zeigt exemplarisch, wie Skill-Management als Erfolgsfaktor in der Personalentwicklung mit einer Balanced Score Card dargestellt werden kann.

Die Anbindung der Unternehmensleitung wird durch die Vernetzung des Skill-Management-Prozesses mit der Strategieentwicklung und -fortschreibung des Unternehmens hergestellt. In jedem Fall muss gewährleistet werden, dass die Personalleitung und (in dessen Delegation) der Personalentwicklungsmanager (vgl. F2) sowie der Betriebsrat frühzeitig und sichtbar in diesen Prozess eingebunden sind.[731]

Die **Nutzenargumente** können wie folgt zusammengefasst werden: Ein Skill-Management-System bietet **für die Unternehmensleitung** die Möglichkeit

- zur Identifikation und strategischen Entwicklung der Kernkompetenzen und deren Träger (Key-Employees),
- zur Bilanzierung des Wissenskapitals und
- zur Verwendung von Skillkennziffern für strategisches Management und Controlling

4.2.5.1.2 Ansprüche des Personalmanagements und Nutzenpotenziale

Im Personalmanagement werden hier die Personalleitung und der Personalentwicklungsmanager zusammengefasst. Während die Personalleitung eher strategische Personalziele verfolgt, sind es beim Personalentwicklungs- oder Skill-Manager strategische Personalentwicklungsziele und operative Ziele der Personalentwicklungsdurchführung.

Das Skill-Management-System bietet dem Personalmanagement insgesamt eine Informationsgrundlage zum optimalen Einsatz der Mitarbeiter und zur Vermeidung von Über- und Unterforderung oder Über- und Unterlastungen[732]. Gleichzeitig ermöglicht es das frühzeitige Erkennen von Kapazitäts- und Qualifikationsengpässen[733] und bietet eine bessere Übersicht über freie und einsetzbare Ressourcen als herkömmliche papiergestützte Werkzeuge.[734] Richtig eingesetzt führt es zu höherer Mitarbeiterbindung[735] und ist somit ein wichtiger Baustein im Rahmen des „Retention Management".[736]

---

731 Zur Einbindung des Betriebsrats vgl. PROTZ 1999, S. 17, HEINECKE 1994, S. 5.

732 Vgl. GERICK 2001, S. 64; vgl. auch Abbildung 18.

733 Vgl. HESS 2003, S. 24.

734 Vgl. GERICK 2001, S. 64.

735 Vgl. GERICK 2001, S. 64.

736 Vgl. PROCHASKA (Porsche).

Im Rahmen der **Personalbeschaffung** kann ein Skill-Management-System Kostenvorteile generieren, denn sowohl kann das interne Potenzial effizienter ausgeschöpft werden[737] als auch die externe Beschaffung durch eine profilgestützte Informationsbeschaffung in der Akquisitionsphase verbessert werden.[738] Durch den Einsatz eines Bewerber-Self-Services können ressourcenbindende Routineprozesse sogar auf den Bewerber verlagert werden.

Für den Personalentwicklungsmanager erleichtert das Skill-Management-System das Handling der zunehmenden Komplexität der Messung und Verwaltung der Mitarbeiterqualifikationen.[739] Durch eine Automatisierung der Datenerhebung und -verwaltung ist aber auch die Gefahr von Datenfriedhöfen und „Datenmüll"gegeben.[740]

Die **Nutzenargumente** können wie folgt zusammengefasst werden: Ein Skill-Management-System bietet **für die Mitarbeiter im Personalmanagement** Möglichkeiten

- zur Definition und Implementation standardisierter Prozesse und Inhalte zur Unterstützung der qualitativen Personalplanung,
- zum einfachen Monitoring von Skillbestand und Skillbedarf,
- zum schnellen Auffinden von Experten im Unternehmen (bei Implementierung von Wissensmanagement-Funktionalität),
- zum Einbezug aller Hierarchiestufen, Altersstufen und Funktionen in eine einheitlich gestaltete Personalentwicklung,
- zur Gestaltung bereichsübergreifender und zielgruppengerechter Entwicklungsprogramme und
- zur Erstellung von Skill-Maps und Curricula.

4.2.5.1.3 Ansprüche der Führungskräfte und Nutzenpotenziale

Da Skillentwicklungsmaßnahmen so nahe wie möglich an der realen Arbeitssituation ansetzen sollten und eine entwicklungsförderliche Gestaltung des Arbeitsplatzes in erster Linie vom Vorgesetzten abhängt (vgl. T7–12), ist die Führungskraft der zentrale Partner für den Mitarbeiter in Sachen Skillentwicklung.

---

737 Vgl. Kreitmeier/Rady/Krauter 2000, S. 81–86.

738 Vgl. GERICK 2001, S. 64.

739 Vgl. EFIPORT 2003.

740 Vgl. HESS 2003, S. 24–25.

Dem Austausch zwischen Mitarbeiter und Führungskraft kommt eine zentrale Rolle im Skill-Management-Prozess zu. Dafür wird ein periodisch zu wiederholendes Gespräch dieser Partner über die Skill- und Kompetenzentwicklung des Mitarbeiters gestaltet. Die Führungskräfte sind in diesem Gespräch die Vertreter des Unternehmens. Eine Beeinflussung von außen sollte nicht stattfinden.

Die **Nutzenargumente** können wie folgt zusammengefasst werden: Ein Skill-Management-System bietet **für die Führungskräfte** die Möglichkeit

- einen Überblick über die Qualifikationsstruktur des geführten Bereichs zu erhalten,
- zu erfahren, wie sich die Mitarbeiter selber einschätzen,
- des einfacheren Erstellens und Verwaltens von Anforderungsprofilen, z.B für Neuausschreibungen,
- des gezielten Einarbeitens neuer Mitarbeiter,
- des gezielten Vorbereitens der Mitarbeiter auf neue Anforderungen und
- des schnellen Auffinden von Experten im Unternehmen (bei Implementierung von Wissensmanagement-Funktionalität).

4.2.5.1.4 Ansprüche des Betriebsrats und Nutzenpotenziale

(1) Rechtliche Ansprüche

In der Literatur zum Skill-Management wird insbesondere der Kooperation mit dem Betriebsrat ein hoher Stellenwert eingeräumt.[741] Dies resultiert in erster Linie aus den gesetzlichen Rahmenbedingungen, deren Einhaltung nicht nur für die betriebliche Interessenvertretung ein wichtiges Anliegen sein sollte. So muss eine Verletzung des BetrVG hinsichtlich der Einbeziehungspflicht des Betriebsrats in jedem Fall vermieden werden.[742] Das Betriebsverfassungsgesetz (BetrVG) und die Rechtsprechung des Bundesarbeitsgerichts geben der Arbeitnehmervertretung ein **Mitbestimmungsrecht** bei Einführung und Anwendung von technischen Einrichtungen, mit denen Leistung oder Verhalten von Arbeitnehmern kontrolliert werden können. Auf eine Kontrollabsicht des Arbeitgebers kommt es dabei nicht an. Es reicht, wenn das System Kontrollen ermöglicht.[743] Relevant für die Zusammenarbeit mit dem Betriebsrat sind die §§ 92, 92a, 94 Abs. 1 Satz 1, 96, 97 BetrVG. Werden durch die Einführung eines Skill-Management-Systems die Arbeitsverfahren und Arbeitsabläufe geändert, oder

---

[741] Vgl. HUNEKE/ZIMMERMANN 2000, S. 55; BUSCH 2002b, S. 48; HESS 2003.

[742] Vgl. Kreitmeier/Rady/Krauter 2000, S. 78.

[743] Vgl. GLISS 2002, S. 77.

hängt die Qualifizierung der Arbeitnehmer damit zusammen, so hat der Betriebsrat nach § 92a BetrVG ein **Beratungsrecht**. Abgelehnte Änderungswünsche des Betriebsrats müssen vom Arbeitgeber schriftlich begründet werden. Gibt es einen Datenschutzbeauftragten im Unternehmen, so kann dieser in einer „Vorabkontrolle" das Planstadium überwachen und bei Bedenken die richtigen Leute zueinander führen. Die Kontrolle ist nach dem novellierten Bundesdatenschutzgesetz § 4d Abs. 5/2 BDSG vorgegeben.[744]

Zu beachten ist auch der **Gleichbehandlungsgrundsatz**. Dieser wird evtl. verletzt, wenn die Mitarbeiter die das System nicht nutzen wollen, Nachteile daraus haben. Gleichbehandlung heißt hier, gleiche Chancen für das berufliche Weiterkommen für den gesamten betroffenen Personenkreis und nicht nur für diejenigen, die zur Bekanntgabe ihrer persönlichen Fähigkeiten bereit sind. Ein sinnvoller Kompromiss für die betriebliche Regelung könnte dies berücksichtigen, indem die Angaben freiwillig und jederzeit veränderbar sind sowie gleichzeitig die Mitarbeiterfähigkeiten und -kenntnisse nach einem vereinbarten und nur mit Zustimmung des Betriebsrats veränderbaren Begriffsgerüst dokumentiert werden.[745]

Ein weiterer, höchst kritischer Punkt für betriebliche Interessenvertreter ist auch die **Eingabe sensibler personenbezogener Daten**. Sie verweisen dabei vor allem auf die Gefahr der Verletzung des Persönlichkeitsrechts und des Datenschutzes.[746] Neben den genannten technischen Vorkehrungen müssen deshalb auch organisatorische Regelungen den Datenschutz sicherstellen. Dazu zählt z.B. das **Benachrichtigungsrecht** nach §33 BDSG. Es besagt, dass Mitarbeiter über alle Daten, die über sie gespeichert werden, und alle (vergleichenden) Auswertungen, die sie betreffen, informiert werden müssen und ihnen eine Möglichkeit zur Stellungnahme geboten werden muss. Entsprechende Regelungen können in Betriebsvereinbarungen zusammengefasst werden. Zusammen mit dem Einsatz von Datenschutzbeauftragten kann dadurch ein ordnungsgemäßer Umgang mit den Daten geregelt und gewährleistet werden.[747]

(2) Kommunikative und motivationale Aspekte

Über die Einhaltung der gesetzlichen Ansprüchen hinaus hat die Fürsprache des Betriebsrats für die Akzeptanz des Systems eine sehr hohe Bedeutung. Die Motivation der Mitarbeiter, das System zu nutzen, wird mit davon abhängen, welche Empfehlungen der Betriebsrat ausspricht. Deshalb wird im Folgenden dieser Aspekt genauer beleuchtet. Die Mitarbeitervertretung stellt insbesondere folgende Fragen:

---

[744] Vgl. GLISS 2002, S. 79.

[745] Vgl. o.V. 2001a, S. 1 f.

[746] Vgl. Kreitmeier/Rady/Krauter 2000, S. 78.

[747] Vgl. zum Datenschutz im Arbeitsverhältnis ausführlich KRIMPHOVE 1999.

- Welchem Zweck soll die Skilldatenbank dienen? Wie ist dieser Zweck definiert?
- Inwieweit ist mit dem Skill-Management-System eine Leistungs- und Verhaltenskontrolle verknüpft?
- Inwieweit wird durch die Datenerfassung eine Scheinobjektivität aufgebaut und werden Entscheidungen über persönlichkeitsrelevante Inhalte (unzulässigerweise) automatisiert („gläserner Mitarbeiter“)?

Der Industriesoziologe BOES charakterisiert Skilldatenbanken als neue Herausforderung für die betrieblichen Interessenvertretungen, da diese im Zuge einer informationstechnischen Durchdringung aller betrieblichen Leistungsprozesse eine in dieser Tiefe bisher nicht gekannte Leistungsüberwachung der Mitarbeiter ermöglichen sollen.[748] Er nennt Skilldatenbanken „'Stücklisten' zur Erfassung menschlicher Qualifikationen“, welche im Sinne eines alten tayloristischen Verständnisses „Ausdruck des Bestrebens [seien], hinter dem Rücken der Beschäftigten neue Kontroll- und Analysemechanismen zu implementieren“[749]. Über die „wirklichen Kompetenzen der Mitarbeitenden“[750] würde diese nichts aussagen.

Ungeachtet der Frage, was „wirkliche“ Kompetenzen sind, ist BOES insoweit zuzustimmen, als Skilldatenbanken keine individuellen Kompetenzprofile im Sinne impliziter Leistungspotenziale abbilden können. Sie können aber sehr wohl Skills und Wissensbestände für explizite Leistungsanforderungen (Qualifikationen) erfassen. Außerdem darf ein Skill-Management-System nicht auf die Skilldatenbank reduziert werden, sondern umfasst alle gezeigten Ebenen, einschließlich eines partnerschaftlichen Umgangs mit dem Betriebsrat. Der Einwand von BOES zeigt aber erneut, wie wichtig eine frühzeitige und offene Kommunikation mit den Beschäftigten ist. Wird diese über den Weg des Betriebsrats formell institutionalisiert, wird sie von den Mitarbeitern i.d.R. als bedeutsamer angesehen als rein informelle Kommunikation.

Insbesondere in der Gestaltungs- und Einführungsphase des Systems ist eine enge Kooperation zwischen den Verantwortlichen des Einführungsprojekts und betrieblichen Interessenvertretung notwendig. Sinnvollerweise delegiert der Betriebsrat einen Vertreter in das Projektteam. Damit wird sichergestellt, dass die Fragen der Mitarbeiter zu den rechtlichen Rahmenbedingungen ausreichend diskutiert und beantwortet werden, dass den berechtigten Vorbehalten und Einwänden seitens der Mitarbeiter ein institutionalisiertes Forum geboten wird, welche mögliche Konflikte frühzeitig kanalisiert, und dass die erarbeiteten Lösungen durch die

---

748 Vgl. BOES 2003, S. 3, 10–11.

749 BOES 2003, S. 12.

750 BOES 2003, S. 12.

gemeinsame Entscheidungsfindung hohe Akzeptanz finden. Die „technische“ Einarbeitung der gefundenen Regelungen ist eher als nachgelagertes Problem zu betrachten.

Eine frühzeitige und aktive Einbindung des Betriebsrat kann so gestaltet werden, dass Betriebsratsmitglieder in den gesamten Entwicklungsprozess involviert sind, beginnend mit der Konzeptionsphase, über das Treffen von Vereinbarungen mit dem Betriebsrat, bis hin zur Einführung und dem Betrieb des Systems. Dies gewährleistet, dass die Interessen der Mitarbeiter auf Ebene ihrer Interessensvertretung rechtzeitig berücksichtigt werden und der Betriebsrat besorgten Mitarbeitern detaillierte Auskunft über Ziele und Funktionalität des Systems geben kann.[751]

Vereinbarungen schaffen Klarheit Sinnvollerweise werden deshalb alle rechtlichen Regelungen im Vorfeld des Echt-Betriebs verhandelt und in einer Betriebsvereinbarung zusammengefasst. Bisher gibt es in Deutschland noch wenig Erfahrungen mit **Betriebsvereinbarungen** für Skill-Management-Systeme. Betriebsvereinbarungen zum Skill-Management folgen meist einem klassischen Schema, das von den BV zu den Entgeltabrechnungs- bzw. Personalinformationssystemen bekannt ist.[752] Auch die in Anlage 3 dargestellte und anonymisierte BV eines großen deutschen Unternehmens ist so aufgebaut. Sie beinhaltet unter anderem die Beschreibung des Verwendungszwecks, Festlegung von Dateninhalten, Auswertungen und Zugriffsrechten.[753]

Die **Nutzenargumente** können wie folgt zusammengefasst werden: Ein Skill-Management-System bietet **für die betriebliche Interessenvertretung** die Möglichkeit

- zur Mitgestaltung der betrieblichen Personalentwicklung als kompetenter Ansprechpartner für die Mitarbeiter und zur Erhöhung der
- Transparenz der Qualifizierungsstrategie bzw. der HR-Strategie insgesamt

4.2.5.1.5 Ansprüche der Mitarbeiter und Nutzenpotenziale

In erster Linie bietet das Skill-Management-System dem Mitarbeiter durch das personifizierte Feedback, ggf. ergänzt durch ein Mitarbeitergespräch, die Möglichkeit der Selbsterkenntnis und damit auch die Motivation zur Selbstentwicklung. Natürlich kann das Aufdecken von

---

751 Vgl. ELBERT 2001, S. 132.

752 Vgl. o. V. 2001a, S. 1–2.

753 SIEMENS NIXDORF z.B. erstellte drei getrennte Betriebsvereinbarungen für sein Skill-Management-System. Eine ist für den Handlungsrahmen, in dem die datenschutzrechtlichen Belange des Skill-Management abgedeckt werden, eine weitere ist für die innerbetriebliche Stellen- und Projektbörse und eine dritte deckt das Mitarbeitergespräch als Instrument der individuellen Personalentwicklung ab (vgl. BALLAUF 1997, S. 66).

Qualifikationsdefiziten auch demotivieren,[754] insbesondere dann, wenn Ergebnisse des Skill-Managements mit Entlohnung und Prämien gekoppelt sind.[755] Personalentwicklungsentscheidungen werden in jedem Fall transparenter und die betriebliche Kommunikation läuft strukturierter ab.[756]

Wird das Skill-Management-System mit Wissensmanagementfunktionen ergänzt und „freigeschaltet", ermöglicht es jedem Mitarbeiter zumindest über einen Filter das einfachere Auffinden von Ansprechpartnern für spezifische fachliche Fragestellungen.[757] Diese Funktion ist jedoch nur bei „harten Kriterien" erfolgsversprechend.[758]

Insgesamt muss der Nutzen für die Mitarbeiter realistisch eingeschätzt und ihnen klar verdeutlicht werden. Dies erhöht die Systemakzeptanz bei den Mitarbeitern und ist geeignet, deren opportunistisches Verhalten im Sinne des Prinzipal-Agent-Ansatzes zu minimieren.[759]

Die **Nutzenargumente** können wie folgt zusammengefasst werden: Ein Skill-Management-System bietet **für die Mitarbeiter** die Möglichkeit

- zur höheren Motivation für Weiterbildung durch Einsicht in deren Zielsetzung und durch die Transparenz von Personalentwicklungsentscheidungen,
- durch Offenlegung und Diskussion die Selbsteinschätzung der Skills zu objektivieren,
- zur Verbesserung der Kommunikation mit dem Vorgesetzten und
- des schnellen Auffindens von Experten im Unternehmen (bei Implementierung von Wissensmanagement-Funktionalität).

4.2.5.1.6 Ansprüche der Weiterbildungsanbieter und Nutzenpotenziale

Der Weiterbildungsanbieter als interner oder externer Dienstleister wird sinnvollerweise ebenfalls frühzeitig vom Personalentwicklungsmanager über die neuen Entwicklungen unterrichtet („Briefing") und als Berater bei der Ausarbeitung von Skillentwicklungsmaßnahmen hinzugezogen. Auch muss deren Leistungsangebot („Katalog") allen Beteiligten vorliegen, wobei dieses immer einen Time-Lag von einer Planungsperiode aufweisen wird und sich deshalb auf die weniger dynamischen („Standard"-)Maßnahmen beschränken muss.

---

754 Vgl. HESS 2003, S. 24–25.

755 Vgl. HÜNEKE/ZIMMERMANN 2000, S. 52–55.

756 Vgl. HESS 2003, S. 24.

757 Vgl. GERICK 2001, S. 64.

758 Vgl. GLOGER 2003, S. 83.

759 Vgl. Kapitel 3.2.2.4.

Die **Nutzenargumente** können wie folgt zusammengefasst werden: Ein Skill-Management-System bietet **für den Weiterbildungsanbieter** die Möglichkeit

- zur Erstellung eines bedarfsgerechten Weiterbildungsangebots (Seminarkatalog),
- der besseren Auslastung der Schulungskapazitäten durch Erkennen spezifischer Bedarfe und bereichsübergreifender Zusammenhänge und
- eine höhere Erfolgswahrscheinlichkeit der Maßnahmen durch zielgruppenspezifisches Briefing seitens der Personalentwicklung.

4.2.5.2 Anforderungen auf der Kommunikationsebene

Die Frage, die sich nun auf der Kommunikationsebene stellt, ist: Wie kommunizieren die verschiedenen Akteure in Bezug auf das System?

4.2.5.2.1 Das Gespräch als Grundform der Kommunikation

Der Mitarbeiter ist eher bereit, betriebliche Ziele selbstbestimmt zu verfolgen, wenn diese in einem kommunikativen Prozess mit ihm abgestimmt wurden (vgl. T8). Durch gezielte Kommunikation ist sicherzustellen, dass der Mitarbeiter regelmäßig Feedback erhält (vgl. T16).

BUSCH betrachtet die Kommunikation der Akteure als einen grundlegenden Erfolgsfaktor des Skill-Management-Systems, da unternehmenskulturelle Widerstände in der Organisation durch eine frühe Einbindung der Stakeholder und offensive Kommunikation mit den Mitarbeitern verhindert werden können.[760]

Kommunikation ist Austausch von Erfahrungen, Wissen und Informationen. Sie nimmt in der täglichen Arbeit einen sehr großen Raum ein. WATZLAWICK/BEAVIN/JACKSON formulieren zentrale Axiome menschlicher Kommunikation. Ihr erster und zentraler Grundsatz lautet: „*Man kann nicht* nicht *kommunizieren.*“[761] Kommunikation ist also ein ständiger Ausdruck des menschlichen Miteinanders. Dabei spielen zwei Komponenten zusammen: die sachlich geprägte Inhaltsebene und die emotional gefärbte Beziehungsebene. Das zweite Axiom von WATZLAWICK/BEAVIN/JACKSON heißt: „*Jede Kommunikation hat einen Inhalts- und einen Beziehungsaspekt, derart, daß letzterer den ersteren bestimmt*“[762]. Der Beziehungsaspekt bestimmt also, wie der Inhaltsaspekt aufzufassen ist. Während das IKT-gestützte Skill-Management-System und dessen Prozesse und Strukturen die Sachebene darstellen, ist die Akteursebene eine Beziehungsebene. Gemäß den Aussagen von WATZLAWICK/-

---

760 BUSCH 2002b, S. 48–49.

761 Watzlawick/Beavin/Jackson 2000, S. 53.

762 Watzlawick/Beavin/Jackson 2000, S. 56.

BEAVIN/JACKSON muss der Akteursebene der Vorrang vor der technologisch geprägten Sachebene gegeben werden. Anders ausgedrückt: Für eine erfolgreiche Kommunikation im Rahmen des Skill-Management-Systems bedarf es einem guten Verhältnis auf der Beziehungsebene der Akteure, bevor konstruktiv über Inhalte und Gestaltung des Systems diskutiert werden kann. Gelungene Gespräche schaffen die Voraussetzung auf der Beziehungsebene für ein konstruktives Ergebnis auf der Sachebene.

Die Betrachtungen zur Kommunikationsebene bestätigen somit erneut, dass der formellen Kommunikation zwischen Mitarbeiter und Führungskräfte im institutionalisierten Rahmen des Mitarbeitergesprächs höchste Priorität eingeräumt werden sollte. Das Mitarbeitergespräch wird zum **zentralen Element** des Skill-Management-Prozesses. Hohe Priorität erhalten auch die Gespräche in den Skill-Boards sowie alle periodisch eingerichteten Gespräche des Personalentwicklungsmanagers mit den einbezogenen Akteuren.

4.2.5.2.2 Institutionalisierung der Kommunikation

Zur gezielten Entwicklung der Skills müssen Kommunikationsstrategien eingesetzt werden, wobei der Aufwand an Zeit und materiellen Ressourcen in Relation zu den anderen Bereichen des Kompetenzmanagement eher niedrig ist (vgl. T14).

Nicht nur Gespräche sind zu beachten, sondern alle Anspruchsgruppen (stake holder) sind in den Kommunikationsprozess einzubeziehen. Dies bedeutet, dass die Kommunikation zwischen den Akteuren des Skill-Management-Systems einer strategischen Planung bedarf bzw. einer Institutionalisierung. Folgende Matrix gibt einen Überblick über Institutionalisierungsmöglichkeiten der Kommunikation in Skill-Management-Prozessen.

4.2.5.2.3 Kommunikation und Information

Der Arbeitsplatz sollte den sozialen Austausch fördern und ihm Zugang zu allen relevanten Informationsquellen ermöglichen (vgl. T11). Kompetenzen können sich nur entwickeln, wenn dem Mitarbeiter die notwendigen technischen, materiellen, personellen und informationellen Ressourcen zur Verfügung stehen (vgl. T15).

Auch diese These fordert für die Konzeptionierung des Skill-Management-Systems eine klare und offene Kommunikationskultur, denn es wird verlangt, dass der Mitarbeiter grundsätzlich und jederzeit Zugang zu allen relevanten Informationen hat, die sein aktuelles Eignungs- und Anforderungsprofil betreffen, soweit dies nicht schon aus Gründen des Persönlichkeitsrechts ermöglicht werden muss. Weiterhin muss er alternative Anforderungsprofile einsehen können, um somit Informationen darüber zu erhalten, mit welchen Veränderungen im Soll-Profil ein Wechsel auf eine andere Stelle oder Funktion verbunden ist.

Kommunikation zwischen ... →

und ... ↓	UL	PL	PEM	FK	BR	MA	WA
UL Unternehmensleitung	Strategieklausur, Regelmeeting (Jour Fix)*	Strategieklausur, Jour Fix, Beratungsgespräch	Strategieklausur, Jour Fix, Beratungsgespräch	Strategieklausur, Jour Fix	Strategieklausur; Verhandlungsgespräch, Jour Fix	Betriebsversammlung	Strategieklausur (intern), Briefing (extern)
PL Personalleitung		Klausur, Jour Fix*	Jour Fix, Beratungsgespräch	Führungsmitteilungen, Beratungsgespräch	Jour Fix (z.B. wöchentlich), Verhandlungsgespräch	Aushang, Personalmitteilung, Betriebsversammlung	Briefing, Evaluationskonferenz
PEM Personalentwicklungsmanager			Klausur, Jour Fix*	Jahresgespräche	Jour Fix (z.B. halbjährlich)	Beratungsgespräch	Briefing, Evaluationsgespräch
FK Führungskräfte				Führungsklausur	Beratungsgespräch	Abteilungsbesprechung, Mitarbeitergespräch	Katalog, Beratungsgespräch
BR Betriebsrat					Klausur, Jour Fix, Ausschusssitzungen	Betriebsversammlung, Beratungsgespräch	Jahresgespräch
MA Mitarbeiter						Qualitätszirkel	Katalog, Anfragen
WA Weiterbildungsanbieter							Klausur, Jour Fix*

Abbildung 24: Akteursmatrix mit institutionalisierten Kommunikationsbeispielen
Quelle: Eigene Darstellung (* Wenn als Team vorhanden).

Die geeignete technische Plattform für die Kommunikation stellt das HTML-basierte Intra- bzw. das Internet dar.[763] Durch ein angeschlossenes Mailsystem kann der Mitarbeiter jederzeit mit dem Administrator oder mit anderen Akteuren des Skill-Management-Systems kommunizieren.

4.2.5.3 Erweiterung des Skill-Management-Prozesses

Nach Erweiterung um die Akteure Weiterbildungsanbieter und Betriebsrat ergibt sich folgender modifizierter Prozessplan für das Skill-Management:

---

[763] Vgl. HOYNIGG 2001, S. 30.

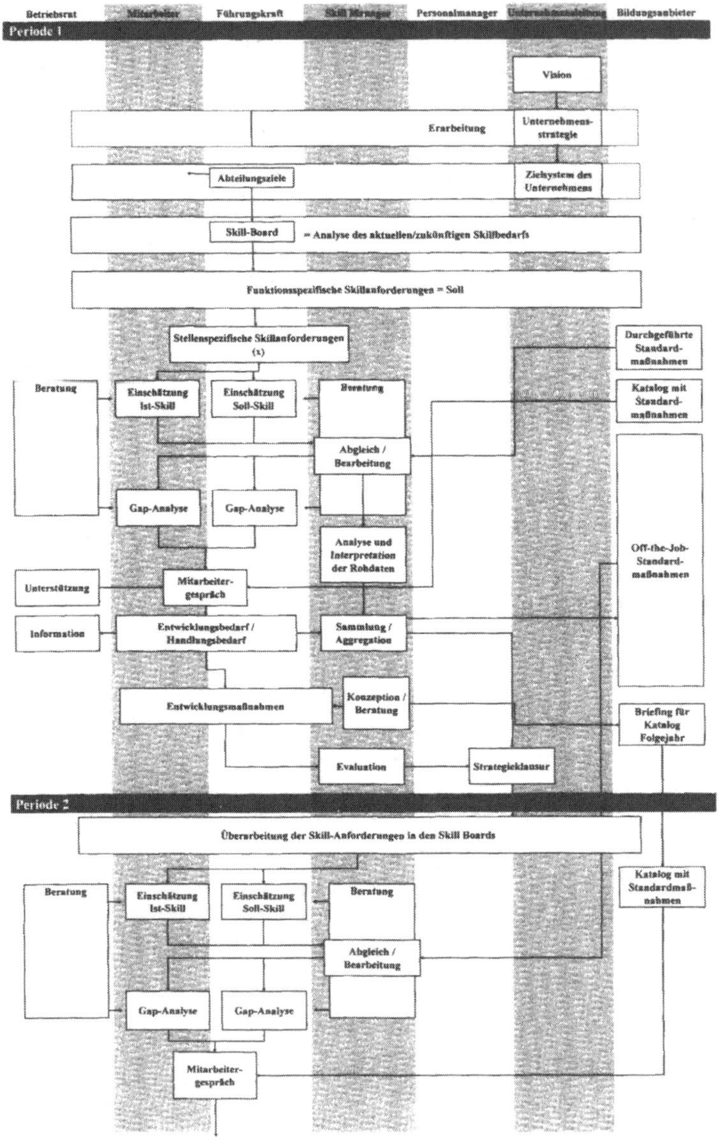

Abbildung 25: Erweiterter Skill-Management-Prozess
Quelle: Eigene Darstellung

4.2.6 Analyse und Gestaltung der Informations- und Kommunikationstechnologie-Ebene

Die Analyse der Ebenen wird abgeschlossen durch ein Blick auf die technologischen Voraussetzungen eines computergestützten Skill-Management-Systems. Dabei stellen sich folgende Fragen: Welche Funktionalität muss das dem Skill-Management-System zugrunde liegende EDV-Programm bieten? Welche Kriterien spielen bei der Gestaltung bzw. dem Programmdesign eine Rolle? Welche Anforderungen sind an die zugrunde liegenden Informations- und Kommunikationstechnologie zu richten?

4.2.6.1 Kriterien zur Bewertung EDV-gestützter Personalentwicklungssysteme

Nach Analyse der vorliegenden Literaturquellen[764] zur informationstechnologischen Ebene eines EDV-gestützten Personalentwicklungssystems lassen sich die entsprechenden Bewertungskriterien in drei Kategorien zusammenfassen, welche in Tabelle 12 dargestellt sind. Zur Auswahl des Anbieters bietet es sich an, darüber hinaus eine allgemein verwendbare, detaillierte Checkliste zu verwenden, welche in der Anlage 4 dargestellt ist. Diese kann auch zur Erstellung eines entsprechenden Pflichtenheftes, d.h. einer organisatorischen und technischen Vorgabe zur Erstellung von Software genutzt werden.[765]

Hauptkriterium	**Einzelkriterien**
1) Anforderungen an den Anbieter	• Standort(e) • Expertise/Erfahrungen/Referenzen • Kundenservice • Kosten
2) Anforderungen an Hard- und Software zur Unterstützung von Personalmanagementsystemen	• Hardwarevoraussetzungen • Möglichkeiten und Leistungsfähigkeit der Software • Schnittstellen (Import/Export) • Sicherheit

Tabelle 12 Teil 1

764 Vgl. BALDIN 1990, S. 141–144; DEITERS/LUCAS/WEBER 2000, S. 56; EINSIEDLER U.A. 1999, S. 253–260; PROTZ 1999, S. 18–20; KREITMEIER/RADY/KRAUTER 2000, S. 79; HÄNDSCHKE 2000, S. 15–20; HOYNIGG 2001, S. 32.

765 Vgl. zur Vorgehensweise zur Erstellung von Pflichtenheften HILGENBERG 2001.

Hauptkriterium	**Einzelkriterien**
3) Mögliche Module von IKT-Systemen mit Personalentwicklungsbezug	• Teilnehmerblätter/Bedarfspläne/Skilldatenbank (zentrales Modul eines Skill-Management-Systems) • Verwaltung von Personalentwicklungsmaßnahmen (z.B. Seminarverwaltung und Weiterbildungshistorie) • Personalentwicklungsplanung • Verwaltung der Referenten/Trainer/Dozenten • Raumverwaltung • Verwaltung von Materialien und Hilfsmittel (z.B. Beamer, TV-Geräte) • Evaluation/Statistik (Bildungscontrolling) • Projektkostenrechnung • Berichte und Abfragen • Hilfsmittel

Tabelle 12: Bewertungskriterien für EDV-gestützte Personalentwicklungssysteme
Quelle: Eigene Darstellung in Anlehnung an EINSIEDLER U.A. 1999, S. 260.

4.2.6.2 Anforderungen an die IKT in Skill-Management-Systemen

4.2.6.2.1 Selbstorganisation mit Self-Service-Systemen

Kompetenzentwicklung geht einher mit der Selbststeuerung und Selbstorganisation individueller Entwicklungsprozesse (vgl. T2). Alle relevanten Akteure müssen in den Skill-Management-Prozess einbezogen werden (vgl. F6–F9).

Aus diesen Anforderungen kann abgeleitet werden, dass im Grundsatz jeder Mitarbeiter jederzeit und unternehmensweit Zugang zu seinen nutzerspezifischen Informationen haben sollte und dass er seine persönlichen Daten (Mitarbeiterprofil) selbst verwalten können muss. Dazu bietet es sich an, die Informationsverarbeitung im Skill-Management-System über ein „Self-Service-System" zu steuern, d.h. die am Skill-Management-Prozess beteiligten Akteure erhalten einen direkten rollen- und bedarfsbezogenen Zugriff auf das Skill-Management-System und können sich dort „selbst bedienen".[766] Abbildung 26 zeigt ein Beispiel mit Self-Service-Zugängen für vier definierte Rollen.

766 Vgl. BUSCH 2002. S. 20.

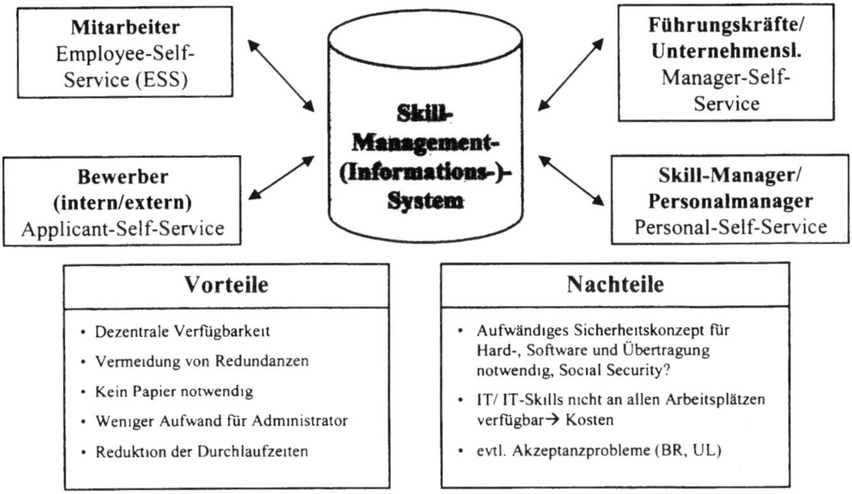

Abbildung 26: Skill-Management mit Self-Service-System
Quelle: Eigene Darstellung in Anlehnung an BUSCH 2002, S. 20.

Als informationstechnologische Vorteile eines Self-Service-Systems führt BUSCH folgende Punkte an:[767]

- dezentrale Verfügbarkeit des Systems
- zentrale Wartung und gemeinsame Datenbasis
- Ersatz von Papierformularen durch elektronische Formulare,
- Vermeidung von Redundanzen durch Datenerfassung und Datenpflege am Ort der Datenentstehung
- Reduktion administrativer Aufgaben und Kosten in der Personalabteilung,
- Reduktion der Durchlaufzeiten der Prozesse.
- Höhere Stabilität durch zentrale Wartung und Datensicherung

767 Vgl. BUSCH 2002, S. 19–22.

Zusätzlich bringt eine rein webbasierte Lösung nach HOYNIGG folgende Vorteile:[768]

- höhere Stabilität, da keine permanente Serververbindung erforderlich ist,
- Benutzerfreundlichkeit durch gewohnte Browsertechnologie,
- höhere Geschwindigkeit,
- Kostenvorteil, da keine Lizenzierungskosten für einzelne Arbeitsplätze entstehen.

In Self-Service-Systemen ist generell zu unterscheiden zwischen zentralen Nutzern (Personalentwicklungsmanager als Administrator) und dezentralen Nutzern (Mitarbeiter, Führungskräfte, Bewerber etc.). Die dezentrale Nutzung erfordert einerseits ein **verteiltes Datenbankkonzept**, das die dezentrale Eingabe bei gleichzeitiger zentraler Verdichtung und Auswertung der gesamten Informationen erlaubt und andererseits eine **hohe Zugriffssicherheit**, welche durch einer differenzierte Zugriffsberechtigungsstruktur für die unterschiedlichen Akteursgruppen gewährleistet werden muss.

Aufgrund dieser Problematik erzeugen Self-Service-Systeme trotz der genannten technologischen Vorteile auch erhebliche Bedenken in den Unternehmen. Diese beziehen sich vor allem auf den Schutz persönlicher oder unternehmenskritischer Daten, der durch ein aufwändiges Sicherheitskonzept zu gewährleisten ist.

Zuerst sind technische Vorkehrungen zur Stabilität und Zugriffsmöglichkeiten zu treffen. Sowohl die Hardware (abgeschlossener Server) als auch die Software (Verschlüsselungssysteme, Anti-Viren-Programme, vom WWW abgekoppelte Netze, verschiedene Explorersysteme etc.) müssen geschützt werden. Daneben sind organisatorische Schutzmechanismen möglich. Denkbar ist z.B., dass zentrale Nutzer zum Schutz individueller Persönlichkeitsdaten der Mitarbeiter nur anonymisierte Auswertungen erhalten, während dezentrale Nutzer zum Schutz vor Missbrauch nur personifizierte Auswertungen aus ihrem eigenen Verantwortungsbereich bekommen. Während die erste Forderung meist von der betrieblichen Interessenvertretung erhoben wird, ist die zweite eher eine Anforderung der Unternehmensvertreter. Sie wollen verhindern, dass dezentrale Nutzer automatisch generierte personifizierte Auswertungen aus fremden Verantwortungsbereichen bekommen können und diese z.B. durch internes Headhunting oder Weitergabe nach außen missbrauchen könnten. Das Problem des „Social Security“, also der Sicherheit vor ungewünschter Dateneinsichtnahme im sozialen Umfeld, kann z.B. durch Sichtschutz an den PCs etc. gelöst werden.

---

[768] Vgl. HOYNIGG 2001, S. 31.

Diese Begrenzung in der Informationsausgabe ist eine wesentliche Unterscheidung von Skill- und Wissensmanagement-Systemen und geht dabei noch über eine Definition von DEITERS/LUCAS/WEBER hinaus, welche besagt, dass der Unterschied zwischen den beiden Systemen darin liegt, dass beim Skill-Management der Wissensträger die Kontrolle darüber behält, wer Wissen erhält, während er es in Wissensmanagement-Systemen allen zur Verfügung stellt.[769] In organisationsübergreifend (lateral) gesperrten Skill-Management-Systemen behält nicht erst der Wissensträger die Kontrolle, sondern in der Regel entscheidet der Administrator darüber, wer entsprechendes Wissen oder Metawissen erhält.

Es ist auch denkbar, dezentralen Nutzern die Personensuche über einen Filter zu erlauben. Z.B. kann der Vorgesetzte einer gesuchten Person darüber entscheiden, ob er dem Suchenden entsprechende Kontaktdaten zur Verfügung stellt. Im Rahmen des Wissensmanagements soll durch ein Filter auch die ungeprüfte Weitergabe kritischer Informationen der Wissensträger an die Wissenssuchenden verhindert werden. Es stellt sich dann aber die Frage nach der Benutzerfreundlichkeit eines solchen Systems. Dieser Punkt verdeutlicht, dass die Gestaltung eines Systems, welches multifunktional die Vorteile von Wissens- und Skill-Management verbindet, technologisch zwar problemlos möglich ist, auf der Akteursebene aber sehr schwierig zu realisieren sein dürfte. Wenn die Initiatoren eines Skill-Management-Projektes eine genau definierte Zielsetzung haben und damit eine genaue Vorstellung der Anforderung an das IKT-System mitbringen, ist ein entsprechendes Projekt wesentlich einfacher zu gestalten und zu implementieren.[770]

Ein Blick in die betriebliche Praxis bestätigt diese Vermutung. Erfolgreich realisierte Skill- und Wissensmanagement-Projekte sind sehr unterschiedlich ausgestaltet, da sie sich entsprechend einer klaren Zielsetzung auf spezifische Systemvarianten begrenzen. So dürfen z.B.

Projektmanager in einem Wissensmanagement-orientierten System zur spezifischen Unterstützung des Projektmanagements bei Siemens Suchanfragen nach bestimmten Qualifikationen starten und erhalten dann die Namen jener Personen mit den gewünschten Eigenschaften, um direkt den persönlichen Kontakt aufzunehmen. Bei CSC Ploenzke erfährt der Suchende nur einen Namenscode und den Vorgesetzten als Ansprechpartner.[771] Bei einem Automobilhersteller dient das Skill-Management-System nur der Führungskräfteentwicklung und ist aus

---

[769] Vgl. DEITERS/LUCAS/WEBER 1999, S. 19.

[770] Vgl. BELLGARDT 1990, S. 22–23.

[771] Vgl. PALASS 2000, S. 163.

Sicherheitsgründen bewusst als autarkes Stand-alone-System konzipiert, d.h. es gibt keine dezentralen Nutzer.[772]

4.2.6.2.2 Weitere Anforderungen auf der IKT-Ebene[773]

- **Benutzerfreundlichkeit („Software-Ergonomie")**

Wird das Skill-Management-System als Self-Service-System ausgelegt, dann bedeutet dies, dass Benutzergruppen mit sehr unterschiedlichen IKT-Skills auf das System zugreifen. Das Programm muss daher möglichst einfach bedienbar und selbsterklärend sein.[774] Gegebenenfalls müssen sich die Benutzer Vorkenntnisse in Schulungen aneignen und es werden ihnen Hilfestellungen durch Experten bzw. über eine Hotline angeboten.[775] Gefördert wird die Akzeptanz des Systems auch durch die Abbildung, Unterstützung und Vereinfachung relevanter operativer Workflows. Das Programm ist dazu in die Arbeitsprozesse der Akteure einzubetten und es muss einen einfachen Zugang zum System aus der gewohnten Arbeitsumgebung des Mitarbeiters geben.[776]

- **Effiziente Such- und Auswertungsfunktionalitäten**

Ein zentrales Element des Skill-Management-Systems sind die oben beschriebenen Such- und Auswertungsfunktionen.[777] Effiziente Such- und Auswertungsfunktionalitäten sind insbesondere wichtig, um die Entscheider und Key-User im Unternehmen vom Nutzen einer derartigen Anwendung zu überzeugen. Wenn das Skill-Management-System vorwiegend für die Personalentwicklung eingesetzt wird, dann sind Suchanfragen in erster Linie für das Personalmanagement wichtig. Inwieweit es auch für Suchanfragen dezentraler Nutzer geöffnet werden kann, sollte im intensiven Dialog mit allen Anspruchsgruppen und deren Nutzenvorstellungen geprüft werden.

Skillkataloge, welche auf Ontologien aufgebaut sind, bieten durch den Einbau künstlicher Intelligenz bessere Such- und Auswertungsresultate als solche mit herkömmlicher Struktur.[778] Wird z.B. im Rahmen der Suche nach bestimmten Skillträgern keine Person mit exakt den

---

[772] Vertrauliche Information des Unternehmens [Der Verf.].

[773] Vgl. im Folgenden vor allem DEITERS/LUCAS/WEBER 1999, S. 12–16.

[774] Vgl. BELLGARDT 1990, S. 23–24.

[775] Vgl. KREITMEIER/KRAUTER 1998b, S. 94.

[776] Vgl. Kreitmeier/Rady/Krauter 2000, S. 79.

[777] Vgl. Kapitel 4.2.3.5.

[778] Vgl. Kapitel 4.2.3.2.

gewünschten Kenntnissen gefunden, sollte das Programm zumindest in der Lage sein, Personen mit ähnlichen Skill- und Wissensbeständen zu finden. Neben der Suchfunktionalität muss ein Skill-Management-System auch eine Auswertungskomponente beinhalten, die es ermöglicht, die Kenntnisse verschiedener Personen und verschiedener Kriterienkataloge miteinander zu vergleichen. Diese Funktion hilft, bei mehreren geeigneten Personen eine Auswahl zu treffen.[779]

- **Flexible Aktualisierung der Profile**

Da statische Skillprofile umfangreich und komplex werden können, sollte ein Skill-Management-System Techniken bieten, die es ermöglichen, teilweise bearbeitete Profile zu speichern, verschiedene Versionen zu verwalten und auf Vollständigkeit zu prüfen. Die Aktualität der Daten sollte durch das System dokumentiert und eine Hilfestellung zur Entfernung veralteter Daten eingerichtet werden.

- **Technische Sicherstellung des Datenschutzes**

Informationen, mit denen sich das Personalmanagement befasst, unterliegen datenschutzrechtlichen Restriktionen. Eine Verwendung von Technologien muss daher sicherstellen, dass durch ein Zugriffsschutz- und Berechtigungskonzept die Vertraulichkeit der Daten gewährleistet bleibt.[780]

4.2.7 Analyse und Gestaltung übergreifender Problembereiche

4.2.7.1 Vergangenheitsorientierung

An Skill-Management-Systemen wird kritisiert, dass sich die in die Skill-Profile eingearbeiteten Anforderungen zu sehr an der Vergangenheit oder Gegenwart und zu wenig an der Zukunft orientieren.[781] Zur Erfassung der Skills wird ein Begriffskatalog verwendet. Dieser ist notorisch an der Vergangenheit - bestenfalls der Gegenwart - orientiert, soll aber Rückschlüsse auf den Qualifikationsbedarf von morgen und übermorgen zulassen. Die Beschreibung des Mitarbeiterwissens wird sozusagen auf einen Stichtagsstand eingefroren. Eine periodische Überprüfung der Anforderungsprofile und eine Einarbeitung zukünftiger Entwicklungen ist daher unbedingt notwendig. Im vorliegenden Konzept ist ein jährliches Update der Anforderungen innerhalb der Skill-Boards institutionalisiert.

---

779 Vgl. QUELLE?

780 Vgl. HUBER 2001, S. 28.

781 Vgl. O.V. 2001e, S. 1.

Es bleibt das Problem, dass zukünftige Erfordernisse nur unscharf prognostiziert werden können. Hier können zusätzlich Expertenbefragungen, Marktbeobachtungen oder auch intelligente Meta-Suchsysteme im Rahmen des Dokumentenmanagement eingesetzt werden. Diese können durch ein Screening externer und interner Quellen neues Expertenwissen identifizieren, welches dann in Anforderungsprofile integriert werden kann.[782]

4.2.7.2 Schnelle Veralterung

„People work in new projects, they acquire new expertise, but they tend not to update the skill mananagment database!“[783] Ein Grund dafür ist sicher die fehlende Motivation, da kein individueller Nutzen für den Mitarbeiter ersichtlich ist.[784] Dem kann durch das entsprechende Design des Skill-Management-Prozesses entgegengewirkt werden. Ist eine jährliche Aktualisierung der Anforderungs- und Eignungsprofile vorgesehen und werden die Ergebnisse der Abgleiche (Gap-Analysen) im institutionalisierten Mitarbeitergespräch thematisiert, dann ist zumindest die Voraussetzung gegeben, dass sich einerseits die Resultate der Gap-Analyse laufend verändern und andererseits der Mitarbeiter periodisch und individuell auf sein Skillprofil angesprochen wird. Sind zusätzlich für den Mitarbeiter nützliche Wissensmanagementfunktionen, z.B. Expert-Finder-Funktionen, implementiert, wird der Benutzer auch motiviert, eigenes Wissen zur Verfügung zu stellen und damit sein Skillprofil zu aktualisieren.

Ein weiteres Problem ist die ständige Veränderung des Skillkatalogs durch Neueintragungen. Unabhängig davon, wem das System solche Neueintragungen erlaubt, muss das Kategoriensystem und damit auch die Struktur der Skillprofile laufend angepasst werden. Inwieweit ein Skill-Management-System in der Lage ist, diese Anpassungen automatisch und intelligent vorzunehmen, hängt von der grundlegenden Programmierung der Skilldatenbank ab und soll hier nicht weiter erörtert werden. Wird ein Skill-Management-System vorwiegend im Rahmen der betrieblichen Personalentwicklung eingesetzt, haben entsprechende Entscheidungen strategischen Charakter und müssen auf einer dem System vorgelagerten Ebene, z.B. in den Skill-Boards, getroffen werden. Zur besseren Nutzerfreundlichkeit können Informationen über Veränderungen des Systems entweder automatisch (z.B. bei Aufrufen des Systems durch den Nutzer) oder durch entsprechende Rund-Mails gegeben werden.

---

782 Vgl. GERICK 2001, S. 25.

783 Sure/Maedche/Staab 2000, S. 2.

784 Vgl. GERICK 2001, S. 63.

4.3 Einführung eines Skill-Management-Systems

4.3.1 Überblick

Die Einführung eines kompetenzorientierten Skill-Management-Systems ist aufgrund der vielschichtigen Fragestellungen auf den fünf Ebenen und des Einbezuges aller betroffenen Akteure ein sehr komplexer und daher schwieriger Prozess. Die kanadische IBM-Beraterin BRAIM betont, dass es den Auftraggebern klar sein muss, dass es sich nicht lediglich um ein zusätzliches Werkzeug der Mitarbeiterbeurteilung oder dergleichen handelt, sondern um einen strategischen Organisationsentwicklungsprozess, der das ganze Unternehmen betrifft und deshalb alle Geschäftsbereiche erfassen sollte: „Rather, it is a process that needs to be incorporated into the overall business strategy."[785]

Die Einführung eines Skill-Management-Systems kann in drei Phasen unterteilt werden: Vorbereitungs-, Test- und Betriebsphase. BUSCH orientiert sich an der oft praktizierten Vorgehensweise zur Implementierung neuer EDV-Anwendungen in Unternehmen und Organisationen und schlägt vor, eine Pilotversion zu testen, bevor die eigentliche Version in Betrieb genommen wird („Roll-out").[786] Wird eine Software ohne vorausgehende Problemanalyse, Bedarfs- und Tauglichkeitsprüfung angeschafft und implementiert, dann sind Probleme wie z.B. Zeitverzögerungen in der Entwicklung, Schnittstellenprobleme oder mangelnde Kompatibilität mit der Peripherie vorprogrammiert.[787] Der Einsatz einer Pilotversion in einem begrenzten Pilotbereich des Unternehmens ist somit ein idealer Zwischenschritt, um sich mit vermindertem finanziellen und organisatorischen Risiko den nicht vorhersehbaren Problemen des Einsatzes der Software in der betrieblichen Praxis zu stellen und das Programm entsprechend anzupassen („Customizing").

Hauptphasen des Einführungsprojekts sind also die Vorbereitungs-, Pilot- und Betriebsphase. Diese setzen sich wiederum aus den folgenden Teilschritten zusammen:

1. Entwurf eines Grobkonzepts,
2. Planung des Detailkonzepts,
3. Einführung der Pilotversion und Pilotbetrieb,
4. Evaluation der Pilotversion,
5. Einführung der Betriebsversion,

---

[785] BRAIM 1999, S. 31.

[786] Vgl. BUSCH 2002b, S. 48.

[787] Vgl. BELLGARDT 1990b, S. 22.

6. (Echt-)Betrieb,
7. Evaluation der Betriebsversion und des Skill-Management-Prozesses.

4.3.2 Struktur eines Einführungsprojekts

Die folgende Abbildung 27 kombiniert die Analyse- und Gestaltungsebenen des Skill-Management-Systems mit den genannten Teilschritten und weist darauf hin, dass im Zuge der Einführung auf allen Ebenen organisatorische, technische, rechtliche und psychologische Fragen zu antizipieren bzw. zu beantworten sind.[788]

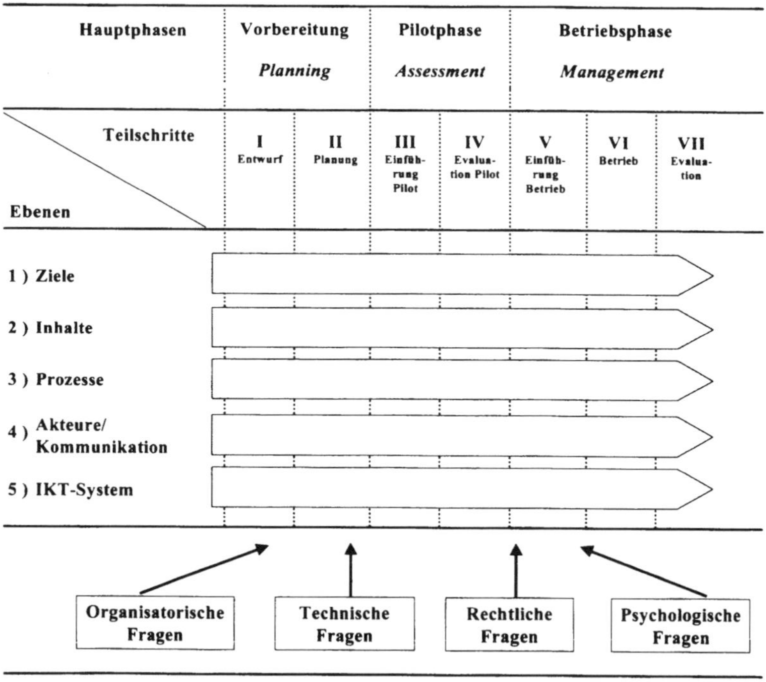

Abbildung 27: Ablauf von der Einführung bis zum Betrieb eines Skill-Management-Systems
Quelle: Eigene Darstellung in Anlehnung an BUSCH 2002b, S. 49.

Abbildung 27 skizziert den idealtypischen Ablauf eines Einführungsprojektes, welcher den Rahmen bietet, um im Rahmen der Fallstudie in Kapitel 6 die bisher entwickelte Konzeption

---

[788] Vgl. auch BRAIM 1999, S. 38; RUMPF 1991, S. 146.

mit praxisrelevanten Aussagen zu illustrieren.[789] Der Ablauf eines Einführungsprojektes ist an dieser Stelle nur skizziert dargestellt, da projektspezifische Problemstellungen bzw. weitergehende Fragen zum Management eines entsprechenden Projektes nicht im Zentrum dieser Arbeit stehen. Wichtige projektbezogene Aussagen werden im Rahmen der Fallstudie thematisiert.

4.4 Zusammenfassung

Skill- und Wissensmanagement bilden zusammen die Grundlage des Potenzialmanagements und damit die Basis betrieblich induzierter Maßnahmen zur Kompetenzentwicklung (vgl. Abbildung 11). In diesem Kapitel wurde das Instrument des Skill-Managements nun detaillierter beschrieben. Nachdem Begriff und Ziele des betrieblichen Skill-Managements geklärt waren, folgte ein Überblick über typische Einsatzfelder des Skill-Managements in der betrieblichen Personalentwicklung und in angrenzenden Funktionsbereichen. Es zeigt sich dabei, dass Skill-Management-Systeme in Theorie und Praxis sehr unterschiedlich interpretiert und eingesetzt werden. Dies lässt vermuten, dass multifunktionale Lösungen eher als problematisch einzustufen sind bzw. ein klar auf ein bestimmtes Anwendungsfeld zugeschnittenes System mehr Erfolg verspricht.

Anschließend wurde auf der Grundlage der im dritten Kapitel erarbeiteten Modelle, Anforderungen und Thesen zum betrieblichen Kompetenzmanagement eine Skill-Management-Konzeption entworfen. Diese wurde anhand zentraler Leitfragen auf fünf Denk- und Handlungsebenen entwickelt, problematisiert und schließlich auf die besondere Situation der Einführung eines Skill-Management-Systems bezogen.

Die so entwickelte Konzeption bildet die Grundlage für die im sechsten Kapitel folgende Fallstudie bei der Putzmeister AG. Zuvor werden im folgenden Kapitel Methodik und Gang der handlungsorientierten Untersuchung im konkreten Praxisfeld vorgestellt.

---

[789] Vgl. für weiterführende Anforderungen an einen qualitätssichernden Projektablauf FRAUNHOFER 1994.

5 Methodik und Gang der handlungsorientierten Untersuchung

5.1 Ausgangssituation im Forschungsprojekt

Innerhalb des theoretischen Teils dieser Arbeit wurde sekundäranalytisch eine umfassende Literaturrecherche durchgeführt und damit der kontextuelle Rahmen für diese Arbeit geschaffen. Quellen waren hier wissenschaftlich publizierte Monographien und Aufsätze in Zeitschriften und Konferenzberichten. Darauf aufbauend wurde sukzessive ein Modell gebildet und Hypothesen generiert.

An diese Phase sekundäranalytischer Erhebung (Desk Research) schließt sich im Folgenden eine primäranalytische Feldforschung (Field Research) an.[790] Dabei werden die bisherigen theoretischen Überlegungen und Hypothesen zum Kompetenz- und Skill-Management im Rahmen eines praktischen Forschungsprojekts durch eine explorative Analyse erweitert.

Die zugrunde liegenden Forschungsarbeiten sind in das Gemeinschaftsprojekt COLUCO („Cooperative Learning University and Corporation“) der Putzmeister Akademie GmbH Aichtal, der Karl-Schlecht-Stiftung Aichtal und dem Stiftungslehrstuhl Unternehmensgründungen und Unternehmertum (Entrepreneurship) an der Universität Hohenheim (SEH) integriert.[791] Im Rahmen dieses Umfeldes betreute der Verfasser von März 2001 bis März 2003 den Bereich Skill- und Wissensmanagement, in den die hier beschriebenen Untersuchungen eingebunden waren. Daneben konnte der Verfasser Praxiskenntnisse aus früheren Arbeitsverhältnissen und aus seiner Tätigkeit als Dozent und Trainer im Bereich der Kommunikations- und Methodenkompetenz sowie wissenschaftlich-theoretische Erfahrungen einbringen.[792]

Die Analyseeinheit der Feldforschung ist der Betrieb des mittelständischen Baumaschinenherstellers Putzmeister AG am Standort Aichtal-Aich, da dieses Unternehmen in Verbindung mit COLUCO an einem wissenschaftlich begleiteten Projekt zur Weiterentwicklung ihrer Personalentwicklungssysteme interessiert war. Die Praxisstudie umfasst dabei zwei Teile: Zuerst erstellte der Verfasser auf der Grundlage des theoretisch entwickelten Modells des Skill-Management-Systems ein auf den konkreten Problembereich abgestimmtes Einführungskonzept. Anschließend wurde dieses innerhalb eines einjährigen Pilotprojektes geprüft und modifiziert.

---

790 Vgl. zur Feldforschung GIRTLER 2002.

791 Vgl. http://www.karl-Schlecht.de/stiftung/coluco.htm. Zugriff am 21.03.2004.

792 Vgl. BECK 2001.

Ziel des Praxisprojektes war es, einerseits dem Unternehmen ein breites Gerüst für ein wissenschaftlich fundiertes und gleichzeitig praxistaugliches Instrument zur Verfügung stellen und andererseits durch die dabei gewonnenen Erfahrungen Anregungen zu weiteren inhaltlichen und methodischen Fragestellungen für die Skill-Management-Forschung zu liefern.[793]

5.2 Zur Methodik der Untersuchung

5.2.1 Vorbemerkungen zur Methodologie

Gemäß der quantitativen Forschungslogik würde sich an die bisher dargestellten theoriegeleiteten Modellbildung und Hypothesengenerierung nun eine zielgerichtete Überprüfung der Hypothesen bzw. eine empirische Klärung der Zusammenhänge anschließen. Da der Forschungsgegenstand des Skill- und Kompetenzmanagement für die deutsche Betriebswirtschaftslehre ein weitgehend neuer ist, sollen die in Thesen gefassten Ergebnisse der bisherigen Ausführungen dem Forschungsziel entsprechend qualitativ evaluiert und illustriert werden. Zu diesem Zweck wurde der Weg einer betrieblichen Einzelfallstudie bzw. Betriebsfallstudie[794] gewählt.[795]

Qualitative Methoden haben sich in den letzten Jahrzehnten zuerst in den USA und später auch in Deutschland im Rahmen der empirischen Sozialforschung als zweite Säule neben den quantitativen Verfahren etabliert.[796] Diese Entwicklung resultierte aus der Erfahrung mit den Schwächen der quantitativen Empirie, vor allem mit derem „mangelnde[n] Bezug ... zur ‚realen, sozialen Welt'"[797], und mündete in der anhaltenden methodologischen Kontroverse zwischen dem qualitativen (humanistisch-idealistischen) und dem quantitativen (naturwissenschaftlich-positivistischen) Forschungsparadigma der Sozialwissenschaften.[798] Qualitative

---

793 Ein ähnliches Forschungsprojekt wurde zeitgleich im Auftrag und bei der Magna Steyr Fahrzeugtechnik GmbH & CoKG, Graz unter der Leitung des „Know-Center Graz" - Kompetenzzentrum an der Universität Graz für wissensbasierte Anwendungen und Systeme Forschungs- und Entwicklungs-GmbH, Graz durchgeführt. Vgl. LEY U.A. 2003.

794 Vgl. STRUCK 1998, S. 65–66.

795 Vgl. ähnlich angelegte Untersuchungen im Bereich Personalmanagement, welche auf Fallstudien im konkreten Unternehmen aufbauen: SCHLITTLER 1992 (Swissair AG); HANFT 1998 (drei nicht genannte Unternehmen); DROSTEN 1996 (Wasch & Co.); REXER 1999 (Daimler-Benz AG); SCHINDLER 2001 (DaimlerChrysler; Bankgesellschaft Berlin, Pixelpark u.a.).

796 Vgl. GERDES 1979, S. 1; STEINKE 1999, S. 11. Zur Entwicklung qualitativ-empirischer Sozialforschung vgl. ausführlich GARZ/KRAIMER 1991b, S. 4–13.

797 GERDES 1979, S. 1.

798 Vgl. zum Verhältnis qualitativer und quantitativer Sozialforschung MOHLER 1981; GARZ/KRAIMER 1991b, S. 14–20; BECKER, F. 1993, S. 112–114; STEINKE 1999, S. 9–11; LAMNEK 2002. Vgl. als Vertreter des quantitativen Paradigmas FRIEDRICHS 1990; SCHNELL/HILL/ESSER 1999; DIEKMANN 2003. Als Vertreter des qualitativen Paradigmas vgl. GERDES 1979; BLUMER 1979; KLEINING 1982; GARZ/KRAIMER 1991a; BECKER-MARTIN 1993; OSTERLOH/TIEMANN 1993; HOPF/WEINGARTEN 1993; STRAUSS 1994; LAMNEK 1995a/1995b; STEINKE 1999; FLICK 2002; MAYRING 2002; BOHNSACK 2003.

Forschung ist dabei „kein einheitliches, monolitisches Forschungsprogramm, sondern vielmehr ein Sammelbegriff für sehr verschiedene Methodologien und Forschungspraktiken“[799], welche durch die gemeinsam geteilte Abgrenzung zu herkömmlichen, quantitativ-statistischen Verfahrensweisen zusammengehalten werden.[800]

Ansatzpunkt aller wissenschaftlichen Reflexion von Praxis ist die Erfahrung.[801] GERDES fordert deshalb vom quantitativ arbeitenden Forscher „eine ausreichend detaillierte und umfassende *Primärerfahrung* des untersuchten Sozialbereichs ..., bevor er Modelle entwirft, Hypothesen formuliert, [und] Meßinstrumente entwickelt“[802] und fügt weiterhin an: „Sachverhalte, über die der Forscher *keine* Vorstellungen hat, weil er den betreffenden Wirklichkeitsbereich nicht umfassend kennt, können ... in seinen Hypothesen nicht auftauchen, werden also auch nicht getestet und fehlen folglich im wissenschaftlichen Bild dieses Wirklichkeitsbereiches.“[803]

Der Verfasser sah sich trotz dieser Warnung des explorativen Sozialforschers in der Lage, aufgrund von Sekundärerfahrungen und früheren Erfahrungen im betrieblichen Feld ein Modell und Hypothesen zum Untersuchungsgegenstand des betrieblichen Skill- und Kompetenzmanagement zu formulieren. Im Sinne einer qualitativen Validierung soll aber durch die Konfrontation dieser theoretischen Überlegungen mit einem konkreten Praxisfeld nun geprüft werden, ob die Hypothesen inhaltsreich und relevant sind bzw. welche Thesen durch die Erfahrungen im Fallbeispiel hinfällig sind, welche modifiziert werden müssen oder ob neue Aussagen generiert werden können. Es ist davon auszugehen, dass eine sich eventuell anschließende quantitative Überprüfung der Thesen durch den höheren Wirklichkeitsbezug mehr Praxisrelevanz haben wird. Der Verfasser vertritt also eine „pragmatische Position“[804] einer gleichberechtigten Verbindung von quantitativer und qualitativer Forschungspraxis.[805] Beide sind aufeinander angewiesen.

Es bietet sich an, die wissenschaftliche Begleitforschung des vorliegenden Praxisprojektes der Putzmeister AG als Aktionsforschung[806] zu gestalten, da der Forscher für die Zeit des Projektes in das Praxisfeld integriert ist.[807] Die explorative Analyse wird deshalb im Rahmen einer

799 STEINKE 1999, S. 15.
800 Vgl. GARZ/KRAIMER 1991a, S. 1.
801 Vgl. KAPPLER/SCHEYTT 1997, S. X.
802 GERDES 1979, S. 1 [Hervorh. im Orig.].
803 GERDES 1979, S. 5 [Hervorh. im Orig.].
804 GARZ/KRAIMER 1991b, S. 14.
805 Vgl. dazu auch FROMM 1990.
806 Die Begriffe Handlungsforschung und Aktionsforschung werden in dieser Arbeit synonym verwendet.
807 Vgl. ENDRUWEIT 2002, S. 6.

handlungs- und aktionsorientierten Betriebsfallstudie durchgeführt. Der folgende Abschnitt stellt das Konzept der Handlungsforschung vor und prüft, welche Anforderungen an den Forscher und an die Gestaltung des Forschungsprozesses gestellt werden und wie mit der Kritik an dieser Forschungsrichtung umgegangen werden kann.

5.2.2 Handlungsforschung als qualitative Empirie

5.2.2.1 Entwicklung und Prinzipien der Handlungs-(Aktions-)forschung

Die Handlungs- oder Aktionsforschung ist ein relativ neuer Ansatz der wissenschaftlichen Erkenntnisgewinnung und geht zurück auf den US-amerikanischen Sozialpsychologen LEWIN, der sie „action research" nannte und folgendermaßen skizziert hat:

„Die für die soziale Praxis erforderliche Forschung läßt sich am besten als eine Forschung im Dienste sozialer Unternehmungen oder sozialer Technik kennzeichnen. Sie ist eine Art Tat-Forschung (action research), eine vergleichende Erforschung der Bedingungen und Wirkungen verschiedener Formen des sozialen Handelns und eine zu sozialem Handeln führende Forschung."[808]

Das Ziel dieser Strategie besteht also darin,

- empirische Fakten und Daten zu erhalten (research) und
- zugleich praktische Veränderungen (action) in einem sozialen Feld zu bewirken, die zusammen mit den im Feld lebenden Menschen herbeigeführt werden.

Dabei ist Handlungsforschung „kein fest umschriebener Methodenkanon"[809], sondern ist wie alle Methoden qualitativer Sozialforschung dadurch charakterisiert, dass sie aufgrund der Heterogenität der zu untersuchenden Fragestellungen und Handlungsfelder gerade nicht standardisierbar ist.[810] Aus diesem Grundverständnis heraus lassen sich nach einer Durchsicht relevanter Literatur folgende wesentlichen **Prinzipien der Handlungsforschung** ermitteln:[811]

---

808 LEWIN 1963, S. 280.

809 GSTETTNER 1995, S. 266.

810 Vgl. LAMNEK 1995b, S. V.

811 Vgl. FRIEDRICHS 1990, S. 370–375; NIEDER 1993, S. 191–192; STANGL 1993; FRENCH/BELL 1994, S. 110–123; GSTETTNER 1995, S. 267–268; NEWMAN 2002; ENDRUWEIT 2002. PROBST/RAUB (1995, S. 9–11) interpretieren den Ansatz der Handlungsforschung als angewandte Form der Managementforschung und grenzen ihn gegenüber der Managementberatung ab.

1) Aufhebung der Distanz und Partizipation aller Betroffenen

Ein generelles Merkmal qualitativer Forschung ist die Auffassung, dass der Forscher sich unmittelbar auf die Praxis einlassen muss.[812] Im Rahmen der Aktionsforschung gibt der Wissenschaftler seine Distanz zur Praxis ganz auf. Er ist gleichzeitig Forscher (z.B. als teilnehmender Beobachter) und „Praxisveränderer"[813] („Change Agent") (z.B. durch gezielte Einflussnahme auf die soziale Gruppe). Der Forscher erhofft sich durch die Partizipation Einblick in die Innenperspektive von Alltagssituationen, welche aus der Außenperspektive eines externen Beobachters verschlossen bliebe. Die Forschung ist dabei gestaltet als kommunikativer Akt mit dem Forscher und den Erforschten als gleichwertige Kommunikationspartner.

Ebenso geben die von der Veränderung Betroffenen die Rollen von Befragten und Beobachteten auf und sind in alle Phasen der Planung bis zur Ergebnisbeurteilung in den Forschungsprozess einbezogen. Dadurch wird zudem gewährleistet, dass sich die Forschung immer eng am konkreten Problem orientiert.

2) Kompetenzerweiterung als Forschungsziel

Handlungsforschung zielt darauf ab, dass sich die Kompetenzen aller Beteiligten im gemeinsamen Forschungsprozess erweitern. Der Forscher erhofft sich einen Erkenntnisgewinn und die Betroffenen werden durch die Konfrontation mit ihrer sozialen Wirklichkeit angeregt, zusammen mit dem Forscher (kollaborativ) konkrete Problemlösungen für die Verbesserung der Situation zu entwickeln und auch umzusetzen, d.h. zu handeln.

Durch wissenschaftliche Begleitforschung von Betriebsprojekten erfolgt immer auch ein Transfer von wissenschaftlicher Forschung und wissenschaftlichen Erkenntnissen in die Praxis.[814] Der Austausch zwischen Universitäten und Wirtschaftspraxis läuft im deutschen Sprachraum nicht mit jener Intensität ab, die wünschenswert wäre. Die effizienteste Form von Wissenstransfer ist nach MAYERHOFER der Wechsel von wissenschaftlich qualifizierten Personen in die Unternehmenspraxis.[815] Dies entspricht im Besonderen den Vorstellungen der Aktionsforschung, die geradezu charakterisiert ist durch die Tatsache, dass der Forscher nicht nur Beobachter eines sozialen Prozesses ist, sondern Teilnehmer.[816]

---

812 Vgl. GARZ/KRAIMER 1991b, S. 13.
813 ENDRUWEIT 2002, S. 6.
814 Vgl. ZIMMERMANN 2000, S. 276.
815 Vgl. MAYERHOFER 1998, S. 193.
816 Vgl. OSTERLOH/TIEMANN 1993, S. 94.

3) Zyklisches Vorgehen

Forschungs- und Praxisphasen sind eng verflochten. Der Forschungsgegenstand wird durch Zyklen der Diagnose, Prognose und Gestaltung immer tiefer durchdrungen. Die Phasen der Analyse der Rahmenbedingungen, Zielsetzung, Datengewinnung, Datenauswertung, Dateninterpretation, Datenrückkopplung, Maßnahmenentwicklung und Maßnahmenrealisierung wechseln ab und folgen zyklisch aufeinander.

5.2.2.2 Aktionsforschung als Methode empirischer Personalforschung?

NIEDER schlägt vor, die Aktionsforschung als Methode der empirischen Sozialforschung einzusetzen, da es besonders für die Forschung im Rahmen anwendungsorientierter Wissenschaften wie der Betriebswirtschaftslehre sinnvoll sei, an Praxisproblemen anzuknüpfen und gemeinsam mit den Betroffenen Lösungen zu finden.[817] GLUMINSKI/STANGEL-MESEKE betonen darüber hinaus die Bedeutung der Elaboration eines auf die Bedürfnisse der Praxis abgestimmten Methodenrepertoires für die Personalforschung.[818]

Handlungs- oder Aktionsforschung geht im Wesentlichen davon aus, dass der Wissenschaftler an der Lösung sozialer Probleme praktisch teilnimmt und dass die Forschung das Problem bewältigen muss, praktisch-politische Aktion mit exakter Forschung zu verbinden.[819] Daraus ergeben sich nach FRIEDRICHS vielfältige methodische Probleme, insbesondere der fehlenden Objektivität bzw. der mangelnden Überprüfbarkeit der Subjektivität des Forschers, des Drucks auf den Forscher zu handlungsorientiertem Aktionismus im Sinne der Betroffenen und im Allgemeinen des sehr hohen Anspruchs an den Forscher.[820]

Auch THOMAE kritisiert den Ansatz der Aktionsforschung und betrachtet es als Bezugskonzept für die Managementlehre als untauglich: „Indem die Aktionsforschung davon ausgeht, Erkenntnisproduktion und Problemlösung verbinden zu können, werden die grundsätzlichen Unterschiede zwischen Wissenschaft und Praxis nivelliert und die Erwartungen an das, was die Managementlehre leisten kann, überzogen."[821]

In einer empirischen Untersuchung zum reflexiven Verhältnis von Wissenschaft und Betrieb[822] ermittelte STRUCK, dass „die Trennung zwischen Betriebs-, Personal- und Organisati-

---

[817] Vgl. NIEDER 1993, S. 191.
[818] Gluminski/Stangel-Meseke 1993, S. 63.
[819] Vgl. FRIEDRICHS 1990, S. 370.
[820] Vgl. FRIEDRICHS 1990, S. 372–375; ENDRUWEIT 2002, S. 6.
[821] Vgl. THOMAE 1999, S. 287.
[822] Vgl. STRUCK 1998, S. 316–328.

onswissenschaften einerseits und dem Betrieb andererseits weitgehend aufgehoben [ist]. Dennoch wird ... wissenschaftliches Wissen immer wieder selektiv und unter Berücksichtigung der eigenen Deutungsmuster genutzt"[823]. Eine wissenschaftliche Begleitforschung muss deshalb das Problem der Subjektivität in der Auftragsforschung im Blick behalten und immer wieder auf sich selbst reflektieren.

Aus Sicht des quantitativen Paradigmas können Explorationsstudien nur Vorstufen von standardisierten Verfahren sein, da die große Gefahr eines kontextuellen Fehlschlusses besteht.[824] Fallstudien sind singuläre Erfahrungsberichte, die sich als Gestaltungsanweisung verstehen, ohne durch explizite Angabe der jeweiligen Anwendungs- und Erfolgsbedingungen den gesamten Maßnahmenverbund innerhalb der Betriebswirtschaftslehre zu erhellen und auf diese Weise den zumindest implizit geltend gemachten Universalanspruch angemessen zu relativieren. Für eine Generalisierung des Anwendungserfolgs fehlt die großzahlig empirische Fundierung.[825]

5.2.3 Darstellung und Begründung der gewählten Methoden

5.2.3.1 Der Forschungsansatz der Einzelfallstudie

LAMNEK bezeichnet die Einzelfallstudie als einen „prototypischen Ansatz dieses [qualitativen] Paradigmas, in der alle ... qualitativen Erhebungsmethoden prinzipiell eingesetzt werden können"[826] und betont eben deshalb, dass es sich nicht um eine konkrete Erhebungstechnik, sondern um einen Forschungsansatz (approach) handelt.[827] Im angloamerikanischen Sprachraum ist der methodische Ansatz der Fallstudie als „Case Study" bekannt und nach YIN folgendermaßen definiert: *„A case study is an empirical enquiry that*

- investigates a contemporary phenomenon within its real-life context, especially when
- the boundaries between phenomenon and context are not clearly evident."[828]

Fallstudien können sowohl der quantitativen als auch der qualitativen Forschungslogik zugeordnet werden, spielen aber im quantitativen Paradigma eine untergeordnete Rolle.[829] „Die Funktion der Einzelfallstudie im Forschungsprozess ist vorwiegend *explorativ*, sie kann aber

---

823 STRUCK 1998, S. 327–328.
824 Vgl. MEULEMANN 2002b, S. 144.
825 Vgl. BALZEREIT, S. 15–16.
826 LAMNEK 1995b, S. 2.
827 Vgl. LAMNEK 1995, S. 4; vgl. ausführlich zur Einzelfallstudie MEULEMANN 2002a.
828 YIN 1994, S. 13 [Hervorh. Im Orig.].
829 Vgl. LAMNEK 1995b, S. 7–9.

auch *hypothesenprüfend* eingesetzt werden"[830] und ist in starkem Maße durch deskriptive Elemente geprägt.[831] Im vorliegenden Fall werden die deskriptiven Elemente überwiegen. Die Thesen werden „en passant" reflektiert. Das Ziel ist für alle Beteiligten in erster Linie Erfahrungen zu sammeln. Deshalb wurde das Projekt bewusst als Pilotprojekt angelegt.

Wichtig ist zu betonen, dass in der Aktionsforschung nach NIEDER „das Problem der Verallgemeinerbarkeit der Daten ... zugunsten einer konkreten Maßnahmenentwicklung zu vernachlässigen [ist]."[832] Daher stehen am Ende der Fallstudie weniger generalisierbare Daten als die Beschreibung der konkreten Umsetzung im Praxisfall. Legitimation erhält dieses Vorgehen dadurch, dass es neben der Wissenserweiterung den Interessen der von dem Forschungsprozess betroffenen Personen unterliegt.[833]

5.2.3.2 Eingesetzte Methoden im Rahmen der Fallstudie

Bei der Fallstudie handelt es sich nicht um eine Methode, sondern um einen Forschungsansatz im Sinne einer „vielschichtigen methodischen Vorgehensweise"[834], damit die Ganzheit des Falles erkennbar wird.[835] Geeignetes Mittel zur Erfassung der Organisation im Rahmen der Feldforschung ist die „Triangulation"[836], d.h. nach FLICK die Kombination verschiedener qualitativer methodischer Zugänge zum Untersuchungsgegenstand, um damit unterschiedliche Perspektiven zu verbinden und möglichst unterschiedliche Aspekte des untersuchten Gegenstandes zu thematisieren.[837]

Bevorzugte Instrumente der Handlungsforschung sind alle Forschungsmethoden, deren Ergebnisse sich möglichst direkt an die Betroffenen rückkoppeln lassen. In der vorliegenden Fallstudie kommen deshalb vorwiegend qualitative Methoden zum Einsatz.

Neben der Dokumentenanalyse als sekundäranalytische Methode[838] kommen als primäranalytische Methoden in erster Linie mündliche und schriftliche Befragungen sowie Beobachtungen in Betracht. Im Rahmen des Forschungsprojekts wurden folgende Instrumente eingesetzt:

---

830 MEULEMANN 2002a, S. 93.

831 Vgl. STRUCK 1998, S. 65; vgl. auch BOOS 1993.

832 NIEDER 1993, S. 193 [Im Orig. hervorgehoben].

833 Vgl. NIEDER 1993, S. 193.

834 HARTFIELD 1982, S. 162.

835 Vgl. MEULEMANN 2002a, S. 92.

836 Triangulation ist ursprünglich ein Hilfsmittel der Geodäsie, um mit bestimmten Dreiecksberechnungen Landvermessungen zu optimieren.

837 Vgl. FLICK 1995b, S. 433.

838 Vgl. DROSTEN 1995, S. 133.

- Teilnehmende Beobachtung an Teamsitzungen, Workshops etc. mit anschließender Reflexion durch Gruppendiskussion[839],
- Regelmäßige Reflexionsgespräche („offene Interviews“[840]), die auch zur formativen Evaluation (Projekt-Controlling) dienten,
- Leitfadengestützte (halbstrukturierte), qualitative Interviews[841] – nur mitnotiert, nicht aufgezeichnet bzw. nicht transkribiert[842],
- Schriftliche Befragungen zur einfachen und schnellen Erhebung von Stimmungen, Zufriedenheiten mit bestimmten Projektabschnitten.

---

839 Vgl. DROSTEN 1995, S. 133-134.

840 OSTERLOH/TIEMANN 1993, S. 94.

841 Vgl. BOCK 1992; MODROW-THIEL 1993.

842 Vgl. DROSTEN 1995, S. 134-135.

6 Fallstudie: Pilotprojekt zur Einführung eines Skill-Management-Systems in der Putzmeister AG

6.1 Analyse der spezifischen Problemsituation

6.1.1 Ausgangssituation in der Analyseeinheit

6.1.1.1 Vorbemerkungen zum Unternehmen Putzmeister AG[843]

Als der Unternehmensgründer Karl Schlecht 1958 im Rahmen einer Forschungsarbeit an der Universität Stuttgart die erste Verputzmaschine konstruierte, konnte er noch nicht wissen, dass im Zuge deren Entwicklung ein weltweit operierendes Unternehmen mit über 2.000 Mitarbeitern und einem Umsatz von 446 Millionen Euro entstehen würde.[844] Die Putzmeister AG zählt heute zur weltweiten Spitzengruppe der Produzenten in ihrem Kerngeschäft der mobilen und stationären Maschinen zur Förderung und Verteilung von Beton und Mörtel, sowie kompletter Anlagen zur Aufbereitung, Zwischenlagerung und Verarbeitung von Dickstoffen. Aufgrund der modularen Produktstruktur und des Montagekonzepts der verlängerten Werkbank kann das Unternehmen seine Spezialmaschinen kommissionsbezogen an global verteilten Standorten fertigen. Am Stammsitz des Unternehmens in Aichtal in Deutschland arbeiten 800 Mitarbeiter. Im Rahmen der ebenfalls dort angesiedelten unterstützenden Servicebereiche ist besonders die Putzmeister Akademie GmbH hervorzuheben, die als eigenständige Tochtergesellschaft alle Dienstleistungen der Aus- und Weiterbildung für interne und externe Kunden anbietet. Im Jahr 2003 wurden weltweit 2.285 Teilnehmer in über 140 Veranstaltungen geschult.[845]

Der Vertrieb in der Putzmeister Gruppe ist bei einem Exportanteil im Jahr 2002 von 88 % stark international ausgerichtet und erfolgt über Niederlassungen in Deutschland, Tochtergesellschaften in Europa und Übersee sowie über zahlreiche Auslandsvertretungen. 36 % des Umsatzes werden im europäischen Ausland erwirtschaftet.[846]

---

843 Sofern keine anderen Nachweise genannt werden, sind für Kapitel 6 interne Unterlagen der Putzmeister AG als maßgebliche Quellen benutzt worden.

844 Konsolidierter Gruppenumsatz 2002. Vgl. Putzmeister Jahresbericht 2002. Quelle: http://www.pmw.de/d/pm/jb98/jb2002.pdf; Zugriff am 25.04.2004.

845 Quelle: http://www.pm-akademie.de/d/bereiche/akademie/facts/default.asp; Zugriff am 26.04.2004.

846 Vgl. PUTZMEISTER Jahresbericht 2002.

6.1.1.2 Herausforderung Wissensmanagement

Das Wissen und die Qualifikation der Mitarbeiter sind wesentliche Erfolgsfaktoren im weltweiten Wettbewerb. Als mittelständisch geprägtes Nischenunternehmen hat die Putzmeister AG in den letzten Jahrzehnten enorme Kompetenz aufgebaut und sich als „Hidden Champion“[847] in einem relativ engen Marktsegment etabliert.

Diese Situation stellt die Putzmeister AG heute vor besondere Herausforderungen. Einerseits muss der Wissenstransfer von den altgedienten Spezialisten auf die jungen Nachwuchskräfte organisiert werden und andererseits zwingt die Globalisierung die Putzmeister-Gruppe dazu, das Firmenwissen auch mit den Auslandstöchtern zu vernetzen. So werden derzeit neue Wege gesucht, um spezifisches Wissen zu identifizieren, zu dokumentieren, für Firmenangehörige zugänglich zu machen und bedarfsgerecht weiterzuentwickeln.[848]

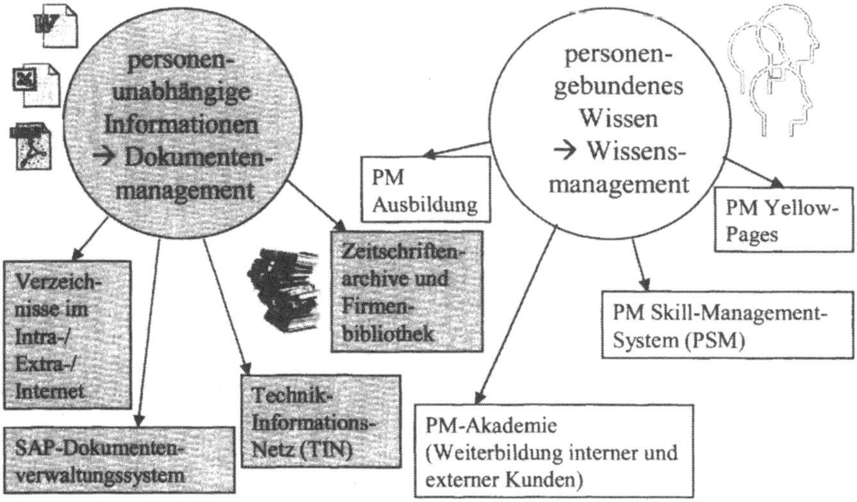

Abbildung 28: Wissensorganisation in der Putzmeister AG
Quelle: Eigene Darstellung in Anlehnung an BECK/MACK 2002, S. 50.

Wissen entsteht in den Köpfen und wird einerseits in Dokumenten abgebildet und andererseits in (Lehr-)Gesprächen, Unterweisungen und Schulungen transferiert. Es wurde oben gezeigt, wie Wissen und Informationen über die Stärke der Bindung an Personen bzw. Wissensträger

---

847 SIMON 1996.

848 Vgl. BECK/MACK 2002, S. 50; vgl. auch BECK 2003.

abgegrenzt werden kann (vgl. Abbildung 14). Die Wissensorganisation bei der Putzmeister AG kann ebenfalls in die zwei Hauptäste unterteilt werden (vgl. Abbildung 28). Während das technologieorientierte Dokumentenmanagement durch das früh eingeführte Intranet, das SAP-Dokumentenverwaltungssystem und das Technik-Informationsnetz (TIN) relativ gut ausgebaut ist, hat der Bereich des personengebundenen Wissensmanagements noch Nachholbedarf, insbesondere was die EDV-Unterstützung der Prozesse betrifft. Das Putzmeister Skill-Management-System ist neben anderen Personalentwicklungsbereichen (z.B.) in dieser Grafik ebenfalls dem Wissensmanagement zugerechnet, da diese Funktion bei Putzmeister dem Gestaltungsbereich der Personalentwicklung bzw. der Aus- und Weiterbildung zugeordnet ist.

6.1.1.3 Herausforderung Personalentwicklung

Für die Erhaltung des hohen Skill- und Wissensniveaus ist neben dem technologisch orientierten Dokumentenmanagement ein personenzentriertes Wissensmanagement erforderlich, welches wiederum eng verknüpft ist mit einer strategisch ausgerichteten Personal- und Organisationsentwicklung.[849] Die strategische Bedeutung der Personalentwicklung bei der Putzmeister AG ist in deren Unternehmensvision abgebildet. Das Leitbild des Unternehmens, bestehend aus Werteskala, Unternehmenszielen und Maßnahmenplan, gibt die Linie für die Personalentwicklung vor (vgl. Anlage 1).

„Mit Kompetenz und Innovation zu Qualität und Ertrag."[850] So lässt sich die Putzmeister Unternehmensphilosophie kurz zusammenfassen. Als Unternehmensziel leitet sich daraus ab: „Für Putzmeister [ist] hohe Qualität von Mitarbeitern und Führung erstrangiges Ziel"[851]. Und als entsprechende Maßnahme ist festgehalten: „Putzmeister schafft ein Arbeitsklima, das die persönliche und berufliche Entfaltung aller Firmenangehörigen ... in den Vordergrund stellt, um mit motivierten, kompetenten und engagierten Mitarbeitern den Erfolg für die Zukunft zu sichern."[852] Aus diesem Streben heraus besitzt auch die Fort- und Weiterbildung in der Putzmeister AG bzw. in der Putzmeister Akademie einen hohen Stellenwert. Im Bereich des Personalmanagements werden immer wieder PE-Projekte aufgesetzt, um das hohe Kompetenzniveau der Firmenangehörigen zu erhalten und die Qualifikationsstruktur der Belegschaft insgesamt zu optimieren. Die übergeordneten Prinzipien, die bei der Formulierung von **Personalentwicklungszielen** im Vordergrund stehen sollen, sind folgende:[853]

---

849 Vgl. Abbildung 14 in Kapitel 4.1.1.1.

850 Vgl. Anlage1, Blatt 1.

851 Vgl. Anlage 1, Blatt 2.

852 Vgl. Anlage 1, Blatt 3.

853 Vgl. Personalstrategie der PUTZMEISTER AG 2001, interne Quelle.

- Sicherung des notwendigen Bestandes an Fach- und Führungskräften,
- optimaler Mitarbeitereinsatz,
- größere Unabhängigkeit vom externen Arbeitsmarkt durch Aufstieg aus den eigenen Reihen und
- ständige Aktualisierung der notwendigen Qualifikationen.

Zu deren Verfolgung und Erreichung ist es notwendig, dass sich sämtliche Mitarbeiter im Sinne des lebenslangen Lernens während der gesamten Dauer ihrer Betriebszugehörigkeit weiterentwickeln und dabei gefördert werden.[854] Das Prinzip ist insgesamt eine langfristige, bedarfsgerechte Qualifizierung, welche kurzfristige „Ad-hoc-Maßnahmen" vermeidet.

Dies versucht das Personalmanagement der Putzmeister AG zu erreichen, indem es jährlich eine Erfassung des Weiterbildungsbedarfs bei allen Angehörigen des Unternehmens durchführt und die Nachfrage möglichst zielgerichtet mit auf die Firma zugeschnittenen Seminaren und Schulungen und gleichzeitig kostengünstig mit eigenem Trainerpersonal in eigenen Räumen deckt. Diese Vorgehensweise deckt sich in etwa mit der Mehrheit der befragten Unternehmen in einer Studie von BECKER[855]. Eine eigene Firmenakademie („Corporate University,,) zu unterhalten ist für ein Unternehmen in der Größe der Putzmeister AG jedoch eher ungewöhnlich,[856] zeigt aber, dass für die Umsetzung des Leitbild-Anspruchs nach ständigem Lernen aller Mitarbeiter[857] zumindest die institutionellen Voraussetzungen geschaffen wurden.

6.1.2 Das Putzmeister „Skill-Management-Projekt"

6.1.2.1 Vorgeschichte

Der Vorläufer des Putzmeister Skill-Management-Projektes war das Projekt „Putzmeister Executive Training Program" (EXTRA-Programm), das zum Ziel hatte, ein hochwertiges Lernprogramm für die Gruppe der Nachwuchsführungskräfte zu entwickeln. In der Konzeptionsphase stellte sich heraus, dass ein geeignetes Instrumentarium zum Vergleich von stellenbezogenen Anforderungen und Mitarbeiterqualifikationen fehlt und somit keine optimal auf die Kandidaten zugeschnittenen Curricula entworfen werden können.

---

[854] Vgl. auch GRAF 2001.

[855] Vgl. BECKER 2003, S. 16.

[856] Vgl. Bundesministerium für Bildung und Forschung 2002.

[857] Vgl. Anlage 1, Blatt 1.

Die Personalleitung des Unternehmens initiierte also ein Projekt zur Erarbeitung eines strategisch ausgerichteten Qualifikationsmanagements zur Identifikation und Erfassung der stellenbezogenen Anforderungen und der Qualifikationen der Mitarbeiter. Die **Projektidee** war, einen periodischen Qualifizierungsprozess zu entwerfen und mit einer zentralen Datenbank zu verknüpfen, welche als Werkzeug für das Personalmanagement EDV-gestützt die Qualifikationen von Mitarbeitern und die Anforderungen von Funktionen in einheitlich strukturierten Profilen abbildet. Allen Beteiligten sollen dadurch rollenadäquate Informationen zur Verfügung gestellt werden können. Sehr schnell zeigte sich, dass solche Vorhaben in den Bereich des Skill-Managements einzuordnen sind. Das Projekt wurde deshalb in Putzmeister Skill-Management (PSM) umbenannt.[858]

6.1.2.2 Problemstellung und Konzeption des Projekts

Das Putzmeister Skill-Management-Projekt schien auf den ersten Blick einfach, barg aber viele erfolgskritische Fragen: Wie können Skills definiert und Profile gegliedert werden? Wie können die Anforderungen einer Funktion/Stelle ermittelt werden? Wie kann die Datenbank aktuell gehalten werden? Wer bewertet die Skillniveaus von Mitarbeitern? Wer bekommt Einblick in die Skillprofile der Mitarbeiter? Wie schafft man bei den Beteiligten Akzeptanz für ein derartiges System?

Um auf diese und andere Fragen schon vor einem Echtbetrieb Antworten zu bekommen, entschied man sich bei der Putzmeister AG zur Durchführung eines wissenschaftlich begleiteten Pilotprojekts.[859] Das Pilotprojekt wurde dem Verfasser verantwortlich übertragen und von ihm im Rahmen seiner Dissertation bearbeitet. Dazu war er in die Personalabteilung der Putzmeister AG eingebunden und ihm wurden neben der Projektführung des Skill-Management-Projektes operative Aufgaben im Bereich der Personalentwicklung übertragen (z.B. die jährliche Weiterbildungsbedarfsanalyse).

In seiner Rolle als Forscher erarbeitet der Verfasser zuerst die theoretisch gestützte Konzeption eines kompetenzbasierten Skill-Management-Systems innerhalb der betrieblichen Personalentwicklung. Diese Konzeption ist im ersten Teil dieser Arbeit dargestellt. Im anschließenden Pilotprojekt wurde das Konzept auf das Praxisfeld angepasst und im Rahmen eines Pilotbetriebs getestet. Die Konzeption wird dabei explorativ illustriert und modifiziert.

---

858 Das EXTRA-Programm wurde nach Abschluss der Untersuchungen zu dieser Arbeit vom Verfasser auf der Grundlage der im PSM entwickelten Inhalte und Prozesse weiterentwickelt. Anlage 5 zeigt einen Auszug aus einem EXTRA-Curriculum für die Querschnittsfunktion „Sekretär(in)“.

859 Vgl. Kapitel 5.1.

6.2 Vorbemerkungen zur Darstellung

6.2.1 Überblick über Prozessebenen und Prozessphasen

Abbildung 29 zeigt die Vorgehensweise in der Erarbeitung des Projekts. Aufbauend auf den dargestellten Hauptphasen des Einführungsprojekts werden zusätzlich die (Meta-)Ebenen „Forschung" und „Projektsteuerung" abgebildet, da sie eigene Arbeitspakete erforderten. Horizontal werden im Folgenden die ersten vier Teilschritte der Vorbereitungs- und Pilotphase anhand der sieben Ebenen beschrieben und analysiert. Die chronologische Vorgehensweise (horizontal) wird dabei der vertikalen Analyse der einzelnen Ebenen vorgezogen, da dadurch deutlich wird, wie multiperspektivisch vorgegangen wurde, um das gesamte Spektrum des Projektes möglichst ganzheitlich erfassen und darstellen zu können.

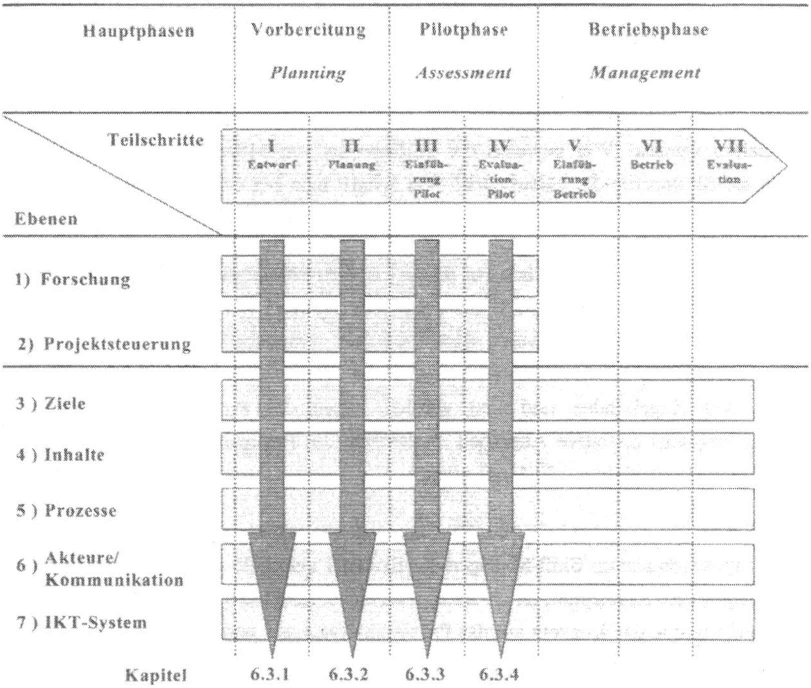

Abbildung 29: Überblick über Prozessebenen und Prozessphasen der Fallstudie
Quelle: Eigene Darstellung in Anlehnung an Abbildung 27.

6.2.2 Zusammenhang von Forschungsprojekt, Pilotprojekt und Pilotdurchlauf

Das vorliegende Projekt kann, wie folgende Abbildung 30 zeigt, entsprechend auf drei Ebenen betrachtet werden, welche ineinander verschachtelt sind und auf der sich, unterschiedliche Akteure bewegen. Auf der **Forschungsebene** befindet sich alleine der Verfasser in seiner Rolle als Forscher, auf der **Projektebene** nimmt der Verfasser die Projektleiterrolle ein. Daneben agieren der Auftraggeber des Projekts (Personalmanagement) und die Steuerungsgruppe (Projektteam). In der **Durchlaufebene** sind die betroffenen „Piloten" die Hauptakteure. In der Außenschale der (Forschungs-)Ebene agiert der Verfasser als Wissenschaftler, welcher das Forschungsvorhaben führt, während er gleichzeitig auf der Projektebene in seiner Rolle als Projektleiter das Personalprojekt konzipiert und steuert und auf der eigentlichen Pilotprojektebene verantwortlich ist für die Umsetzung im realen Praxisfeld. Die äußeren Ebenen sind Meta-Ebenen, da sie jeweils Fragen zu den eingeschlossenen Ebenen stellen und zu klären versuchen.

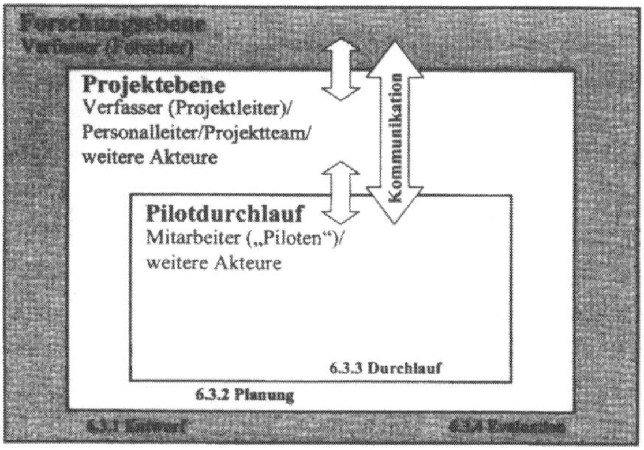

Abbildung 30: Ebenen im Forschungsprojekt
Quelle: Eigene Darstellung.

Abbildung 30 zeigt auch, wo die einzelnen Hauptphasen ihre Schwerpunkte haben. Während sich der Verfasser in der Entwurfsphase hauptsächlich auf der Forschungsebene bewegte (vgl. 6.3.1), ist der Schwerpunkt der Planungsphase auf der Projektebene angesiedelt (vgl. 6.3.2) und der Durchlauf auf der innersten Ebene (vgl. 6.3.3). Die nachfolgende Evaluation bewegt sich wieder aus dem Zentrum heraus und schließt damit den Kreis zur Forschungsebene (vgl. 6.3.4). Nach NIEDER existiert ein potenzielles Spannungsverhältnis zwischen den verschiedenen Ebenen, welches der (Aktions-)Forscher immer berücksichtigen muss, will er seine Kompetenz als Wissenschaftler grundsätzlich nicht überschreiten.[860] Es ist jedoch möglich, die Rolle des Wissenschaftlers und des Prozessbegleiters bzw. Projektleiters ganz bewusst zu wechseln und den Anforderungen beider Rollen gerecht zu werden, wenn der Forscher seine Vorgehensweise auf den entsprechenden Ebenen begründet und kommuniziert. Im Sinne der Aktionsforschung sind deshalb alle Ebenen durch Meta-Kommunikation und Feedbackschleifen miteinander verknüpft.

6.3 Hauptphasen im Pilotprojekt

6.3.1 Entwurfsphase

6.3.1.1 Forschungsebene – Explorative Vorarbeiten und Entwurf des theoretischen Fundaments

Als charakteristisches Element der Aktionsforschung wird die spezifische Rolle des Forschers beschrieben.[861] Dieser muss sich auf sein Untersuchungsfeld als ganze Person einlassen und aus diesem Einlassen das Verständnis für das Untersuchungsfeld und die Akzeptanz der Betroffenen gewinnen.[862] Er tritt allerdings nicht nur punktuell in eine reale Situation ein, sondern begleitet den Veränderungsprozess über längere Zeit hinweg „von der Initiierung des Wandels oder des Problems bis zu seiner Lösung oder gar Konsolidierung“[863]. „Das Produkt des Forschungsprozesses ist eine konkrete Veränderung ..., die eine möglichst optimale Lösung des Problems für die Betroffenen bedeutet.“[864]Auf diesem Hintergrund kann der Beginn der Entwurfsphase mit dem Eintritt des Verfassers in das Praxisfeld terminiert werden. Das Ziel im ersten Schritt war es, das Forschungsfeld kennen zu lernen, um dadurch einen Überblick zu gewinnen. Dazu wurden zuerst die Personalentwicklungsaktivitäten des Unternehmens in zwei aufeinanderfolgenden Schritten von Primär- und Sekundärforschung untersucht.

In der **Sekundäranalyse** sammelte, ordnete und bewertete der Verfasser vorhandene Unterlagen über die Personalentwicklungsaktivitäten der Putzmeister AG. Somit ergab sich ein erster Überblick über die vorhandenen Werkzeuge, Konzepte und methodischen Ansätze in diesem Bereich. Aufbauend auf den sekundäranalytisch erhobenen Daten schloss sich als **Primäranalyse** eine **explorative Vorstudie** an. Ziel war es einerseits, die Situation im Handlungsfeld

---

860 Vgl. NIEDER 1993, S. 192–193.

861 Vgl. Kapitel 5.2.2.1.

862 Vgl. NIEDER 1993, S. 192.

863 KIRSCH/GABELE 1976, zit. in NIEDER 1993, S. 192.

864 PIEPER 1972 zit. in ENDRUWEIT 2002, S. 6.

durch Experteninterviews aufzunehmen und dadurch das Problemverständnis des Forschers zu vertiefen, andererseits war damit die Bildung einer kommunikativen Grundlage für den weiterführenden Forschungsprozess beabsichtigt. Die Akteure im Forschungsfeld sollten den Forscher und Verfasser persönlich kennen lernen, da angenommen wurde, dass dadurch die notwendige Akzeptanz für das Forschungsprojekt leichter zu erreichen ist.

Die Forschungsstrategie der Aktionsforschung bedarf, wenn sie in Unternehmen eingesetzt wird, nicht nur der Zustimmung, sondern der sichtbaren Unterstützung der Unternehmensleitung.[865] Der entsprechende Kommunikationsprozess wird deshalb top-down vorgenommen. In der Folge wurden mit allen Vorständen, Mitgliedern der Führungs- und Nachwuchsführungskreise und dem Betriebsratsvorsitzenden ausführliche und persönlich-vertrauliche Gespräche im Stil teilstrukturierter, leitfadengestützter Interviews geführt.[866] Mit Mitarbeitern wurden an dieser Stelle noch keine formellen Gespräche geführt, da die Pilotgruppen noch nicht zusammengestellt waren. Für die Interviews wurde ein einfacher Gesprächsleitfaden eingesetzt (vgl. Anlage 6). Die Gespräche wurden nur stichwortartig protokolliert, da das Ziel der Gespräche keine detailliertere Auswertung erforderte. In 40 Einzelgesprächen konnte der Verfasser vielfältige Informationen über die Einstellungen und Meinungen zum Problem- und Handlungsfeld der Personalentwicklung bei der Putzmeister AG gewinnen. Ebenfalls wurden Informationen über die Beurteilung der PE-Aktivitäten in der Vergangenheit und detaillierte Einschätzungen über die Erfolgsfaktoren eines Putzmeister-PE-Programms gesammelt.

Im nächsten Schritt wurden die Ergebnisse der Analyse grob zusammengefasst und interpretiert (vgl. Anlage 7). Sie dienten auf der Forscherebene als Ausgangspunkt für die zielgruppenorientierte Konzeptualisierung des weiteren Forschungsprojektes und auf der Projektebene als Pflichtenheft für die praxisgerechte Konzeption des Skill-Management-Systems. Darüber hinaus sind sie die Grundlage für die Gestaltung eines ziel- und kundenorientierten Personalentwicklungsprogramms im Unternehmen.

Die Ergebnisse der explorativen Analyse zeigen,[867] dass die Unternehmensleitung und die Führungskräfte sehr differenzierte und auch detaillierte Vorstellungen von der Gestaltung eines Personalentwicklungskonzepts haben. Besonders wichtig waren die Hinweise zu den Erfolgsfaktoren, welche durch eine einfache Clusteranalyse in 6 Gruppen zusammengefasst wurden, sowie die Gestaltungsvorschläge für ein PE-Programm bei Putzmeister.[868]

---

865 Vgl. NIEDER 1993, S. 193.

866 Vgl. Kapitel 5.2.3.2.

867 Vgl. Anlage 7.

868 Vgl. Anlage 7, Blatt 2.

Die gewonnenen Daten wurden den Befragten in weiteren (Gruppen-)Gesprächen zurück gemeldet und ihnen mitgeteilt, welche nächsten Schritte geplant sind. Die ständige Kommunikation des Projektleiters mit allen Akteuren war sehr zeitaufwändig, ist nach den Vorgaben der Handlungsforschung aber sehr wichtig, um die Motivation der Forschungsgruppe zu erhalten und damit einen konstruktiven Verlauf des Forschungsprojektes zu sichern.[869] Es wurde ebenfalls aus Motivations- und Akzeptanzgründen stets darauf geachtet, dass Vorschläge der Projektteilnehmer wenn möglich in das Projekt einflossen, und dass entsprechende Entscheidungen ebenfalls zurück gemeldet wurden.

Im Anschluss daran arbeitete der Verfasser in einer längeren Forschungsphase auf der äußeren Ebene (vgl. Abbildung 30) und übertrug das theoretische entwickelte Skill-Management-Konzept auf die vorgefundene Situation im Praxisfeld.

6.3.1.2 Projektsteuerung – Entwurf eines Pilotprojekts und Einsetzen der Steuerungsgruppe

Zentraler Schritt der Projektsteuerung in dieser Phase war die Konzeptionierung des Pilotprojekts eines Putzmeister Skill-Managements und reichte von der Projektidee über den Projektentwurf und Budgetüberlegungen bis zur Einsetzung eines gemischten Projektteams unter Aufsicht bzw. Lenkung des Personalleiters. NIEDER verweist auf die große Bedeutung des Projektteams als Steuerungsinstrument in der Aktionsforschung.[870]

Als Vorgesetzter des Verfassers war der Personalleiter innerbetrieblich verantwortlich für das Projekt. Neben dem Verfasser waren im Weiteren Studenten und Praktikanten – z.T. auch nur temporär – am Projekt beteiligt. Wenn im Folgenden vom Projektteam gesprochen wird, so sind damit der Verfasser und diese Mitarbeiter gemeint.

6.3.1.3 Zielebene – Formulierung von Projektzielen und Arbeitspaketen

In der Entwurfsphase eines Skill-Management-Systems sind zuerst eindeutige Projektziele festzulegen. Diese ergeben sich aus dem Projektauftrag, welcher sinnvollerweise die aktuelle Geschäfts- oder Bereichsstrategie widerspiegelt. Der Projektauftrag der Personalleitung lautete: „Ein langfristiges Ziel der Putzmeister Personalentwicklung ist es, dass die verschiedenen, bisher nicht verzahnten PE-Instrumente in einem integrierten System vorliegen, welches sich auf eine einheitlich strukturierte und periodisch zu aktualisierende Datenbasis stützt. Zur Erreichung dieses Zieles soll im Rahmen eines Skill-Management-Projektes eine softwarege-

---

869 Vgl. SPIEß 1994.

870 Vgl. NIEDER 1993.

stützte Datenbank konzipiert, programmiert, mit Daten aus der Personal- und aus den Fachabteilungen gefüllt und nutzbar gemacht werden. Die Datenbank soll sowohl die fachlichen und überfachlichen Anforderungen an die Mitarbeiter als auch deren Qualifikationen abbilden. Danach soll ein Werkzeug für die qualitative Personalplanung und für eine effiziente Personalentwicklung zur Verfügung stehen."[871]

Daraus abgeleitet, wurden folgende Arbeitspakete definiert:

1. Aufbau einer Skilldatenbank zur Erfassung der Skillanforderungen und der Skillbestände der Mitarbeiter;
2. Modellierung eines Skill-Management-Prozesses mit zweckmäßiger Integration bereits vorhandener Qualifizierungsinstrumente und Vernetzung aller Anspruchsgruppen (Mitarbeiter, Management, Personalabteilung, Personalentwicklung, Akademie);
3. Definition und Zuordnung operativer Personalentwicklungsaufgaben zu den Aufgabenbereichen der Anspruchsgruppen;
4. Erstellung eines Pflichtenhefts für die informationstechnische Umsetzung in einem Skill-Management-Programm bzw. als Grundlage für die Entscheidung zum Kauf einer entsprechenden Standardsoftware.

6.3.1.4 Inhaltsebene – Ist-Analyse der Inhalte und Erstellung des Skillkatalogs

In der Entwurfsphase wurden die inhaltlichen Aspekte der oben entwickelten Konzeption auf das Putzmeister Skill-Management übertragen. Der Ist-Aufnahme der im Unternehmen bestehenden Profile, u.a. durch den Rückgriff auf Stellenbeschreibungen[872] folgte eine ausführliche Literaturrecherche von Praxisbeispielen („Best-Practice") von Skillgerüsten und Skillkatalogen.[873] Danach wurde der Skillkatalog im Bezug auf Putzmeister definiert und die Anforderungsgerüste (Profile) entworfen. Dies geschah in drei Schritten:

6.3.1.4.1 Sammlung und Klassifikation der Skills in einem Kompetenzkatalog

Zuerst wurden die Skills gesammelt und entsprechend der im Vorfeld erarbeiteten Struktur den drei Skilltypen „Hard Facts", „Hard Skills" und „Soft Skills" zugeordnet.[874] Zu den Hard Facts zählen die grundlegenden Daten und die formale Bildung. Als Hard Skills werden neben der Fachkompetenz die Methodenkompetenz und die unternehmensspezifische PM-Kompetenz erfasst. „Soziale Kompetenz", „Persönliche Kompetenz" und „Management-

---

[871] Putzmeister AG: Skill-Management-Projektplan 2001.

[872] Vgl. Knebel/Schneider 1997.

[873] Vgl. JETTER 1996, S. 165–179; KNEBEL/SCHNEIDER 1997, S. 47–56; STAUFENBIEL 1998, S. 40–48; HUMMEL 1999, S. 199–202; EINSIEDLER 1999, S. 105–118; BECKER 2002, S. 317–321; JUNG 2001, S. 862.

[874] Vgl. Kapitel 4.2.3.2.

Kompetenz“ werden den Soft Skills zugeordnet. Anlage 8 zeigt Struktur und Inhalt des Putzmeister-Kompetenzkatalogs.

6.3.1.4.2 Strukturierung der Skillgerüste und Erstellung einer Profilarchitektur

Im zweiten Schritt wurden das Funktionenprofil und das Stellenprofil als weitere grundlegende Skillgerüste aus dem Kompetenzkatalog abgeleitet und abgebildet. Durch die Kombination der Skilltypen und -gerüste ergab sich die in Abbildung 31 gezeigte Profilarchitektur.

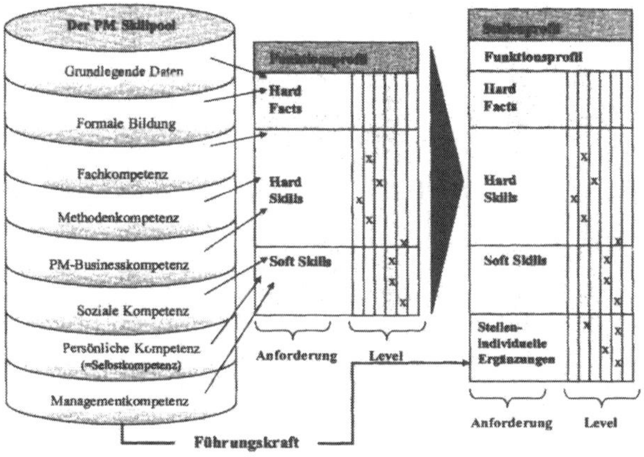

Abbildung 31: Vom Skill-Pool zum Stellenprofil
Quelle: Eigene Darstellung.

Wird das Stellenprofil vom Mitarbeiter ausgefüllt und ergänzt, erhält man das Mitarbeiter- bzw. Eignungsprofil (vgl. Abbildung 32).

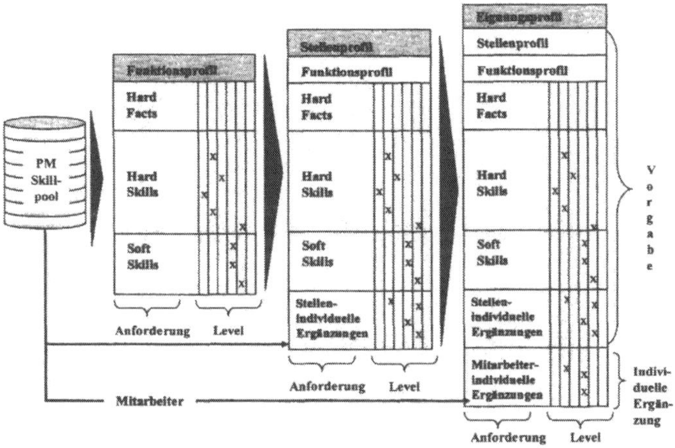

Abbildung 32: Zusammenhang der Anforderungsgerüste
Quelle: Eigene Darstellung.

6.3.1.4.3 Skalierung der Merkmale

Im dritten Schritt wurden die Skills skaliert. Um die Handhabung für die Benutzer möglichst einfach zu halten, wurde vorgesehen, für alle Skills eine einheitliche vierstufige Skala zu nutzen. Eine gerade Anzahl von Stufen soll der „Tendenz zur Mitte“ entgegenwirken. Dieser Effekt zeigt sich in vielen sozialwissenschaftlichen Untersuchungen (z.B. Einstellungsbefragungen): Je unsicherer die Einschätzungen des Befragten - um so größer die Tendenz zur Mitte. Die mittlere Note erhält so zwei Bedeutungen. Zum einen, dieses Leistungsmerkmal hat eine mittlere Ausprägung, zum anderen "Ich als Beurteiler bin mir nicht ganz sicher in meiner Einschätzung". Es erwies sich zudem als praktikabel, zwei unterschiedliche Stufenbeschreibungen anzuwenden, da eine extreme Ausprägung „Nicht ausgeprägt“ (äquivalent zu „Keine Kenntnisse“) im Bereich der Soft Skills nicht sinnvoll ist. Schließlich wurden folgende Skalen und deren Stufenbeschreibung festgelegt (Tabelle 13):

	1	2	3	4
Hard Skills	Keine Kenntnisse (erforderlich)	Grundkenntnisse (erforderlich)	Selbstständiges Arbeiten (erforderlich)	Expertenwissen/ Trainerwissen (erforderlich)
Soft Skills	Schwach ausgeprägt (schwache Ausprägung erforderlich)	Bedingt ausgeprägt (bedingt erforderlich)	gut ausgeprägt (starke Ausprägung erforderlich)	Hervorragend ausgeprägt (hervorragende Ausprägung erforderlich)

Tabelle 13: Die Skillausprägungsskalen nach der Entwurfsphase [875]
Quelle: Eigene Darstellung.

6.3.1.5 Prozessebene – Ist-Analyse und Entwurf eines Soll-Prozesses

Auch auf der Prozessebene wurde zuerst eine Ist-Aufnahme der Prozesse im Unternehmen vorgenommen, um die Anschlussmöglichkeiten des idealtypischen Soll-Prozesses an die vorhandenen Ist-Prozesse zu untersuchen. Ergänzend wurden Erfahrungsberichte aus der Literatur und Fallbeispiele anderer Unternehmen analysiert. Die entsprechenden Unternehmen wurden kontaktiert, um ihnen bei Einwilligung ergänzende, also primäranalytische Fragen stellen zu können. Diese Befragungen wurden entweder telefonisch oder im Rahmen von Praxisgesprächen in diesen Firmen durchgeführt. Für die Befragungen wurde ein Leitfaden benutzt (vgl. Anlage 9). Es ergaben sich dadurch wichtige Best-Practice-Hinweise für die weitere praxisorientierte Konzeption des Putzmeister Skill-Management-Systems.[876] Tabelle 14 zeigt die welche Unternehmen wann befragt wurden:

Unternehmen	**Gesprächstermin**	
Schroff GmbH, Straubenhardt	21.05.01	Telefonat
Porsche AG, Zuffenhausen	29.06.01	Besuch
Bertelsmann Media Systems, Rheda-Wiedenbrück	18.10.01	Besuch
Claas GmbH, Harsewinkel	18.10.01	Besuch
IBM Deutschland, Herrenberg	08.11.01	Besuch
DaimlerChrysler AG, Stuttgart	18.01.02	Besuch
Deutsche Telekom AG, Bonn	22.03.02	Besuch
Pecaso Deutschland GmbH & Co. KG, Heidelberg	23.05.02	Besuch
IABG mbH, Ottobrunn	05.11.02	Besuch

Tabelle 14: Übersicht über die befragten Skill-Management-User

Im Anschluss wurden die Soll-Prozesse definiert, wobei darauf geachtet wurde, dass nach Möglichkeit an bestehende Prozesse sinnvoll angeknüpft wird. Abbildung 33 zeigt den so entwickelten Sollprozess des Putzmeister-Skill-Managements.

---

875 Die Textangaben ohne Klammern gelesen ergeben den Wortlaut der Skala des Mitarbeiterprofils. Mit Klammern bzw. in den Klammern entspricht es dem Wortlaut der Skala des Anforderungsprofils.

876 Aus Gründen der zugesicherten Vertraulichkeit kann nicht über den Inhalt der Gespräche berichtet werden. Zum Teil sind Projektberichte publiziert, z.B. BALLAUF 1997a/1997b (IABG); ELBERT 2001 (bertelsmann); BECK/MACK 2002 (Putzmeister); MARTINA/ROSE 2004 (Telekom).

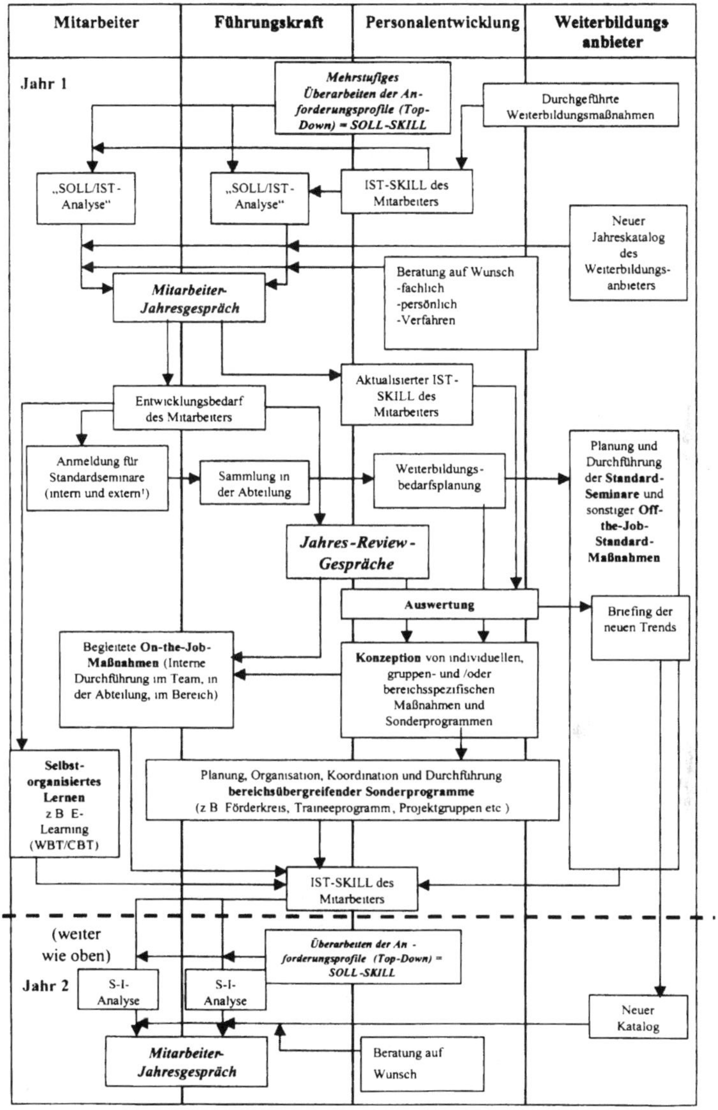

Abbildung 33: Skill-Management-Prozess im Pilotprojekt
Quelle: Eigene Darstellung.

Dieser Sollprozess lehnt sich an die idealtypischen Skill-Management-Prozesse der Konzeption an (vgl. Abbildung 22/25), ist aber auf den Praxisfall Pilotdurchlauf angepasst und enthält deshalb auch nur diejenigen Arbeitsschritte, die im Rahmen des Pilotprojekts auch wirklich notwendig sind.

6.3.1.6 Ebene der Akteure/Kommunikation – Kommunikationsstrategie in der Entwurfsphase

In der Entwurfsphase stand auf dieser Ebene insbesondere die Kommunikation mit der Unternehmensleitung, den Führungskräften und Mitarbeitervertretern im Rahmen der explorativen Vorstudie und mit den Vertretern des Personalmanagements (Personalleiter und Personalreferenten) im Rahmen der Projektkonzeption im Vordergrund. Im Rahmen der explorativen Vorstudie wurden die entsprechenden Akteure en passant über den Stand des Entwurfs informiert und das entsprechende Projekt angekündigt („Briefing"). Diese Vorgehensweise stellte sicher, dass alle Akteure die Informationen aus erster Hand bekamen und durch die sofortige Rückfragemöglichkeit im Zweier-Gespräch Unsicherheiten, Befürchtungen und Ängste besprochen, aber auch überzogene Erwartungen relativiert werden konnten. Das Prinzip einer von Beginn an offenen und direkten Kommunikation sollte einer destruktiven Kommunikationsspirale aus Missverständnissen und Fehlinformationen vorbeugen.

6.3.1.7 Systemebene – Ist-Analyse der internen Systeme und Überblick des externen Angebots mit Make-or-Buy-Analyse

Bevor ein EDV-System entworfen werden kann, werden Informationen über den Ist-Zustand benötigt. Zuerst ist es erforderlich, eine Inhouse-Ist-Analyse der Systemlandschaft und der erforderlichen Schnittstellen durchzuführen und zum anderen den (externen) Markt der informationstechnologischen Angebote dieses Bereiches zu untersuchen. Die ca. 80 im deutschen Markt erhältlichen Softwarelösungen für Skill-Management-Systeme konnten in drei Gruppen klassifiziert werden: Entweder sind die entsprechenden Programme in ERP-Systeme integriert, in Personalinformationssysteme eingebunden oder es handelt sich um spezialisierte Skill-Management-Lösungen. Tabelle 15 gibt einen Überblick über die wichtigsten Programme, deren Hersteller und Anwenderbeispiele.

Informationen über diese Produkte und deren Hersteller wurden angeforderten Prospekten und Websites entnommen oder direkt in Produktdemonstrationen und Beratungsgesprächen im eigenen Haus und auf Messen gesammelt. Sehr hilfreich war hierbei die Checkliste der Entscheidungskriterien für ein EDV-gestütztes Personalentwicklungssystem (siehe Anlage 4). Hinzu kommen die Informationen der Skill-Management-User, welche im Rahmen der Marktanalyse besucht und gezielt nach den Erfahrungen mit deren EDV-Systemen befragt wurden (vgl. Tabelle 14).

Integriert in ERP-Systeme	Integriert in Personalinformationssysteme	Spezialisierte Skill-Management-Lösungen
• **SAP R/3® HR-PD** (SAP AG) z.B. Gilette, Post AG, Geberit	• **eDevelopment/ePeople** (PeopleSoft GmbH) DaimlerChrysler • **HR-Personalmanager** (H.R. Management Software GmbH) Aachener und Münchener Versicherung AG • **Perbit Views®** (perbit Software GmbH) Sal. Oppenheim jr. & Cie. Luxemburg • **MaIS** (w&r Informationssysteme AG) Siemens, Vaillant, Eismann • **s+p Info** (s+p Software und Consulting AG) • **HRMS** (ORACLE Deutschland) American Trans Air (ATA)	• **ET Web™** (ExecuTRACK solutions) Porsche, Bertelsmann • **Skillvest** (Arrino Ltd.) Pret A Manger • **LOGA®** (Personal & Informatik AG) Citroen Deutschland

Tabelle 15: Überblick: **IKT-gestützte Skill-Management-Lösungen,** (Hersteller) und Anwenderbeispiele
Quelle: Eigene Darstellung.

Der Ist-Analyse schloss sich eine Make-or-Buy-Analyse an, wobei sich die in Frage kommenden Softwarelösungen im Rahmen des Analyseprozesses neben der Eigenlösung auf die Programme von ExecuTRACK solutions und der SAP AG reduzierten (vgl. Tabelle 16).

ET Web™ wurde ausgewählt, da dessen Oberfläche und Funktionalität am stärksten überzeugt und das Programm als ausgereift, sicher und schnell eingestuft werden kann. ET Web™-User beurteilten das Programm in den Besuchsgesprächen auffallend positiv, während das Modul SAP R/3® HR-PD eher skeptisch beurteilt wurde. Aufgrund der Möglichkeit der problemlosen Integration in die Putzmeister-Systemlandschaft wurde es jedoch ebenfalls in die engere Wahl genommen. Außerdem ist aufgrund der starken Markt- und Innovationskraft der SAP AG in den nächsten Jahren eine rasche Weiterentwicklung dieses Submoduls zu erwarten.

Es wurde entschieden, für das Pilotprojekt mit einem selbst entwickelten Programm zu arbeiten. Daher wurde ein Werkstudent mit der Programmierung einer Eigenlösung beauftragt (vgl. Ausschreibung, Anlage 10). Diese Lösung versprach, Kosten zu sparen und damit ein Skill-Management-System zuerst unter geringem finanziellen Risiko zu testen.

Ein weiterer wichtiger Grund für die „Make-Entscheidung" war, durch die Erfahrungen mit der Eigenlösung wertvolles Wissen auf der Prozess- und Inhaltsebene zu erwerben, um anschließend mit einem detailliert ausgearbeiteten und höchst individuellen Pflichtenheft die Kaufentscheidung für eine Standard-Software zu erleichtern.[877] Durch den hohen Detaillierungsgrad eines solchen Pflichtenhefts ist außerdem zu vermuten, dass die üblicherweise sehr

---

877 Vgl. ähnlich LEY U.A. 2003, S. 7-8.

hohen Kosten für das Customizing, für Schulungen und für die Implementierung im Unternehmen stark reduziert werden können.

	Eigene Lösung	ET Web™	SAP R/3® HR-PD
Hardware	Wenn kein SQL-Server verfügbar, dann ca. 5.000 € für Server	Wenn kein SQL-Server verfügbar, dann max. 5.000 € für Server	Keine Kosten, wenn bestehender SAP-Server
Lizenzen	Ca. 5.000 $ für MS-SQL Serverlizenz für einen Server und unbegrenzt viele User (bereits vorhanden)	Je nach Mitarbeiter, ET-Basislizenz ca. 40.000 €	Je nach Mitarbeiter, SAP HR Basislizenz für ca. 50.000 €
Arbeitskosten Entwicklung/ Einrichtung	Programmierung und Anpassung ca. 30-40 Manntage (ca. 80 €/Tag für Werkstudent)	Workshops und Anpassung durch ExecuTRACK (ca. 1.000 €/Tag), Tage je nach Vorarbeiten	Workshops und Anpassung durch SAP (ca. 1.000 €/Tag), Tage je nach Vorarbeiten
Betrieb	Skillmanager mit ca. 20 % der Stelle, (zusätzlich 10 % für lfd. Pflege der Software)	Skillmanager mit max. 20 % der Stelle (interner ET-Administrator)	Skillmanager mit max. 20 % der Stelle (SAP-Key-User)

Tabelle 16: Make-or-Buy-Analyse im Putzmeister-Pilotprojekt
Quelle: Eigene Darstellung (Stand: 2001).

6.3.2 Planungsphase

6.3.2.1 Forschungsebene – Forschungsparadigmen und -strategie

Für die weitere Forschungsarbeit wurden die im Verlauf der theoretischen Fundierung entwickelten Forschungsparadigmen als handlungsleitende Projektrichtlinien formuliert und im weiteren Verlauf des Pilotprojektes zusammen mit den Projektzielen den Projektteilnehmern kommuniziert (vgl. Abbildung 34). Diese Forschungsprinzipien führten im Zentrum zu der Entscheidung, den Forschungsprozess im Unternehmen als Pilotprojekt mit Pilotgruppen zu gestalten. Damit war die Forschungsstrategie der Aktionsforschung („Action Research“) vorgezeichnet, da diese die Möglichkeit bot, durch den Einbezug der Piloten in den Forschungsprozess die wissenschaftliche Forschungs- und die betriebliche Projektebene optimal zu verbinden.

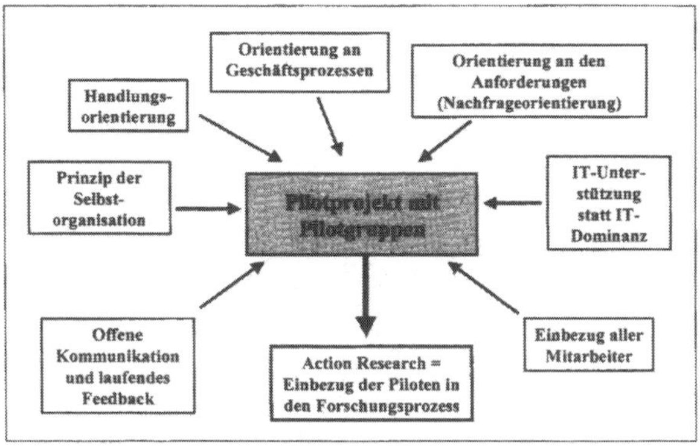

Abbildung 34: Forschungsparadigmen in der Planungsphase
Quelle: Eigene Darstellung.

6.3.2.2 Ebene der Projektsteuerung – Projektplanung

Nach dem Entwurf des Grobkonzeptes wurde in der zweiten Phase der Projektplanung der Pilotdurchlauf geplant. Dabei wurde der für das Praxisfeld entworfene Skill-Management-Prozess (vgl. Abbildung 33) in einzelne Schritte gegliedert und ein Projektstrukturplan entworfen. Zur Steuerung des Projekts wurden zusätzlich feste wöchentliche Treffen („Jour-Fix“) des Projektteams und Treffen mit der Lenkungsinstanz des Projekts, dem Personalleiter eingerichtet. Alle Projekttreffen wurden aktionsorientiert protokolliert und zu Beginn der folgenden Sitzung der Projektfortschritt reflektiert.

6.3.2.3 Zielebene – Operationalisierung der Projektziele und Projektcontrolling

Auf der Zielebene müssen in dieser Phase die Projektziele operationalisiert werden. Dazu war es notwendig die Ziele und die oben genannten Arbeitspakete des Putzmeister Skill-Management-Projekts nach Inhalt, Ausmaß und Zeitbezug zu spezifizieren und weiter zu verfeinern, um daraus Zielerreichungspunkte („Milestones“) für die Projektsteuerung ableiten zu können. In den Milestones drücken sich die mittel- und kurzfristigen Projektziele aus. Deren Erreichung wird über das Projektcontrolling anhand des Projektstrukturplans gesichert.

6.3.2.4 Inhaltsebene – Identifikation der Funktionsprofile

Im Rahmen der Inhaltsebene wurden in der Planungsphase die Funktionsprofile erarbeitet. Die Identifikation von Schlüssel- und Querschnittsfunktionen, welche zur Bearbeitung im Projekt geeignet erschienen, wurden über eine Stellenlandkarte vorgenommen, welche zur besseren Visualisierung an einer Pinnwand manuell erstellt wurde (vgl. Anlage 2). Die Vorgehensweise wurde in Kapitel 4.2.3.3 detailliert beschrieben. Zur Identifikation der Schlüsselfunktionen wurden also folgende Fragen gestellt:

(1) Welche Stellen sind in welcher Zahl vorhanden und welchen Bereichen sind diese zugeordnet? Diese Informationen wurden dem Stellenplan entnommen und auf der Stellenlandkarte in der Grundstruktur des Organigramms visualisiert.
(2) Welche Stellen sind sich in ihrem Tätigkeitsprofil sehr ähnlich und können zu Funktionen oder Berufsbildern zusammengefasst werden? Durch die Synopse aller Organisationsbereiche konnten folgende Schlüssel- und Querschnittsfunktionen identifiziert werden:

Marketing/ Vertrieb	**Technik**	**Materialwirtschaft/ EDV**	**Finanzen/ Controlling/ Personal**	**Querschnittsfunktionen**
• Regionaler Sales Manager • Order Manager • Servicetechniker	• Konstrukteur • Facharbeiter Betonpumpe • Qualitätsprüfer • Technischer Redakteur Betonpumpe	• Disponent • Technischer Einkäufer	• Beteiligungscontroller • Controller • Personalreferent • Referent Lohn- und Gehaltsabrechnung	• Projektmanager • Assistent • Sachbearbeiter • Sekretär

Tabelle 17: Ausgewählte Schlüssel- und Querschnittsfunktionen im Praxisfeld der Putzmeister AG
Quelle: Eigene Darstellung.

Aus diesen Berufsbildern wurden in einem weiteren Schritt die in Frage kommenden Pilotfunktionen selektiert. Dabei wurden folgende Kriterien geprüft:

- Es soll zumindest je ein Profil aus den drei nach Köpfen größten Funktionsbereichen vertreten sein (Fertigung, Vertrieb, Technik),
- es soll aus jedem Vorstandsbereich eine Funktion bearbeitet werden, um das Pilotprojekt auch organisatorisch breit aufzustellen und damit eine breite Akzeptanzwirkung für den späteren Echt-Betrieb zu erhalten,
- es soll auch eine Querschnittsfunktion dabei sein, um diesen besonderen Funktionstyp zu untersuchen,
- es sollen tariflich eingruppierte und außertariflich bezahlte Mitarbeiter als Pilotteilnehmer enthalten sein und
- es sollen Funktionsprofile des gewerblichen Bereichs und des Angestelltenbereichs vertreten sein.

Die Analyse ergab, dass sechs Funktionen bzw. sechs Pilotgruppen ausreichen, um alle Kriterien zu erfüllen (vgl. graue Schattierung in Tabelle 17).

6.3.2.5 Prozessebene – Planung der Prozess-Steuerung

Bei der Planung der einzelnen Unterprozesse trat ein typisches Simulationsproblem auf. Um möglichst realistische Erfahrungen beim Durchlaufen der veränderten Prozesse machen zu können, ist es notwendig, diese Prozesse möglichst nahe an die Realität anzulehnen. Dabei ist dann zu entscheiden, ob die echten Prozesse durch die Pilotprozesse ersetzt werden oder ob sie parallel, d.h. doppelt ablaufen sollen. So wurde z.B. deshalb im Bezug auf das Mitarbeiterjahresgespräch vorgesehen, das im Pilotprozess vorgesehene neue „Mitarbeiter-Fördergespräch" mit dem vorhandenen Mitarbeiter-Beurteilungsgespräch zu koppeln, um nicht zwei Gesprächstermine ansetzen zu müssen. Dieser Vorschlag wurde im Vorfeld mit den Teilnehmern der Pilotgruppen, der Personalleitung und dem Betriebsrat abgestimmt und entsprechend durchgeführt. Die Abbildung der einzelnen Sollprozesse im Rahmen der Planungsphase dienten im Weiteren auch als Vorgabe zur Programmierung der Eigenlösung.

6.3.2.6 Ebene der Akteure/Kommunikation – Forming, Storming and Norming

Auf der Akteursebene war es in der Planungsphase wichtig, Pilotgruppen zusammenzustellen, die im Projekt nun über ein Jahr lang möglichst effizient zusammenarbeiten könnten. Arbeitsgruppen bilden nicht zwangsläufig harmonische Teams. Um Konflikte weitgehend zu vermeiden bzw. eine konstruktive Arbeit in der Pilotgruppe zu fördern, ist es notwendig, die gruppendynamischen Prozesse zu antizipieren. Deshalb wird die Kommunikation mit den Akteuren in den folgenden Kapiteln der Akteursebene im Hinblick auf den TUCKMANN'SCHEN Phasenverlauf (Forming, Storming, Norming, Performing, Adjourning) reflektiert.[878]

In der Phase des **Forming** fanden sich die Mitglieder des Teams zusammen und es wurde schnell klar, dass nach einer Phase der Klärungen über Erwartungen und Pflichten der Pilotteilnehmer (**Storming**) Regeln für das Team aufgestellt werden müssen (**Norming**), damit sich das Team auf die Sachaufgaben konzentrieren kann **(Performing)**. Die Erarbeitung von Regeln für die Pilotgruppen erfolgte in enger Zusammenarbeit mit dem Betriebsrat, der in dieser Phase die Entwicklung einer Pilot-Betriebsvereinbarung plante, um im Hinblick auf den späteren Echtbetrieb selbst spezifische Erfahrungen und Erkenntnisse zur Formulierung einer entsprechenden Betriebsvereinbarung zu sammeln. Mit der Unterzeichnung der Betriebsvereinbarung durch Betriebsrat und Unternehmensleitung wurde die Phase des Norming weitgehend abgeschlossen (vgl. Anlage 11). Die BV wurde den Betroffenen zu Beginn der nächsten Phase vorgestellt. Sie enthält die wichtigsten Regeln für den Pilotdurchlauf, weist

---

878 Vgl. TUCKMAN 1965; vgl. die ausführliche Darstellung in Kapitel 2.3.2.2.

aber darauf hin, dass für den Echtbetrieb eine neue Regelung abgeschlossen werden muss.[879] Aus datenschutzrechtlichen Gründen wurde als Voraussetzung für die Teilnahme von den betroffenen Mitarbeitern eine schriftliche Einverständniserklärung unter Hinweis auf diese Betriebsvereinbarung gefordert (vgl. Anlage 12).

Bei der Festlegung der Pilotgruppen (Forming) wurde entlang des Organigramms top-down vorgegangen. Zunächst wurden Abteilungsleiter durch eine Präsentation im Führungskreis informiert. In einer zweiten Befragung der Führungskräfte in Einzelgesprächen[880] konnte das Projektteam aus dem Kreis der ursprünglich sechs vorgesehenen Gruppen lediglich drei Pilotgruppen mit drei zugeordneten „Pilotfunktionen" zur Mitarbeit gewinnen. Obwohl damit nicht alle o.g. Kriterien erfüllt waren, wurde das Projekt auch mit drei Gruppen gestartet, da die volle Zustimmung der Teilnehmer und der Führungskräfte ein unverzichtbares Kriterium für die Teilnahme am Pilotprojekt bedeutete.[881]

Das Top-down-Prinzip wurde weiter verfolgt, indem die Führungskräfte in ihren Abteilungen Gespräche führten und Mitarbeiter ihres Bereiches bei deren Einwilligung für die Pilotgruppe vorschlugen. Im Bereich der Fertigung wurde aufgrund der organisatorischen Gliederung in Werkstattbereiche und Gruppen in Stufen vorgegangen. Zunächst wurden die Meister der sechs Werkstattbereiche in einem Workshop über das Projekt informiert und das Anforderungsprofil des Putzmeister-Facharbeiters wurde in praktikable Unterprofile gegliedert. Anschließend wurde entschieden, die Pilotgruppe aus Mitarbeitern der Hauptmontage Betonpumpe (Facharbeiter BP) zu bilden. Am Ende der Pilotgruppenbildung waren insgesamt 21 Teilnehmer aus den drei größten Funktionsbereichen den drei Pilotgruppen zugeordnet (vgl. Abbildung 35).

---

879 Vgl. auch KRIMPHOVE 1999.

880 Die Befragung im Rahmen der explorativen Vorstudie stellt die erste Runde dar.

881 Vgl. dazu auch NIEDER 1993.

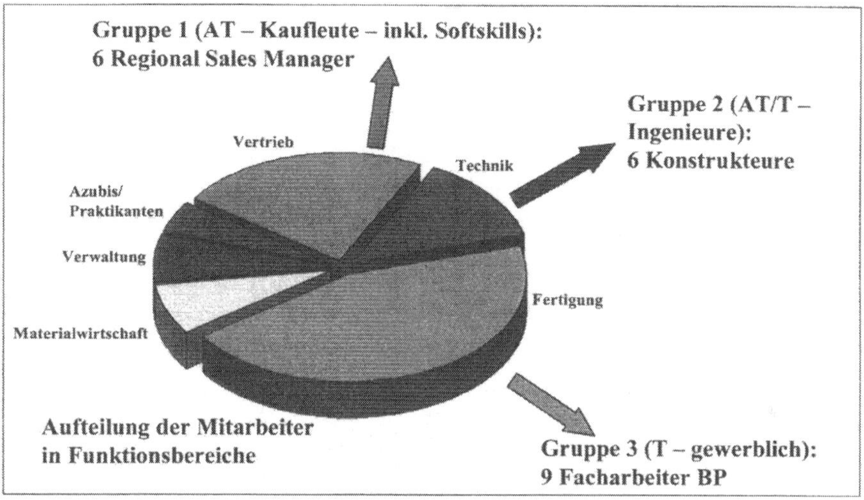

Abbildung 35: Ausgewählte Funktionsprofile und Pilotgruppen im PM-Pilotprozess
Quelle: Eigene Darstellung.

6.3.2.7 Systemebene – Programmierung der Pilotdatenbank

Das Ergebnis der Make-or-Buy-Analyse war die Entscheidung für eine Eigenlösung, d.h. es musste nun eine Skilldatenbank gemäß den Vorgaben des Projektauftrags programmiert werden. Dazu mussten zuerst die am Reißbrett entworfenen Soll-Prozesse als Workflows dargestellt und in das Programm übertragen werden. Die Programmierung wurde mit 30-40 Personentagen kalkuliert (vgl. Anlage 10). Tatsächlich wurden schließlich über 100 Personentage benötigt. Ebenfalls mussten nun die Plattformen für die verschiedenen Datenbankbenutzer eingerichtet, die erforderlichen Schnittstellen programmiert und Sicherheitskonzepte (Datenschutz/Zugriff) geplant werden. Zu den Aufgaben des Administrators gehörte auch, die Stammdaten der Pilotteilnehmer aus dem PIS der Putzmeister AG sowie die entsprechenden Daten aus dem Weiterbildungsprogramm der Putzmeister-Akademie in die Skilldatenbank einzuspielen, damit sie im Pilotdurchlauf für die Mitarbeiterprofile aktuell zur Verfügung stehen würden. Als Abschluss der Planungsphase auf der IKT-Ebene wurden Tests durchgeführt.

6.3.3 Pilotdurchlauf

6.3.3.1 Forschungsebene – Feedbackrunden und Reflexionen

Im eigentlichen Pilotdurchlauf trat die Forschungsebene in den Hintergrund. Wichtig blieb jedoch der ständige Erfahrungsaustausch des Forschers und der weiteren Teilnehmer am Forschungsprojekt. Wiederholte Feedbackschleifen dienten deshalb dazu, die momentanen Erfahrungen und Befindlichkeiten aller Akteure mündlich und schriftlich zu erfassen und zu diskutieren. Einerseits wurden durch die Dokumentation dieser Feedbackrunden wichtige Erkenntnisse gesichert (vgl. z.B. Anlage 26) und andererseits wurde die Teilnehmerorientierung im Forschungsprozess aufrecht erhalten, was bedeutet, dass der Prozess auch immer nahe an den Problemstellungen der Mitarbeiter bleibt. Große Feedbackrunden mit allen Teilnehmern erfolgten nach der Eingabe der Anforderungs- und Mitarbeiterprofile und nach Durchführung der Mitarbeitergespräche. Briefings und De-Briefings erfolgten nach der Rückmeldung der Gap-Analysen und nach Abschluss des Pilotprojekts.

Die Feedbackrunde nach der Eingabe der Anforderungs- und Mitarbeiterprofile dienten der Erfassung der Erfahrungen und Schwierigkeiten der Pilotteilnehmer in der Bedienung des Systems, um für die weitere Entwicklungsphase und in Hinblick auf eine unternehmensweite Einführung zu lernen. Dazu wurden zwei Fragebögen entwickelt, einer für die Vorgesetzten und einer für die Mitarbeiter (vgl. Anlage 13). Die Anmerkungen der Befragten wurden nach Möglichkeit berücksichtigt und auf die Übernahme von Änderungen, aber auch auf nicht umsetzbare Anmerkungen wurde beim nächsten Treffen oder per direkter Rückmeldung an die Befragten eingegangen. Die Beteiligten erfuhren dadurch, dass sie aktiv in den Forschungsprozess eingebunden sind und wertvolle Beiträge zum Forschungsergebnis leisten können. Dies ist eine der wichtigsten Voraussetzungen effektiver Aktionsforschung.

Rückschauende Betrachtungen und Bewertungen wurden nach allen Milestones des Pilotdurchlaufs im wöchentlichen Jour Fix des Projektteam vorgenommen und die Auswirkungen auf den weiteren Projektverlauf diskutiert.

6.3.3.2 Ebene der Projektsteuerung – Projektorganisation und -durchführung

Zur laufenden Projektorganisation und -steuerung dienten die wöchentlichen Treffen des Projektteams und die regelmäßigen Lenkungstreffen mit dem Leiter des Personalmanagements („Lenkungsausschuss“). Maßnahmen der Projektsteuerung waren die laufende Budget- und Zeitkontrolle sowie die Reflexion der vergangenen und die Planung der anstehenden Projektschritte bzw. die Anpassung der Planung. Die Steuerung des Prozesses und der effizienten Zusammenarbeit des Projektteams wurde durch eine Projektmanagementsoftware (MS-Project) und durch die Einrichtung eines gemeinsamen elektronischen Kalenders in MS-Outlook unterstützt.

6.3.3.3 Zielebene – Zielreviews mit Milestones

In der Durchlaufphase wurde die Zielerreichung der Teilschritte (Milestones) im Rahmen des Projektcontrollings ständig im Blick behalten und zusätzlich von der Lenkungsinstanz überwacht. Auf der Zielebene wurden die Ziele teilweise auch kurzfristig inhaltlich oder zeitlich angepasst.

6.3.3.4 Inhaltsebene – Erstellung der Anforderungs- und Mitarbeiterprofile

Zu Beginn des Pilotdurchlaufs mussten die zuvor erarbeiteten Funktions- und Stellengerüste nun mit Inhalten (Skills) gefüllt werden, damit überhaupt eine individuelle Einschätzung und damit ein Profilvergleich auf der Prozessebene möglich war. Dazu wurden multimethodisch konzipierte Workshops eingesetzt, bei welchen mit Brainstorming, Gruppenarbeit, Diskussion und Visualisierungstechniken gearbeitet wurde (vgl. Anlage 15).

Im Workshop erarbeiteten die Pilotgruppen – nach Wunsch der Vorgesetzten zusammen mit ihren Führungskräften oder getrennt – die Anforderungsprofile für die ausgewählte Funktion ihres Bereiches. Da ein einheitlicher Skillkatalog der Unternehmensebene (vgl. Anlage 8) und die Gerüste der Funktions- und Stellenprofile (vgl. Abbildung 32 und 33) bereits vorlagen, kam es in einem ersten Schritt darauf an, diesen Vorschlag für einen unternehmensweiten Standard in Bezug auf die vorliegende Funktion zu prüfen bzw. Verbesserungsvorschläge und Änderungswünsche zu sammeln und zu diskutieren. Insbesondere in den Bereichen der methodischen und der firmenspezifischen Skills („PM-Kompetenz“) waren die Teilnehmer aufgefordert, zu prüfen, ob ihr Berufsbild durch die aufgezeigten Skills abgedeckt ist oder ob Ergänzungen vorzunehmen sind.

Da auf die Erfassung der Soft Skills auf Wunsch des Betriebsrats verzichtet werden soll[882], wurde der Katalog der „weichen Fähigkeiten“ den Pilotgruppen lediglich vorgestellt und kurz diskutiert. Die Mitglieder der Pilotgruppe Regional Sales Manager (RSM) forderten jedoch den Einbezug der Soft Skills in ihr Profil. Ihr Argument war, dass sich ihr Berufsbild hauptsächlich über die in den Soft Skills enthaltenen Fähigkeiten definiere und deshalb einbezogen werden müsse, um eine realistische Darstellung und damit auch valide Ergebnisse im Pilotdurchlauf zu erhalten. Nach Rücksprache mit dem Betriebsrat wurde dieser Teil des Katalogs für die Pilotgruppe der RSM zugelassen.

---

[882] Der Betriebsrat war nicht damit einverstanden, physische Anforderungen wie Vitalität, Erscheinungsbild und Auftreten, sowie Belastbarkeit mit aufzunehmen und als „Skills“ zu akzeptieren.

Der Schwerpunkt der ersten Workshops lag auf der gemeinsamen Erarbeitung der fachlichen Skills der einzelnen Funktionen. Aufgrund nicht vorhandener oder veralteter Stellenbeschreibungen und anderer Daten[883] gestaltete sich die Ableitung der Fachkompetenzen aus sekundären Quellen als schwierig. Als mögliche Verfahren zur Ermittlung der Tätigkeiten und der Skills wurden u.a. die „Critical Incident Technique" nach FLANAGAN, der „Position Analysis Questionnaire nach MCCORMICK, das „Tätigkeits-Analyse-Inventar" nach FRIELING und handlungsregulationstheoretisch begründetet Verfahren nach HACKER geprüft.[884] Diese Verfahren orientieren sich an Geschäftsprozessen der Stelle, kritischen Situationen, die der Stelleninhaber erlebt und bewältigen muss und an der Analyse zukünftiger Entwicklungen für die Position. Das Problem dieser Analysen ist, dass deren Umsetzung in reiner Form in die betriebliche Praxis aufgrund der theoretischen und methodischen Implikationen sehr aufwändig ist und zudem aufgrund des Zeit- und Mittelbedarfs den Entscheidern nur schwer vermittelbar ist. Die Praxis bevorzugt im Üblichen „quick and dirty-Ansätze"[885]. Da die Erhebung als Teil der Aktionsforschung zusammen mit den Pilotmitarbeitern vorzunehmen war, entwickelte der Verfasser ein pragmatisches Verfahren, welches grundlegende Elemente der genannten Ansätze berücksichtigt, die Tätigkeits- und Anforderungsanalysen kombiniert und dabei den Aufwand stark reduziert. Zur Vereinfachung der Ermittlung und zur Vereinheitlichung der Profilstrukturen für die spätere Programmierung wurde dabei mit einem prozessorientierten Modell gearbeitet, welches in drei Fachskillbereiche strukturiert ist (vgl. Tabelle 18).

Fachkompetenz	**Prozess-Skills:** Fachliche Fähigkeiten und Fertigkeiten, die bei der Ausführung der zentralen Geschäftsprozesse dieser Funktion erforderlich sind. **Prozessübergreifende Skills:** Fachliche Fähigkeiten und Fertigkeiten, die der Funktionsinhaber während des gesamten Kernprozesses benötigt. **Fach- und Spezialwissen:** Spezifisches Hintergrundwissen, das der Funktionsinhaber während der Prozesse benötigt.

Tabelle 18: Gliederung der Fachkompetenz im Putzmeister-Kompetenzprofil
Quelle: Eigene Darstellung.

---

[883] Z.B. Organigramme, Arbeitsplatzbeschreibungen als Hinweis zur tariflichen Einstufung der Arbeitsplätze, Erfahrungsberichte aus ähnlichen Projekten.

[884] Eine ausführliche Diskussion dieser Ansätze nehmen STEININGER/FICHTBAUER/GOETERS vor (vgl. 1995, S. 123–195).

[885] Vgl. Schwarz-Mehrens/ Fliers 2004.

Zur Ermittlung der fachlichen Skills wurde im Workshop folgendermaßen vorgegangen:

- Welche Haupttätigkeiten fallen auf dieser Funktion bzw. den zugeordneten Stellen an?
  ➔ Ermittlung durch Brainstorming und Clusterung mit Metaplan-Technik.
- Was muss man können und wissen, um diese Tätigkeiten ausführen zu können?
  ➔ Ermittlung durch Brainstorming und Clusterung in die Bereiche Prozess-Skills, Prozessübergreifende Skills und Fach- und Spezialwissen.
  Dieser Struktur entsprechend wurden die fachlichen Skills abgefragt und zusammen mit den betroffenen Funktionsinhabern eingeordnet.
- Welches sind die wichtigsten Skills dieser Liste, um die Tätigkeit heute und in Zukunft ausführen zu können?
  ➔ Diskussion und Priorisierung der gesammelten Skills.

Gleichzeitig wurden in den Workshops die erarbeiteten Skalen den Teilnehmern der Pilotgruppen vorgestellt und diskutiert. Auf Wunsch der Mitarbeiter wurde die Stufe 2 der Hard Skills („Nach Auffrischung selbstständiges Arbeiten“) zusätzlich eingefügt. Schließlich wurden die in Tabelle 19 dargestellten Ausprägungsskalen und deren Stufenbeschreibungen festgelegt.

	0	1	2	3	4
Hard Skills	Keine Kenntnisse (erforderlich)	Grundkenntnisse (erforderlich)	Nach Auffrischung selbstständiges Arbeiten (erforderlich)	Selbstständiges Arbeiten (erforderlich)	Experte und Trainer-Wissen (erforderlich)
Soft Skills		Schwach ausgeprägt / Schwache Ausprägung erforderlich	Bedingt ausgeprägt / Bedingt erforderlich)	gut ausgeprägt / Gute Ausprägung erforderlich	Hervorragend ausgeprägt / Hervorragende Ausprägung erforderlich

Tabelle 19: Die Skillausprägungsskalen nach der Planungsphase [886]
Quelle: Eigene Darstellung.

Die Profil-Ergebnisse der Workshops wurden vom Projektteam in eine einheitliche Form gebracht und an den Vorgesetzten zur Prüfung gegeben, sofern dieser nicht an den Workshops teilgenommen hat. Die Veränderungswünsche der Vorgesetzten wurden eingearbeitet und der modifizierte Profilvorschlag den Pilotteilnehmern zurückgemeldet. Die gemeinsam „verabschiedeten“ Anforderungsprofile wurden dann programmiert und in der PM-Skill-Datenbank abgebildet. Anlage 15 zeigt ein Muster eines entsprechend erarbeiteten Profils.

[886] Die Textangaben ohne Klammern bzw. vor dem Schrägstrich gelesen ergeben den Wortlaut der Skala des Eignungsprofils; mit Klammern gelesen bzw. nach dem Schrägstrich entspricht es dem Wortlaut der Skala des Funktionsprofils.

Die Erstellung der Stellenprofile bzw. deren Ableitung aus den Funktionsprofilen war nun Aufgabe der Führungskräfte. Auf der inhaltlichen Ebene war es lediglich notwendig, dass die Führungskräfte nun angaben, wie viele unterschiedlich zu charakterisierende Stellen der Funktion zugeordnet werden. Die Festlegung der gewünschten Anforderungen der Stellenprofile nahmen die Vorgesetzten dann direkt im Skill-Management-Programm im Rahmen des Durchlaufs durch den Skill-Management-Prozess vor.

6.3.3.5 Prozessebene – Durchlauf durch den Skill-Management-Standard-Prozess

6.3.3.5.1 Vorbemerkungen zur Vorgehensweise

Der Pilotdurchlauf stellt den eigentlichen Kern des Pilotprojekts dar und wird deshalb ausführlicher dargestellt. Der Skill-Management-Prozess wurde für den Durchlauf eines Jahres geplant und in Abbildung 33 dargestellt. Das Pilotprojekt beschränkte sich jedoch auf die Operationalisierung und Realisierung der Evaluations- und Planungsschritte (Gap-Analyse und Jahresgespräche), da die operative Umsetzung von Skillentwicklungsmaßnahmen nicht Gegenstand dieser Arbeit ist. Ziel des Durchlaufs durch die Evaluations- und Planungsphase des Skill-Management-Prozesses war es, durch die Konfrontation mit der betrieblichen Realität zu erkennen, welche Prozesse noch nicht definiert sind bzw. welche nicht dem Praxisfeld entsprechend formuliert und gestaltet sind und deshalb angepasst werden müssen.

Die Datenerfassung erfolgte für alle Beteiligten über ein Employee Self Service-System (ESS-System), d.h. die Piloten bekamen geschützte Zugangsdaten zu einem personalisierten Bereich im Intranet und konnten in einem bestimmten Zeitfenster die Einschätzungen ihrer Profile selbst vornehmen. Die EDV-gestützte Dateneingabe für die Gruppe der Facharbeiter war als Problem angesehen worden, da deren Arbeitsplätze nicht mit PCs ausgestattet sind. Es wurde daher überlegt mit Papierausdrucken zu arbeiten. Da aber eine manuelle Erfassung der Daten im Echtbetrieb nicht zu bewältigen ist, musste das Projektteam eine möglichst effiziente Möglichkeit finden, die es auch für den Personenkreis ohne direkten PC-Zugang am Arbeitsplatz möglich macht, ihre Eingaben EDV-gestützt zu tätigen. Im Pilotbetrieb fand die Datenerfassung deshalb nach einer kurzen Einweisung in einem EDV-Schulungsraum statt (vgl. Bild in Anlage 14). Diese Vorgehensweise erwies sich als sehr effektiv, da Fragen zu den Inhalten sofort beantwortet und Probleme im Umgang mit der Hard- und Software direkt gelöst werden konnten. Bedenken bezüglich der IKT-Skills der Mitarbeiter in der Pilotgruppe PM-Facharbeiter im Hinblick auf die Eingabe erwiesen sich als unbegründet. Eine kurze Schulung für den Umgang mit der Maus und einer grafischen Benutzeroberfläche war ausreichend, obwohl einige der Pilotteilnehmer noch keinen „PC-Kontakt" hatten.

Der Durchlauf durch den Skill-Management-Standard-Prozess gestaltete sich in **sieben Schritten**, welche im Folgenden beschrieben und mit Screenshots des Skill-Management-Programmes illustriert werden. Dabei muss beachtet werden, dass im Rahmen des Pilotprojekts nicht der Routinebetrieb eines wiederholten Durchlaufs simuliert werden konnte, sondern nur eine erstmalige Runde. Die gewonnenen Erfahrungen beziehen sich also auf ein Einführungsprojekt und können nicht ohne weiteres auf den echten Routinebetrieb übertragen werden, da eine erstmalige Durchführung, welche zudem unter besonderer Beobachtung steht besondere Motivationseffekte zeigt („Hawthorne-Effekt“[887]), aber auch erstmalige Konfliktpotenziale birgt, z.B. im Rahmen des „Storming“.

6.3.3.5.2 Einschätzung der Skillanforderungen (SOLL)

Für die Führungskraft beginnt der Skill-Management-Prozess mit der (erstmaligen) EDV-gestützten Einschätzung der Anforderungsausprägungen auf den Stellenprofilen. Die Stellen wurden im Vorfeld vom Vorgesetzten aus den gegebenen Funktionen abgeleitet, benannt und vom Administrator eingepflegt. Die Führungskraft wählt zuerst die Stelle aus, die sie bearbeiten möchte und gibt dann die gewünschten Daten in die Eingabemasken ein. Die ersten sechs Schritte dienen zur Eingabe der **Hard Facts** der Stellenprofile:[888]

1. Grundlegende Daten
2. sonstige Einschränkungen
3. Mobilitätsanforderungen,
4. Schul- und Berufsbildung,
5. Führerscheine,
6. Scheine und Lizenzen.

Die zugehörigen Masken sind als Screenshots in der Anlage 16 abgebildet. Sie fordern den User lediglich auf, Skills aus einer Liste auszuwählen. Zur Vereinfachung werden hier Drop-Down-Menüs angeboten. Nachfolgend beginnt der eigentliche Skillbereich (Hard und Soft Skills). Hier ist der Vorgesetzte aufgefordert, den der Funktion zugeordneten Skills im Bezug auf die ausgewählte Stelle bestimmte Ausprägungen zuzuordnen, d.h. für jeden Skill einzuschätzen, in welcher Ausprägung dieser bei einem Stelleninhaber vorliegen sollte. Somit ergeben sich unterschiedliche Stellenprofile, z.B. Konstrukteur 1, 2 und 3. Da jedoch für jede Stelle immer alle Skills der Funktion abgefragt und eingeschätzt werden, ist gewährleistet,

---

887 Als Hawthorneffekt werden die leistungssteigernden Motivationseffekte bezeichnet, welche dadurch entstehen, dass die Gruppenmitglieder sich bewusst sind, dass sie zu einer Testgruppe gehören. Die positiven Ergebnisse bleiben erhalten, auch wenn auf die Gruppe eigentlich negativ wirkende Veränderungen ausgeübt werden. Vgl. ULICH 1998, S. 35ff.

888 Vgl. auch Anlage 8.

dass der Vorgesetzte die qualifikatorischen Anforderungen innerhalb seines Funktionsbereiches nach bestimmten Schwerpunkten auf die vorhandenen Stellen verteilen kann, aber stets die Balance der Skills der gesamten Funktion im Blick behält. Der Gedanke dabei ist, individuelle Stellenprofile zuzulassen, dabei aber eine größtmögliche Flexibilität innerhalb der Funktionen zu ermöglichen. Dies ist insbesondere wichtig im Hinblick auf eine flexible Produktion („fraktale Fabrik") und in Bezug auf Stellvertretungen und Aushilfen für benachbarte Stellen.

Die erste und wichtigste Einschätzung im Bereich der **Hard Skills** betrifft die Fachkompetenz. Über ein Organigramm können entsprechend der hierarchischen Gliederung die weiteren Bereiche aufgedeckt werden, hinter denen am Ende der Kette die jeweilige fachliche Skillmaske liegt. Abbildung 36 zeigt diese Maske am Beispiel der Funktion „Konstrukteure". Anlage 17 zeigt zusätzlich die Screenshots der darunter liegenden Eingabemasken „Prozess-Skills", „Prozessübergreifende Skills" sowie „Fach- und Spezialwissen".

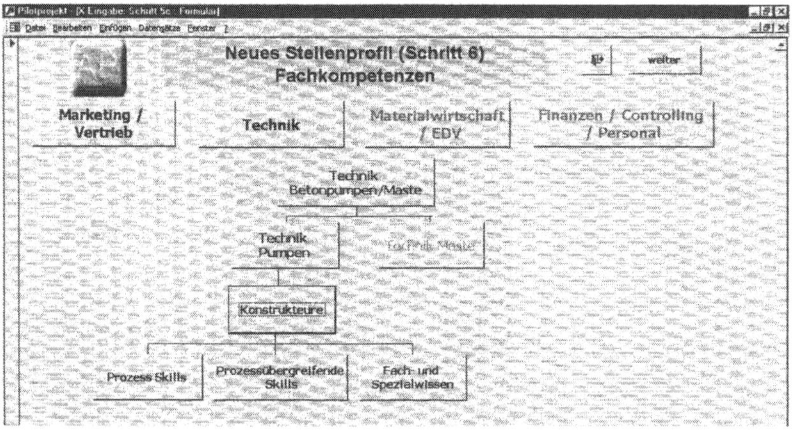

Abbildung 36: Screenshot – Organigrammgesteuerte Maske der Fachkompetenzen
Quelle: Skilldatenbank der Putzmeister AG 2002.

Hat die Führungskraft alle Ausprägungen für die fachlichen Skills festgelegt, dann werden im weiteren Programmverlauf die Masken der Methodenkompetenzen zur Einschätzung angeboten. Nach den Masken 1 bis 6 der Hard Facts folgen also nun die Masken 7 bis 12 (vgl. Anlage 18).

7. Sprachen,
8. EDV-Kenntnisse,
9. Arbeitstechniken,

10. Putzmeisterkompetenz,

11. Medienkompetenz,

ggf. 12. Soft Skills (wurden nur von den außertariflichen Mitarbeitern eingeschätzt).

6.3.3.5.3 Einschätzung des Skillbestandes (IST)

Das Anforderungsprofil ist identisch auch für den Mitarbeiter programmiert, damit später der Abgleich möglich ist. Der Mitarbeiter kann die Einschätzung parallel zur Führungskraft vornehmen, da die beiden Profilseiten unabhängig voneinander gefüllt werden. Nachdem sich der Mitarbeiter über seine Personalnummer und ein Kennwort im Programm identifiziert hat, befindet er sich im Mitarbeitermenü und hat dort die Wahl, ob er zuerst seine Basisdaten eingeben oder bearbeiten will oder ob er direkt in die Selbsteinschätzung einsteigen will (vgl. Abbildung 37).

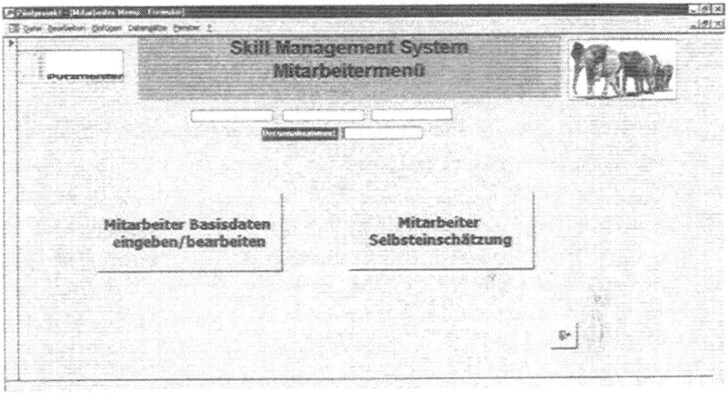

Abbildung 37: Screenshot – Startmaske Mitarbeitermenü
Quelle: Skilldatenbank der Putzmeister AG 2002.

Die Basisdaten entsprechen im Wesentlichen den Hard Facts des Putzmeister-Kompetenzkatalogs. Werden die Basisdaten gewählt, erscheint eine Maske mit 15 Kategorien (vgl. Abbildung 38), hinter denen sich die entsprechenden Submenüs befinden. Deren Masken sind als Screenshots in der Anlage 19 dargestellt.

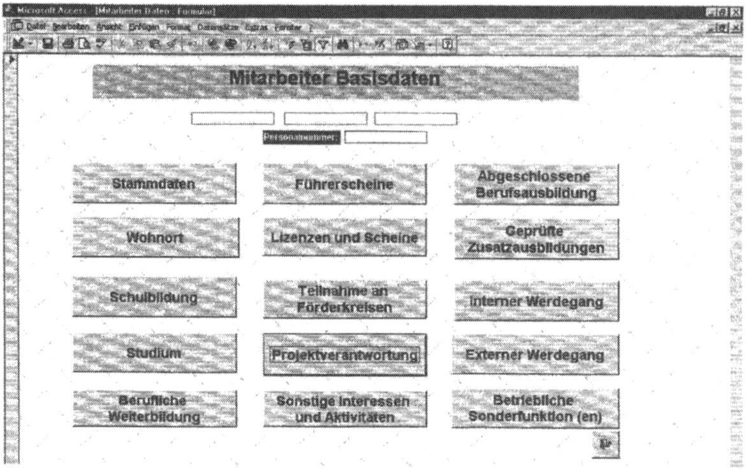

Abbildung 38: Screenshot – Mitarbeiter Basisdaten
Quelle: Skilldatenbank der Putzmeister AG 2002.

Über die alternative Schaltfläche „Mitarbeiter Selbsteinschätzung“ (vgl. Abbildung 37) gelangt der Mitarbeiter in den Bereich der Skills. Hier werden ihm die Skills seiner Stelle zur Einschätzung angeboten. Die Einschätzungen des Vorgesetzten werden dem Mitarbeiter nicht angezeigt. Sind alle Skills des Anforderungsprofils eingeschätzt, kann sich der Mitarbeiter auf weiteren Skills einschätzen, um dem Unternehmen Qualifikationen offenzulegen, die nicht für sein Stellenprofil definiert sind, aber im Skill-Pool vorhanden sind. Dazu wird eine Maske „Zusätzliche Mitarbeiter Selbsteinschätzung“ angeboten, welche wiederum sieben Untermenüs enthält (vgl. Anlage 20). Besonders interessant sind auch hier die Fachkompetenzen (vgl. Anlage 20, Blatt 4). Die Maske gibt dem Mitarbeiter die Möglichkeit, den kompletten Skill-Pool des Unternehmens zu recherchieren und sich auf Skills einzuschätzen, die nicht seinem aktuellen Stellenprofil entsprechen, die er aber evtl. in früheren Stellen in der Firma oder in anderen Unternehmen erworben hat. Diese Möglichkeit zeigt auch hier das Bestreben, der nachfolgenden Gap-Analyse die Tendenz zur Defizitdiskussion zu nehmen und um eine Potenzialdiskussion zu ergänzen, welche hier durch das freiwillige Eintragen von Skills vom Mitarbeiter ausgeht und von der Führungskräfte in der Reflexion der Gap-Analyse aufgegriffen werden sollte. Wenn die Führungskraft und der Mitarbeiter ihre Daten erfasst haben, kann der Soll-Ist-Vergleich vorgenommen werden.

6.3.3.5.4 Soll-Ist-Vergleich und Gap-Analyse

Der Soll-Ist-Vergleich ist die horizontale Auswertung von Stellen- und Mitarbeiterprofil, welchen das Programm automatisch konfiguriert.

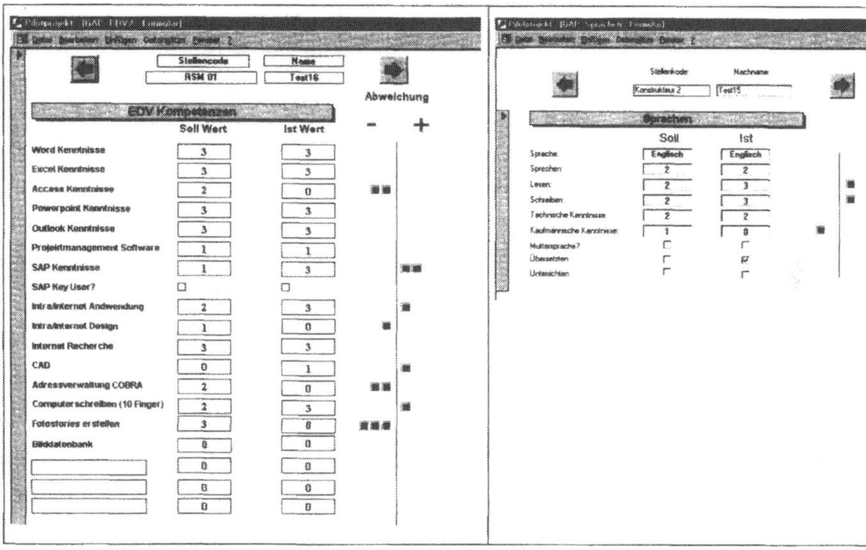

Abbildung 39: Screenshots – Soll-Ist-Vergleiche (Testuser)
Quelle: Skilldatenbank der Putzmeister AG 2002.

Dieser Vergleich stellt die von der Führungskraft eingeschätzten Skillausprägungen der Stelle (nicht der Person!) und die vom Mitarbeiter eingeschätzten Ausprägungen auf diesen und ggf. weiteren Skills gegenüber. Abbildung 39 zeigt Ausschnitte eines Soll-Ist-Vergleiches, der zu Testzwecken erstellt wurde. Durch den Vergleich ergeben sich Überdeckungen (+), Unterdeckungen (–) oder Übereinstimmungen, welche das Programm zur einfachen Analyse grafisch ausgibt.

Die EDV-gestützten Auswertungen werden vom Administrator durchgeführt, nachdem alle Daten eingegangen sind. Mit den Soll-Ist-Vergleichen ist absolut vertraulich umzugehen, da deren Inhalte höchst sensibel sind und bei „unsachgemäßer Behandlung“ der Erfolg des ganzen Projekts auf dem Spiel steht. Im Pilotprojekt wurden die Ergebnisse ausgedruckt und den Piloten, also dem Mitarbeiter und der Führungskraft mit angemessener Frist vor dem Mitarbeiter-Fördergespräch zeitgleich und vertraulich zugestellt. Im Echtbetrieb sollte der Profilvergleich jederzeit vom Mitarbeiter und dem Vorgesetzten selbst durchführbar sein.

Der Profilvergleich – auch „Matching" genannt – ist der Ausgangspunkt für die Gap- oder Delta-Analyse. Die Gap-Analyse führen die Mitarbeiter und Führungskräfte unabhängig voneinander durch. Dabei untersuchen die Beteiligten die Abweichungen, denken über die Ursachen nach und überlegen sich Strategien (vgl. Abbildung 18). Die Ergebnisse dieser Analyse werden im Rahmen eines Mitarbeiter-Fördergesprächs besprochen.

6.3.3.5.5 Mitarbeiter-Fördergespräch

Das Mitarbeiter-Fördergespräch[889] ist das Kernelement des Putzmeister Skillentwicklungsprozesses. Die Gesprächspartner sollen dabei das aktuelle Skillniveau des Mitarbeiters und die Anforderungen der Stelle thematisieren, die Ergebnisse der individuellen Gap-Analysen austauschen und daraus resultierende Maßnahmen vereinbaren. Die Maßnahmen des Fördergesprächs, die sich auf Schulungen beziehen, sollen in die Weiterbildungsbedarfsplanung einfließen.

Die Konzeption des Fördergesprächs im Rahmen des Pilotprojekts lehnt sich eng an den Prozess an, der als Ablaufplan im theoretischen Teil in Abbildung 25 dargestellt ist, d.h.:[890]

- Das zukunftsgerichtete Fördergespräch wird mit dem vergangenheitsorientierten Beurteilungsgespräch[891] der Mitarbeiter verknüpft und an den Prozess der Weiterbildungsbedarfsplanung und an die Prozesse des Weiterbildungsanbieters gekoppelt.[892]
- Mitarbeiter und Führungskraft sind am Gespräch beteiligt, Personalentwickler und Arbeitnehmervertretung können auf Wunsch im Vorfeld fachliche, persönliche oder verfahrenstechnische Beratungen leisten.
- „All participants have to be clearly advised and trained before taking part in the skill management process."[893], d.h. alle Beteiligten werden durch ausführliche Briefings sorgfältig auf das Gespräch vorbereitet.[894] Alle Führungskräfte bei Putzmeister, die Beurteilungen durchführen, sind zusätzlich im Durchführen von Mitarbeitergesprächen geschult.[895]

---

889 Vgl. zu Mitarbeitergesprächen DULL 1993, MODROW-THIEL 1993, S. 143-144, HOFBAUER/WINKLER 1999, NAGEL/OSWALD/WIMMER 2001.

890 Vgl. Kapitel 4.2.3.6.

891 Für die Gruppe der außertariflich eingestuften RSM entfällt das Beurteilungsgespräch, da deren Beurteilung im Rahmen der Zielvereinbarungsgespräche erfolgt. Da diese nicht zeitgleich mit den Beurteilungsgesprächen stattfinden, können sie im Rahmen des Pilotprojektes nicht mit dem Mitarbeiter-Fördergespräch gekoppelt werden.

892 Vgl. die Diskussion in Kapitel 6.3.2.5.

893 BRAIM 1999, S. 31.

894 Vgl. ELBERT 2000, S. 133.

895 Dies ist durch eine BV zur Mitarbeiterbeurteilung ebenfalls festgelegt.

- Als Hilfsmittel zur strukturierten und standardisierten Durchführung dienen vom Projektteam entwickelte Formblätter mit Vorbereitungsfragen (vgl. Anlage 21), ein Gesprächsleitfaden (vgl. Anlage 22) und ein Protokoll (vgl. Anlage 23). Das Protokoll wird im Pilotprojekt nur von der Gruppe der RSM verwendet, da für die tariflich eingestuften Mitarbeiter die vereinbarten Maßnahmen auf einem durch eine BV vorgeschriebenen Beurteilungsbogen festgehalten werden. An dieser Stelle konnte der „Pilotbogen" das vorhandene Werkzeug nicht ersetzen, da sonst der Prozess der leistungsorientierten Entlohnung hätte verletzt werden könnten, welche den herkömmlichen Bogen zwingend vorsieht.

Vor dem Gespräch wurden folgende Punkte geplant und durchgeführt:

1. Abstimmung mit dem Betriebsrat über geplantes Vorgehen,
2. Rückmeldung der Soll-Ist-Vergleiche; gleichzeitig Terminvereinbarungen und Informations- und Vorbereitungsblätter an die Mitarbeiter (Skillprofil, Leitfaden, Vorbereitungsbogen),
3. Gap-Analysen durch den Mitarbeiter und die Führungskraft und
4. Briefing der Mitarbeiter und Vorgesetzten.

In der Durchführung des Fördergesprächs ist folgende Reihenfolge vorgeschlagen:

1. „Warm-Up" (Begrüßung, Austausch über Befinden etc.);

2. Reflexion der Gap-Analyse und der derzeitigen Aufgabe(n);

3. Vereinbaren von Qualifizierungsmaßnahmen. Hier wird in den Briefings und auch durch den Abdruck von Abbildung 41 im Gesprächsleitfaden besonders darauf hingewiesen, dass diese Maßnahmen nicht automatisch abteilungsexterne Schulungsmaßnahmen sein müssen, sondern zuvor abteilungsinterne und abteilungsübergreifende budgetneutrale Maßnahmen zu prüfen sind;

4. Besprechung der Eignung für fachlich andere Aufgabe/Funktion, evtl. Vereinbaren von Maßnahmen;

5. Potenzialanalyse bezüglich Fach- und Führungslaufbahn, evtl. Vereinbaren von Maßnahmen;

6. Unterzeichnung durch die Gesprächspartner und Anmelden konkreter Schulungsmaßnahmen im Formular der Weiterbildungsbedarfsermittlung durch die Führungskraft.

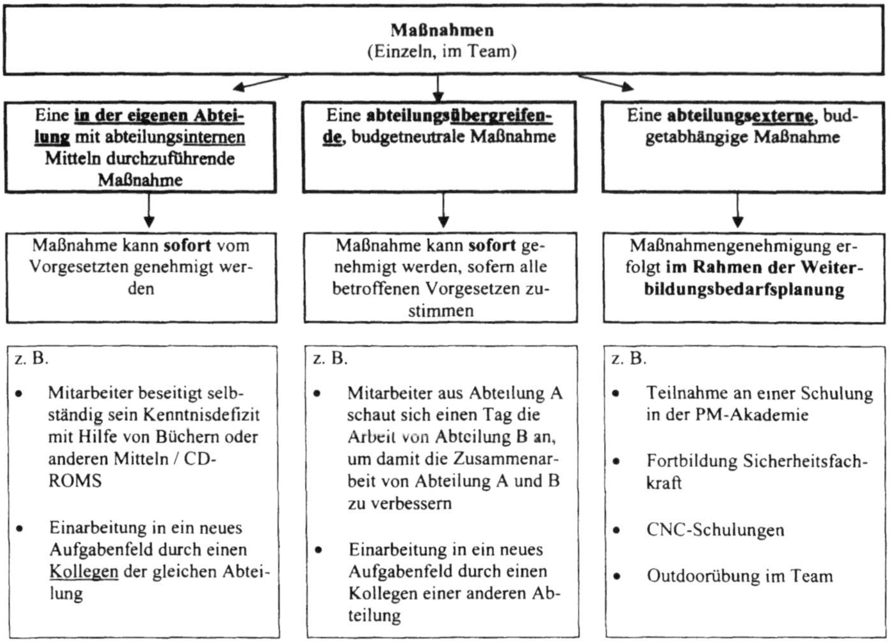

Abbildung 40: Möglichkeiten von Fördermaßnahmen in der Skillentwicklung.
Quelle: Eigene Darstellung.

6.3.3.5.6 Evaluation durch den Skill-Manager

Die Evaluationsphase wird bottom-up durchgeführt und bildet damit den Gegenstrom zum Top-down-Vorgehen der Anforderungsermittlung. Bottom-up bedeutet, dass zuerst die Gespräche zwischen Mitarbeiter und Führungskräften stattfinden, dann die Gespräche zwischen Führungskräften und Skill-Manager und zuletzt zwischen Skill-Management und Personal- und Unternehmensleitung.

In der Evaluationsphase bekommt der Skill-Manager viele Daten auf den Tisch. Zum einen sind dies die „harten Daten“ aus den eingeschätzten Profilen und aus den Soll-Ist-Vergleichen. Diese kann er nun durch Aggregation vertikal auswerten. Abbildung 41 zeigt ein Beispiel einer Auswertung, wobei diese aus Datenschutzgründen nur mit Test-Daten durchgeführt wurde. Eine umfangreichere Auswertung war mit dem selbst erstellten Programm nicht möglich. Die Standardprogramme hingegen bieten in ihrer Berichte-Funktion umfangreiche Funktionalitäten für entsprechende Auswertungen.

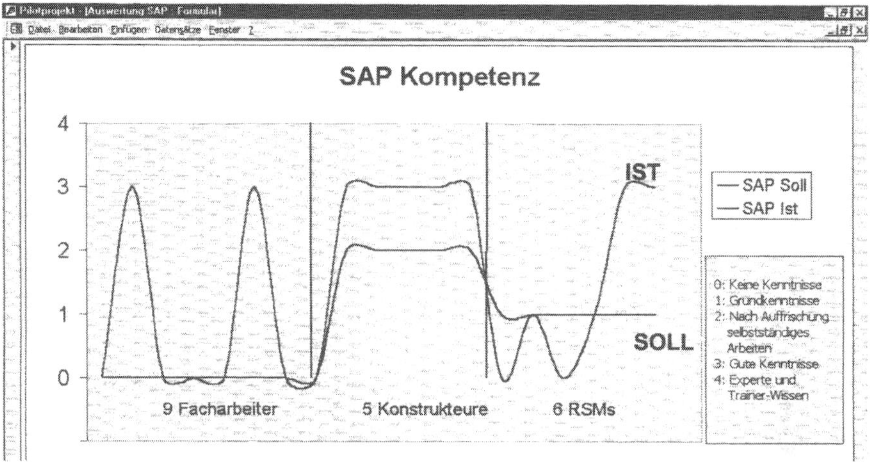

Abbildung 41: Screenshot – Evaluation von Testuser am Beispiel SAP-Kompetenz
Quelle: Skilldatenbank der Putzmeister AG 2002.

Eine weitere wichtige Datenquelle für den Skill-Manager sind evaluierende Gespräche mit den Betroffenen. Während die individuellen Jahresgespräche mit den Mitarbeitern in die Personalentwicklungsfunktion der Führungskraft fallen, hat der Skill-Manager die Aufgabe, evaluierende Jahres-Review-Gespräche mit allen Führungskräften zu führen. Diese Jahresgespräche dienen dazu, die Ergebnisse der Mitarbeiter-Fördergespräche gemeinsam zu interpretieren, abteilungsspezifische Bedarfe abzuleiten und Maßnahmen zu formulieren. Diese Gespräche sind zudem eine wichtige Quelle, um informelle Bedarfe und Probleme herauszuhören und den Kontakt zu den Führungskräften aufrechtzuerhalten. In der Aggregation der Jahresreviews lassen sich bereichsübergreifende Probleme und Bedarfe erkennen und bedarfsgerechte Sonderprogramme konzeptionieren (vgl. Abbildung 33). Aufgrund der Sondersituation im Einführungsprojekt konnten mit den Führungskräften keine Jahres-Review-Gespräche durchgeführt werden. Statt dessen wurde eine Feedback-Gesprächsrunde zu den Ergebnissen der Mitarbeiter-Fördergespräche durchgeführt.

Aufgrund der genannten Beschränkung dieser Arbeit auf die Konzeption des Skill-Management-Prozesses und der Skilldatenbank wurden die weiteren operativen Schritte des Skill-Management-Standard-Prozesses nicht mehr vom Verfasser als Forscher begleitet.

6.3.3.6 Ebene der Akteure/Kommunikation – Norming and Performing

In der eigentlichen Arbeitsphase, dem „Performing" bringt das Team die optimale Leistung. Durch die intensive Zusammenarbeit wird das Wir-Gefühl ausgebaut. Der Beginn der Arbeitsphase und damit der Beginn des eigentlichen Pilotprojekts gestaltete sich für die Teilnehmer im Rahmen von Auftaktveranstaltungen, so genannten „Kick-off-Meetings“, welche aus organisatorischen Gründen für jede Gruppe separat durchgeführt wurden.

Ziel war es, die Gruppenmitglieder zusammenzubringen, durch einen motivierenden Start die Grundlage für ein Wir-Gefühl zu legen, mit Hilfe einer Präsentation über das Projekt zu informieren, die Projektziele zu kommunizieren, den weiteren Ablauf zu besprechen und Fragen zu klären, um so die Akzeptanz und Mitarbeit zu fördern. Im Rahmen der Eröffnungspräsentation wurden auch die wichtigsten Regeln der BV nochmals diskutiert (vgl. Abbildung 42) und die Formulare der Einverständniserklärung ausgeteilt (vgl. Anlage 12). Insbesondere die erste Regel in Abbildung 42 zeigt die Offenheit des Pilotprojekts. Die Pilotteilnehmer konnten zu jeder Zeit aus dem Projekt aussteigen. Tatsächlich wurde diese Option nur von einem Mitarbeiter wahrgenommen, und zwar direkt nach dem Kick-off-Meeting. Daneben wurden alle Beteiligten darüber informiert, dass sie sich bei Fragen und Problemen zu jeder Zeit per Mail oder Telefon an den Projektleiter wenden können (Hotline). Die nicht direkt beteiligte Unternehmensleitung wurde anhand von Statusberichten regelmäßig über den Projektfortschritt informiert.

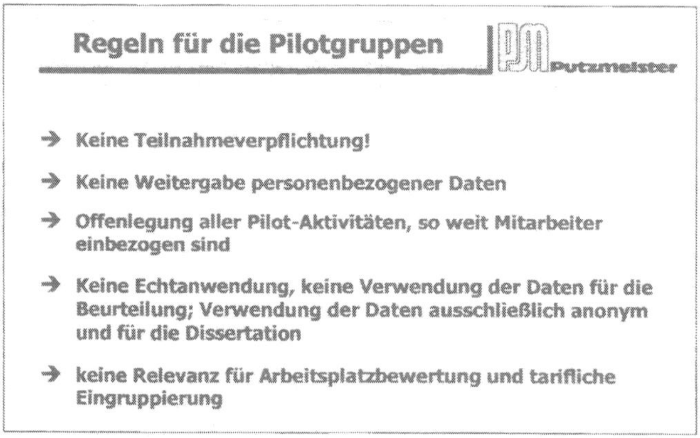

Abbildung 42: Regeln für die Pilotgruppen (Originalfolie aus den Kick-Off-Meetings)
Quelle: Eigene Darstellung.

6.3.3.7 Systemebene – Handling der Systeme im Pilotbetrieb

Während des Pilotbetriebs wurden die von den Führungskräften und Mitarbeitern eingegebenen Daten auf Plausibilität und Fehler geprüft. Zum Teil wurden die Daten handschriftlich eingereicht und müssen nachträglich eingepflegt werden. Hinzu kommt die Weiterentwicklung des Programms, d.h. der Administrator hat die Aufgabe, laufend Anpassungen vorzunehmen und Fehler zu beheben.

Für den Support der Pilotteilnehmer war eine Hotline eingerichtet. Zusätzlich wurden die Piloten mit Informationsblättern zur technischen Funktionsweise der Skilldatenbank unterstützt. Die entsprechenden Anfragen gaben gute Hinweise, welche Hilfefunktionen in das Programm eingebaut werden müssen bzw. welche Broschüren und Handbücher den späteren Echtbetrieb optimal unterstützen können. Teilnehmer ohne IKT-Erfahrung wurden vor der gemeinsamen Einschätzungsrunde vom Administrator kurz unterwiesen. Auch diese Erfahrungen lassen sich ideal für die Konzeption späterer EDV-Schulungen und Briefings verwenden.

6.3.4 Evaluationsphase

6.3.4.1 Forschungsebene – Evaluation des Forschungsprojektes

Da das Forschungsprojekt in Kapitel 6.4 evaluiert wird, soll in den folgenden Kapiteln nur kurz auf die wichtigsten Evaluationsmöglichkeiten im Rahmen des Skill-Management-Projektes eingegangen werden. An dieser Stelle sei vorweggenommen, dass der Verfasser in seiner Dreifachrolle als Forscher, Projektleiter und Skill-Manager durch die Strategie der Aktionsforschung sehr tiefe und gleichzeitig auch übergreifende Einblicke in das Praxisfeld gewinnen konnte, welche eine externe Forschung sicher nicht ermöglicht hätte. Der Nachteil ist, dass die gewonnenen Erfahrungen sehr spezifisch das untersuchte Praxisfeld reflektieren und eine Übertragung auf andere Fälle nur begrenzt möglich erscheint. Trifft dieser Nachteil sicher auf das Ergebnis der Fallstudie zu (summativer Aspekt), so bietet vor allem die formative Evaluation wichtige Anhaltspunkte für ähnlich gelagerte Forschungs- und Praxisprojekte. Die Nachteile der Aktionsforschung werden damit aufgewogen, zumal deren Auswirkungen bereits in der Formulierung des Forschungsziels und dem Forschungsdesign antizipiert waren.

6.3.4.2 Ebene der Projektsteuerung – Projektabschluss und Evaluation des Pilotprojekts

Zum Projektabschluss fand ein Abschlusstreffen des Projektteams statt, bei dem auch die Projektorganisation und die Projektsteuerung reflektiert wurden. Diesem Abschlusstreffen schloss sich ein Restaurantbesuch an, um auch dem „Adjourning“ des Projektteams den passenden Rahmen zu geben. In einem weiteren Abschlussmeeting mit dem Leiter des Personalmanagements wurden neben den inhaltlichen Ergebnissen des Pilotprojekts auch eine abschließende Budgetabrechnung vorgelegt und im Rahmen eines Ausblicks Anschlussprojekte im Praxisfeld besprochen.

Als organisatorisches Hauptproblem und Engpass in der Projektplanung wurde das Zeit- bzw. das Prioritätenproblem der Führungskräfte und der sehr kurzfristig planenden und handelnden Regional Sales Manager identifiziert. Es muss daher das Ziel sein, entsprechende Projekte möglichst hoch auf deren Prioritätenliste anzusiedeln. Dies ist durch extrinsische und intrinsische Motivation erreichbar. Während die Mitarbeiter extrinsisch über den Umweg der Unternehmensleitung bzw. der Vorgesetzten motiviert werden können, kann die intrinsische Motivation der Mitarbeiter geweckt werden, indem den Teilnehmern der individuelle Nutzen des Projekts und die Operationalisierbarkeit der zu erwartenden Ergebnisse für das eigene Tätigkeitsfeld deutlich vermittelt wird. Auch aus diesem Grund werden die Nutzenargumente in Bezug auf die einzelnen Akteure in Kapitel 6.4.5 nochmals reflektiert.

6.3.4.3 Zielebene – Zielkontrolle und Evaluation des Controllings

Beim Abschluss des Pilotprojekts muss kritisch gefragt werden, ob die angestrebten Projektziele des Praxisfeldes erreicht werden bzw. ob die eingerichtete Projektsteuerung über ein Projektteam und eine Lenkungsinstanz die Zielerreichung fördert? Unter Umständen muss entschieden werden, ob die ursprünglichen Ziele revidiert werden und evtl. in einem neuen Projekt bearbeitet werden sollten. Im vorliegenden Praxisprojekt wurde festgestellt, dass alle Projektziele erreicht wurden, da (1) eine Skilldatenbank programmiert und mit Daten gefüllt wurde, (2) ein integrierter und vernetzter Skill-Management-Prozess modelliert und zum Teil durchlaufen wurde, (3) den beteiligten Akteuren spezifische Personalentwicklungsaufgaben zu den zugeteilt wurden und (4) ein Pflichtenheft erstellt wurde, welches als Grundlage für den Kauf einer Standard-Software dienen soll.

6.3.4.4 Inhaltsebene – Evaluation des Skillkatalogs und Skill-Pools

Auf der inhaltlichen Ebene kommen vor allem folgende Auswertungen des Skillkatalogs und des Skill-Pools in Frage. Die wichtigsten im Rahmen des Pilotprojekts sind die Evaluation der Funktionsspannen und Funktionstiefen.

Die **Funktionsspanne** ist die Anzahl der Mitarbeiter je Funktion. Je mehr Funktionen im Unternehmen definiert sind, desto geringer ist bei gleicher Mitarbeiteranzahl die Funktionsspanne, da weniger Mitarbeiter einer Funktion zugeordnet sind. Ziel ist hier Spannen zu formulieren, die breit genug sind, um Schwerpunkte bilden zu können und die eng genug sind, um die Funktion noch trennscharf abbilden zu können. Ein einfaches, aber wirkungsvolles Hilfsmittel zur Identifikation ausreichend breiter Schlüsselfunktionen ist die Stellenlandkarte (vgl. Anlage 2). Im vorliegenden Fall konnten in einer ersten Runde 16 Schlüsselfunktionen mit insgesamt 400 Mitarbeiter identifiziert werden, was einer durchschnittlichen Funktionsspanne von 25 entspricht. Dieser Wert wurde als überraschend hoch gewertet, kam jedoch nur zustande durch den Einbezug des gewerblichen Bereichs, in dem überdurchschnittlich viele Mitarbeiter ähnliche Stellen besetzen.

Die **Funktionstiefe** bestimmt sich durch die Anzahl der Skills je Funktion. Je mehr Skills einer Funktion zugeordnet werden, desto tiefer ist das Profil. Ziel ist auch hier eine optimale Tiefe, die überschaubare Profile zulässt, gleichzeitig aber auch trennscharf und aussagekräftig sind. Durch den Einbezug der fachlichen Skills (53 Skills pro Profil) ergibt sich im Pilotprojekt eine durchschnittliche Funktionstiefe von 114 Skills pro Profil (ohne Soft Skills) (vgl. Tabelle 20). Dieser Wert eignet sich sehr gut als Rahmenvorgabe und Richtwert bei der Erstellung neuer Berufsbilder, welche sich auf die gleiche Struktur stützen.

Weitere inhaltliche Evaluationsmöglichkeiten sind:[896]

- Ranking der einzelnen Skills (z.B. nach Mitarbeitereinschätzung, nach Anforderungshöhe, nach Größe der Gaps.)
- Prüfung des Skillkatalogs auf Redundanzen/Erweiterungen/Querverbindungen. Vor allem im Bereich der fachlichen Skills müssen die Funktionsprofile auf Laufbahnpfaden aufeinander abgestimmt sein, (vgl. Abbildung 43),
- Evaluation der Auswertungsmöglichkeiten und des Messverfahrens
- Evaluation der freiwilligen Ist-Skills und entsprechende Überarbeitung des Skillkatalogs.

---

[896] Vgl. auch Kapitel 4.2.3.5.

		Facharbeiter (BP)	Konstrukteur	RSM	Mittel
Fachkompetenz	Prozess-Skills	38	19	7	21
	Prozessübergreifende Skills	12	12	16	13
	Fach- und Spezialwissen	5	34	16	18
	SUMME fachliche Skills	55	65	39	53
Methodenkompetenz	• Sprachkenntnisse	6	12	18	12
	• EDV-Kenntnisse		15		
	• Arbeitstechniken		11		
	• Projektkompetenz		2		
	• Medienkompetenz		9		
	SUMME methodische Skills	43	49	55	49
Putzmeister-Kompetenz			12		
	SUMME Hard Skills	110	126	106	114
Soft Skills		0	0	30	
	SUMME Skills	110	126	136	124

Tabelle 20: Funktionstiefen im Pilotprojekt
Quelle: Eigene Darstellung.

Aufwendige Änderungen, die das Einfügen von neuen Menüpunkten und Masken erfordern, können nur zentral vorgenommen werden. Für die zentral vorzunehmenden Änderungen ist der Skilladministrator bzw. das Skill-Board zuständig. Die Aufgabe der Skill-Boards wird in der Einführung durch die Pilotgruppen übernommen. Sinnvollerweise werden für einen späteren Routinedurchlauf die Skill-Boards aus den Pilotgruppen heraus gebildet, damit die Mitglieder des Skill-Boards als Promotoren und Multiplikatoren des Systems das notwendige inhaltliche und prozessuale Wissen schon bereitstellen.

6.3.4.5 Prozessebene – Evaluation des Prozessdurchlaufs

Die formative Evaluation des Prozessdurchlaufs ist eine den Prozess ständig begleitende Aufgabe des Skill-Managers. Insbesondere kann er sich folgende Fragen stellen:

- Wo sind kritische Pfade, d.h. wo sind die Zeitfenster für einzelne Teilprozesse so bemessen, dass kein oder zu wenig Puffer für Anschlussprozesse bleibt?
- Wie sind die Durchlaufzeiten der Teilprozesse? Welche Ansatzpunkte zur Verringerung gibt es? Welche Kosten entstehen?
- Wo sind redundante Prozesse? Welche Prozesse können reduziert, zusammengefasst oder komplett gestrichen werden?
- Welche Prozesse sind noch nicht abgebildet? Welche Routinen können standardisiert und institutionalisiert werden?
- Welche Prozesse müssen durch Informationen unterstützt werden?

6.3.4.6 Ebene der Akteure/Kommunikation – Feedbackrunden und Adjourning

Vor dem Abschluss des Projekts fanden abschließende Feedbackrunden zur Evaluation der Fördergespräche statt. Zuvor wurden die Pilotteilnehmer mit einem eigenen Feedbackbogen dazu befragt (vgl. Anlage 24). In persönlichen Evaluationsgesprächen mit den beteiligten Mitarbeitern und (separat) mit den Führungskräften wurden zusätzliche Hinweise für die Gestaltung dieses Teils des Prozesses erfragt. Ebenso wurde nach dem Nutzen des Systems gefragt. Ebenso war es interessant zu wissen, wie sich die Erwartungen zu Beginn des Projekts mit den Erfahrungen während des Projekts verhielten.

Die Ergebnisse dieser Befragungen und die Bewertung der Konzeption aus Sicht der Akteure fließen in die Gestaltungsempfehlungen des Kapitels 6.4 ein.

In der abschließenden Teamentwicklungsphase des „Adjourning" (d.h. des „Vertagens") wird Abschied genommen und das Team löst sich auf. Das im Rahmen der Pilotgruppen entstandene Wir-Gefühl wird sich nach einiger Zeit verlieren.. Zur bewussten Gestaltung des Abschiednehmens wurde dann ein gemeinsames Projektabschlussmeeting unter Teilnahme aller Akteure durchgeführt. Vor dem Austritt des Forschers aus dem Praxisfeld wurden die Ergebnisse des Projekts zusätzlich dem Führungskreis und der Unternehmensleitung präsentiert.

6.3.4.7 Systemebene – Funktionalitäts- und Rentabilitätskontrolle

Zum Abschluss des Projekts stand auch die Prüfung und Auswertung der Skill-Management-Software an. Neben der Evaluation der Zugriffshäufigkeiten und -dauer wurden alle Veränderungen und Anpassungen, die notwendig sind (Berichte, Such- und Auswertungsfunktionalitäten etc.), dargestellt und in einem Pflichtenheft für die nächste Version bzw. zur Vorbereitung einer Kaufentscheidung für ein Standardsystem zusammengefasst. Innerhalb dieser Vorbereitungen war auch ein Review der Marktanalyse und Neuheiten im Skill-Management-Bereich integriert.

6.4 Ergebnisse des Pilotprojekts und Gestaltungsempfehlungen

Im Folgenden werden aus den Erfahrungen des Skill-Management-Projektes Schlüsse gezogen und Empfehlungen zur Konzeptionierung eines entsprechenden Systems gemacht. Die Empfehlungen werden zweckmäßig auf die genannten Ebenen bezogen.

6.4.1 Gestaltung der Zielebene

Nach einer Umfrage des IT-Portals GULP scheitern 36 % aller IT-Projekte (und zwar am häufigsten) an unpräzisen Vorgaben der Auftraggeber.[897] Dies verdeutlicht ergänzend zu den Erfahrungen im Projekt, dass eine klare Zielsetzung in Verbindung mit einem eindeutigen Auftrag der Unternehmensleitung bzw. der Entscheider unbedingt notwendig sind! Welche Ziele können nun mit einem Skill-Management-System unterstützt werden? Da mit einem Skill-Management-System personenbezogene negative Soll-Ist-Abweichungen, also Defizite, ausgewiesen werden können, besteht immer die Gefahr, dass das System zur Selektion von Mitarbeitern missbraucht wird, obwohl dies schon aus Gründen der Legalität nicht Ziel eines Skill-Management-Systems sein kann. Bedenken und Befürchtungen der Mitarbeiter, die in diese Richtung gehen, müssen jederzeit ernst genommen und thematisiert werden. Eine Kaschierung oder „Verniedlichung" der Problematik erhöht das Misstrauen.[898]

Es muss darauf geachtet werden, dass das Skill-Management-System nicht für andere Zwecke als die ursprünglich festgelegten eingesetzt wird. „Management can quickly lose the confidence of the staff if they make use of skill-based data in ways different from their stated intentions."[899] Dies kann vor allem dann passieren, wenn im Lauf des Projekts oder nach Erfassung der Daten neue Motivationen und Begehrlichkeiten entstehen, welche im Rahmen des Skill-Management-Systems abgedeckt werden sollen.

Dies kann zu einer Verwässerung des ursprünglichen Ziels führen. In jedem Fall sollte vermieden werden, gleichzeitig zu viele Ziele mit dem Skill-Management-System verfolgen zu wollen. Zu viele Ziele erhöhen durch die benötigten Funktionalitäten die Komplexität und damit die Kosten für Entwicklung und Anpassung des IT-Systems und dessen Anfälligkeit für Störungen.

Wenige Ziele versprechen ein einfaches Skill-Management-System und einfache Systeme lassen sich schneller implementieren, einfacher kommunizieren, sind kostengünstiger, erlangen in der Regel schnellere Akzeptanz und sind daher wahrscheinlich erfolgreicher als überladene Lösungen, die alle Personalentwicklungsprobleme auf einen Schlag lösen sollen und an ihren überzogenen Ansprüchen scheitern. Dies könnte auch der Grund sein, warum viele Anwender trotz des Zieles der Systemintegration eine einfache und ausgereifte Speziallösung einer höchst komplexen Standardlösung vorziehen.

---

897 Vgl. GULP Information Services 2004.

898 Vgl. HORWALD u.a. 2000, S. 68.

899 SkillView Technologies Inc. 2001, S. 7.

Die Verwendung des Systems sollte sich zweckmäßig auf die Informationsunterstützung bei der Suche nach und der Auswahl von Personen begrenzen. Automatische Dispositionen, z.B. von Schulungsmaßnahmen durch das System, sind zu vermeiden, da dies dem Grundsatz der modernen Personalentwicklung widerspricht, den Mitarbeiter zum selbstverantwortlichen Entscheider seiner betrieblichen Kompetenzentwicklung zu machen. Entwicklungsmaßnahmen sind deshalb im Gespräch zwischen Mitarbeiter und Führungskraft zu ermitteln und abzustimmen. Die Aufgabe des Skill-Management-System ist dabei auf die Erstellung des Profilvergleichs reduziert.

6.4.2 Gestaltung der Inhaltsebene

Die Darstellung des Fallbeispiels hat gezeigt, dass die inhaltliche Gestaltung des Skill-Management-Systems bzw. der Skilldatenbank ein vielschichtiger Prozess ist, der dem Unternehmen viele Möglichkeiten bietet, um die betrieblich induzierten Personalentwicklungsmaßnahmen auf ein stringentes System von Skills und auf eine unternehmensweit einheitliche Profilarchitektur aufzubauen.

Die Gestaltung des Skill-Management-Systems beginnt mit der Definition einheitlicher Funktionen. Die weitere Identifikation der Schlüssel- oder Kernfunktionen und damit auch der Kernkompetenzträger ist für das Unternehmen die entscheidende Voraussetzung dafür, ein Kompetenzportfolio abbilden zu können (vgl. Abbildung 5). Dieses zeigt, wo strategische Bemühungen notwendig sind, um die Kompetenzbilanz des Unternehmens und seiner Mitarbeiter zu optimieren und um damit einen dauerhaften Wettbewerbsvorteil zu erlangen oder zu erhalten. Die Ermittlung der Schlüsselfunktionen über die Stellenlandkarte machte zudem deutlich, dass die strukturellen Voraussetzungen für ein effektives Kompetenzmanagement auch mit einfachen Mitteln geschaffen werden können.

Erst durch den Aufbau unternehmensweit standardisierter Profile und Berufsbilder lassen sich zudem überhaupt stringente Laufbahnen abbilden. Diese Erfahrung war auch im Pilotprojekt sehr wichtig, denn das „Laufbahnargument" ist eines der stärksten, das die betriebliche Personalentwicklung gleichermaßen dem Mitarbeiter und dem Unternehmen gegenüber einsetzen kann. Mit rund 800 Mitarbeiter am zentralen Standort in Deutschland hat das Praxisunternehmen der Fallstudie eine Größe, bei der angenommen wird, dass bei den Verantwortlichen der Überblick über das Können und Wissen der Mitarbeiter noch vorhanden ist. Tatsache ist aber, dass die Führungskräfte die Anforderungen abteilungsfremder Funktionen und auch die Skills abteilungsfremder Mitarbeiter kaum kennen. Auf der anderen Seite haben die Mitarbeiter kaum konkrete Informationen über ihre beruflichen Entwicklungsmöglichkeiten im Unternehmen. Insbesondere für den Bereich der Laufbahnplanung bietet ein Skill-Management-

System sowohl für die Führungskräfte als auch für die Mitarbeiter die Möglichkeit über die Abteilungsgrenzen hinauszusehen und längerfristige Pläne zu machen.

Abbildung 43 zeigt eine Laufbahn über vier Berufsbilder, die im Rahmen des Skill-Management-Projekts entwickelt und zur Diskussion gestellt wurde. Das Modell impliziert mehrere wichtige Grundprinzipien des hier dargestellten Skill-Management-Systems:

- Alle Bereiche, also auch die Berufsausbildung, sind über eigene Profile in das Skill-Management-System und damit in die Personalentwicklung integriert;
- die Laufbahn zeigt den Anschluss des gewerblichen Bereichs an den Angestelltenbereich auf und
- das Modell zeigt dem Mitarbeiter Perspektiven auf, nennt durch die zugrunde liegenden Profile aber auch klar die Anforderungen, die eine entsprechende Laufbahn voraussetzt.

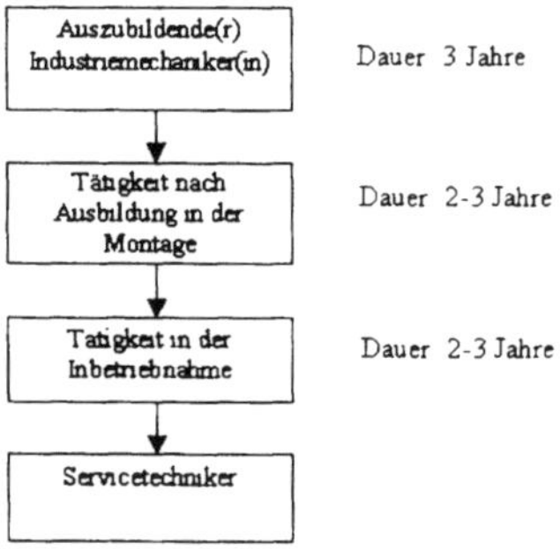

Abbildung 43: Laufbahnmodell im Praxisfeld der Putzmeister AG
Quelle: Eigene Darstellung.

Im zweiten Schritt wurden die Kompetenzprofile in enger Kooperation mit den Betroffenen ausgearbeitet. Dieser Prozess war aufwändig, da er zum Teil mehrere Workshops erforderte. Die wichtigste Erfahrung in diesem Zusammenhang war jedoch, dass durch die detaillierte Vorgehensweisen bei den Pilotgruppen Strukturen erarbeitet und Prozesserfahrungen gemacht wurden, die es ermöglichten, weitere Berufbilder im zweiten Teil des PSM-Projekts[900] in wesentlich kürzerer Zeit zu entwickeln. Abbildung 44 gibt einen Überblick über die in den zwei Schritten entwickelten Funktionsprofile.

---

[900] Von April bis Juni 2003

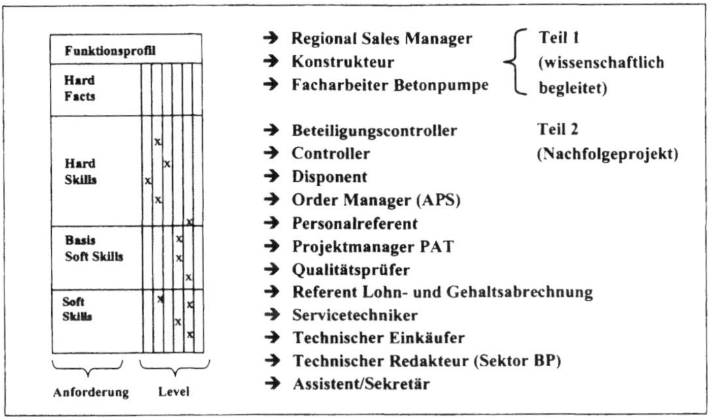

Abbildung 44: Funktionsprofile im Pilot- und Nachfolgeprojekt
Quelle: Eigene Darstellung.

Ein weiterer wichtiger Punkt zur Gestaltung sind die Erläuterungen zu den Skills. Die Mitarbeiter und Führungskräfte hatten bei der Einschätzung ihrer Profile zur Unterstützung nur die angegebenen Abbildungsvorschriften (vgl. Tabelle 19), denn die Erarbeitung zusätzlicher Erläuterungen der Skalenstufe für jeden Skill gestaltet sich als sehr aufwändig. Sie wurde nur für einzelne Skills probehalber vorgenommen (vgl. Anlage 26).

Die Notwendigkeit solcher Erläuterungen zeigt sich jedoch deutlich im Feedback zu den Mitarbeiter-Fördergesprächen. Es wurde oft angegeben, dass es sehr schwierig war, sich selbst „objektiv" einzuschätzen (Mitarbeiter) bzw. die Anforderungen entsprechend festzusetzen (Führungskräfte). Skillspezifische Erklärungen der Ausprägungsstufen helfen, die Unsicherheiten zu reduzieren. Außerdem können die Erläuterungen die Verbindung zu Weiterbildungskursen darstellen und so auch die Maßnahmenplanung zur Skillentwicklung vereinfachen. Zusätzliche Erläuterungen sind ebenso für die Begriffe der Hard Facts sinnvoll (z.B. Definition von Führerscheinklassen). Die entsprechenden Erklärungen können in Fenstern, in den Dropdown-Skalen oder auf verlinkten Seiten hinterlegt werden und ermöglichen den Systemnutzern zudem eine weitgehend eigenständige Dateneingabe. Die Erarbeitung detaillierter Abbildungsvorschriften für alle Skills wurde deshalb als eine der wichtigsten Aufgaben für die Anschlussprojekte ermittelt. Auch hier muss in enger Kooperation mit den Mitarbeitern gearbeitet werden, damit die Mitarbeiter die skillspezifischen Erklärungen auch verstehen und akzeptieren. Die konsequente Einbindung aller beteiligten Akteure sicherte nicht nur die Akzeptanz für das gemeinsam Entwickelte, sondern erzeugte auch eine intrinsische Motivation zur Übernahme von Verantwortung für die eigene Entwicklung.

6.4.3 Gestaltung der Prozessebene

Das Pilotprojekt ermöglichte erstmals eine systematische Darstellung des Weiterbildungs- bzw. des Personalentwicklungsprozesses unter Einbeziehung aller beteiligten Akteure. Das Denken in dynamischen und flexiblen Prozessen statt in starren „Ab-teilungen" und Hierarchien wird zwar in der Managementliteratur schon seit langer Zeit als vorteilhaft erkannt und empfohlen, die betriebliche Praxis im untersuchten Unternehmen muss diese Barrieren jedoch in mühevoller Projektarbeit umsetzen.

Die Darstellung des Personalentwicklungsprozesses zwingt zur Systematisierung und zum Nachdenken über ein evtl. erforderliches Reengineering und zeigt außerdem, wo der Skill-Management-Prozess sinnvoll mit den vorhandenen Instrumenten und Prozessen der Personalentwicklung verknüpft werden kann. Voraussetzung dafür ist allerdings, dass ein verantwortlicher Skill-Manager (Promotor) eingesetzt ist, der als Ansprechpartner für alle Prozessbeteiligten bekannt und akzeptiert ist. Er ist verantwortlich dafür, dass die Prozesse periodisch evaluiert werden und damit auch die Anforderungs- und Mitarbeiterprofile mindestens einmal jährlich überprüft und aktualisiert werden.

Die wichtigsten Erkenntnisse in der Erhebung der Prozesse war, dass die Entscheidung, die Selbsteinschätzung durch die Mitarbeiter einer Fremdeinschätzung durch den Vorgesetzten vorzuziehen, richtig war, da sie viele positive Effekte zeitigte. Wurde zu Beginn des Projektes die Güte der Daten bezweifelt, welche sich aus den Selbsteinschätzung ergeben würden, war zu Ende des Projektes klar, dass damit viel Konfliktpotenzial vermieden wurde. Die Mitarbeiter wussten, dass in den Mitarbeitergesprächen keine versteckte Beurteilung diskutiert werden würde, sondern dass sie ihre eigenen Skilleinschätzungen argumentieren mussten. Dadurch bekamen sie das Gefühl, für ihre Skills und im Weiteren für deren Entwicklung letztlich selbst verantwortlich zu sein. Der Vorgesetzte wurde durch diese Vorgehensweise in die Rolle des partnerschaftlichen Lernberaters versetzt, statt die Rolle des Skill-Kontrolleurs übernehmen zu müssen.

6.4.4 Gestaltung der Kommunikationsebene

Die Mitarbeiter und besonders auch die betriebliche Interessenvertretung waren dem Skill-Management-System gegenüber anfänglich eher skeptisch eingestellt, da sie befürchteten, dass sie durch die Offenlegung von Soll-Ist-Unterdeckungen, also Defiziten, in bestimmte Kategorien unterschiedlicher Leistungsfähigkeit eingeteilt werden würden. Die Chance eines Skill-Management-Systems liegt aber gerade darin, solche versteckten Defizite offen anzusprechen und zu beseitigen. So kann der Mitarbeiter sicherstellen, dass er den qualifikatorischen Anforderungen an seinem Arbeitsplatz gerecht wird. Diesen Vorteil gilt es, den Mitarbeitern durch offene und klare Kommunikation zu verdeutlichen, so dass sie das System akzeptieren und bereit sind, mit der Planungsgruppe zu kooperieren. Zu einer solchen Akzeptanzstrategie gehört auch die Arbeit mit motivierten Pilotgruppen, die Einbindung des Betriebsrats, die öffentliche Unterstützung der Geschäftsleitung sowie Informationen und Aufklärung über Ziel und Zweck des Systems in Gesprächen, betrieblichen Foren und Präsentationen.

Alle kommunikativen Anstrengungen sind jedoch nur dann zielführend, wenn gewährleistet ist, dass die darin enthaltenen Informationen wahr sind, die vereinbarten Regeln eingehalten werden und die Nutzenversprechungen auch Wirkung entfalten. Der Manager eines Einführungsprojektes sollte im Sinne eines Projektmarketings dafür sorgen, dass die kommunikative Wirkungskette vom ersten „Produktversprechen" (z.B. Sie können die Anforderungsprofile in der Personalrekrutierung einsetzen!) über die Diskussion der Verbesserungsmöglichkeiten in Workshops und Feedbackrunden bis hin zur Rückmeldung erster Erfolge (z.B. erfolgreicher Einsatz eines neuen Profils in der Personalbeschaffung) nicht abreißt. Der Skill-Manager kann zur Unterstützung seiner Kommunikation sämtliche betriebliche Foren nutzen, welche ihm zur Verfügung stehen.[901] Unterstützend können Erfahrungsberichte der Pilotteilnehmer helfen, Ängste und Widerstände abzubauen.

6.4.5 Gestaltung der Akteursebene

Inwieweit aus den Erfahrungen des Skill-Management-Projektes Schlüsse in Bezug auf die Gestaltung der Akteursebene gezogen werden können, lässt sich am ehesten beantworten, indem geprüft wird, ob die Anforderungen/Ansprüche der Akteure erfüllt werden können.[902]

Das Nutzenargument der Möglichkeit zur Identifikation und strategischen Entwicklung der Kernkompetenzen und deren Träger (Key-Employees) kann für die **Unternehmensleitung** in jedem Fall aufrecht erhalten werden. Die Möglichkeit zur Bilanzierung des Wissenskapitals durch Verwendung von strategischen HR-Kennziffern muss dagegen eher skeptisch betrachtet werden, da erkannt wurde, dass die Skilldaten nicht im objektiven Sinn wahr sind, sondern das Ergebnis einer subjektiven Einschätzung. Entscheidend ist das persönliche Gespräch zwischen Mitarbeiter und Führungskraft. Zusätzlich zeigt sich im Pilotprojekt, dass es dem Unternehmen durch ein Skill-Management-System sehr viel leichter fällt, die mit dem Betriebsrat vereinbarten Qualifizierungsbestimmungen zur individuellen Förderung der Mitarbeiter zu erfüllen.

---

[901] Vgl. dazu Abbildung 24.

[902] Vgl. Kapitel 4.2.5.1.

Die Nutzenargumente für die Mitarbeiter im **Personalmanagement** können ebenfalls bestätigt werden. Insbesondere lässt sich durch die Erfassung des Skillbestands der Belegschaft und des Skillbedarfs der Stellen eine qualitative Personalplanung einfacher durchführen und abbilden.

Für den **PE-Manager** bedeutet der Einbezug aller Hierarchiestufen, Altersstufen und Funktionen die Möglichkeit einer einheitlich gestalteten Personalentwicklung. Dadurch kann er seine Reputation im Unternehmen erhöhen, da einerseits bereichsübergreifende und zielgruppengerechte Programme entwickelt werden und andererseits auch die bisher wenig beachteten Mitarbeitergruppen einbezogen werden.

Einen großen Nutzen sehen die **Führungskräfte** im Skill-Management-System in erster Linie in der Möglichkeit, einen Überblick über die Qualifikationsstruktur des geführten Bereichs zu erhalten *(„Es war für mich sehr interessant zu erfahren, wie sich meine Mitarbeiter selbst einschätzen.")*[903]. Eine Führungskraft verwendete das erstellte Anforderungsprofil bereits während des Pilotprozesses für eine anstehende Neuausschreibung einer passenden Stelle. Ein weiterer interessanter Punkt, der im Skill-Management-Projekt deutlich wurde, ist die Möglichkeit für die Führungskraft, durch ein Skill-Management-System qualitative „Stellen-Vertretungen" aufzubauen und dadurch eine „Business Continuity" zu gewährleisten, also einen schnellen Vertretungseinsatz bei Notfällen und akuten Bedarfen.

Das System wird in Bezug auf Struktur und Prozess von den Führungskräften überwiegend als „schlank" betrachtet und scheint damit deren Akzeptanz des Systems zu fördern. Insgesamt schätzen die Führungskräfte den Aufwand für das Skill-Management-System als akzeptabel ein *(„Der Aufwand lohnt sich, zumal er von Jahr zu Jahr geringer werden wird.")*, bezweifeln aber die Objektivität des Soll-Ist-Vergleichs. Es wird deutlich, dass der Soll-Ist-Vergleich eher den Charakter einer Checkliste für das Mitarbeiter-Fördergespräch annimmt *(„Das Anforderungsprofil ist eine ideale Checkliste für das Qualifizierungsgespräch.")*.

Die große Bedeutung einer guten Kooperation mit der **betrieblichen Interessenvertretung** wurde im Vorfeld betont und bestätigte sich im Pilotprojekt. Der Betriebsrat sollte nicht nur aufgrund der gesetzlichen Regelungen als wichtiger Partner „ins Boot geholt" werden, sondern auch, weil dessen aktive Einbindung in das Projekt viel Konfliktpotenzial seitens der Mitarbeiter bindet, indem diese auf den Betriebsrat und dessen Vertreter gelenkt werden. Wird ein Vertreter des Betriebsrats als Hüter der Mitarbeiterinteressen schon in der Konzeptionsphase in das Skill-Management-Projekt eingebunden, erleichtert dies alle weiteren Schritte

---

[903] Originalaussagen von Mitarbeitern und Führungskräften sind in der Folge in dieser Weise eingefügt.

erheblich, da bereits im Vorfeld angemessen reagiert werden kann. Es empfiehlt sich, für die wichtigsten Regeln eine Betriebsvereinbarung abzuschließen und ggf. ein Betriebsratsmitglied in das Steuerungsgremium des Projekts zu berufen. In den regelmäßigen Projekttreffen kann das Mitglied informiert und gebeten werden, seine Ideen einzubringen und das Besprochene den anderen Betriebsratsmitgliedern weiterzugeben. So können Probleme und Bedenken frühzeitig geäußert und besprochen werden.

Unternehmensvertreter gehen ein sehr hohes (Akzeptanz-)Risiko ein und bewegen sich in einer rechtlichen Grauzone, wenn sie unter Umgehung der Mitarbeiter und deren Interessenvertreter ein Skill-Management-Projekt konzipieren oder, falls dies überhaupt denkbar ist, sogar implementieren. Ohne klare und offene Kommunikation gehen Betriebsräte in der Regel zudem davon aus, dass betriebliche Prozesse im Zusammenwirken von Personalbereich und Führungskräften zu Lasten der Beschäftigten verändert werden.[904]

Auch der Betriebsrat der Putzmeister AG musste zuerst vom Nutzen eines Skill-Management-Systems überzeugt werden. Nach anfänglichen Bedenken, vor allem im Bezug auf die unrechtmäßige Verwendung der Daten und die Gefahr des Missbrauchs personenbezogener Daten kamen deutlich positive Signale vom Betriebsrat, als durch das Skill-Management-System aufgezeigt werden konnte, wie die Durchlässigkeit von gewerblichen zu kaufmännischen Bereichen durch definierte Laufbahnstrukturen erhöht werden kann (vgl. Abbildung 43) und wie auch die Möglichkeiten einer altersgerechten Weiterentwicklung in das System einbezogen werden kann.

Die **Mitarbeiter** stellen an das Skill-Management-System den Anspruch, dass es die Transparenz von Personalentwicklungsentscheidungen erhöht, indem diese auf objektiver Datenbasis getroffen werden. Interessant ist dabei, dass die Mitarbeiter sogar stärker als die Führungskräfte die Bedeutung klarer Strukturen und Regelungen betonen (*„Endlich hat das Mitarbeitergespräch eine klare Struktur und durch die Gap-Analyse bleibt das Gespräch auch auf einer fachlichen Ebene. So konnten gezieltere Vereinbarungen getroffen werden."*).

Weiterhin sehen es Mitarbeiter als Gewinn, detaillierte Informationen über die Anforderungen an ihren Arbeitsplätzen zu erfahren (*„Die Diskussion über die Gap-Analyse war sehr interessant. Jetzt weiß ich besser, was mein Chef eigentlich von mir erwartet."*). Dadurch ist es ihnen einfacher möglich abzuschätzen, wie sie ihren Arbeitsplatz durch gezielte (selbstgesteuerte) Qualifizierung aktiv sichern können.

---

904 Vgl. Kreitmeier/Rady/Krauter 2000, S. 78.

Schließlich hat sich das Skill-Management-System auch **für den Weiterbildungsanbieter** bewährt, da die Führungskräfte, aber auch die Mitarbeiter mit sehr viel genaueren Vorstellungen als zuvor Dienstleistungen der Akademie nachfragen.

6.4.6 Gestaltung der IKT-Ebene

Bezüglich der **technischen Voraussetzungen** kommt es vor allem darauf an, Schnittstellen zu anderen Unternehmenssystemen zu schaffen, Konfigurierbarkeit und Bedienbarkeit zu beachten, flexible Datenaktualisierung zu ermöglichen sowie eine Such- und Auswertungsfunktionalität aufzubauen. Daneben müssen datenschutzrechtliche Bestimmungen beachtet und Sicherheitsvorkehrungen getroffen werden. Vor der Entscheidung für eine bestimmte Software sollte ein fundierter Systemvergleich durchgeführt werden (inkl. Kosten, Schnittstellenproblematik usw.). Eine fundierte Bewertung der Software ist jedoch nur im Hinblick auf eine spezifische Zielsetzung möglich. Deshalb muss die Diskussion der Zielebene und die Ableitung einer entsprechenden Strategie in jedem Fall der Gestaltung des Systems vorausgehen.

Die Datensicherheit in der Pilotphase war angemessen einfach gestaltet, d.h. sie wurde durch die individuelle Vergabe von Zugriffsrechten auf geschützte Bereiche des Intranets gesteuert. Die Sicherheitskonzepte der Standardlösungen hingegen sind sehr ausgefeilt. Hier können entsprechend dem Rollenkonzept des Skill-Management-Systems (vgl. Abbildung 26) individuelle Benutzerberechtigungen als Benutzerprofile oder Benutzergruppen definiert werden. Somit kann ein Benutzer nur auf die Systemteile und Daten zugreifen, für die er auch Zugriffsberechtigung besitzt. Das Anlegen von Benutzern und Benutzergruppen wird üblicherweise zentral vom Systemverwalter durchgeführt und soll hier nicht weiter erläutert werden.[905]

6.4.7 Gestaltung des Einführungsprojekts

Die Gestaltungsempfehlungen werden mit einigen Hinweisen zu einem Einführungsprojekt abgeschlossen. Der Start mit einem Pilotprojekt hat sich in jedem Fall bewährt. Das Projekt muss aber sorgfältig vorbereitet und geplant werden, insbesondere weil es sich um ein sensibles Feld der Erfassung personenbezogener Daten handelt. Im Rahmen der Vorbereitung eines solchen Projektes sind konkrete Erfahrungen aus der betrieblichen Praxis sehr wertvoll, aber auch schwer zu bekommen. Deshalb wurde multimethodisch und mehrgleisig vorgegangen.

---

905 Für eine ausführliche Darstellung der Anforderung an ein IT-System vgl. den Entwurf eines rollen- und web-basierten PIS bei BUSCH 2002a.

Das Verfahren der Kombination von sekundär- und primäranalytischen Verfahren im Unternehmen und extern bewährte sich hinsichtlich der Ergebnisse und der Kosten. Voraussetzung war jedoch, dass der Projektpromotor in seiner Rolle als wissenschaftlicher Begleitforscher in das Unternehmen integriert und so in der Lage war, den Prozess ständig voranzutreiben und mit allen Akteuren zu kommunizieren. Indem Vertreter aller betroffenen Gruppen in eine Projektsteuerungsgruppe berufen werden, kann diese Kommunikation wesentlich vereinfacht werden. Aufgrund der Größe des betrachteten Praxisfelds und den Erfahrungen in den ersten Monaten des Projekts wurde in der Fallstudie der Putzmeister AG jedoch auf die Steuerungsgruppe verzichtet und stattdessen mit den wichtigsten Vertretern der Akteure regelmäßige Statusgespräche geführt.

Das Pilotprojekt wird sinnvollerweise mit Pilotgruppen gestartet, welche vorzugsweise aus Abteilungen mit engagierten Führungskräften kommen. Durch die starke Einbeziehung der Pilotgruppen in die Erarbeitung ihrer Profile fühlen die Betroffenen, dass sie direkten Einfluss auf die Profilerstellung erhalten. Dadurch baut sich eine hohe Akzeptanz für das eigene Profil und darüber hinaus für das ganze Skill-Management-System auf. Im Sinne eines sukzessiven Roll-Outs sollte angestrebt werden, begrenzte Prozessinnovationen durchzusetzen, zu institutionalisieren und dann das System erst auszuweiten. Wichtig ist generell die Bereitstellung personeller und organisatorischer Ressourcen für das Skill-Management-Projekt. Einerseits sind Mitarbeiter notwendig, die nach der Einführung das System betreuen und als Ansprechpartner zur Verfügung stehen, andererseits muss wohl überlegt werden, wo das Skill-Management organisatorisch angesiedelt sein soll.

6.5 Diskussion der Thesen

6.5.1 Vorbemerkungen

Im ersten Teil dieser Arbeit wurde auf der Grundlage zuvor entwickelter Forderungen und Thesen ein idealtypisches Skill-Management-System konzeptualisiert. Die Prüfung der Konzeption in der Praxis wurde im zweiten Teil im Rahmen einer betrieblichen Fallstudie dargestellt. In diesem Kapitel sollen nun die Ergebnisse der Fallstudie auf die zuvor formulierten Thesen bezogen werden. Damit soll im Sinne einer qualitativen Validierung geprüft werden, ob die Hypothesen auch nach den Erfahrungen im Praxisfeld noch als inhaltsreich und relevant gelten können. Im Weiteren wird analysiert, ob bestimmte Thesen wegfallen können, welche Thesen modifiziert werden müssen oder ob neue Aussagen generiert werden können. Die bis dato explorative Forschung öffnet sich am Schluss dieses Abschnitts der weiteren empirischen Erschließung und bietet an, die Thesen in einer quantitativen Untersuchung zu überprüfen.

6.5.2 Personalökonomische und mikropolitische Forderungen

Die Anforderungen aus personalökonomischer Sicht (F1–F4) und die mikropolitisch abgeleiteten Ansprüche (F5–F9) waren für die Gestaltung des Putzmeister Skill-Management-Projekts handlungsleitend und konnten in unterschiedlicher Tiefe auch umgesetzt werden. Im Bereich der personalökonomischen Forderungen zeigt sich die Stärke eines Skill-Management-Systems vor allem darin, dass es die Top-down-Erarbeitung des Qualifikationsbedarfs sehr gut unterstützen kann und durch den implementierten Soll-Ist-Vergleich die Möglichkeit bietet, in Abstimmung mit den betroffenen Mitarbeitern bedarfsgerechte Qualifikationsziele abzuleiten (vgl. F3). Einschränkend muss angefügt werden, dass ein objektiv „richtiges" Soll-Ist-Ergebnis nicht hergestellt werden kann – eine Tatsache, die auch von den Beteiligten „Profilpartnern" so gesehen und problematisiert wird. Die Soll-Ist-Vergleiche wurden nicht als „wahre" Abbildung des objektiven Skillniveaus des Mitarbeiters eingeordnet, sondern dienten zumeist als Einstieg und Leitfaden für das Mitarbeiter-Fördergespräch, welches einen höheren Stellenwert zugemessen bekam, als dem eigentlichen Ergebnis des Soll-Ist-Vergleichs. Diese bekamen den Charakter von Gesprächskatalysatoren und erhielten damit eine völlig neue Bedeutung zugewiesen, da sie im geschützten Rahmen der institutionalisierten Mitarbeitergespräche eine Situation herstellen, in der sich Mitarbeiter und Führungskraft auf sachlicher Basis zielgerichtet über die individuelle Skillentwicklung des Mitarbeiters unterhalten (müssen). Wenn dies gelingt, gelingt nach Aussage von FAIX mehr, als in den meisten Personalentwicklungskonzepten versprochen wird.[906]

Die Problematik der durch das Skill-Management-System erzeugten Schein-Objektivität zeigt die Bedeutung des Einbezugs mikropolitischer Forderungen. Nur wenn die Führungskräfte, die Mitarbeiter und darüber hinaus alle innerbetrieblichen Anspruchsgruppen konsequent in den Skill-Management-Prozess eingebunden werden (vgl. F7–F9), kann das Objektivitätsproblem so diskutiert und behandelt werden, dass eine Lösung formuliert werden kann, die von allen Beteiligten getragen wird.

Die Vorgesetzten in ihrer Rolle als direkter Partner des Mitarbeiters müssen die zentrale Rolle in der Unterstützung der betrieblichen Kompetenzentwicklung des Mitarbeiters übernehmen (vgl. F7). Zum betrieblichen Kompetenzmanagement zählt auch das Performanzmanagement, welches im Rahmen des darin eingeordneten Performancemanagements (vgl. Abbildung 11) vom Vorgesetzten verlangt, den Handlungserfolg der Mitarbeiter in Bezug auf die Arbeitsleistung retrospektiv beurteilen können (vgl. F4). Dazu sind die Führungskräfte jedoch nur in der Lage, wenn die Entwicklungsziele in enger Abstimmung mit den Mitarbeitern entwickelt

---

906 Gespräch mit Prof. Dr. Faix am 15.01.2002 in Herrenberg. Mitautor von FAIX/BUCHWALD/WETZLER 1991.

wurden. Dabei stellt sich die Frage, ob sich die Führungskräfte im Allgemeinen dieser Rolle bewusst sind bzw. ob sie wiederum ausreichend kompetent sind, diese Rolle verantwortlich zu übernehmen. Ein Skill-Management-System sollte dieses Problem antizipieren und im Vorfeld prüfen, welche Maßnahmen zur Kompensation entsprechender Defizite notwendig sind.

6.5.3 Thesen zur Kompetenz und zur Kompetenzentwicklung

Nach den Gestaltungsanforderungen des Kapitels 3.1 wurden am Ende des Abschnittes zur Entwicklung der betrieblichen Handlungskompetenz Thesen zur Kompetenz und zur Kompetenzentwicklung (T1–T6) formuliert. Nachfolgend soll nun geprüft werden, inwieweit diese Thesen durch die Erfahrungen und Ergebnisse der Fallstudie berührt werden. Gemäß These 2 erfordert die Kompetenzentwicklung einen Perspektivenwechsel von der externen Steuerung zur Selbststeuerung individueller Entwicklungsprozesse. Das Fallbeispiel zeigt, dass ein Skill-Management-System durch die Selbsteinschätzung der Skills und die geforderte Gap-Analyse dem Mitarbeiter tatsächlich die Möglichkeit gibt, seine Kompetenz- und Performanceentwicklung nicht nur zu reflektieren (vgl. T4), sondern ihn systematisch in die Situation bringt, Verantwortung für seine persönliche Entwicklung zu übernehmen. Es zeigte sich aber auch, dass eine durch externes Feedback reflektierte Selbststeuerung der Kompetenzentwicklung hohe Anforderungen an die Kommunikationsfähigkeit des Mitarbeiters und an seine Bereitschaft zur Selbstanalyse und Selbstkritik stellt.

Für einige Mitarbeiter im Pilotprojekt war es eine neue Erfahrung und daher verhältnismäßig schwierig, in einem partnerschaftlich-sachlichen Gespräch mit dem Vorgesetzten offen über die eigenen qualifikatorischen Stärken und Schwächen zu diskutieren. Betriebliche Personalentwicklungskonzepte, welche die Kompetenzentwicklung des Individuums nicht „herstellen", sondern unterstützen, begleiten und reflektieren wollen (vgl. T5), müssen die genannte Problematik berücksichtigen und ggf. durch ergänzende Maßnahmen die Voraussetzungen schaffen, damit Mitarbeiter lernen können, mit der neuen Verantwortung für sich selbst umzugehen. Im Design des vorliegenden Skill-Management-Systems wird die zentrale Rolle des Mitarbeiters für seine eigene Kompetenzentwicklung und die beratenden und begleitenden Rollen der Führungskräfte, des Betriebsrats und des PE-Managers klar ausgedrückt bzw. durch eigene Prozesse abgebildet.[907]

Die Aufgabe eines Skill- oder PE-Managers bzw. eines vom Unternehmen beauftragten Partners ist es, im Besonderen durch Coaching, also durch ergänzende individuelle Entwick-

---

[907] Vgl. z.B. Abbildung 25.

lungsberatung, auch tiefer liegende implizite Kompetenzfaktoren des Mitarbeiters anzusprechen (vgl. T6). So kann z.B. durch die Anleitung zur Reflexion des eigenen Handelns das Selbstmanagement des Klienten unterstützt werden und er kann durch die Reflexion von Werten und Einstellungen seine persönliche Entwicklungsplanung besser auf seine inneren Bedürfnisse abstimmen. Diese Erkenntnisse unterstützen die sechste These dahingehend, dass Skill-Management nicht von den anderen Bereichen des Kompetenzmanagements abgetrennt behandelt und gefördert werden kann, sondern entsprechende Interventionen erst im Verbund ihre Wirkung entfalten (vgl. auch Abbildung 11). Inwieweit das dargestellte Konzept diesem Anspruch genügt, konnte innerhalb des Forschungsprojekts nicht ausreichend beobachtet werden. Dazu wäre ein längerer Forschungsabschnitt mit intensiver Betreuung einzelner Piloten notwendig gewesen. Es zeigte sich dem Verfasser jedoch deutlich der Bedarf nach diesen ergänzenden Beratungsleistungen.

6.5.4 Thesen zur Konzeptionierung eines Kompetenzentwicklungssystems

Die Thesen zur Konzeptionierung eines Kompetenzentwicklungssystems (T7–T12) werden durch die Erfahrungen in der vorliegenden Fallstudie zum großen Teil bestätigt, d.h. sie können für weitere quantitative Forschungsprojekte im Bereich des Skill-Managements verwendet werden. Insbesondere wird die große Bedeutung der kommunikativen Abstimmung deutlich (vgl. T8). Diese zeigte sich in den Mitarbeiter-Fördergesprächen und, was überraschender war, sehr deutlich in den Workshops zur gemeinsamen Entwicklung und Abstimmung der Anforderungsprofile. Die Profile wurden im anschließenden Skill-Management-Durchlauf nicht mehr in Zweifel gezogen, sondern durchgehend akzeptiert, da alle Betroffenen an deren Erstellung beteiligt waren. Das Problem, das sich hier stellt, ist, wie diese große Identifikation auch bei zukünftigen Funktionsinhabern erreicht werden kann. Dieser Punkt weist auf die hohe Bedeutung der periodisch zu wiederholenden Überprüfungen der Anforderungsprofile hin, wobei auch hier alle Akteure einbezogen werden müssen, um eine breite Akzeptanz zu erzielen. Die beschriebenen Skill-Boards können ein Instrument darstellen, welche diese laufenden Überprüfungen im Rahmen eines institutionalisierten Prozesses sicherstellen.

Die Bedeutung von formalen Regeln für die Kompetenzentwicklung (vgl. T9) wurde durch die positiven Erfahrungen mit dem Abschluss der Betriebsvereinbarung klar bestätigt. Die These kann sogar ergänzend formuliert werden: Klare, institutionalisierte und beidseitig akzeptierte Regelungen zur Ergänzung bestehender Verträge fördern die Kompetenzentwicklung, indem sie Konflikten entgegenwirken, die durch Asymmetrien der Vertragspartner entstehen können. Die weiteren Thesen dieses Bereiches (T7 und T10–T12) betreffen die Operationalisierung von On-the-Job-Maßnahmen im Rahmen der betrieblich induzierten Kompetenzentwicklung. Sie spielten im Rahmen der Fallstudie eines Skill-Management-Einführungsprojektes keine Rolle und können deshalb hier vernachlässigt werden.

6.5.5 Thesen zur Konzeptionierung eines Kompetenzmanagementsystems

Abschließend werden die Thesen zur Konzeptionierung eines Kompetenzmanagementsystems (T13–T16) untersucht. Da ein Skill-Management-System ein Subsystem eines Kompetenzmanagementsystems darstellt, müssen die Thesen entsprechend gelten. Es ist tatsächlich schwer, Skill-Management vom übrigen Kompetenzmanagement abzutrennen (vgl. T13). Im Pilotprojekt wurde durch die entsprechende Gestaltung der Projektschritte versucht, alle Ebenen der Persönlichkeit anzusprechen, d.h. es wurde angestrebt auch die Motivation, das Selbstkonzept und die Einstellungen und Werthaltungen der Projektteilnehmer einzubinden (vgl. T14). Während These 15 eher den im Forschungsprojekt nicht abgedeckten operativen Teil betrifft, wird aufgrund des Forschungscharakters des Projekts die in These 16 genannte gezielte Kommunikation und das Feedback sehr stark eingesetzt. Es stellt sich dabei die Frage, ob das praktizierte Verfahren der Selbsteinschätzung gemäß These 16 durch eine gezielte Fremdeinschätzung des Vorgesetzten objektiviert werden sollte, da außerdem durch ein Vergleich von Selbst- und Fremdbild in der Regel hohe Lerneffekte erzielt werden können. Dieses Argument wird abgeschwächt, wenn es mit den Begründungen zur gewählten Vorgehensweise einer reinen Selbsteinschätzung konfrontiert wird, denn im Ergebnis zeigen die Pilotgespräche, dass im Gespräch mit dem Vorgesetzten über den Soll-Ist-Vergleich eine implizite Fremdeinschätzung vorgenommen wird und eine verbale Rückmeldung darüber in den meisten Fällen stattfindet.

Insgesamt ist festzuhalten, dass die Forderungen und Thesen nach den Erfahrungen im Pilotprojekt zum Großteil geeignet sind, um in weiteren Forschungsvorhaben eingesetzt und geprüft zu werden. Die vorliegende Fallstudie hatte nicht zum Ziel, die Thesen zu prüfen, sondern zu illustrieren und zu untersuchen, inwieweit eine daraus abgeleitete handlungsorientierte Konzeption im Praxisfeld umsetzbar ist. Dieses qualitative Ziel wurde mit den vorgeschlagenen Thesen erreicht.

Darüber hinaus war es das Ziel des Praxisprojektes, dem Unternehmen ein breites Gerüst für ein wissenschaftlich fundiertes und gleichzeitig praxistaugliches Instrument zur Verfügung zu stellen und durch die dabei gewonnenen Erfahrungen und Erkenntnisse der Skill-Management-Forschung Anregungen für weitere Fragestellungen zu liefern. Zumindest das erste Ziel kann nach Aussagen der Unternehmensvertreter in den Abschlussveranstaltungen als erreicht bezeichnet werden.

Inwieweit die Ergebnisse und Erfahrungen weitere Skill-Management-Forschungen anregen und beeinflussen können, wird die Zukunft zeigen. Es zeichnet sich im Vorfeld dieser Veröffentlichung vor allem ein reges Interesse der Praxis an diesem Thema ab. Zu dieser Einschätzung gelangte der Verfasser aufgrund der Reaktion auf begleitende Vorträge des Verfassers zu diesem Themenfeld[908] und aufgrund von Erwähnungen in aktuellen Artikeln zum Skill-Management.[909] Dass auch die im Bereich des Skill- und Kompetenzmanagement wissenschaftlich arbeitenden Personen dieses Fallbeispiel rezipieren und in weitere Forschungen integrieren, wäre aus der Sicht des Verfassers wünschenswert.

---

908 Vortrag „Das Projekt Skillmanagement in der Putzmeister Personalentwicklung", am 25.10.2001 an der Fachhochschule Nürtingen; Vortrag: „Personalentwicklung in der Putzmeister AG", am 27.05.2002 an der Universität Hohenheim; Workshop am 04.02.2003 zum Thema „Skill- und Kompetenzmanagement" im Rahmen der LEARNTEC 2003 in Karlsruhe; Vortrag am 02.07.2003 zum Thema „Skill and Competence Management as a Base of an Integrated Personnel Development (IPD)" im Rahmen der I KNOW '03 in Graz (Österreich); Vortrag am 18.11.2003 zum Thema „Integriertes Qualifikationsmanagement im mittelständischen Unternehmen" bei der GfA (Gesellschaft für Arbeitsmethodik e.V.) im Haus der Wirtschaft, Stuttgart.

909 Vgl. GILLIES 2004a/2004b.

7 Schlussbetrachtung

Im Mittelpunkt der vorliegenden Untersuchung **standen zwei Fragenkomplexe**. Im theoretischen Teil waren dies die Fragen, wie traditionelle Weiterbildung und Qualifizierung als betrieblich induzierte Kompetenzentwicklung zu interpretieren ist, wie sich daraus ein Kompetenzmanagementsystem entwickeln lässt und inwieweit auf diesem theoretischen Fundament ein Praxiskonzept eines Skill-Management-Systems aufgebaut werden kann. Im zweiten Teil wurde gefragt, wie eine exemplarische Umsetzung dieses Konzepts in die Praxis aussehen kann, welche Ergebnisse sich innerhalb der konkreten Fallstudie im Betrieb ergeben und welche praktischen Gestaltungsempfehlungen abgeleitet werden können.

Durch die an das Ende der Kapitel gestellten Zusammenfassungen und Thesenkataloge wurden bereits Zwischenresultate formuliert und die Ergebnisse der Studie nach und nach entwickelt. Im Folgenden werden die Ergebnisse der Untersuchung nochmals kurz gebündelt.

Nach der Einführung in das Forschungsthema wurden im **zweiten Kapitel** die Grundlagen der betrieblichen Personalentwicklung ausführlich erörtert. Obwohl seit Beginn der wissenschaftlichen Diskussion des Konzepts in den 1970er Jahren viel zur Personalentwicklung publiziert wurde, fehlt bis heute ein einheitliches Theoriegebäude, in dessen Rahmen Begriff und Gegenstand der Personalentwicklung klar beschrieben und deutlich abgegrenzt wären. Die Unschärfe und Theoriearmut des Objektbereichs liegt wohl mit in der Tatsache begründet, dass die Personalentwicklung ein sehr populäres Thema ist, dass dazu geeignet erscheint, viele Strömungen und Ansätze aufzunehmen, die in der Absicht, in irgendeiner Weise den Menschen im Betrieb zu fördern, auf die Personalentwicklung projiziert werden.

Betrachtet man die Personalentwicklung als betriebswirtschaftliche Subdisziplin der Personalwirtschaftslehre, muss sich diese im ökonomischen Kontext des Betriebes bewähren. Sie ist damit gleichzeitig ein Problemfeld innerhalb einer angewandten Wissenschaft, deren Forschungsgegenstände sich aus dem Praxiszusammenhang ergeben und deshalb generell komplex zu denken sind. Um diese Komplexität zu reduzieren, wurde das Thema im Weiteren auf einer Metaebene untersucht. Dabei konnten zwei konträre Menschenbilder identifiziert werden, zum einen das Bild vom rational handelnden „homo oeconomicus“ und zum anderen das des sich in einer vielschichtigen Umwelt bewegenden und vorwiegend situativ handelnden „complex man“. Die zugehörigen Forschungsrichtungen richten sich entsprechend am personalökonomischen und am verhaltenswissenschaftlichen Paradigma aus und erzeugen ein der Personalentwicklung inhärentes Spannungsfeld, welches im Rahmen von Forschungsarbeiten problematisiert werden muss, um das Thema ganzheitlich zu erfassen. Mit diesem Spannungsfeld ist jedoch nicht der der Personalentwicklung zugeschriebene klassische Zieldualismus der Personalentwicklung gemeint. Dieser wird in der Betrachtung dieser Arbeit abgelöst von einem Dualismus der personalökonomischen und verhaltenswissenschaftlichen Metatheorien.

Durch eine dialektische Gegenüberstellung der beiden Positionen und eine Synthese der Begriffe konnte der Verfasser deshalb einen neuen Personalentwicklungsbegriff formulieren, welcher beide Richtungen verbindet und so den Blick freigibt auf das Bild eines Menschen, der im Betrieb sowohl rational und ökonomisch handelt, indem er betriebliche **und** persönliche Arbeits- und Leistungsziele verfolgt, gleichzeitig aber auch als politisches Wesen agiert, also durch ein bestimmtes Verhalten immer darauf achtet, seine Handlungsspielräume zu sichern.

Dieser Ansatz respektiert die Freiheitsgrade individuellen Handelns, wobei nicht ausgeschlossen ist, dass der Mensch auch völlig rational handeln kann, aber ausgeschlossen ist, dass er es muss. Der vorgeschlagene Personalentwicklungsbegriff drückt diese Bedingung aus, indem er mit aufnimmt, dass autonome und selbstorganisatorische Veränderungen des Personals bzw. der Personen antizipiert werden müssen und indem er akzeptiert, dass sich diese Entwicklungen nicht durch einen rational gesteuerten Managementprozess **direkt** beeinflussen lassen.

Das **dritte Kapitel** analysierte die betriebliche Qualifizierung, also das gezielte Training des individuellen Fachkönnens und Fachwissens, um explizite Leistungsanforderungen des Arbeitsplatzes (Qualifikationen) optimal erfüllen zu können. Das Qualifikationsmanagement als das Kernstück der betrieblichen Personalentwicklung wurde zu Analysezwecken ebenfalls in das Spannungsfeld ökonomisch-normativer Rationalität und mikropolitisch-subjektiver Interessen gestellt und anschließend aus beiden Perspektiven und zusätzlich anhand ausgewählter Problemfelder analysiert. Dabei wurde wie oben deutlich, dass durch die Gegenüberstellung der Positionen zusätzliche Erkenntnisse gewonnen werden können, welche im Ergebnis in neun Gestaltungsanforderungen für ein betriebliches Qualifikationsmanagement einflossen. Durch diese dialektisch formulierten Anforderungen wurden beide Seiten integriert und damit gewährleistet, dass die Forderungen in der praktischen Umsetzung besondere Wirkung entfalten können. Sehr deutlich wurde, dass es sinnvoll ist, betriebliche Qualifizierung als rationales Veränderungsmanagement zu begreifen und dabei aber so der betrieblichen Wirklichkeit anzupassen, dass zugleich die individuellen Befindlichkeiten und akteursspezifischen Bedürfnisse der verschiedenen Akteure respektiert und einbezogen werden.

Um das Qualifikationsmanagement in diesem Sinn weiterentwickeln zu können, wurde der Begriff der Kompetenz eingeführt und ausführlich diskutiert, da sich hier ebenso erhebliche begriffliche und theoretische Unschärfen zeigen. Der rational-ökonomische Qualifikationsbegriff wird dabei durch den Begriff der betrieblichen Handlungskompetenz ergänzt und nicht lediglich ersetzt. Auf dieser Grundlage wurde für die weitere Behandlung des Themas ein Modell der Kompetenzentwicklung im Betrieb entworfen. Dieser gedankliche Bezugsrahmen integriert die Qualifikation und zeigt durch die Unterscheidung der Persönlichkeits- und Handlungsebene vielfältige Anschlussmöglichkeiten für betrieblich induzierte Maßnahmen zur Entwicklung betrieblicher Handlungskompetenz.

Das Modell ist autopoietisch, also selbstreferenziell angelegt, da der Verfasser, MATURANA folgend davon ausgeht, dass sich der Mensch auch ohne geplante Einflussnahmen von außen über selbstregulative Maßnahmen immer verändert und entwickelt. Durch den Einbezug des Kompetenzbegriffs wird das rationale Veränderungsmanagement der klassischen Personalentwicklung relativiert. Es zeigt sich, dass betrieblich induzierte Kompetenzentwicklung nicht von der „Herstellbarkeit" von Qualifikationen ausgeht, sondern bedeutet, die selbstorganisationalen Entwicklungsprozesse des Mitarbeiters zielgerichtet zu unterstützen, zu befördern und insgesamt zu ermöglichen, damit persönliche und betriebliche Ziele gleichermaßen erreicht werden können.

Das Modell der betrieblichen Kompetenzentwicklung behält als zentrales Modell dieser Arbeit auch den Bezug zum grundlegenden personal- und betriebswirtschaftlichen Fundament dieser Studie. Die hohe betriebswirtschaftliche Relevanz des Modells zeigt sich darin, dass insbesondere die oft vernachlässigte Handlungsebene mit einbezogen wird, da sich erst hier im Sinne betrieblicher Performanz die Erfolge der Qualifizierungs- und Kompetenzentwicklungsaktivitäten zeigen. Alle betrieblich induzierten Maßnahmen zur Entwicklung der individuellen betrieblichen Handlungskompetenz müssen sich am konkreten, d.h. sichtbaren betrieblichen und persönlichen Arbeitserfolg des Mitarbeiters messen lassen.

Im weiteren Verlauf wurde das Modell der betrieblichen Kompetenzentwicklung zu einem Modell des betrieblichen Kompetenzmanagements ausgebaut. Dem selbstreferenziellen Prozess der Kompetenzentwicklung wurden hierfür die betrieblich induzierten Maßnahmenfelder zu dessen Beeinflussung zur Seite gestellt. Auf die Persönlichkeitsebene wirken Maßnahmen des Potenzial- und Eignungsmanagements, während Maßnahmen des Performanzmanagements die Handlungsebene beeinflussen. In diesem Modell konnte nun auch erstmalig eine theoretische Fundierung eines Skill-Management-Ansatzes gezeigt werden.

Am Ende des Kapitels wurden schließlich die vielfältigen Objekte und Ausprägungen des Kompetenzmanagements auf der Potenzial- und auf der Performanzebene diskutiert und Leitlinien für deren Gestaltung herausgearbeitet. Die drei Abschnitte innerhalb des dritten Kapitels schlossen jeweils ab mit Thesen, die für die weitere Bearbeitung des Themas grundlegend waren. Ein ganzheitliches Modell des betrieblichen Kompetenzmanagements beinhaltet Überlegungen zur Beeinflussung aller wesentlichen Kompetenzfaktoren. Das Skill- und Wissensmanagement stellt jedoch die Basis dar, da die entsprechenden Objektbereiche einfacher zu beeinflussen sind als tiefer liegende Persönlichkeitsbestandteile.

Im **vierten Kapitel** wurde das Skill-Management aus dem theoretischen Gebäude des Kompetenzmanagements ausgelagert und als Basis des betrieblichen Kompetenzmanagements definiert. Nach Darstellung der begrifflichen und kontextuellen Grundlagen wurde ein detailliertes Skill-Management-System konzeptioniert und dabei immer wieder auf die zuvor erarbeiteten Forderungen und Thesen des Kompetenzmanagements zurückgegriffen, welche als Leitlinien der Gestaltung dienten. Es wurden fünf grundlegende Ebenen eines Skill-Management-Systems abgrenzt und anhand dieser Ebenen ein praxisorientiertes Konzept entwickelt.

Die zunehmende Veränderungsgeschwindigkeit der Umwelt zwingt nicht nur die Unternehmen, sondern auch die Hochschulen, neue organisationale und methodische Anpassungsmaßnahmen zu ergreifen. Vor dem Hintergrund der Forderung nach mehr Praxisnähe der Universitäten wurde diese Arbeit als gemeinsames Forschungsprojekt von Unternehmen und Hochschule gestaltet. Das **fünfte Kapitel** stellt die handlungsorientierte und wissenschaftlich begleitete Untersuchung vor und begründet die eingesetzten Methoden. Mit der Aktionsforschung wurde hier ein sehr kooperatives und deshalb für das vorliegende Forschungsziel geeignetes empirisches Verfahren angewendet.

Das **sechste Kapitel** zeigt exemplarisch den Gang einer handlungsorientierten Untersuchung im Praxisfall eines Pilotprojektes zur Einführung eines Skill-Management-Systems bei der Putzmeister AG, einem mittelständischen Unternehmen der Maschinenbauindustrie. Die wesentlichen Ergebnisse wurden am Schluss des sechsten Kapitels ausführlich diskutiert. Die zentralen Punkte sollen aber hier nochmals kurz genannt und auf die Ergebnisse des theoretischen Teils bezogen werden.

Als wichtigstes Ergebnis kann festgehalten werden, dass trotz der umfangreichen EDV-Unterstützung das institutionalisierte und periodisch durchgeführte Gespräch von Mitarbeiter und Führungskraft im Zentrum des Skill-Management-Systems platziert werden muss. Gerade bei zunehmender Forderung nach Selbstorganisation und Eigeninitiative brauchen die Mitarbeiter einen kompetenten Ansprechpartner, um ihre persönlichen Entscheidungen zur Kompetenzentwicklung ausreichend reflektieren zu können. Jedoch sind weit reichende Unterschiede in der kommunikativen Kompetenz der Führungskräfte festzustellen. Das Skill-Management-System benötigt aufgrund des hohen Gesprächsbedarfs Führungskräfte die sich als Coach und Berater des Mitarbeiters verstehen und dafür auch die notwendigen Skills mitbringen. Gespräche zwischen Mitarbeitern und dem PE-Manager sowie zwischen Mitarbeitern und Vertretern des Betriebsrats wirken als zusätzliche Unterstützung und sollten in den Prozess integriert werden.

Zusammenfassend ist ein periodisch durchgeführtes Mitarbeitergespräch im Zentrum des Skill-Management-Prozesses aus zwei zentralen Gründen die ideale Basis eines systematischen PE-Prozesses: Erstens, weil die Betroffenen durch intensive Beteiligung am Prozess zu Hauptverantwortlichen Ihrer eigenen beruflichen Entwicklung werden, was sich zudem positiv auf die Lern- und Leistungsmotivation auswirkt und zweitens, weil der Dialog von Mitarbeiter und Führungskraft im Mittelpunkt steht und sich somit deren Vertrauensverhältnis und insgesamt die Feedbackkultur im Unternehmen verbessern kann.Ein weiteres zentrales Ergebnis des Pilotprojekts betrifft den Umgang mit der "Scheinobjektivität" des Soll-Ist-Vergleichs. Im Umgang mit Skilldatenbanken ist die Neigung zur Überschätzung der Aussagekraft der Gap-Analysen immer latent vorhanden und kann kontraproduktiv wirken, z.B. wenn in den Mitarbeiter-Fördergesprächen statt über angemessene Maßnahmen der Kompetenzentwicklung über die „Wahrheit" der Soll-Ist-Vergleiche gestritten wird. Um dem entgegenzuwirken und im Nebeneffekt auch eine durchgängige Selbststeuerung des Mitarbeiters im Projekt beizubehalten, wurden die Skilldaten der Mitarbeiter durch eine reine Selbsteinschätzung erfasst. Im Ergebnis hat sich diese Vorgehensweise im Projekt sehr bewährt, da es keine Konflikte über die Einschätzungen gab. Der positive Effekt auf den Verlauf des Projekts und auf die Kommunikationskultur zwischen den Beteiligten ist wertvoller einzuschätzen als eine zusätzliche Validierung des Soll-Ist-Vergleichs durch die Fremdeinschätzung des Vorgesetzten. Abschließend können vier „Generalempfehlungen" aus dem Pilotprojekt gemacht werden:

(1) Die (Mikro-)Politik darf nicht unterschätzt und die IKT nicht überschätzt werden.
(2) Das System muss so einfach wie möglich gehalten werden, um zuerst verstanden, dann akzeptiert und schließlich auch angewendet zu werden.
(3) Das Skillmanagement ist in erster Linie kein IT-, sondern ein Personalthema und deshalb sollten entsprechende Projekte auch nicht als IT- sondern als Personal- und Organisationsentwicklungsprojekte („Change Projekte) verstanden und entsprechend durchgeführt werden.
(4) Das Mitarbeitergespräch ist ins Zentrum des Prozesses zu stellen.

Mit der vorliegenden Arbeit wurde das **Ziel** verfolgt, zwei bisher nicht verknüpfte Themenbereiche miteinander zu verbinden: die theoretische Fundierung eines Kompetenzmanagements, das sich als Teilbereich einer modernen betrieblichen Personalentwicklung versteht, und die handlungsorientierte und damit praxisnahe Konzeptionierung eines darauf aufgebauten Skill-Management-Systems. Am Ende der Arbeit ist die Frage zu stellen, ob diese Hauptziele und die daraus abgeleiteten Zwischenziele erreicht wurden.

Die theoretischen Erkenntnisse bündeln sich in den beiden zentralen Modellen des dritten Kapitels (vgl. Abbildungen 7 und 11). Durch diese Rahmenentwürfe war es möglich, ein sehr detailliertes theoretisches Fundament für die Konzeptionierung des Praxismodells zu errichten und die Forschungsdesiderata im Bereich des Skill-Management zu bearbeiten. Die erarbeiteten Modelle und damit auch die daraus abgeleiteten Thesen sind zwar interdisziplinär angelegt, stehen im Grundsatz aber eindeutig in der Tradition der personalwirtschaftlichen Forschung. Thesen sollen nicht geglaubt, sondern geprüft werden. Es liegt daher im Interesse des Verfassers, dass das erarbeitete Aussagengerüst im Rahmen weiterer wirtschaftswissenschaftlicher Forschungsarbeiten untersucht wird.

Basierend auf den theoretischen Vorüberlegungen und Modellen wurde im weiteren Verlauf der Arbeit ein praxisorientiertes Skill-Managementkonzept für ein konkretes Unternehmen erarbeitet. Da es sich dabei um eine explorativ-illustrierende Einzelfallstudie handelte, sind deren Ergebnisse nur mit allergrößter Vorsicht auf die Praxis übertragbar. Da die Fallstudie als Aktionsforschung durchgeführt wurde, war deren Ziel nicht die Ermittlung allgemeingültiger Aussagen, sondern die konkrete Veränderung im vorliegenden Feld und eine möglichst optimale Lösung des Problems für die Betroffenen.[910]

Aus diesem Grund wurde die Fallstudie im wesentlichen deskriptiv dargestellt. Auf Darstellung der Einzelergebnisse wurde weitestgehend verzichtet, da dies zu nicht zulässigen Verallgemeinerungen führen könnte. Trotzdem kann das Fazit gezogen werden, dass es im konkreten Fall möglich war, die Aussagen und Forderungen des beschriebenen theoretischen Gerüsts in eine praxisbezogene Konzeption zu übertragen, ein konkretes Skill-Management-Projekt darauf aufzubauen und im Rahmen eines Handlungsforschungsansatzes auch zu evaluieren. In der Evaluation zeigte sich, dass nach Abschluss der Forschungsarbeiten das vorgefundene Problem von den Betroffenen als sehr gut gelöst eingestuft wurde. Wesentlich bedeutsamer als die Produktevaluation ist in Aktionsforschungsprojekten die Prozessevaluation.[911] Als wertvolle Ergebnisse sind aus Sicht des Verfassers deshalb vor allem die Erkenntnisse der Prozessebene zu nennen. Insbesondere die Darstellungen und die Entwicklung des Skill-Management-Prozesses über drei Stufen (Abbildungen 19, 25, 33) zeigt die Möglichkeiten, die ein Skill-Management-System bietet, um als Basis einer kompetenzorientierten Personalentwicklung zu dienen.

Dies ist umso bedeutsamer, da die Bedeutung des Skill-Managements und damit auch die Aktualität damit verbundener Forschungsthemen zunehmen wird. Auf der Grundlage aktueller Studien prognostiziert HASEBROOK sogar einen exponentiell steigenden Trend im Einsatz IT-

---

910 Vgl. ENDRUWEIT 2002, S. 6.

911 Vgl. STUFFLEBEAM 1972.

gestützter Skill- und Kompetenzmanagementsysteme.[912] Neue Informationstechnologien ermöglichen seit den frühen 1970er Jahren eine zunehmende Automation von Personalprozessen im Unternehmen. Vor diesem Hintergrund stellt sich erneut die Frage, wie im Peronalbereich von Unternehmen mit den Möglichkeiten und den Grenzen dieser zunehmenden Technisierung umgegangen werden kann, damit der Einsatz der Technik tatsächlich zu den erwünschten Effizienz- und Qualitätssteigerungen führt.[913] Hier gibt es sicher noch viel Forschungsbedarf, insbesondere sind dies Untersuchungen, die auf eine widerspruchsfreie Verbindung von technologiebasierten Erkenntnissen der Informatik mit ökonomischen Aussagen der Personalwirtschaftslehre und verhaltenswissenschaftlichen Theorien der angrenzenden Sozialwissenschaften zielen.

In diesem interdisziplinären Verständnis wollte diese Arbeit aufzeigen, dass es ein vielversprechender und fruchtbarer Weg sein kann, Grenzen des angestammten Forschungsfelds inhaltlich, methodisch und sogar räumlich zu überschreiten um damit zu vielschichtigen Erfahrungen und neuen Einsichten zu gelangen. Dies trifft auch ganz persönlich auf mich als Verfasser zu. Die enge Abstimmung und Koordination mit Vertretern des Unternehmens und Vertretern der Universität und anderer externer Partner erforderte viele horizontale und vertikale Übergänge zwischen verschiedenen beruflichen Systemen und deren Hierarchien. Solche „ökologischen Übergänge" sind nach BRONFENBRENNER miteinscheidend für die persönliche (Weiter-)Entwicklung des Menschen und haben auch mich die letzten Jahre geprägt.[914] In dieser Zeit habe ich in meinen Rollen als Wissenschaftler, Praktiker und Kollege sehr viel persönlich gewonnen. Dies lag sicher auch am Anspruch der Aufgaben begründet, aber besonders im Wechsel und in der Koordination der vielfältigen Aufgaben und Gestaltungsfelder.

In diesem kooperativen Forschungsprojekt ist es gelungen, durch das handlungsorientierte Vorgehen, sowohl empirisch-explorative Erfahrungen zu machen, als auch den Unternehmensverantwortlichen und den Mitarbeitern die Bedeutung der Personal- und Kompetenzentwicklung bewusst zu machen. Dies ist die Voraussetzung für den aktive Einsatz und die Nutzung der entsprechenden Instrumente, Programme und Systeme im Unternehmen. Wenn dies geschieht, hat die Arbeit auch ihr Praxisziel erreicht und ist zudem der viel beschworene Dialog zwischen Theorie und Praxis zustande gekommen.

---

912 Vgl. HASEBROOK 2003, S. 71-72.

913 Vgl. ZUMBACH/BILHUBER 2001, S. 79.

914 Vgl. BRONFENBRENNER 1989.

Literaturverzeichnis

Abraham, Martin **(2002)**: Qualifikation. In: Endruweit, Günter; Trommsdorff, Gisela (Hrsg.): Wörterbuch der Soziologie. UTB Bd. 2232, 2., völlig neu bearb. u. erw. Aufl., Stuttgart: Lucius & Lucius, 2002, S. 422.

Ackermann, Karl-Friedrich (Hrsg.) **(2000)**: Balanced Scorecard für Personalmanagement und Personalführung: Praxisansätze und Diskussion. Wiesbaden: Gabler, 2000.

AFS Intercultural Programs Inc. (Hrsg.) **(1984)**: AFS Orientation Handbook. Vol. 4, New York: AFS, 1984.

Alaluf, Mateo; **Stroobants**, Marcelle **(1994)**: Mobilisiert Kompetenz den Arbeitnehmer?. In: Europäische Zeitschrift für Berufsbildung, 1 (1994), Heft 1, S. 49–60.

Alten, Werner; **Weiss**, Reinhold (Hrsg.) **(2000)**: Service-Leistungen für KMU: Innovative Modelle für Beratung und Qualifizierung. (Kölner Texte & Thesen, 56), Köln: DIV (Deutscher Institutsverlag), 2000.

Altrichter, Herbert; **Gorbach**, Stefan **(1993)**: Professionalität im Wandel: Konsequenzen für Begriffsbestimmung und professionelle Ausbildung diskutiert am Beispiel Personalentwicklung. In: Zeitschrift für Personalforschung, (1993), Heft 1, S. 77–95.

Antoni, Conny H.; **Sommerlatte**, Tom (Hrsg.) **(1999)**: Spezialreport Wissensmanagement: Wie deutsche Firmen ihr Wissen profitabel machen. Düsseldorf: Symposion, 1999.

Aragón, Sergio; **Kleb**, Ralf H. **(1998)**: Kompetenzmanagement in multinationalen Konzernen. In: Personalführung, (1998), Heft 11, S. 22–31.

Arbeitsgemeinschaft Qualifikations-Entwicklungs-Management (Hrsg.) **(1995)**: QUEM-Memorandum. Münster u.a.: Waxmann, 1995.

Arbeitsgemeinschaft Qualifikations-Entwicklungs-Management, Geschäftsstelle der Arbeitsgemeinschaft Betriebliche Weiterbildungsforschung (Hrsg.) **(2000)**: Kompetenzentwicklung 2000: Lernen im Wandel – Wandel durch Lernen. Münster u.a.: Waxmann, 2000.

Argyle, Michael **(1972)**: Soziale Interaktion. Köln: Kiepenheuer & Witsch, 1972.

Argyris, Chris; **Schon**, Donald **(1974)**: Theory in Practice: Increasing Professional Efficiency. Reading: Addison-Wesley, 1974.

Argyris, Chris; **Schon**, Donald **(1978)**: Organizational Learning: A Theory of Action Perspective. Reading: Addison-Wesley, 1978.

Armstrong, Michael **(2001)**: A Handbook of Human Resource Management Practice. 8. Aufl., London: Kogan Page, 2001.

Arnold, Rolf **(1990)**: Betriebspädagogik, Ausbildung, Fortbildung, Personalentwicklung. Bd. 31, Berlin: Schmidt, 1990.

Arnold, Rolf **(1997)**: Von der Weiterbildung zur Kompetenzentwicklung. In: Arbeitsgemeinschaft Qualifikations-Entwicklungs-Management (QUEM) Berlin (Hrsg.): Kompetenzentwicklung '97. Münster u.a.: Waxmann, 1997, S. 253–307.

Arnold, Rolf; **Bloh**, Egon **(2001)**: Grundlagen der Personalentwicklung im lernenden Unternehmen: Einführung und Überblick. In: Arnold, Rolf; Bloh, Egon (Hrsg.): Personalentwicklung im lernenden Unternehmen: Grundlagen der Berufs- und Erwachsenenbildung. Bd. 27, Hohengehren: Schneider, 2001, S. 5–40.

Arnold, Rolf; **Geißler**, Karlheinz A. **(1995)**: Thesendiskussion Arnold - Geißler: Schlüsselqualifikationen. In: Berufsbildung 49 (1995) 33, S.28–31.

Auer, Manfred **(1994)**: Personalentwicklung und betriebliche Mitbestimmung: Eine mikropolitische Analyse. Wiesbaden: Dt. Univ.-Verl. und Gabler, 1994.

Auer, Manfred u.a. **(1993)**: Mikropolitische Perspektiven der Personalentwicklung. In: Laske, Stephan; Gorbach, Stefan (Hrsg.): Spannungsfeld Personalentwicklung: Konzeptionen, Analysen, Perspektiven. Wiesbaden: Gabler, 1993, S. 153–170.

Auer, Manfred; **Laske**, Stephan (Hrsg.) **(1997)**: Personalwirtschaftliche Ausbildung an Universitäten: Grundfragen, Konzepte und Erfahrungen. In: Zeitschrift für Personalforschung, Sonderband, 1997, München; Mering: Hampp, 1997.

Aufenanger, Stefan **(1991)**: Qualitative Analyse semi-struktureller Interviews: Ein Werkstattbericht. In: Garz, Detlef; Kraimer, Klaus (Hrsg.): Qualitativ-empirische Sozialforschung: Konzepte, Methoden, Analysen. Opladen: Westdeutscher Verlag, 1991, S. 35–59.

Auhagen, Ann Elisabeth **(2002)**: Kompetenz und Verantwortung. In: Zeitschrift für Personalforschung, 16 (2002), Heft 2, S. 230–249.

Aumüller, Regina; **Beutel**, Klaus; **Fischer**, Hans-Peter **(1993)**: Die Post-Assessment-Center-Ära: Vorgesetzte wählen Führungskräftenachwuchs aus. In: Zeitschrift für Personalforschung, (1993), Heft 1, S. 64ff.

Backes-Gellner, Uschi **(1993)**: Personalwirtschaftslehre – eine ökonomische Disziplin?!: Diskussionsbeitrag zur Personalwirtschaftslehre im deutschsprachigen Raum. In: Zeitschrift für Personalforschung, (1993), Heft 4, S. 513–529.

Bader, Reinhard **(1989)**: Berufliche Handlungskompetenz. In: Die berufsbildende Schule, (1989), Heft 41, S. 73–77.

Baethge, Martin **(1989)**: Qualifikation – Qualifikationsstruktur. In Wulf, Christoph (Hrsg.): Wörterbuch der Erziehung. 7. Aufl., München: Piper, 1989, S. 478–484.

Baitsch, Christof **(1996)**: Lernen im Prozess der Arbeit: Ein psychologischer Blick auf den Kompetenzbegriff. In: Qualifikations-Entwicklungs-Management (QUEM)-Bulletin, (1996), Heft 1, S. 6–8.

Baldin, Klaus-Martin **(1990)**: DV-Einsatz zur Planung, Steuerung und Kontrolle von Personalentwicklungs-Maßnahmen. In: Bellgardt, Peter (Hrsg.): EDV-Einsatz im Personalwesen: Entwicklungen, Anwendungsbeispiele, Datensicherheit und Rechtsfragen. Heidelberg: Sauer, 1990, S. 137–185.

Ballauf, Helga **(1997a)**: Chancen und Grenzen von Skill-Management: Der gläserne Mitarbeiter ist keine Utopie mehr. In: Computerwoche, 24 (1997), Heft 16, S. 65–66.

Ballauf, Helga **(1997b)**: Softskills lassen sich nicht in eine Datenbank pressen. In: Computerwoche, 24 (1997), Heft 38, S. 69–70.

Balzereit, Bernd **(1980)**: Personalentwicklung und Personalsteuerung: Eine Untersuchung der funktionalen Beziehungen zwischen Personalentwicklung, Organisation und Führung in Betriebswirtschaften. (Schriften der GHS Paderborn: Reihe Wirtschaftswissenschaften, 4) Paderborn u.a.: Schoeningh, 1980 (zugl. Diss. Gesamthochschule Paderborn, 1979).

Bandura, Albert **(1977)**: Self-efficacy: Toward a unifying theory of behavioral change. In: Psychological Review, 84 (2), 1977, S. 191–215.

Barth, Klaus; **Kiefel**, Jens; **Wille**, Kai **(2002)**: Gefilterte Märkte: Ein Anreizsystem zur Förderung von firmeninternen Wissensmärkten. (Gabler Edition Wissenschaft), Wiesbaden: Dt. Univ.-Verl., 2002.

Bauer, Thomas **(1998)**: Faire Marktpreise: Preisbildungsmechanismen in der Baubranche und Einführung eines Ethikmanagementsystems. In: Ulrich, Peter; Wieland, Josef (Hrsg.): Unternehmensethik in der Praxis: Impulse aus den USA, Deutschland und der Schweiz. (St. Galler Beiträge zur Wirtschaftsethik, 19) Bern; Stuttgart; Wien: Haupt, 1998, S. 211–237.

Bea, Franz Xaver; **Göbel**, Elisabeth **(1999)**: Organisation: Theorie und Gestaltung. Stuttgart: Lucius und Lucius, 1999.

Beck, Klaus **(1980)**: Zum Problem der Beschreibung des Verhältnisses von Mensch und Arbeit. In: Zeitschrift für Berufs- und Wirtschaftspädagogik, (1980), Nr. 76, S. 355–364.

Beck, Klaus **(1997)**: Qualifikation. In: Bundesanstalt der für Arbeit (Hrsg.): Handwörterbuch zur Berufswahlvorbereitung. Nürnberg: o.Vlg., 1997, S. 262–269.

Beck, Reinhilde; **Schwarz**, Gotthart **(1997)**: Personalentwicklung: Schwerpunkt Management. Augsburg: ZIEL, 1997.

Beck, Simon **(2001)**: Schlüsselqualifikationen im Spannungsfeld von Bildung und Qualifikation – Leerformel oder Integrationskonzept?: Analyse einer berufspädagogischen Debatte. (Hohenheimer Schriftenreihe zur Berufs- und Wirtschaftspädagogik, 2) Stuttgart: ibw Hohenheim, 2001.

Beck, Simon **(2003)**: Skill and Competence Management as a Base of an Integrated Personnel Development (IPD) – A Pilot Project in the Putzmeister, Inc./Germany. In: Journal of Computer Science, 9 (2003) 12, S. 1381–1387.

Beck, Simon; **Mack**, Sandra **(2002)**: Hidden Champions sind Wissenschampions: Pilotprojekt Skill Management in der Putzmeister AG. In: Wissensmanagement, Nr. 6, 2002, S. 50–53.

Becker, Fred G. **(1988)**: Personalentwicklung im Rahmen einer strategischen Führung. In: Zeitschrift für Personalforschung, Heft 3, 1988, S. 197–213.

Becker, Fred G. **(1990)**: Anreizsysteme für Führungskräfte: Möglichkeiten zur strategischorientierten Steuerung des Managements. Stuttgart: Poeschel, 1990.

Becker, Fred G. **(1993)**: Explorative Forschung mittels Bezugsrahmen: Ein Beitrag zur Methodologie des Entdeckungszusammenhangs. In: Becker, Fred G.; Martin, Albert (Hrsg.): Empirische Sozialforschung. Methoden und Beispiele. Zeitschrift für Personalforschung, Sonderband, München; Mering: Hampp, 1993, S. 111–127.

Becker, Fred G. **(1994)**: Lexikon des Personalmanagements. München: Dt. Taschenbuch-Verl., 1994.

Becker, Fred G.; **Fallgatter**, Michael J. **(1999)**: Die Personalabteilung als Referentensystem. In: Scholz, Christian (Hrsg.): Innovative Personal-Organisation: Center-Modelle für Wertschöpfung, Strategie, Intelligenz und Virtualisierung. Neuwied/Kriftel: Luchterhand, 1999, S. 218–227.

Becker, Fred G.; **Martin**, Albert (Hrsg.) **(1993)**: Empirische Sozialforschung: Methoden und Beispiele. In: Zeitschrift für Personalforschung, Sonderband, München; Mering: Hampp, 1993.

Becker, Gary S. **(1993)**: Human Capital: A Theoretical and Empirical Analysis, with Special Reference to Education. 3rd edition, Chicago; London: Univ. of Chicago Press, 1993.

Becker, Helmut **(2000)**: Managementtraining für den Führungsnachwuchs: Die Praxis des Team-Management. Kontakt & Studium, Bd. 489, Renningen-Malmsheim: expert-Verlag, 2000.

Becker, Horst; **Langosch**, Ingo **(1995)**: Produktivität und Menschlichkeit: Organisationsentwicklung und ihre Anwendung in der Praxis. 4. Aufl., Stuttgart: Enke, 1995.

Becker, Horst; **Langosch**, Ingo **(2002)**: Produktivität und Menschlichkeit: Organisationsentwicklung und ihre Anwendung in der Praxis. 5. Aufl., Stuttgart: Lucius&Lucius, 2002.

Becker, Manfred **(1999)**: Personalentwicklung: Bildung, Förderung und Organisationsentwicklung in Theorie und Praxis. 2., überarbeitete und erweiterte Aufl., Stuttgart: Schäffer-Poeschel, 1999.

Becker, Manfred **(2002)**: Personalentwicklung: Bildung, Förderung und Organisationsentwicklung in Theorie und Praxis. 3., überarbeitete und erweiterte Aufl., Stuttgart: Schäffer-Poeschel, 2002.

Becker, Manfred **(2003)**: Die neue Rolle der Personalentwicklung. In: Personal, (2003) Heft 2, S. 14–17.

Becker, Manfred **(2004)**: Kosten der Personalentwicklung: Wer soll das zahlen?. In: Personal, (2004), Heft 1, S. 9–13.

Becker, Manfred (unter Mitarbeit von Anke Schwertner) **(2002)**: Gestaltung der Personal- und Führungskräfteentwicklung: Empirische Erhebung, State of the Art und Entwicklungstendenzen. München; Mering: Hampp, 2002.

Becker, Manfred; **Rother**, Gabriele **(1998)**: Pendelschlag von der Qualifikation zur Kompetenz. In: QUEM-Bulletin, (1998), Heft 2/3, S. 10–15.

Becker, Manfred; **Schwertner**, Anke (Hrsg.) **(2002)**: Personalentwicklung als Kompetenzentwicklung. München; Mering: Hampp, 2002.

Becker, Wolfgang **(1991)**: Schlüsselqualifikationen – ein Schlüsselbegriff für Zielkonflikte in der beruflichen Bildung?: Eine Entdeckungsreise in die Begriffsgeschichte. In: Meifort, Barbara (Hrsg.): Schlüsselqualifikationen für gesundheits- und sozialpflegerische Berufe. Ergebnisse der Hochschultage Berufliche Bildung '90. Alsbach/Bergstraße: Leuchtturm, 1991, S. 125–149.

Behr, Marhild von **(1981)**: Die Entstehung der industriellen Lehrwerkstatt: Materialien und Analysen zur beruflichen Bildung im 19. Jahrhundert. Frankfurt/Main: Campus, 1981 (zugl. Diss. Universität München, 1980).

Belardi, Nando **(2002)**: Supervision: Grundlagen, Techniken, Perspektiven. München: Beck, 2002.

Bellgardt, Peter **(1990b)**: Rechner- und Systemunterstützung im Personalwesen. In: Bellgardt, Peter (Hrsg.): EDV-Einsatz im Personalwesen: Entwicklungen, Anwendungsbeispiele, Datensicherheit und Rechtsfragen. Heidelberg: Sauer, 1990, S. 17–24.

Bellgardt, Peter (Hrsg.) **(1990a)**: EDV-Einsatz im Personalwesen: Entwicklungen, Anwendungsbeispiele, Datensicherheit und Rechtsfragen. Heidelberg: Sauer, 1990.

Bellmann, Klaus u.a. (Hrsg.) **(2002)**: Aktionsfelder des Kompetenz-Managements: Ergebnisse des II. Symposiums Strategisches Kompetenz-Management. Wiesbaden: DUV, 2002.

Belzer, Volker (Hrsg.) **(1998)**: Sinn in Organisationen? – oder: Warum haben moderne Organisationen Leitbilder?. 2. Aufl., München; Mering: Hampp, 1998.

Benjamins, Richard u.a.**(2002)**: Skills Management in Knowledge-Intensive Organizations. Intelligent Software Components S.A., Madrid, Spain (Hrsg.), White Paper, April 2002.

Bennis, Warren; **Biedermann**, Patricia W. **(1999)**: Geniale Teams: Das Geheimnis kreativer Zusammenarbeit. Frankfurt: Campus, 1999.

Berthel, Jürgen **(1989)**: Personal-Management: Grundzüge für Konzeptionen betrieblicher Personalarbeit. 2., überarb. u. erweit. Auflage, Stuttgart: Poeschel, 1989.

Beyer, Günther **(1992)**: Zeitmanagement: Arbeitsmethodik, Zeitplanung und Selbststeuerung. Düsseldorf: Econ, 1992.

Beyer, Jürgen; **Metz**, Thomas **(1995)**: Professionalisierungspfade des Personalwesens. In: Wächter, Hartmut; Metz, Thomas (Hrsg.): Professionalisierte Personalarbeit?: Perspektiven der Professionalisierung des Personalwesens. Zeitschrift für Personalforschung, Sonderband, München; Mering: Hampp, 1995, S. 185–206.

Bihl, Gerhard **(1993)**: Unternehmen und Wertewandel: Wie lauten die Antworten für die Personalführung? In: Rosenstiel, Lutz von; Einsiedler, Herbert E.; Streich, Richard K.: (Hrsg.): Wertewandel als Herausforderung für die Unternehmenspolitik. 2. Aufl., Stuttgart: Schäfer, 1993, S. 83–94.

Birkigt, K.; Stadler, M. **(1992)**: Corporate Identity – Grundlagen, Funktionen Fallbeispiele. 4. Aufl., Landsberg/Lech: Moderne Industrie 1994.

Bisani, Fritz **(1989)**: Anforderungs- und Qualifikationsprofil. In: Strutz, Hans (Hrsg.): Handbuch Personalmarketing. Wiesbaden: Gabler, 1989, S. 230–243.

Bleicher, Knut **(1991)**: Organisation: Strategien – Strukturen – Kulturen. 2. Aufl., Wiesbaden: Gabler, 1991.

Blumer, Herbert **(1979)**: Methodologische Prinzipien empirischer Wissenschaft. In: Gerdes, Klaus (Hrsg.): Explorative Sozialforschung. Einführende Beiträge aus „Natural Society“ und Feldforschung in den USA. Stuttgart: Enke, 1979, S. 41–62.

Bock, Marlene **(1992)**: „Das halbstrukturierte-leitfadenorientierte Tiefeninterview": Theorie und Praxis der Methode am Beispiel von Paarinterviews. In: Hoffmeyer-Zlotnik, Jürgen H. P. (Hrsg.): Analyse verbaler Daten: Über den Umgang mit qualitativen Daten. Opladen: Westdeutscher Verlag, 1992, S. 90–109.

Boes, Andreas **(2003)**: Culture Change und Business Reengineering. In: Agogik – Zeitschrift für Fragen sozialer Gestaltung, (2003), Heft 2, S. 3–15.

Boggiano, Ann K.; **Ruble**, Diane **(1979)**: Competence and the over justification effect. A developmental study. In: Journal of Personality and Social Psychology, (1979), Nr. 37, S. 1462–1468.

Böhm, Ingeborg **(1999a)**: Wie entwickelt man ein Expertennetzwerk?. In: Antoni, Conny H.; Sommerlatte, Tom (Hrsg.): Spezialreport Wissensmanagement: Wie deutsche Firmen ihr Wissen profitabel machen. Düsseldorf: Symposion, 1999, S. 111–118.

Böhm, Ingeborg **(1999b)**: Mitarbeiterprofile. In: Antoni, Conny H.; Sommerlatte, Tom (Hrsg.): Spezialreport Wissensmanagement: Wie deutsche Firmen ihr Wissen profitabel machen. Düsseldorf: Symposion, 1999, S. 119–127.

Böhme, Karsten **(2003)**: Strategische Personalentwicklung: Nutzen Sie das Potenzial Ihrer Mitarbeiter. München/Neuwied: Luchterhand, 2003.

Bohnsack, Ralf **(2003)**: Rekonstruktive Sozialforschung: Einführung in qualitative Methoden. 5. Aufl., Opladen: Leske und Budrich, 2003.

Bonz, Bernhard; **Compter**, Wolfgang; **Kuhnle**, Helmut **(1990)**: Bildungsbedarf für betriebliches Bildungspersonal: Materialien zur Berufs- und Arbeitspädagogik. Villingen-Schwenningen: Neckarverlag, 1990.

Boos, Margarete **(1993)**: Die Fallstudienmethodik. In: Becker, Fred G.; Martin, Albert (Hrsg.): Empirische Sozialforschung. Methoden und Beispiele. Zeitschrift für Personalforschung, Sonderband, München; Mering: Hampp, 1993, S. 33–46.

Bortz, Jürgen; **Döring**, Nicola **(2002)**: Forschungsmethoden und Evaluation für Human- und Sozialwissenschaftler. Berlin u.a.: Springer, 2002.

Boyatzis, Richard E. **(1982)**: The competent manager: A model for effective performance. New York u.a.: Wiley, 1982.

Braim, Sarah **(1999)**: Poor skills management results in low retention. In: Computing Canada, 09.07.1999, S. 38.

Brake, Jörg **(1997)**: Die Auswahl der Besten: Anforderungsprofile und Managementkompetenzen von Führungskräften. (REFA-Fachbuchreihe Betriebsorganisation) REFA-München: Hanser, 1997.

Brandstätter, Hermann **(1999)**: Veränderbarkeit von Persönlichkeitsmerkmalen: Beiträge der Differentiellen Psychologie. In: Sonntag, Karlheinz (Hrsg.): Personalentwicklung in Organisationen: Psychologische Grundlagen, Methoden und Strategien. 2. Aufl., Göttingen u.a.: Hogrefe, 1999, S. 51–76.

Breekmann, Christian; **Deeke**, Axel; **Völkel**, Brigitte **(1995)**: Experteninterviews in der Arbeitsmarktforschung: Diskussionsbeiträge zu methodischen Fragen und praktischen Erfahrungen. (Beiträge zur Arbeitsmarkt- und Berufsforschung der Bundesanstalt für Arbeit, 191) Nürnberg: o. Vlg., 1995.

Breisig, Thomas **(1993)**: Personalforschung und Betriebsrat: Facetten eines getrübten Verhältnisses. In: Becker, Fred G.; Martin, Albert (Hrsg.): Empirische Sozialforschung: Methoden und Beispiele. Zeitschrift für Personalforschung, Sonderband, München; Mering: Hampp, 1993, S. 219ff.

Breyde, Carsten **(1995)**: Entwicklung und Gestaltung von Lernumwelten vor dem Hintergrund des Erwerbs von Schlüsselqualifikationen. Dargelegt an einem Beispiel kaufmännischer Berufsausbildung. (Europäische Hochschulschriften Pädagogik, Reihe 11, Bd. 645) Frankfurt/Main: Lang, 1995.

Brinkmann, Ralf D. **(1999)**: Techniken der Personalentwicklung: Trainings- und Seminarmethoden. Heidelberg: Sauer, 1999.

Bröckermann, Reiner **(2001)**: Personalwirtschaft: Lehrbuch für das praxisorientierte Studium. 2. Aufl., Stuttgart: Schäffer-Poeschel, 2001.

Brockhaus (Hrsg.) **(1996)**: Brockhaus-Enzyklopädie: Wörterbuch Englisch, Band 29, 19. Aufl., Leipzig; Mannheim: Brockhaus, 1996.

Bronfenbrenner, Urie **(1989)**: Die Ökologie der menschlichen Entwicklung: Natürliche und geplante Experimente. Frankfurt a.M.: Fischer, 1989.

Bronner, Ralf **(1998)**: Experimentelle Personalforschung. In: Zeitschrift für Personalforschung, (1998), Heft 1, S. 5–20.

Brucks, Wernher **(1997)**: Subsidiarität: Definition und Konkretisierung eines gesellschaftlichen Strukturprinzips. Online-Publikationen des soziologischen Instituts der Universität Zürich, September 1997, Stand: 08.01.2004, in: http://socio.ch/demo/t_wbrucks.htm, Abrufdatum: 30.03.2004.

Bruns, Hans-Jürgen **(1998)**: Organisationale Lernprozesse bei Managementunterstützungssystemen. Wiesbaden: DUV, 1998.

Bühner, Rolf **(1997)**: Personalmanagement. 2., überarb. Aufl., Landsberg/Lech: mi, 1997.

Bullinger, Hans-Jörg (Hrsg.) **(1996)**: Lernende Organisationen: Konzepte, Methoden und Erfahrungsberichte. Stuttgart: Schäffer-Poeschel, 1996.

Bullinger, Hans-Jörg; **Gommel**, Matthias; **Bucher**, Michael **(1996)**: Erfolgsfaktor Mitarbeiter: Motivation – Kreativität – Innovation. Stuttgart: Teubner, 1996.

Bundesministerium für Bildung und Forschung (Hrsg.) **(2002)**: Corporate Universities in Deutschland: Eine empirische Untersuchung zu ihrer Verbreitung und strategischen Bedeutung. Bonn, 2002. In: http://www.bmbf.de/pub/corporate_universities_in_deutschland.pdf. Abrufdatum: 10.03.04.

Bundesverwaltungsamt Köln (Hrsg.) **(2003)**: Skills managen heißt zu wissen, wer was kann und was die Behörde braucht. INFO 1783, November 2003.

Busch, Carsten **(2002a)**: Prozessentwurf eines internet-basierten Personalinformationssystems. Essen: o. Vlg., 2002 (zugl. Diss. Universität-GHS Essen, Fachbereich Wirtschaftswissenschaften, 2002).

Busch, Carsten **(2002b)**: Damit wir wissen, was wir wissen. In: CoPers, (2002), Heft 2, S. 48–49.

Cameron, Judy; **Banko**, Katherine M.; **Pierce**; W. David (2001): Pervasive Negative Effects of Rewards on Intrinsic Motivation: The Myth Continues. In: The Behavior Analyst, No. 1 (Spring) 2001, 24, S. 1–44.

Cameron, Judy; **Pierce**, W. David **(1994)**: Reinforcement, reward and intrinsic motivation: A meta-analysis. In: Review of Educational Research, (1994), Nr. 64, S. 363–423.

Carrell, Michael R.; **Elbert**, Norbert F.; **Hatfield**, Robert D. **(1995)**: Human Resource Management: Global strategies for Managing a Diverse Workforce. 5. Aufl., Englewood Cliffs: Prentice Hall, 1995.

Chingos, Peter T. (Hrsg.) **(2002)**: Paying for Performance: A Guide to Compensation Management. 2. Aufl., New York u.a.: Wiley, 2002.

Chomsky, Noam **(1969)**: Aspekte der Syntax-Theorie. Frankfurt/Main: Suhrkamp, 1969.

Ciupka, Dirk **(1991)**: Strategisches Personalmanagement und Führungskräfteentwicklung. (Duisburger Betriebswirtschaftliche Schriften; Bd. 2)., Hamburg: Steuer- und Wirtschaftsverlag 1991.

Comelli, Gerhard **(1999)**: Qualifikation für Gruppenarbeit: Teamentwicklungstraining. In: Rosenstiel, Lutz von; Regnet, Erika; Domsch, Michael (Hrsg.): Führung von Mitarbeitern: Handbuch für erfolgreiches Personalmanagement. 4. Aufl., Stuttgart: Schäffer-Poeschel, 1999, S. 405–427.

Compter, Wolfgang **(1988)**: Die Qualifikation zum Bildungsmanager als Ziel des BPH-Studiengangs „Betriebliches Bildungswesen“. In: Kuhnle, Helmut; Mayer, Rainer; Schanz, Heinrich (Hrsg.): 40 Jahre Lehrerbildung für berufliche Schulen an der Berufspädagogischen Hochschule Stuttgart/Esslingen 1947–1987. Alsbach/Bergstr.: Leuchtturm, 1988, S. 231–235.

Conradi, Walter **(1983)**: Personalentwicklung. (Basistexte Personalwesen, 2) Stuttgart: Enke, 1983.

Conrads, Sonja **(1997)**: Supervision in der Führungskräfteentwicklung: Eine qualitative Untersuchung in einer Versicherung. München; Mering: Hampp, 1997.

Cooper, Kenneth.C. **(2000)**: Effective competency modelling and reporting: A step-by-step guide for improving individual and organizational performance, New York, NY: AMACON, 2000.

Crainer, Stuart **(1998)**: Die ultimative Managementbibliothek: 50 Bücher, die Sie kennen müssen. Vorwort und Kommentare von Gary Hamel. Aus dem englischen von Wilfried Hof, 2. Aufl., Frankfurt; New York: Campus, 1998.

Csikszentmihalyi, Mihaly **(2002)**: Flow: Das Geheimnis des Glücks. 7. Aufl., Stuttgart: Klett Cotta, 2002.

DaimlerChrysler AG (Hrsg.) **(2001)**: Kompetenzmanagement. In: DaimlerChrysler Betriebszeitung Maximum, Nr. 2, 2001.

Deci, Edward L. **(1976)**: Intrinsic motivation. 2. Aufl., New York: Plenum, 1976.

Deci, Edward L.; **Koestner**, Richard; **Ryan**, Richard M. **(1999)**: A meta-analytic review of experiments examining the effects of extrinsic rewards on intrinsic motivation. In: Psychological Bulletin, (1999), Bd. 6, Nr. 125, S. 627–668.

Deiters, Wolfgang; **Lucas**, Reinhard; **Weber**, Thorsten **(1999)**: Skill-Management: Ein Baustein für das Management flexibler Teams. Fraunhofer ISST-Bericht 50/99, Dortmund, November 1999.

Deiters, Wolfgang; **Lucas**, Reinhard; **Weber**, Thorsten **(2000)**: Skill-Management: Ein Baustein für das Management flexibler Teams. In: IM – Die Fachzeitschrift für Informationsmanagement, (2000), Bd. 15, Nr. 3, S. 54–60.

Deutsch, Karl J. u.a. **(1997)**: Kernkompetenzen – dynamischer Mechanismus zur signifikanten und nachhaltigen Steigerung von Kundennutzen. In: Deutsch, Karl J.; Diedrichs, Eva P.; Raster, Max (Hrsg.): Gewinnen mit Kernkompetenzen: Die Spielregeln des Marktes neu definieren. München; Wien: Hanser, 1997, S. 20–30.

Deutscher Bildungsrat (Hrsg.) **(1974)**: Empfehlungen der Bildungskommission. Zur Neuordnung der Sekundarstufe II: Konzept für eine Verbindung von allgemeinem und beruflichem Lernen. Bonn, 1974.

Dick, Petra **(1992)**: Personalentwicklung aus mikropolitischer Perspektive: Mikropolitik und Sozialisation. Diss. Universität Augsburg, Augsburg, 1992.

Diedrich, Andreas **(1998)**: Effizienz betrieblicher Weiterbildung: Betriebliche Weiterbildung als einzelwirtschaftliches Problem. Unternehmensführung und Personalwirtschaft, Bd. 5, Köln: Bachem, 1998.

Diekmann, Andreas **(2003)**: Empirische Sozialforschung: Grundlagen, Methoden, Anwendungen. 10. Aufl., Reinbek bei Hamburg: Rowohlt, 2003.

Domsch, Michael; **Gerpott**, Torsten J. **(1992)**: Organisation des Personalwesen(s). In: Frese, Erich (Hrsg.): Handwörterbuch der Organisation. 3.Aufl., Stuttgart: Poeschel, 1992, Sp. 1934–1949.

Domsch, Michael; **Reinecke**, Peter **(1982)**: Partizipative Personalentwicklung. In: Personalentwicklung: Zeitschrift für betriebswirtschaftliche Forschung, Sonderheft 14, Wiesbaden: Gabler, 1982, S. 64–81.

Domsch, Michel **(1972)**: Personal-Informationssysteme. Hamburg: Gabler, 1972.

Domsch, Michel **(1980)**: Systemgestützte Personalarbeit. (Bochumer Beiträge zur Unternehmensführung und Unternehmensforschung, 23) Wiesbaden: Gabler, 1980.

Döring, Klaus W.; **Ritter-Mamczek**, Bettina **(2001)**: Lern- und Arbeitstechniken in der Weiterbildung: Erfolgreiches Selbstmanagement für Erwachsene. Weinheim: DSV, 2001.

Döring-Katerkamp, Uwe; **Trojan**, Jörg **(2002)**: Motivation und Wissensmanagement – eine praktische Perspektive. Institut für e-Management e.V. Köln (IfeM) (Hrsg.), Stand: 10.01.2002, in: http://www.ifem.org/perspektive.pdf, Abrufdatum: 03.02.2004.

Dorrhauer, Carsten **(2000)**: Die Rolle der Personalentwicklung in Reengineeringprojekten zur Einführung betriebswirtschaftlicher Standardanwendungssysteme aus Sicht der Wirtschaftsinformatik. Dissertation Universität Mannheim, Mannheim, 2000.

Dörschel, Alfons **(1975)**: Betriebspädagogik. Ausbildung und Fortbildung, Bd. 11, Berlin: Schmidt, 1975.

Drosten, Sörge **(1996)**: Integrierte Organisations- und Personalentwicklung in der lernenden Unternehmung: Ein zukunftsweisendes Konzept auf der Basis einer Fallstudie. Personalmanagement, Bd. 3, Bielefeld: Bertelsmann, 1996.

Drumm, Hans Jürgen **(2000)**: Personalwirtschaftslehre. 4. Aufl., Berlin u.a.: Springer, 2000.

Dubs, Rolf **(1995)**: Berufliches Lernen im Wandel: Aktuelle Entwicklungstendenzen in der Berufsbildung. In: Euler, Dieter (Hrsg.): Berufliches Lernen im Wandel – Konsequenzen für Lernorte?. (Beiträge zur Arbeitsmarkt- und Berufsforschung der Bundesanstalt für Arbeit) Nürnberg: IAB, 1995, S. 11–32.

DUDEN (1997): Das Fremdwörterbuch. Bd. 5, 6. Aufl., Mannheim u.a.: Dudenverlag, 1997.

Düll, Herbert **(1993)**: Das Mitarbeitergespräch aus Sicht der betrieblichen Personalforschung. In: Becker, Fred G.; Martin, Albert (Hrsg.): Empirische Sozialforschung: Methoden und Beispiele. Zeitschrift für Personalforschung, Sonderband, München; Mering: Hampp, 1993, S. 257–278.

Dunlop, Mark D. **(2000)**: Development and evaluation of clustering techniques for finding people. Proc. of the 3rd Int. Conf. on Practical Aspects of Knowledge Management (PAKM2000), Basel Switzerland, 30–31 Oct. 2000.

Dürr, Walter u.a. (Hrsg.) **(1988)**: Personalentwicklung und Weiterbildung in der Unternehmenskultur. (Schriftenreihe Wirtschaftsdidaktik, Berufsbildung und Konsumentenerziehung, 13) Baltmannsweiler: Pädag. Verl. Burgbücherei Schneider, 1988.

Eberhardt, Stefan **(1995)**: Abschied vom Taylorismus: Mitarbeiterführung in schlanken Unternehmungen. Der Mensch im Unternehmen, Bd. 11, Leonberg: Rosenberger Fachverlag, 1995.

Ebers, Mark; **Gotsch**, Wilfried **(2002)**: Institutionenökonomische Theorien der Organisation. In: Kieser, Alfred (Hrsg.): Organisationstheorien. 5. Aufl., Stuttgart; Berlin; Köln: Kohlhammer, 2002, S. 199–251.

Eckardstein, Dudo von; **Schnellinger**, Franz **(1978)**: Betriebliche Personalpolitik. 3. Aufl., München: Vahlen, 1978.

Edding, Friedrich **(1963)**: Ökonomie des Bildungswesens: Lehren und Lernen als Haushalt und Investition. Freiburg i.B.: Herder, 1963.

Eder, Klaus; **Kailer**, Norbert; **Mayrhofer**, Johanna **(2001)**: Steuerung betrieblicher Kompetenzentwicklungsprozesse: Controlling betrieblicher Weiterbildung und Personalentwicklung in österreichischen Unternehmen: Einsatzhäufigkeit, Defizitbereiche und Einsatzbeispiele. In: Kailer, Norbert (Hrsg.): Betriebliche Kompetenzentwicklung: Praxiskonzepte und empirische Analysen. Wien: Linde, 2001, S. 55–98.

Edvinsson, Leif; **Brünig**, Gisela **(2000)**: Aktivposten Wissenskapital: Unsichtbare Werte bilanzierbar machen. Wiesbaden: Gabler, 2000.

efiport AG (Hrsg.) **(2003)**: Gezieltes Entwickeln von Kompetenzen für erfolgsorientierte Unternehmen und Weiterbildungsinstitute: efiport Skill Management [SM] verbindet Gap-Analyse, Tests und skillgestützte Bildungsauswahl. Pressemitteilung der efiport AG vom 09.12.2003, Frankfurt/Main, 2003.

Ehrlich, Christian **(2003)**: Erfassung und Gestaltung von Motivationspotenzialen: Entwicklung und Erprobung eines Fragebogens zur Erfassung von Motivationspotenzialen in Unternehmen. München; Mering: Hampp, 2003.

Einsiedler, Herbert E. u.a. **(1999)**: Organisation der Personalentwicklung. Neuwied/Kriftel: Luchterhand, 1999.

Elbert, Sven **(2001)**: Einführung eines Management-Support-Systems zum effektiven Skill-Management bei Bertelsmann mediaSystems. In: Schnurr, Hans-Peter u.a. (Hrsg.): Professionelles Wissensmanagement: Erfahrungen und Visionen. (Beiträge der 1. Konferenz Professionelles Wissensmanagement, Erfahrungen und Visionen, Baden-Baden, 14.–16. März 2001) Aachen: Shaker, 2001, S. 129–143.

Endruweit, Günter **(2002)**: Aktionsforschung. In: Endruweit, Günter; Trommsdorff, Gisela (Hrsg.): Wörterbuch der Soziologie. UTB Bd. 2232, 2., völlig neu bearb. u. erw. Aufl., Stuttgart: Lucius & Lucius, 2002, S. 6.

Erpenbeck, John; **Rosenstiel**, Lutz von **(2003)**: Einführung. In: Erpenbeck, John; Rosenstiel, Lutz von (Hrsg.): Handbuch Kompetenzmessung: Erkennen, verstehen und bewerten von Kompetenzen in der betrieblichen pädagogischen und psychologischen Praxis. Stuttgart: Schäffer-Poeschel, 2003, S. IX–XL.

ExecuTRACK solutions (Hrsg.) **(2002)**: Management Development Network. Tagungsunterlagen der Anwenderkonferenz, Bern 25.02.2002.

Faix, Axel **(2004)**: Antizipative Organisationsentwicklung als Aufgabe des Gründermanagements. In: Achleitner, Ann-Kristin u.a. (Hrsg.): Jahrbuch Entrepreneurship 2003/2004: Gründungsforschung und Gründungsmanagement. Berlin; Heidelberg; New York: Springer, 2004, S. 121–139.

Faix, Werner G.; **Buchwald**, Christa; **Wetzler**, Rainer **(1991)**: Skill-Management: Qualifikationsplanung für Unternehmen und Mitarbeiter. Wiesbaden: Gabler, 1991.

Faix, Werner G.; **Buchwald**, Christa; **Wetzler**, Rainer **(1994)**: Der Weg zum schlanken Unternehmen. Landsberg/Lech: mi, 1994.

Faix, Werner G.; **Laier**, Angelika **(1996)**: Soziale Kompetenz: Wettbewerbsfaktor der Zukunft. 2. Aufl., Wiesbaden: Gabler, 1996.

Falk, Rüdiger **(2000)**: Betriebliches Bildungsmanagement: Arbeitsbuch für Studium und Praxis. Köln: Wirtschaftsverlag Bachem, 2000.

Faller, Michael **(1991)**: Innere Kündigung: Ursachen und Folgen. München; Mering: Hampp, 1991.

Fassbender, Siegfried (1975): Führungskräfte. In: Gaugler, Eduard (Hrsg.): HwBP – Handwörterbuch des Personalwesens. Stuttgart: Poeschel, 1975, Sp. 876–889.

Faulstich, Peter **(1998)**: Strategien der betrieblichen Weiterbildung: Kompetenzen und Organisation. München: Vahlen, 1998.

Faulstich, Peter **(2003)**: Zukunftsperspektiven aus der Weiterbildungsmisere. Bundesverband der Träger beruflicher Weiterbildung (Bildungsverband) e.V. Hamburg (Hrsg.), Stand: 12/2003, in: http://www.erzwiss.uni-hamburg.de/Personal/faulstich/Zukunftsperspektiven.pdf, Abrufdatum: 06.01.2004.

Feix, Wilfried E. (Hrsg.) **(1991)**: Personal 2000: Visionen und Strategien erfolgreicher Personalarbeit. Wiesbaden: Gabler, 1991.

Felsch, Anke **(1999)**: Personalentwicklung und Organisationales Lernen: Mikropolitische Perspektiven zur theoretischen Grundlegung. In: Küpper, Willi (Hrsg.): Personal – Organisation – Management. Bd. 3, 2. Aufl., Berlin: Schmidt, 1999.

Femppel, Kurt **(1999)**: Das Personalwesen in der deutschen Wirtschaft: Eine empirische Untersuchung. (Hochschulschriften zum Personalwesen, 28) München; Mering: Hampp, 1999.

Fensel, D. **(2001)**: Ontologies: Silver bullet for knowledge management and electronic commerce. Berlin: Springer, 2001.

Ferenszkiewicz, Dorothea Ch. u.a. **(1999)**: Das Initiatorenmodell: Personal- und Organisationsentwicklung in mittleren Unternehmen. Mering: Hampp, 1999.

Feuchthofen, Jörg E.; **Severing**, Eckart (Hrsg.) **(1995)**: Qualitätsmanagement und Qualitätssicherung in der Weiterbildung: Grundlagen der Weiterbildung. Neuwied/Kriftel: Luchterhand, 1995.

Fiedler, Michael **(1994)**: Dezentrale Organisation und marktorientierte Steuerung der Personalentwicklung: Betriebliche Personalentwicklung nach der Profit-Center-Konzeption. Personalmanagement, Bd. 3., Bergisch Gladbach; Köln: Josef Eul, 1994.

Fitz-enz, Jac **(2000)**: Renditefaktor Personal: So messen und erhöhen Sie den ROI Ihrer Mitarbeiter. Frankfurt/Main: Campus, 2003. Im Original: The ROI of Human Capital, Measuring the Economic Value of Employee Performance, New York, 2000.

Flick, Uwe **(1995a)**: Stationen des qualitativen Forschungsprozesses. In: Flick, Uwe u.a. (Hrsg.): Handbuch Qualitative Sozialforschung: Grundlagen, Konzepte, Methoden und Anwendungen. 2. Aufl., Weinheim: Beltz, 1995, S. 147–173.

Flick, Uwe **(1995b)**: Triangulation. In: Flick, Uwe u.a. (Hrsg.): Handbuch Qualitative Sozialforschung: Grundlagen, Konzepte, Methoden und Anwendungen. 2. Aufl., Weinheim: Beltz, 1995, S. 432–434.

Flick, Uwe **(2002)**: Qualitative Sozialforschung: Eine Einführung. Hamburg: Rowohlt, 2002.

Flohr, Bernd; **Niederfeichtner**, Friedrich **(1982)**: Zum gegenwärtigen Stand der Personalentwicklungsliteratur: Inhalte, Probleme und Erweiterungen. In: Personalentwicklung: Zeitschrift für betriebswirtschaftliche Forschung, Sonderheft Nr. 14, Wiesbaden: Gabler, 1982, S. 11–49.

Föcker, Egbert **(2001)**: Werkzeuge des Wissensmanagements. In: Wissensmanagement, 3 (2001), Heft 2, S.10–13.

Forster, Jürg **(1981)**: Teamarbeit: Sachliche, personelle und strukturelle Aspekte einer Kooperationsform. In: Grunwald, Wolfgang; Lilge; Hans-Georg (Hrsg.): Kooperation und Konkurrenz in Organisationen. Bern; Stuttgart: o.Vlg., 1981, S. 143–168.

Francis, Dave; **Young**, Don **(1996)**: Mehr Erfolg im Team. Hamburg: Windmühle, 1996.

Franke, Nikolaus **(1999)**: High-Potentials: Conjointanalytische Identifikation und empirisches Realbild zukünftiger kaufmännischer Führungseliten. In: ZfB, 69 (1999), Heft 8, S. 889–911.

Franzen, Horst; **Schoon**, Dieter **(2000)**: Prozessintegriertes Kompetenzmanagement. In: Jahrbuch Personalentwicklung und Weiterbildung 2000/2001. Neuwied/Kriftel: Luchterhand, 2000, S. 49–51.

Franzke, Reinhard **(1989)**: Qualifikation – Qualifikationsforschung. In: Lenzen, Dieter (Hrsg.): Pädagogische Grundbegriffe. Band 2, Reinbek: Rowohlt, 1989, S. 1290–1295.

Fraunhofer-Gesellschaft (Hrsg.) **(1994)**: Handbuch Qualitätssichernder Projektablauf. Version 0, Stuttgart: Februar 1994. Unveröffentl. internes Papier der Fraunhofer-Gesellschaft.

Frei, Felix; **Duell**, Werner; **Baitsch**, Christof **(1984)**: Arbeit und Kompetenzentwicklung: Theoretische Konzepte zur Psychologie arbeitsimmanenter Qualifizierung. (Schriften zur Arbeitspsychologie, 39) Bern; Stuttgart; Wien: Huber, 1984.

Freiling, Jörg **(2001)**: Resource-based View und ökonomische Theorie: Grundlagen und Positionierung des Ressourcenansatzes. (Gabler Edition Wissenschaft: Strategisches Kompetenzmanagement) Wiesbaden: Gabler und Dt. Univ.-Verl., 2001.

Freimuth, Joachim; **Haritz**; Jürgen; **Kiefer**, Bernd-Uwe **(1997)**: Auf dem Wege zum Wissensmanagement: Personalentwicklung in lernenden Organisationen. In: Sarges, Werner (Hrsg.): Psychologie für das Personalmanagement. Göttingen: Hogrefe, 1997.

French, Wendell L.; **Bell**, Cecil H. jr. **(1994)**: Organisationsentwicklung: Sozialwissenschaftliche Strategien zur Organisationsveränderung. UTB Bd. 486, 4. Aufl., Bern; Stuttgart; Wien: Haupt, 1994.

Frese, Michael; **Sabini**, Daniela **(1985)**: Goal directed behavior: The concept of action in psychology. Hillsdale N.J.: Lawrence Erlbaum, 1985.

Freund, Ferdinand; **Knoblauch**, Rolf; **Eisele**, Daniela **(2003)**: Praxisorientierte Personalwirtschaftslehre. 6. Aufl., Stuttgart: Kohlhammer, 2003.

Frey, Michaela **(1999)**: Verwaltungs-Organisations-Kulturveränderung durch Personalentwicklung im neuen Steuerungsmodell, Düsseldorf: Raabe, 1999.

Friedrichs, Hans **(1970)**: Zum Inhalt von Grundbegriffen im Personalwesen. In: Personal, Heft 7, 1970, S. 212–215.

Friedrichs, Heiko **(2003)**: Entdecke die Möglichkeiten: Die „Toolbox Kompetenzentwicklung“: Eine „Toolbox“ systematisiert Instrumente zur Kompetenzentwicklung und Erfahrungen über potenzielle Wirkungen. In: Personalführung, (2003), Heft 4, S. 44–47.

Friedrichs, Jürgen **(1990)**: Methoden empirischer Sozialforschung. Bd. 28, 14. Aufl., Opladen: Westdeutscher Verlag, 1990.

Friedrichs, Jürgen **(2002)**: Globalisierung. In: Endruweit, Günter; Trommsdorff, Gisela (Hrsg.): Wörterbuch der Soziologie. UTB Bd. 2232, 2., völlig neu bearb. u. erw. Aufl., Stuttgart: Lucius & Lucius, 2002, S. 202–203.

Frieling, Ekkehart u.a. **(2000)**: Flexibilität und Kompetenz: Schaffen flexible Unternehmen kompetente und flexible Mitarbeiter? (Studien zur beruflichen Weiterbildung im Transformationsprozeß, 12), Münster u.a.: Waxmann, 2000.

Frieling, Ekkehart; **Sonntag**, Karlheinz **(1999)**: Lehrbuch Arbeitspsychologie. 2. Aufl., Bern u.a.: Huber, 1999.

Fröhlich, Werner **(1996)**: Führung und Personalmanagement: Erfolgsfaktoren für die betriebliche Zusammenarbeit. München; Mering: Hampp, 1996.

Fröhlich, Werner; **Maier**, Walter **(1990)**: Marktanalyse: Standard-Software zur Unterstützung qualifizierter Personalmanagementaufgaben. In: Bellgardt, Peter (Hrsg.): EDV-Einsatz im Personalwesen: Entwicklungen, Anwendungsbeispiele, Datensicherheit und Rechtsfragen. Heidelberg: Sauer, 1990, S. 54–66.

Fromm, Martin **(1990)**: Zur Verbindung quantitativer und qualitativer Methoden. In: Pädagogische Rundschau, (1990), Nr. 44, S. 469–481.

Fuchs, Kilian **(1977)**: Laufbahnplanung für Führungskräfte. (Schriftenreihe wirtschaftswissenschaftliche Forschung und Entwicklung, 1) München: Florentz, 1977.

Fürstenberg, Friedrich **(1975)**: Industriesoziologie 3: Industrie und Gesellschaft. (Soziologische Texte, 104), o.O.: o.Vlg., 1975.

Garz, Detlef; **Kraimer**, Klaus **(1991a)**: Qualitativ-empirische Sozialforschung. Konzepte, Methoden, Analysen. Opladen: Westdeutscher Verlag, 1991.

Garz, Detlef; **Kraimer**, Klaus **(1991b)**: Qualitativ-empirische Sozialforschung im Aufbruch. In: Garz, Detlef; Kraimer, Klaus (Hrsg.): Qualitativ-empirische Sozialforschung: Konzepte, Methoden, Analysen. Opladen: Westdeutscher Verlag, 1991, S. 1–33.

Gaugler, Eduard **(1987)**: Zur Vermittlung von Schlüsselqualifikationen. In: Gaugler, Eduard (Hrsg.): Betriebliche Weiterbildung als Führungsaufgabe. Wiesbaden: Gabler, 1987, S. 69–84.

Geißler, Karlheinz A. **(1974)**: Berufserziehung und kritische Kompetenz: Ansätze einer Interaktionspädagogik. UTB Bd. 333, München; Basel: Reinhardt, 1974.

Geißler, Karlheinz A.; **Wittwer**, Wolfgang **(1992)**: „Betriebspädagogik". In: Gaugler, Eduard; Weber, Wolfgang (Hrsg.): Handwörterbuch des Personalwesens. 2. Aufl., Stuttgart: Poeschel 1992, Sp. 599-611.

Georg, Walter; **Sattel**, Ulrike **(1995)**: Arbeitsmarkt, Beschäftigungssystem und Berufsbildung. In: Arnold, Rolf; Lipsmeier, Antonius (Hrsg.): Handbuch der Berufsbildung. Opladen: Lekse und Budrich, 1995, S. 123–141.

Geramanis, Olaf **(2002a)**: Anleitung zur sozialen Inkompetenz. In: management & training, (2002), Heft 10, S. 24–27.

Geramanis, Olaf **(2002b)**: Soziale Kompetenz: Was ist das und ist sie lehrbar? Stand: 04/2002, in: http://www.rz.unibw-muenchen.de/~p21aolaf/sozkomp.htm, Abrufdatum: 07.05.2002.

Gerdes, Klaus (Hrsg.) **(1979)**: Explorative Sozialforschung: Einführende Beiträge aus „Natural Society" und Feldforschung in den USA. Stuttgart: Enke, 1979.

Gerick, Thomas **(2001)**: Experten-Know-How verfügbar machen: Durch Skill-Management Kompetenzschätze heben. In: MM Maschinenmarkt – Das Industriemagazin, (2001), Heft 26, S. 63–64.

Gerlich, Petra **(1999)**: Controlling von Bildung, Evaluation oder Bildungs-Controlling?: Überblick, Anwendung und Implikationen einer Aufwand-Nutzen-Betrachtung von Bildung unter besonderer Berücksichtigung wirtschafts- und sozialpsychologischer Aspekte am Beispiel akademischer Nachwuchskräfte in Banken. München; Mering: Hampp, 1999 (zugl. Diss. Univ. Eichstätt, 1998).

Gertz, Winfried **(2004)**: Einen Schritt vor und drei zurück. In: Personalmagazin, (2004), Heft 2, S. 50–51.

Gidion, Gerd u.a. **(2000)**: Spurensuche in der Arbeit: Ein Verfahren zur Erkundung künftiger Qualifikationserfordernisse. In: Bullinger, Hans-Jörg (Hrsg.): Qualifikationen erkennen – Berufe gestalten. Bd. 2, Bielefeld: Bertelsmann, 2000.

Gillies, Constantin **(2004a)**: Skillmanagement: Wer weiß was?. In: VDI-Nachrichten, 30.01.04, o.S.

Gillies, Constantin **(2004b)**: Den Spezialisten finden per Tastendruck: In: FTD, Sonderbeilage Beruf & Karriere, 30.04.04, S. 1.

Girtler, Roland **(2002)**: Feldforschung. In: Endruweit, Günter; Trommsdorff, Gisela (Hrsg.): Wörterbuch der Soziologie. UTB Bd. 2232, 2., völlig neu bearb. u. erw. Aufl., Stuttgart: Lucius & Lucius, 2002, S. 152–155.

Gliss, Hans **(2002)**: Mitbestimmung bei IT-Systemen. In: Personalwirtschaft, (2002), Heft 3, S. 77–79.

Gloger, Axel **(2003)**: Erfassen Sie Ihre Pfunde. In: ManagerSeminare, 14 (2003), Heft 64, S. 78–83.

Gluminski, Iris; **Stangel-Meseke**, Martina **(1993)**: Der handlungstheoretische Ablaufplan: Eine Strukturierungshilfe für Fragen der betrieblichen Bildungsbedarfsanalyse. In: Zeitschrift für Personalforschung, (1993), Heft 1, S. 50–63.

Gorbach, Stefan; **Weiskopf**, Richard **(1993)**: Personal-Entwicklung: Von der Disziplin des Handelns zur Disziplin des Seins. In: Laske, Stephan; Gorbach, Stefan (Hrsg.): Spannungsfeld Personalentwicklung: Konzeptionen, Analysen, Perspektiven. Wiesbaden: Gabler, 1993, S. 171–192.

Graf, Anita **(2001)**: Lebenszyklusorientierte Personalentwicklung: Ein Ansatz für die Erhaltung und Förderung von Leistungsfähigkeit und –bereitschaft während des gesamten betrieblichen Lebenszyklus. Bern: Haupt, 2001.

Graf, Pedro; **Spengler**, Maria **(2000)**: Leitbild- und Konzeptentwicklung: Schwerpunkt Management, 3. Aufl., Augsburg: ZIEL, 2000.

Graf-Götz, Friedrich; **Glatz**, Hans **(1998)**: Organisation gestalten: Neue Wege und Konzepte für Organisationsentwicklung und Selbstmanagement. Weinheim; Basel: Beltz, 1998.

Grönig, Rolf; **Lampe**, Detlef **(2002)**: Internationale Managemententwicklung im VW-Konzern. In: Riekhof, Hans-Christian (Hrsg.): Strategien der Personalentwicklung: Mit Praxisberichten von Bosch, Gore, Hamburg-Mannheimer, Opel, Philips, Siemens, VW, Weidmüller und Weka. 5. Aufl., Wiesbaden: Gabler, 2002, S. 23–42.

Grüner, Herbert **(2000)**: Bildungsmanagement im mittelständischen Unternehmen: Rahmenbedingungen des Bildungsmanagements; Betriebliche Bildung als Schlüsselressource; Bildungsstrategien und operative Umsetzung. (Betriebswirtschaft in Studium und Praxis) Herne; Berlin: nwb, 2000.

Grünewald, Uwe; **Moraal**, Dick; **Schönfeld**, Gudrun (Hrsg.) **(2003)**: Betriebliche Weiterbildung in Deutschland und Europa. (Veröffentlichungen des BIBB), Bielefeld: Bertelsmann Verlag, 2003.

Gstettner, Peter **(1995)**: Handlungsforschung. In: Flick, Uwe u.a. (Hrsg.): Handbuch Qualitative Sozialforschung: Grundlagen, Konzepte, Methoden und Anwendungen. 2. Aufl., Weinheim: Beltz, 1995, S. 266–268.

Guarino, N. **(1998)**: Formal Ontology and Information Systems. In: Guarino, N. (Hrsg.): Proceedings of the First International Conference on Formal Ontologies in Information Systems (FOIS). Bd. 46 von Frontiers in Artificial Intelligence and Applications, Trento (Italien): IOS-Press, 1998.

Güldenberg, Stefan **(1999)**: Wissensmanagement. In: Eckardstein, Dudo von; Kasper, Helmut; Mayrhofer, Wolfgang (Hrsg.): Management: Theorien – Führung – Veränderung. Stuttgart: Schäffer-Poeschel, 1999, S. 521–547.

Güldenberg, Stefan **(2001)**: Wissensmanagement und Wissenscontrolling in lernenden Organisationen: Ein systemtheoretischer Ansatz. 2. Aufl., Wiesbaden: DUV, 2001.

GULP Information Services (Hrsg.) **(2004)**: Woran scheitern IT-Projekte?: Online-Umfrage 15. April – 15. Mai 2004. In: http://www.gulp.de/kb/it/projekt/umfragescheitern_f.html. Abrufdatum: 28.05.04.

Günther, Sven **(2001)**: Evaluation von Personalentwicklung on-the-job: Konzeptionelle Grundlagen einer integrativen Gestaltung. Lohmar; Köln: Josef Eul, 2001.

Guretzky, Bernhard von **(2002a)**: Schritte zur Einführung des Wissensmanagements: Wissenskarten – Gelbe Seiten –Teil B–. Community of knowledge, in. http://www.community-of-knowledge.de/cp_artikel.htm?artikel_id=39, Abrufdatum: 20.10.2002.

Guretzky, Bernhard von **(2002b)**: Wissensmanagement und Personalmanagement. Community of knowledge, in: http://www.community-of-knowledge.de/cp_artikel.htm?artikel_id=86, Abrufdatum: 20.10.2002.

Gutenberg, Erich **(1979)**: Grundlagen der Betriebswirtschaftslehre. Die Produktion, Bd. 1, 23. Aufl., Berlin; Heidelberg; New York: o. Verl., 1979.

Gutschelhofer, Alfred **(1996)**: Die Ausrichtung der Funktionalstrategie-Personal an der Koevolution von Wertkette und Kernfähigkeiten. In: Zeitschrift für Personalforschung, (1996), Heft 4, S. 372–384.

H. R. Software Europa (o. J.): ExecuTRACK™ Management Development: Die operative Unterstützung für Ihre strategische Planung!, Düsseldorf, o. J.

Habelt, Wolfgang **(1998)**: Die PE als Change Agency: Zu den Schwierigkeiten der Personalentwicklung. Ihr Selbstverständnis zu erneuern. In: ioManagement, 67 (1998) 7/8, S. 18–25.

Hacker, Winfried **(1998)**: Allgemeine Arbeitspsychologie: Psychische Regulation von Arbeitstätigkeiten. Bern: Hans Huber, 1998.

Hackl, Heinz (Hrsg.) **(1998)**: Praxis des Selbstmanagements: Methoden, Techniken und Hilfsmittel für systematisches Arbeiten im Büro und unterwegs. Erlangen: publicis, 1998.

Hackstein, Rolf; **Nüssgens**, Karl-Heinz; **Uphus**, Peter H. **(1972)**: Personalentwicklung im System Personalwesen. (Fortschrittliche Betriebsführung, 21/2), 1972, S. 85–106.

Hackstein, Rolf; **Nüssgens**, Karl-Heinz; **Uphus**, Peter H. **(1975)**: Personalbedarfsplanung. In: Gaugler, Eduard (Hrsg.): Handwörterbuch des Personalwesens. Stuttgart: Poeschel 1975, S. 1496.

Hagenauer, Thomas **(1997)**: Die Vorteile einer kompetenzbasierten Vergütung. In: Blick durch die Wirtschaft, Nr. 203 vom 22.10.1997.

Hahn, Bibi **(1996)**: Erfolgsfaktor Managementpotential: Bewältigung von Wandlungsprozessen durch strategieorientierte Führungskräfteplanung. Neue betriebswirtschaftliche Forschung, Bd. 200, Wiesbaden: Gabler, 1996.

Hahn, Dietger **(1975)**: Kompetenz. In: Gaugler, Eduard (Hrsg.): HwBP – Handwörterbuch des Personalwesens. Stuttgart: Poeschel, 1975, Sp. 1112–1118.

Hahn, Dietger **(1996)**: PuK – Controllingkonzepte: Planung und Kontrolle, Planungs- und Kontrollsysteme, Planungs- und Kontrollrechnung. 5. Aufl., Wiesbaden: Gabler, 1996.

Hammer, Michael; **Champy**, James (Hrsg.) **(1994)**: Business reengineering: Die Radikalkur für das Unternehmen. Frankfurt/Main; New York: Campus, 1994.

Händschke, Eva **(1999)**: Software für Personalentwickler. In: Schwuchow, Karl-Heinz; Gutmann, Joachim (Hrsg.): Jahrbuch Personalentwicklung und Weiterbildung 1999. Neuwied/Kriftel: Luchterhand, 1999, S. 307–312.

Händschke, Eva **(2000)**: Software für Personalentwickler. Marktübersicht. 3. Aufl., Bensheim: Händschke, 2000.

Hanft, Anke **(1998)**: Personalentwicklung zwischen Weiterbildung und „organisationalem Lernen“: Eine strukturationstheoretische und machtpolitische Analyse der Implementierung von PE-Bereichen. München; Mering: Hampp, 1998 (zugl. Habil.-Schr. Universität Hamburg, 1995).

Hanft, Anke; **Küpper**, Willi **(1993)**: Handlungsstrategien statt Konzeptionen: Thesen zur Etablierung von Personalentwicklungbereichen. In: Schwuchow, Karl-Heinz; Gutmann, Joachim; Scherer, Hans-Peter (Hrsg.): Jahrbuch Weiterbildung 1993. 3 (1993), S. 210–312.

Hartfield, Günter **(1982)**: Wörterbuch der Soziologie. Stuttgart: Verlag, 1982.

Hartge, Thomas **(1997)**: Neue Medien in der Personalentwicklung: Bausteine für das lernende Unternehmen. In: Freimuth, Joachim; Haritz; Jürgen; Kiefer, Bernd-Uwe (Hrsg.): Auf dem Wege zum Wissensmanagement: Personalentwicklung in lernenden Organisationen. (Psychologie für das Personalmanagement, hrsg. von Werner Sarges), Göttingen: Hogrcfc 1997, S. 295–306.

Hasebrook, Joachim **(2003)**: Informations- und Kompetenzmanagement in der Praxis. In: QUEM-Report: Schriften zur beruflichen Weiterbildung. (2003), Heft 78, S. 67–82.

Heeg, Franz-Josef; **Münch**, Joachim (Hrsg.) **(1993)**: Handbuch Personal- und Organisationsentwicklung. Stuttgart; Dresden: Klett, 1993.

Heimann, Paul; **Otto**, Gunter; **Schulz**, Wolfgang **(1979)**: Unterricht: Analyse u. Planung. 10., unveränd. Aufl., Hannover: Schroedel, 1979.

Heinecke, Albert **(1994)**: EDV-gestützte Personalwirtschaft: Methoden und DV-Instrumente. München; Wien: Oldenbourg, 1994.

Helbig, Katrin **(2004)**: IT-Systeme erfolgreich einführen. In: Personalwirtschaft, (2004), Heft 3, S. 12–16.

Heller, Waltraud **(1993)**: Neue Technologien erfordern neue Qualifikationen der Mitarbeiter – oder auch nicht. In: Zeitschrift für Personalforschung, (1993), Heft 1, S. 134–153.

Hentschel, Bernd **(1979)**: Anforderungen an eine Personaldatenbank aus der Sicht des Anwenders. In: Reber, Gerhard (Hrsg.) : Personalinformationssysteme. Stuttgart: Poeschel, 1979, S. 444–462.

Hentze, Joachim **(1994)**: Personalwirtschaftslehre 1: Grundlagen, Personalbedarfsermittlung, -beschaffung,
-entwicklung und -einsatz. UTB Bd. 649, 6. Auflage, Bern; Stuttgart; Wien: Haupt, 1994.

Hentze, Joachim **(1995)**: Personalwirtschaftslehre 2: Personalerhaltung und Leistungsstimulation, Personalfreistellung und Personalinformationswirtschaft. UTB Bd. 650, 6. Auflage, Bern; Stuttgart; Wien: Haupt, 1995.

Hentze, Joachim; **Kammel**, Andreas **(2001)**: Personalbedarfsermittlung, -beschaffung, -entwicklung u. -einsatz. 7. Aufl., Stuttgart; Wien: Haupt, 2001.

Hertig, Philippe **(1996)**: Personalentwicklung und Personalerhaltung in der Unternehmenskrise: Effektivität und Effizienz ausgewählter personalwirtschaftlicher Maßnahmen des Krisenmanagements. Bern; Stuttgart; Wien: Haupt, 1996.

Herzberg, Frederick **(1959)**: The Motivation to Work. New York u.a.: Wiley, 1959.

Hess, Klaus **(2003)**: Im Blickpunkt: Skill-Datenbanken. In: Computer Fachwissen, Heft 7/8, 2003, S. 24–28.

Heymann, Helmut; **Motz**, Jutta **(1989)**: Outplacement (Newplacement). In Strutz, Hans (Hrsg.): Handbuch Personalmarketing. Wiesbaden: Gabler, 1989, S.

Heymann, Helmut; **Seiwert**, Lothar J. **(1984)**: Personalentwicklung. In: Management-Enzyklopädie: Das Managementwissen unserer Zeit. Bd. 7., 2. Aufl., Landsberg/Lech: mi, 1984, S. 562–574.

Hilb, Martin **(2000)**: Integriertes Personalmanagement: Ziele – Strategien – Instrumente, 8. erw. Aufl., Neuwied/Kriftel: Luchterhand 2000.

Hildebrand, Knut; **Rebstock**, Michael **(2000)**: Betriebswirtschaftliche Einführung in SAP®R/3®. (Managementwissen für Studium und Praxis), München; Wien: Oldenbourg, 2000.

Hilgenberg, Bernd **(2001)**: Das Pflichtenheft: Vorgehensweisen zur Erstellung von Programmiervorgaben zur Entwicklung von Individualsoftware. Version 0.93, in: http://www.hdvo.de/, Abrufdatum: 18.02.2001.

Hill, Wilhelm; **Fehlbaum**, Raymond; **Ulrich**, Peter **(1994)**: Organisationslehre: 1. Ziele, Instrumente und Bedingungen der Organisation sozialer Systeme. UTB Bd. 259, 5. Aufl., Bern; Stuttgart; Wien: Haupt, 1994.

Hoch, Marc **(1998)**: Wenn der Wandel zum Normalfall wird: Die Zukunft der Bildung. 5. Teil, Interview mit dem Erwachsenenbildner Rolf Arnold. In: Süddeutsche Zeitung, Nr. 25 vom 31.01.1998, S. 701.

Hofbauer, Helmut; **Winkler**, Brigitte **(1999)**: Das Mitarbeitergespräch als Führungsinstrument: Ein Leitfaden. München: Hanser, 1999.

Höfer, Claudia **(1997)**: Betriebswirtschaftliche Bewertung von Qualifizierungsinvestitionen: Auswirkungen auf die langfristigen Unternehmensziele. (Schriftenreihe Markt- und Unternehmensentwicklung) Wiesbaden: Gabler, 1997.

Hoffmeyer-Zlotnik, Jürgen H. P. **(1992)**: Einleitung: Handhabung verbaler Daten in der Sozialforschung. In: **Hoffmeyer-Zlotnik**, Jürgen H. P. (Hrsg.): Analyse verbaler Daten: Über den Umgang mit qualitativen Daten. Opladen: Westdeutscher Verlag, 1992, S. 1–8.

Holman, David **(2000)**: A dialogical approach to skill and skilled activity. In: Human Relations, 7 (2000), Vol. 53, S. 957–980.

Hooghiemstra, Tjerk **(1992)**: Integriertes Human Resource Management. In: Mitrani, Alain (Hrsg.): Human Resource Management: Neue Konzepte zur Leistungssteigerung. Landsberg/Lech: mi, 1992, S. 13–42.

Hopf, Christel **(1982)**: Die Pseude-Exploration: Überlegungen zur Technik qualitativer Interviews in der Sozialforschung. In: Zeitschrift für Soziologie, 7 (1982), Heft 2, S. 97–115.

Hopf, Christel; **Weingarten**, Elmar (Hrsg.) **(1993)**: Qualitative Sozialforschung. Hamburg: Klett-Cotta, 1993.

Hopfenbeck, Waldemar; **Müller**, Manuela; **Peisl**, Thomas **(2001)**: Wissensbasiertes Management: Ansätze und Strategien zur Unternehmensführung in der Internet-Ökonomie. Landsberg/Lech: mi, 2001.

Horsch, Jürgen **(2000)**: Personalplanung: Grundlagen, Gestaltungsempfehlungen, Praxisbeispiele. (Betriebswirtschaft in Studium und Praxis) Herne; Berlin: Verlag Neue Wirtschaftsbriefe, 2000.

Hörschgen, Hans **(1992)**: Grundbegriffe der BWL. 3., durchges. Aufl., Stuttgart: Schäffer-Poeschel, 1992.

Horváth & Partner (Hrsg.) **(2001)**: Balanced Scorecard umsetzen. 2. Aufl., Stuttgart: Schäffer-Poeschel, 2001.

Horwald, J. u.a. (Hrsg.) **(2000)**: Handlungsleitfaden zur Implementierung eines arbeitsplatznahen kontinuierlichen Qualifizierungsprozesses in Klein- und Mittelbetrieben. Münster: LIT, 2000.

Hoynigg, Andreas **(2001)**: Selbstbedienung an der virtuellen Personaltheke. In: Personalwirtschaft, (2001), Heft 3, S. 30–38.

Huber, Stefan **(2001)**: HR Management: Risiken der Einführung. In: Personalwirtschaft, 28 (2001), Sonderheft 10, S. 26–30.

Hübner, Heinz; **Gerstlberger**, Wolfgang; **Mathieu**, Petra **(2001)**: Führungswissen und Persönliche Kompetenz als Innovationspotential: Ein Weiterbildungs-Konzept für Hochschulabsolventen, Techniker und Führungskräfte. (Gabler Edition Wissenschaft: Kasseler Wirtschafts- und Verwaltungswissenschaften) Bd. 15, Wiesbaden: Gabler, 2001.

Humm, Felix A. **(1978)**: Die Ermittlung von Ausbildungsbedürfnissen für Führungskräfte als Grundlage von Schulungsmaßnahmen: Kritische Bestandsaufnahme der Methoden und Instrumente der Bedürfnisermittlung. (Reihe Personal- und Führungsfragen, 3) Diessenhofen: Rüegger, 1978.

Hummel, Thomas R. **(1999)**: Erfolgreiches Bildungscontrolling. Praxis und Perspektiven. Heidelberg: Sauer, 1999.

Hümmerich, Klaus; **Gola**, Peter **(1993)**: Personaldatenrecht im Arbeitsverhältnis: Sachgemäßer Umgang mit Personalangaben im Betrieb. Heidelberg: Recht u. W., 1993.

Hüneke, Knut; **Zimmermann**, Bernd **(2000)**: Skill-Datenbanken. In: Computer Fachwissen, Heft 8/9, 2000, S. 51–55.

Hüneke, Knut; **Zimmermann**, Bernd **(2003)**: Qualifikation: die vernachlässigte Chance. In: Computer Fachwissen, Heft 7/8, 2003, S. 4–11.

IG Metall (Hrsg.) **(1976)**: Personalplanung und Betriebsrat. (Schriftenreihe der IG Metall, 65) 2. Aufl., Frankfurt/Main: o.V., 1976.

IG Metall-Bezirk Baden-Württemberg (Hrsg.) **(2001)**: Qualifizierungstarifvertrag vereinbart: Mit Qualifizierung fit für die Zukunft! In: metallnachrichten (2001) 9, Juni 2001.

Jäger, Wolfgang; **Jäger**, Martina **(2004)**: Talente finden und binden. In: Personal, (2004), Heft 2, S. 11–15.

Jank, Werner; **Meyer**, Hilbert **(2002)**: Didaktische Modelle. 5. Aufl., Berlin: Cornelsen Scriptor, 2002.

Jantsch, Erich **(1979)**: Die Selbstorganisation des Universums: Vom Urknall zum menschlichen Geist. München: Hanser, 1979.

Jensen, Michael C.; **Meckling**, William H. **(1976)**: Theory of the Firm: Managerial Behavior, Agency Costs and Ownership Structure. In: Journal of Financial Economics, (1976), Heft 4, Bd. 3, S. 305–360.

Jetter, Wolfgang **(1996)**: Effiziente Personalauswahl: Durch strukturierte Einstellungsgespräche die richtigen Mitarbeiter finden. Stuttgart: Schäffer-Poeschel, 1996.

Jetter, Wolfgang **(2000)**: Performance Management: Zielvereinbarungen, Mitarbeitergespräche, leistungsabhängige Entlohnungssysteme. Stuttgart: Schäffer-Poeschel, 2000.

Jülicher, Antje **(2001)**: Ein Experte für viele Betriebe: Personalentwicklung im Verbund. In: Personal, (2001), Heft 3, S. 150–155.

Jumpertz, Sylvia **(2004)**: Im Wissen liegt der wahre Wert: Kompetenzbilanzierung. In: ManagerSeminare. 15 (2004), Heft 73, S. 13.

Jung, Hans **(2001)**: Personalwirtschaft. 4. Aufl., München; Wien: Oldenbourg, 2001.

Jungkunz, Diethelm **(1995)**: Berufsausbildungserfolg. Weinheim: Deutscher Studienverlag, 1995.

Kade, Jochen **(1983):** Bildung oder Qualifikation: Zur Gesellschaftlichkeit beruflichen Lernens. In: Zeitschrift für Pädagogik 29 (1983) 6, S. 859–876.

Kailer, Norbert u.a. **(2001)**: Betriebliche Kompetenzentwicklung in Österreich: Stand, Defizite, Entwicklungsperspektiven. In: Kailer, Norbert (Hrsg.): Betriebliche Kompetenzentwicklung: Praxiskonzepte und empirische Analysen. Wien: Linde, 2001, S. 9–53.

Kaiser, Stephan **(2001)**: Entwicklung von Humanressourcen: Eine ressourcen- und lernorientierte Perspektive. In: Ringlstetter, Max J. (Hrsg.): Gabler Edition Wissenschaft: Schriften zur Unternehmensentwicklung, Wiesbaden: Gabler, 2001.

Kamaras, Endre **(2003)**: Humankapital: Grund des Wachstums?. Marburg: Tectum, 2003.

Kaplan, Robert S.; **Norton**, David P. **(1992)**: The Balanced Scorecard: Measures that Drive Performance. In: Harvard Business Review, 70 (1992), Heft 1, S. 71–79.

Kappler, Ekkehard; **Scheytt**, Tobias **(1997)**: Praxisorientierung in der betriebswirtschaftlichen Ausbildung. In: Auer, Manfred; Laske, Stephan (Hrsg.): Personalwirtschaftliche Ausbildung an Universitäten: Grundfragen, Konzepte und Erfahrungen. Zeitschrift für Personalforschung, Sonderband, München; Mering: Hampp, 1997, S. 11–26.

Kauffeld, Simone; **Grote**, Sven (2002): Kompetenz: Ein strategischer Wettbewerbsfaktor. In: Personal, (2002), Heft 11, S. 30–32.

Kehr, Hugo M. **(2001)**: Volition und Motivation: Zwischen impliziten Motiven und expliziten Zielen. Das „Schnittmengenmodell von Motivation und Wille“ eröffnet neue Perspektiven für die Führungspraxis. In: Personalführung, (2001), Heft 4, S. 20–28.

Kehr, Hugo M. **(2002)**: Souveränes Selbstmanagement: Ein wirksames Konzept zur Förderung von Motivation und Willensstärke. Weinheim: Beltz, 2002.

Keller, Peter; **Müller**, Roland (Hrsg.) **(1997)**: Personal optimal: Mitarbeiter erhalten mehr Macht und Verantwortung. Zürich: Orell Füssli, 1997.

Kellinghaus, Ulrich **(2001)**: Qualifikation im Umbruch: Auf dem Weg zur lernenden Verwaltung. In: Personal, (2001), Heft 4, S. 198–203.

Kellinghaus, Ulrich; **Stüdemann**, Peter **(2002)**: Net-Coaching und Kompetenzmanagement. In: Bernath, Ulrich (Hrsg.): Online Tutorien: Beiträge zum Spezialkongress „Distance Learning“ der AG-F im Rahmen der LEARNTEC 2002. Oldenburg: BIS, 2002, S. 171–180.

Kienbaum Management Consultants **(2002):** Human Asset Management (HAM) - Erfolg durch menschliches Vermögen im Unternehmen.

Kirkpatrick, Donald L. **(1987)**: Evaluation. In: Craig, Robert L. (Hrsg.): Training and Development Handbook. A Guide to Human Resource Development. 3. Aufl., New York: McGraw-Hill 1987, S. 301–319.

Kiss, Kathrin **(2001)**: Was uns das Leben leichter macht: Tipps für ein erfolgreiches Selbstmanagement. Stuttgart; Zürich: Kreuz, 2001.

Klein, Stephan; **König**, Cornelius J.; **Kleinmann**, Martin **(2003)**: Sind Selbstmanagement-Trainings effektiv?: Zwei Trainingsansätze im Vergleich. In: Zeitschrift für Personalpsychologie, 2 (2003) 4, S. 157–168.

Kleining, Gerhard **(1982)**: Umriss zu einer Methodologie qualitativer Sozialforschung. In: Kölner Zeitschrift für Soziologie und Sozialpsychologie, 34 (1982), S. 224–253.

Kleinmann, Martin; **Strauß**, Bernd (Hrsg.) **(1998)**: Potentialfeststellung und Personalentwicklung. In: Sarges, Werner (Hrsg.): Psychologie für das Personalmanagement. Göttingen: Hogrefe, 1998.

Klein-Schneider, Hartmut (Hrsg.) **(2003)**: Interner Arbeitsmarkt: Beschäftigung und Personalentwicklung in Unternehmen und Verwaltungen. Frankfurt/Main: Bund-Verlag, 2003.

Klimecki, Rüdiger R.; **Gmür**, Markus **(2001)**: Personalmanagement: Strategien, Erfolgsbeiträge, Entwicklungsperspektiven. UTB Bd. 2025, 2. Aufl., o.O.: Lucius & Lucius, 2001.

Kling, Jens **(2000)**: Geschäftsprozessorientierte Personalentwicklung, (Gabler Edition Wissenschaft: Forum Marketing) Wiesbaden: Gabler, 2000.

Klötzl, Gustav **(1996)**: Personalentwicklung. Wiesbaden: Gabler, 1996.

Knauf, Helen; **Schmithals**, Friedemann **(2000)**: Tutorenhandbuch: Einführung in die Tutorenarbeit. Neuwied/Kriftel: Luchterhand, 2000.

Knebel, Heinz; **Schneider**, Helmut **(1997)**: Die Stellenbeschreibung: Mit Speziallexikon. 6. Aufl., Heidelberg: Sauer, 1997.

Kneuse, Beate; **Straub**, Reiner **(1999)**: Marktübersicht Personalinformationssysteme. In: Schmeisser, Wilhelm; Clermont, Alois; Protz, Alfred (Hrsg.): Personalinformationssysteme und Personalcontrolling: Auf dem Weg zum Personalkostenmanagement. Neuwied/Kriftel: Luchterhand 1999, S. 77–91.

Kobelt, Helmut; **Steinhausen**, Detlef **(2000)**: Wirtschaftsstatistik für Studium und Praxis. 6., völlig überarbeitete Aufl., Stuttgart: Schäffer-Poeschel, 2000.

Koch, Stefan; **Kaschube**, Jürgen **(2000)**: Eigenverantwortliches Handeln in Organisationen. Konzeptualisierung des Phänomens und Exploration am Beispiel von Führungskräften. In: Zeitschrift für Personalforschung, (2000), Heft 1, S. 5–27.

Köhler, Gabriele **(1992)**: Methodik und Problematik einer mehrstufigen Expertenbefragung. In: Hoffmeyer-Zlotnik, Jürgen H. P. (Hrsg.): Analyse verbaler Daten: Über den Umgang mit qualitativen Daten. Opladen: Westdeutscher Verlag, 1992, S. 318–332.

Kolb, Meinulf **(1995)**: Personalmanagement. Berlin: Spitz, 1995.

Kolmerer, Helmut **(1999)**: Entwicklung und Implementierung eines Führungsqualifizierungsprogrammes in der chemischen Industrie unter besonderer Berücksichtigung von Selbstorganisation und Handlungsorientierung als pädagogisch-psychologischen Grundkonzepten. Wien: Utz, 1999.

Kolvenbach, Horst **(1975)**: Personalentwicklung. In: Gaugler, Eduard (Hrsg.): HwBP – Handwörterbuch des Personalwesens. Stuttgart: Poeschel, 1975, Sp. 1545–1556.

König, René (Hrsg.) **(1973)**: Geschichte und Grundprobleme der empirischen Sozialforschung. In: König, René (Hrsg.): Handbuch der empirischen Sozialforschung. Bd. 1, 3. Aufl., Stuttgart: Enke, 1973.

Könnecker, Heinz **(2003)**: Benötigte Skills zur richtigen Zeit am richtigen Ort bereitstellen. In: Wissensmanagement, 5 (2003), Heft 2, S. 26–27.

KPMG Consulting AG (Hrsg.) **(2001)**: eHR-Studie. Berlin, 2001.

KPMG Consulting AG (Hrsg.) **(2001)**: World Class Human Resources: Erfahrungsbericht Unternehmensbefragung 2001: Nutzung und Bewertung von eHR-Technologien. In: http://www.kpmg.de/wchr, Abrufdatum: 20.12.2001.

Kräkel, Matthias **(1999)**: Ökonomische Analyse der betrieblichen Karrierepolitik. 2. Aufl., (International vergleichende Schriften zur Personalökonomie und Arbeitspolitik, 8) München; Mering: Hampp, 1999.

Krämer, Christian; **Lübke**, Christian; **Ringling**, Sven **(2002)**: Personalplanung und –entwicklung mit mySAP HR: Prozessorientierte Einführung – Rollenbasierte Anwendung. Bonn: Galileo, 2002.

Krauter, Markus; **Kreitmeier**, Ingrid **(2002)**: Auf der Suche nach dem Weg zum wissenden Unternehmen. In: Götz, Klaus (Hrsg.): Wissensmanagement: Zwischen Wissen und Nichtwissen. 4. Aufl., München; Mering: Hampp, 2002, S. 71–84.

Krcmar, Helmut **(1997)**: Informationsmanagement. Berlin u.a.: Springer, 1997.

Krebs, Michael; **Becker**, Ralph **(2000)**: Geschäftsprozessintegriertes Kompetenzmanagement: Ein Ansatz von Gemini Consulting. In: Fink, Dietmar (Hrsg.): Management Consulting Fieldbook: Die Ansätze der großen Unternehmen. München: Vahlen, 2000, S. 229–248.

Kreikebaum, Hartmut **(1998)**: Organisationsmanagement internationaler Unternehmen: Grundlagen und neue Strukturen. Wiesbaden: Gabler, 1998.

Kreitmeier, Ingrid; **Krauter**, Markus **(1998a)**: Skill Management. In: Groupware Magazin, (1998), Heft 3, S. 22–24.

Kreitmeier, Ingrid; **Krauter**, Markus **(1998b)**: Was wissen Sie schon?. In: Groupware Magazin, (1998), Heft 4, S. 14–16.

Kreitmeier, Ingrid; **Krauter**, Markus **(1998c)**: Die hohe Schule des Skill-Managements. In: Groupware Magazin, (1998), Heft 6, S. 94.

Kreitmeier, Ingrid; **Rady**, Bettina; **Krauter**, Markus **(2000)**: Potenzial von Skill-Management-Systemen. In: **Hasenkamp**, Ulrich u.a. (Hrsg.): Notes/Domino effektiv nutzen: Groupware in Fallstudien. München: Addison-Wesley, 2000, S. 72–86.

Krieg, Hans-Jürgen; **Ehrlich**, Harald **(1998)**: Personal: Lehrbuch mit Beispielen und Kontrollfragen. Stuttgart: Schäffer-Poeschel, 1998.

Krimphove, Dieter **(1999)**: Datenschutz im Arbeitsverhältnis. In: Schmeisser, Wilhelm; Clermont, Alois; Protz, Alfred (Hrsg.): Personalinformationssysteme und Personalcontrolling: Auf dem Weg zum Personalkostenmanagement. Neuwied/Kriftel: Luchterhand, 1999, S. 339–362.

Krogh, Georg von; **Ichijo**, Kazuo; **Nonaka**, Ikujiro **(2000)**: Enabling knowledge creation: How to unlock the mystery of tacit knowledge and release the power of innovation. New York: Oxford University Press, 2000.

Krüger, Wilfried **(1991)**: Unternehmenskultur: Ein strategischer Erfolgsfaktor?. In: Sattelberger, Thomas (Hrsg.): Innovative Personalentwicklung: Grundlagen, Konzepte, Erfahrungen. 2. Auflage, Wiesbaden: Gabler, 1991, S. 269–280.

Krumbach, Peter; **Hübbe**, Eberhard **(1997)**: Trends im Markt: Folgen für Personalentwicklungsinstrumente. In: Kienbaum, Jochen (Hrsg.): Benchmarking Personal: Von den Besten lernen. Stuttgart: Schäffer-Poeschel, 1997, S. 191–203.

Kugemann, Walter F. **(2003)**: Den Kompetenzbegriff neu denken. In: Personalführung, (2003), Heft 4, S. 1–3.

Kuhnle, Helmut **(1987)**: Wie arbeiten moderne Unternehmen?. Wiesbaden: Gabler, 1987.

Kuhnle, Helmut **(1989)**: Was bewegt Marketing?. Wiesbaden: Gabler, 1989.

Kuhnle, Helmut; **Mayer**, Rainer; **Schanz**, Heinrich (Hrsg.) **(1988)**: 40 Jahre Lehrerbildung für berufliche Schulen an der Berufspädagogischen Hochschule Stuttgart/Esslingen 1947–1987. Alsbach/Bergstraße: Leuchtturm, 1988.

Kurtzke, Christian; **Popp**, Petra **(1999)**: Das wissensbasierte Unternehmen: Praxiskonzepte und Management-Tools. München: Hanser, 1999.

Lamberty, Tom **(2000)**: Die Kunst Kompetenzen zu entwickeln. In: Personalwirtschaft, (2000), Heft 9, S. 30–35.

Lamnek, Siegfried **(1995a)**: Qualitative Sozialforschung. Methodologie, Bd. 1, 3., korr. Aufl., Weinheim: Beltz, 1995.

Lamnek, Siegfried **(1995b)**: Qualitative Sozialforschung. Methoden und Techniken, Bd. 2, 3., korr. Aufl., Weinheim: Beltz, 1995.

Lamnek, Siegfried **(2002)**: Methoden, qualitative und quantitative. In: Endruweit, Günter; Trommsdorff, Gisela (Hrsg.): Wörterbuch der Soziologie. UTB Bd. 2232, 2., völlig neu bearb. u. erw. Aufl., Stuttgart: Lucius & Lucius, 2002, S. 360–361.

Landsberg, Georg von (Hrsg.) **(1997)**: Soft Skills: Faktoren Sozialer Kompetenz. (Karriereführer, 21), (1997) 2.

Lange, Andreas **(2001)**: Gelbe Seiten für die Personalentwicklung. In: Mitbestimmung, 47 (2001), Heft 8, S.32–33.

Laske, Stephan; **Gorbach**, Stefan (Hrsg.) **(1993)**: Spannungsfeld Personalentwicklung: Konzeptionen – Analysen – Perspektiven. Wiesbaden: Gabler, 1993.

Laszlo, Ervin **(1987)**: Evolution: The Grand Synthesis. Boston: Shambhala, 1987.

Lau, Thorsten; **Sure**, York **(2002)**: Introducing Ontology-based Skills Management at a large Insurance Company. In: Modellierung 2002, Modellierung in der Praxis – Modellierung für die Praxis. Tutzing, Deutschland, 25.–27. März 2002, S. 123–134.

Leichnitz, Doris **(2002)**: Personalbeurteilung und Kompetenz: Eine Prüfung des Beitrags von praxisrelevanten Personalbeurteilungsinstrumenten zur Beurteilung von Kompetenz. Managementkompetenz, Bd. 3, Münster: Mosenstein und Vannerdat, 2002 (zugl. Diss. RU Bochum).

Leonhardt, Walter **(1984)**: Personal- und Managemententwicklung: Konzeptionelle Überlegungen, methodische Ansätze und praktische Anregungen. (Arbeitshefte Personalwesen, Heft 4), Heidelberg: Sauer, 1984.

Lepper, Mark R. **(1978)**: The hidden costs of reward: New perspectives on the psychology of human motivation. Hillsdale: Erlbaum, 1978.

Lerchenmüller, Michael **(1998)**: Handelsbetriebslehre. 3. Aufl., Ludwigshafen: Kiehl, 1998.

Lewin, Kurt **(1963)**: Feldtheorie in den Sozialwissenschaften: Ausgewählte theoretische Schriften. Stuttgart: Huber, 1963.

Ley, Tobias u.a. **(2003)**: Skills Management: Projektzusammenfassung. Graz, 06.02.2003.

Ley, Tobias; **Albert**, Dietrich **(2003)**: Kompetenzmanagement als formalisierbare Abbildung von Wissen und Handeln für das Personalwesen. In: Wirtschaftspsychologie, Sonderheft Wissensmanagement, (2003), Heft 3, S. 86–93.

Lucia, Anntoinette D.; **Lepsinger**, Richard **(1999)**: The Art & Science of Competency Models: Pinpointing Critical Success Factors in Organizations. San Francisco: Jossey-Bass, 1999.

Macharzina, Klaus **(2003)**: Unternehmensführung: Das internationale Managementwissen: Konzepte – Methoden – Praxis. 4. Aufl., Wiesbaden: Gabler, 2003.

Maiwald, Josef **(2001)**: Zeit gewinnen: Das Einmaleins der besseren Selbstorganisation. München: Markt und

Marr, Rainer **(1991)**: Euro-strategisches Personalmanagement: Neue Herausforderung für Personalwirtschaftliche Forschung und Praxis oder nur ein neues Etikett?. In: Marr, Rainer (Hrsg.): Euro-strategisches Personalmanagement. Zeitschrift für Personalforschung, Sonderband, München; Mering: Hampp, 1991, S. 7–14.

Martin, Albert; **Weber**, Wolfgang **(1982)**: Bestimmungsfaktoren von Art und Umfang betrieblicher Personalentwicklungsmaßnahmen. In: Personalentwicklung: Zeitschrift für betriebswirtschaftliche Forschung, Sonderheft 14, Wiesbaden: Gabler, 1982, S. 82–93.

Martina, Dietmar; **Rose**, Ulrich **(2004)**: Mitarbeiter profilieren sich konzernweit. In: Personal, (2004), Heft 2, S. 16–19.

Maslow, Abraham **(1954)**: Motivation and Personality. New York: Harper & Row, 1954.

Matalik, Silvia; **Schade**, Diethard (Hrsg.) **(1998)**: Entwicklungen in Aus- und Weiterbildung: Anforderungen, Ziele, Konzepte: Beiträge zum Projekt „Humanressourcen". Akademie für Technikfolgenabschätzung in Baden-Württemberg, Baden-Baden: Nomos, 1998.

Maturana, Humberto R.; **Varela**, Francisco J. **(1980)**: Autopoiesis and Cognition: The Realization of the Living. Boston Studies in Philosophy of Science, Vol 42, Dodrecht: Reidel, 1980.

Maturana, Humberto R.; **Varela**, Francisco J. **(1987)**: Der Baum der Erkenntnis: Die biologischen Wurzeln des menschlichen Erkennens. Bern; München; Wien: Scherz, 1987.

Max, Charles **(1999)**: Entwicklung von Kompetenz – ein neues Paradigma für das Lernen in Schule und Arbeitswelt: Ertrag und Perspektiven der französischsprachigen Kompetenzforschung und ihre Bedeutung als Gestaltungsprinzip von Bildung. (Europäische Hochschulschriften Pädagogik, Reihe 11, Bd. 796), Frankfurt: Lang, 1999 (zugl. Dissertation Universität Frankfurt, 1999).

May, Hermann (Hrsg.) **(1996)**: Lexikon der ökonomischen Bildung. München; Wien: Oldenbourg, 1996.

Mayerhofer, Helene **(1998)**: Wissenstransfer von der Universität in die Wirtschaftspraxis: Qualifizierte Führungskräfte aus dem akademischen Mittelbau?. München; Mering: Hampp, 1998.

Mayerhofer, Helene **(1999)**: Qualifikationsmanagement. In: Eckardstein, Dudo von; Kasper, Helmut; Mayrhofer, Wolfgang (Hrsg.): Management: Theorien – Führung – Veränderung. Stuttgart: Schäffer-Poeschel, 1999, S. 489–520.

Mayring, Philipp **(2002)**: Einführung in die qualitative Sozialforschung. 5. Aufl., Weinheim: Beltz, 2002.

McClelland, David **(1973)**: Testing for Competence Rather than for "Intelligence". In: American Psychologist, (28), 1973, S. 1–14.

McClelland, David; **Boyatzis**, Richard E. **(1982)**: Leadership motive pattern and long-term success in management. In: Journal of Applied Psychology, (67), 1982, S. 737–743.

McGregor, Douglas **(1960)**: The Human Side of Enterprise. New York: McGraw Hill, 1960.

McKinsey & Company Inc. (Hrsg.) **(2002)**: Perspektive-Deutschland. München, 03/2002. „Kurzbericht_aktuelle Fassung.pdf", in: http://www.perspektive-deutschland.de/index.shtml, Abrufdatum: 06.08.2002.

McKinsey & Company Inc. Düsseldorf (Hrsg.) **(2003)**: Pressemitteilung vom 17. Februar 2003: Deutsche Topmanager sehen ungenutzte Potenziale in der betrieblichen Aus- und Weiterbildung. In: http://www.mckinsey.de/presse/030210_corporate_training.htm, Abrufdatum: 07.03.2003.

Meffert, Heribert; **Wagner**, Helmut **(1992)**: Qualifikation und Ausbildung von Führungskräften: Empirische Befunde und Implikationen. In: Zeitschrift für Personalforschung, (1992), Heft 3, S. 352–365.

Meier, Harald **(1991)**: Personalentwicklung: Konzept, Leitfaden und Checklisten für Klein- und Mittelbetriebe. Wiesbaden: Gabler, 1991.

Meier, Harald **(1995)**: Strategische Planung und Personalentwicklung in Banken und Sparkassen: Anspruch, Schein und Wirklichkeit. Wiesbaden: Gabler, 1995.

Meixner, Hanns-Eberhard **(1996)**: Personal- und Organisationsentwicklung: Eine strategische und operative Herausforderung. (Schriftenreihe des DBB Deutscher Beamtenbund, 113) Bonn: DBB-Verlag, 1996.

Mentzel, Wolfgang **(1985)**: Unternehmenssicherung durch Personalentwicklung: Mitarbeiter motivieren, fördern und weiterbilden. 3. Aufl., Freiburg: Haufe, 1985.

Mentzel, Wolfgang **(2001)**: Personalentwicklung: Erfolgreich motivieren, fördern und weiterbilden. München: dt. Taschenbuch-Verl., 2001.

Merriam-Webster, Inc. (Hrsg.) **(1993)**: Merriam-Webster's Collegiate® Dictionary, 10th ed., Springfield, Massachusetts, U.S.A.: Merriam-Webster, 1993.

Mertens, Dieter **(1974)**: Schlüsselqualifikationen: Thesen zur Schulung für eine moderne Gesellschaft. In: Mitteilungen aus der Arbeitsmarkt- und Berufsforschung, 7 (1974) 1, S. 36 – 43.

Meulemann, Heiner **(2002a)**: Einzelfallstudie. In: Endruweit, Günter; Trommsdorff, Gisela (Hrsg.): Wörterbuch der Soziologie. UTB Bd. 2232, 2., völlig neu bearb. u. erw. Aufl., Stuttgart: Lucius & Lucius, 2002, S. 92–93.

Meulemann, Heiner **(2002b)**: Explorationsstudie. In: Endruweit, Günter; Trommsdorff, Gisela (Hrsg.): Wörterbuch der Soziologie, UTB Bd. 2232, 2., völlig neu bearb. u. erw. Aufl., Stuttgart: Lucius & Lucius, 2002, S. 143–144.

Meuser, Michael; **Nagel**, Ulrike **(1991)**: ExpertInneninterviews – vielfach erprobt, wenig bedacht: Ein Beitrag zur qualitativen Methodendiskussion. In: Garz, Detlef; Kraimer, Klaus: Qualitativ-empirische Sozialforschung: Konzepte, Methoden, Analysen. Opladen: Westdeutscher Verlag, 1991, S. 441–471.

Meyer-Dohm, Peter **(1991)**: Management-Training und europäischer Binnenmarkt. In: Marr, Rainer (Hrsg.): Euro-strategisches Personalmanagement. Zeitschrift für Personalforschung, Sonderband, München; Mering: Hampp, 1991, S. 245–263.

Modrow-Thiel, Brita **(1993)**: Qualitative Interviews: Vorgehen und Probleme. In: Becker, Fred G.; Martin, Albert (Hrsg.): Empirische Sozialforschung: Methoden und Beispiele. Zeitschrift für Personalforschung, Sonderband, München; Mering: Hampp, 1993, S. 129–146.

Mohler, Peter **(1981)**: Zur Pragmatik qualitativer und quantitativer Forschung. In: Kölner Zeitschrift für Soziologie und Sozialpsychologie, 33 (1981), S. 716–734.

Möllhoff, Dieter **(2001)**: Praxishandbuch Personalmanagement: Grundlagen und Instrumente für erfolgreiche Personalarbeit. o.O.: Campus, 2001.

Mroß, Michael Dirk **(2001)**: Risiken bei Investition in das Personalvermögen und Strategien zu deren Absicherung. München; Mering: Hampp, 2001.

Mülder, Wilhelm **(1999)**: Computergestützte Personalarbeit mit SAP®R/3® HR: Erfolgreich durch moderne Software. In: Schmeisser, Wilhelm; Clermont, Alois; Protz, Alfred (Hrsg.): Personalinformationssysteme und Personalcontrolling: Auf dem Weg zum Personalkostenmanagement. Neuwied/Kriftel: Luchterhand, 1999, S. 49–75.

Müller, Burkhard **(1995)**: Vermittlung von Methodenkompetenz für kaufmännisch administrative Tätigkeiten: Kognitives Training mit heuristischen Regeln. (Hochschulschriften zum Personalmanagement) Bd. 21, München; Mering: Hampp, 1995.

Müller, Christoph; **Fuge**, Hans-Friedrich **(2004)**: Systematisierung innovativer Ansätze des Gründungsmanagements in Unternehmen auf Basis explorativer Studien. In: Achleitner, Ann-Kristin u.a. (Hrsg.): Jahrbuch Entrepreneurship 2003/2004. Gründungsforschung und Gründungsmanagement. Berlin; Heidelberg; New York: Springer, 2004, S. 51–71.

Müller, Christoph; **Kirschner**, Hannes, **Seufert**, Christian **(2002)**: Experimentelle Personalmanagementprozesse in New-Economy-Start-ups. In: Grüner, Herbert; Steiner, Marc (Hrsg.): Personalmanagement in der Zeit nach der New Economy. (IEP, 5), Künzelsau: Swiridoff, 2002, S. 61–82.

Müller, Günter F.; **Bierhoff**, Hans Werner **(1994)**: Arbeitsengagement aus freien Stücken: Psychologische Aspekte eines sensiblen Phänomens. In: Zeitschrift für Personalforschung, (1994), Heft 4, S. 367–379.

Müller-Vorbrüggen, Michael **(2001)**: Handlungsfähigkeit durch gelungene Kompetenz-Performanz-Beziehungen als Gegenstand moderner Personal- und Organisationsentwicklung: Entwurf eines theoretischen Rahmenkonzepts. Berichte aus der Betriebswirtschaft, Aachen: Shaker, 2001 (zugl. Dissertation RWTH Aachen, 2000).

Münch, Wolfgang **(1995)**: Personalentwicklung als Mittel und Aufgabe moderner Unternehmensführung: Ein Kompendium für Einsteiger und Profis. Bielefeld: Bertelsmann, 1995.

Münch, Wolfgang (Hrsg.) **(1997)**: Qualifikationsprofile entdecken und fördern. Beispiele innovativer Personalentwicklung aus deutschen Unternehmen. Ausbildung, Fortbildung, Personalentwicklung, Bd. 38, Berlin: Schmidt, 1997.

Nagel, Kurt **(1990)**: Weiterbildung als strategischer Erfolgsfaktor: Der Weg zum unternehmerisch denkenden Mitarbeiter. Landsberg/Lech: mi, 1990.

Nagel, Reinhart; **Oswald**, Margit; **Wimmer**, Rudolf **(2001)**: Das Mitarbeitergespräch als Führungsinstrument: Ein Handbuch der OSB für Praktiker. 2. Aufl., Stuttgart: Klett-Cotta, 2001.

Nerdinger, Friedemann W. **(1995)**: David McClelland: Die Motivationsstudien. In: Flick, Uwe u.a. (Hrsg.): Handbuch Qualitative Sozialforschung: Grundlagen, Konzepte, Methoden und Anwendungen. 2. Aufl., Weinheim: Beltz, 1995, S. 131–134.

Neubauer, Gunda **(1996)**: Strategische Personalentwicklung in Genossenschaften: Unter besonderer Berücksichtigung gewerblicher Genossenschaftsunternehmen. Diss., Universität Hohenheim, Stuttgart-Hohenheim, 1996 (masch.).

Neubauer, Katja **(2002)**: Zur Wettbewerbsfähigkeit der Personalentwicklungsfunktion: Eine empirische Analyse des aktuellen Funktionswandels der Personalentwicklung. (Europäische Hochschulschriften Volks- und Betriebswirtschaft, V) Bd. 2917, Frankfurt/Main u.a.: Lang, 2002.

Neuberger, Oswald **(1991)**: Personalentwicklung. 1. Aufl., Basistexte Personalwesen, Bd. 2, Stuttgart: Enke, 1991.

Neuberger, Oswald **(1993)**: Vorbemerkungen zum Schwerpunktheft Personalentwicklung. In: Zeitschrift für Personalforschung, (1993), Heft 1, S. 5–6.

Neuberger, Oswald **(1994)**: Personalentwicklung. 2. Aufl., Basistexte Personalwesen, Bd. 2, Stuttgart: Enke, 1994.

Neuberger, Oswald **(2000)**: Das 360°-Feedback. München; Mering: Hampp, 2000.

Neumann, Reiner; **Schwuchow**, Karlheinz **(2003)**: Executive Education: Wettbewerbsfähig durch Weiterbildung. München: Gerling Akademie, 2003.

Neumann, Torsten **(1992)**: Ganzheitliches Qualifikationsmanagement: Kooperation von Versicherungen und Universitäten. Wiesbaden: Gabler, 1992.

Newman, Judith M. **(2002)**: Action research: A brief overview: Forum Qualitative Sozialforschung, (On-line Journal), 1(1). in: http://qualitative-research.net/fqs, Abrufdatum: 16.08.2002.

Nickut, Joachim **(2002)**: Personal- und Managemententwicklung in der Bosch-Gruppe: Ein Überblick. In: Riekhof, Hans-Christian (Hrsg.): Strategien der Personalentwicklung: Mit Praxisberichten von Bosch, Gore, Hamburg-Mannheimer, Opel, Philips, Siemens, VW, Weidmüller und Weka. 5. Aufl., Wiesbaden: Gabler, 2002, S. 55–71.

Nieder, Peter **(1993)**: Aktionsforschung. Eine Methode empirischer Sozialforschung. In: Becker, Fred G.; Martin, Albert (Hrsg.): Empirische Sozialforschung: Methoden und Beispiele. Zeitschrift für Personalforschung, Sonderband, München; Mering: Hampp, 1993, S. 189–201.

Nippa, Michael; **Picot**, Arnold (Hrsg.) **(1995)**: Prozeßmanagement und Reengineering: Die Praxis im deutschsprachigen Raum. Frankfurt/Main; New York: Campus, 1995.

Nolte, Heike **(1992)**: Entwicklungspotential im Fach- und Führungskräftebereich. (Hochschulschriften zum Personalwesen) Bd. 17, München; Mering: Hampp, 1992.

Nonaka, Ikujoro; **Takeuchi**, Hirotaka **(1997)**: Die Organisation des Wissens: Wie japanische Unternehmen eine brachliegende Ressource nutzbar machen. Frankfurt/Main: Campus, 1997.

North, Klaus (1998): Wissensorientierte Unternehmensführung: Wertschöpfung durch Wissen. Wiesbaden: Gabler, 1998.

North, Klaus; **Varlese**, Nadja **(2001)**: Motivieren für die Wissensteilung und die Wissensentwicklung. In: Wissensmanagement, (2001), Nr. 3, S. 43–46.

o.V. (1999): Milliarden für mehr Wissen. In: iwd – Informationsdienst des Instituts der deutschen Wirtschaft Köln, Nr. 50 vom 16. Dezember 1999, o.S.

o.V. (2001a): Einführung und Anwendung eines Skill Management Systems. In: http://www.tse-hamburg.de/Betriebsvereinbarungen/Texte/skill.html, Abrufdatum: 12.10.2001.

o.V. (2001b): SKILL-Datenbanken. In: http://www.tse-hamburg.de/Papers/Personal/ SkillDB.html, Abrufdatum: 12.10.2001.

o.V. (2001c): Skill-DB: Auswertungen. In: http://www.tse-hamburg.de/Betriebsvereinbarungen/Texte/SkillAuswertungen.html, Abrufdatum: 12.10.2001.

o.V. (2001d): Skill-Datenbank: Daten zur Person. In: http://www.tse-hamburg.de/Betriebsvereinbarungen/Texte/Skillliste.html #IV, Abrufdatum: 12.10.2001.

o.V. (2002a): Employability. In: http://www.competence-site.de/personal management.nsf/cc/WEBC-569HVB, Abrufdatum: 14.04.2002.

o.V. (2002b): Employability – Innovative Maßnahmen zur Förderung der Beschäftigungsfähigkeit älterer Fachkräfte. In: http://www. ta-akademie.de/default.asp? SID=3286352640-170746-09042002-195145255 141&hauptframeDatei=Deutsch/ projekte/innovationen/employability.asp&bannerDatei=-deutsch/banner/-projekte.asp, Abrufdatum: 09.04.2002.

o.V. (2002c): Investitionen in Köpfe und Know-how. In: iwd – Informationsdienst des Instituts der deutschen Wirtschaft Köln, Nr. 51/52 vom 19.12.2002, o.S.

o.V. (2002d): Kompetenzmanagement senkt Bildungskosten. In: Wirtschaft & Weiterbildung, (2002), Heft 11/12, S. 44.

o.V. (2002e): Kritische Anmerkungen zum Skill Management. In: http:// www.tse-hamburg.de/Papers/Personal/SkillKritik.html, Abrufdatum: 26.02.2002.

o.V. (2002f): Niedrige Bildungsrendite. In: Wirtschaft & Weiterbildung, Heft 5, 2002, S. 36.

o.V. (2002g): Soziale Kompetenz ist gefragt: Gute Aussichten für Nachwuchsführungskräfte. In: Frankfurter Allgemeine Zeitung, Nr. 92 vom 20.04.2002, S. 65.

o.V. (2002h): Stellenwert der Personalentwicklung ist gestiegen: Siemens-Studie „Wissen und Lernen 2010". In: Personalwirtschaft, 29 (2002), Heft 3, S. 8.

o.V. (2002i): Unternehmen schöpfen Potenziale IT-gestützter Personalarbeit nicht aus. In: Personalwirtschaft, 29 (2002), Heft 3, S. 6.

Odiorne, George S. **(1965)**: Management by Objectives. New York: Pitman, 1965.

OECD (Hrsg.) **(1999)**: Human Capital Investment. Paris: o. Verl., 1999.

OECD (Hrsg.) **(2001)**: Lernen für das Leben: Erste Ergebnisse der internationalen Schulleistungsstudie PISA 2000. Paris: o. Verl., 2001.

Oechsler, Walter A. **(1994)**: Personal und Arbeit: Einführung in die Personalwirtschaft unter Einbeziehung des Arbeitsrechts. 4., überarbeitete und erweiterte Aufl., München; Wien: Oldenbourg, 1994.

Oechsler, Walter A. **(2000)**: Personal und Arbeit: Einführung in die Personalwirtschaft unter Einbeziehung des Arbeitsrechts. 5., überarbeitete und erweiterte Aufl., München; Wien: Oldenbourg, 2000.

Oechsler, Walter A.; **Strohmeier**, Stefan **(1993)**: Widersprüche und Probleme von theoretischen Ansätzen zur Personalentwicklung: Auf dem Weg zu einer Theorie der Personalentwicklung. In: Laske, Stephan; Gorbach, Stefan (Hrsg.): Spannungsfeld Personalentwicklung: Konzeptionen, Analysen, Perspektiven. Wiesbaden: Gabler, 1993, S. 75–92.

Oertig, Marcel **(1995)**: Dynamisches Personalmanagement: Mit Fallstudien erfolgreicher internationaler Unternehmen. Neuwied/Kriftel: Luchterhand, 1995.

Oesterle, Michael-Jörg **(1999)**: Führungswechsel im Top-Management: Grundlagen – Wirkungen – Gestaltungsoptionen. Wiesbaden: Gabler, 1999 (zugl. Habil.-Schr., Universität Hohenheim).

Olesch, Gunther **(1988)**: Praxis der Personalentwicklung: Weiterbildung im Betrieb. Heidelberg: Sauer, 1988.

Olesch, Gunther; **Paulus**, Georg J. **(2000)**: Innovative Personalentwicklung in der Praxis: Mitarbeiter-Kompetenz prozessorientiert aufbauen. München: Beck Wirtschaftsverlag, 2000.

Olfert, Klaus; **Steinbuch**, Pitter A. **(1998)**: Personalwirtschaft. 7. Aufl., Ludwigshafen: Kiel, 1998.

Osterloh, Margit; **Frost**, Jutta; von **Wartburg**, Iwan **(2001)**: Kernkompetenzen durch Wissens- und Motivationsmanagement. In: Thom, Norbert; Zaugg, Robert J. (Hrsg.): Excellence durch Personal- und Organisationskompetenz. Bern; Stuttgart; Wien: Haupt, 2001, S. 201–222.

Osterloh, Margit; **Tiemann**, Regine **(1993)**: Plädoyer für eine interpretative Personalforschung: Konzeptionelle Überlegungen zur Anwendung qualitativer Methoden. In: Becker, Fred G.; Martin, Albert (Hrsg.): Empirische Sozialforschung. Methoden und Beispiele. Zeitschrift für Personalforschung, Sonderband, München; Mering: Hampp, 1993, S. 93–109.

Osterloh, Margit; **Tiemann**, Regine **(1995)**: Konzepte der Wirtschafts- und Unternehmensethik: Ein Überblick. In: Hoff, Ernst H.; Lappe, Lothar (Hrsg.): Verantwortung im Arbeitsleben. Heidelberg: Verlag, 1995, S. 193–211.

Palass, Brigitta **(2000)**: Auf Draht, Skill-Datenbank: Gezielte Suche nach den besten Fachleuten im Haus. In: Manager Magazin, (2000), Heft 12, S. 162–163.

Papmehl, Andre; **Biren**, Jean-Marie **(2002)**: Exzellente Mitunternehmer. In: Personalwirtschaft, (2002), Heft 6, S. 18–22.

Papmehl, Andre; **Walsh**, Ian (Hrsg.) **(1991)**: Personalentwicklung im Wandel. Wiesbaden: Gabler, 1991.

Pawlowsky, Peter; **Bäumer**, Jens **(1996)**: Betriebliche Weiterbildung: Management von Qualifikation und Wissen. In: Rosenstiel, Lutz von (Hrsg.): Innovatives Personalmanagement. Bd. 6, München: Beck, 1996.

PDI Personnel Decisions International Corporation (Hrsg.) **(1997)**: Personnel Decisions: Entwicklungsvorschläge für erfolgreiches Management. o.O.: PDI Corporation, 1997.

Pech, Ulrike **(2001)**: Bildungscontrolling: Deskription, Klassifikation, Identitäten und Disparitäten. Aachen: Shaker, 2001 (zugl. Dissertation Universität Jena, 2000).

Pelikan, Jürgen M. **(2000)**: Patientenorientierung im Gesundheitsfördernden Krankenhaus: Grundsatzreferat bei der 5. Nationalen Konferenz des DNGfK, Heidenheim 26.10.2000, In: http://www.univie.ac.at/lbimgs/present/26102000/, Abrufdatum: 28.01.2004.

Perridon, Louis **(1974)**: Einige Grundlagen zu einer Philosophie des Managements. In: Macharzina, Klaus; Rosenstiel, Lutz von (Hrsg.): Führungswandel in Unternehmung und Verwaltung. Gabler: Wiesbaden, 1974, S. 47–62.

Persch, Peter-Roman **(2003)**: Die Bewertung von Humankapital: Eine kritische Analyse. (Hochschulschriften zum Personalwesen) München; Mering: Hampp, 2003.

Pesch, A. **(1994)**: Empowerment. In: WISU, 24 (1994), S. 508.

Peters, Tom; **Waterman**, Robert H. **(1984)**: Auf der Suche nach Spitzenleistungen. 9. Aufl., Landsberg/Lech: mi, 1984.

Peterßen, Wilhelm H. **(2001)**: Lehrbuch allgemeine Didaktik. 6. Aufl., München: Oldenbourg, 2001.

Picht, Georg **(1964)**: Die deutsche Bildungskatastrophe. Freiburg i.B.: Herder, 1964.

Pieler, Dirk; **Schuh**, Michael **(2003)**: Mit Skill Management die richtige Aufstellung für die Zukunft realisieren: Wie Unternehmen benötigte Kompetenzen erkennen und gezielt Kompetenzlücken schließen. In: Wissensmanagement, (2003), Nr. 2, S. 20–22.

Plath, Hans-Eberhard **(2000)**: Arbeitsanforderungen im Wandel, Kompetenzen für die Zukunft – Eine folgenkritische Auseinandersetzung mit aktuellen Positionen. In: MittAB (Mitteilungen aus der Arbeitsmarkt- und Berufsforschung), 33 (2000), Heft 4, S. 583–593.

Polanyi, Michael **(1966)**: The Tacit Dimension. New York: Doubleday Anchor, 1966.

Pollack, Walter; **Pirk**, Dieter **(2001)**: Personalentwicklung in lernenden Organisationen: Konzepte, Beispiele, Übungen. Wiesbaden: Gabler, 2001.

Pongratz, Hans J.; **Voß**, Günter G. **(1997)**: Fremdorganisierte Selbstorganisation: Eine soziologische Diskussion aktueller Managementkonzepte. In: Zeitschrift für Personalforschung, (1997), Heft 1, S. 30–53.

Prahalad, Coimbatore K.; **Hamel**, Gary **(1991)**: The Core Competence of the Corporation. In: Harvard Business Review, 68 (1991), Heft 3, S. 79–91.

PriceWaterhouseCoopers Deutschland (Hrsg.) **(2003a)**: „Global Human Capital Survey 2002“. In: http://www.pwcglobal.com/de/ger/about/press-rm/ger_150_Report-execbriefing.pdf, Abrufdatum: 07.03.2003.

PriceWaterhouseCoopers Deutschland (Hrsg.) **(2003b)**: Pressemitteilung der PwC vom 23.01.2003: Unternehmen sehen Wertsteigerung als vorrangige Aufgabe ihrer Personalabteilungen. In: http://www.pwcglobal.com/extweb/ncpressrelease.nsf/DocID/91D007EEAA78AC9F80256CB600505671, Abrufdatum: 07.03.2003.

Probst, Gilbert J. B. u.a. **(2000)**: Kompetenz-Management: Wie Individuen und Organisationen Kompetenz entwickeln. Wiesbaden: Gabler, 2000.

Probst, Gilbert; **Raub**, Steffen **(1995)**: Action Research: Ein Konzept angewandter Managementforschung. In: Die Unternehmung, 49 (1995), Heft 1, S. 3–19.

Probst, Gilbert; **Raub**, Steffen; **Romhardt**, Kai **(1999)**: Wissen managen: Wie Unternehmen ihre wertvollste Ressource optimal nutzen. 3. Aufl., Frankfurt/Main: Frankfurter Allgemeine, Zeitung für Deutschland, Wiesbaden: Gabler, 1999.

Protz, Alfred **(1999a)**: Personalsoftware als strategischer Erfolgsfaktor. In: Schmeisser, Wilhelm; Clermont, Alois; Protz, Alfred (Hrsg.): Personalinformationssysteme und Personalcontrolling: Auf dem Weg zum Personalkostenmanagement. Neuwied/Kriftel: Luchterhand, 1999, S. 15–24.

Protz, Alfred **(1999b)**: Personalinformationssysteme als personalwirtschaftliches Steuerungsinstrument. In: Schmeisser, Wilhelm; Clermont, Alois; Protz, Alfred (Hrsg.): Personalinformationssysteme und Personalcontrolling: Auf dem Weg zum Personalkostenmanagement. Neuwied/Kriftel: Luchterhand, 1999, S. 92–101.

Prusak, Larry **(2001)**: Klein gewinnt. In: Wissensmanagement, (2001), Heft 3, S. 52–55.

Pullig, Karl-Klaus **(1991a)**: Organisation- und Personalentwicklung in der Berufsbildung. In: Meyer-Dohm, Peter; Schneider, Peter (Hrsg.): Berufliche Bildung im lernenden Unternehmen: Neue Wege zur beruflichen Qualifizierung. Stuttgart; Dresden: Klett 1991, S. 33–43.

Pullig, Karl-Klaus **(1991b)**: Weiterbildungskonzepte deutscher Unternehmen: Eine Analyse von Weiterbildungsprogrammen. In: Zeitschrift für Personalforschung, (1991), Heft 3, S. 219–237.

Putzmeister AG (Hrsg.) **(1997)**: Werteskala der Unternehmensphilosophie. Aichtal, 1997.

R & P Management Consulting Deutschland AG (Hrsg.) **(2000)**: Enquete „Human Resource Management 2001/2002" – Studie über Vergütungen, Trends und Prognosen im Personalwesen in Zusammenarbeit mit der Universität Potsdam, Hamburg, 2000. In: http://www.rohrundpartner.de/verguetungsstudie_personal/Inhalt.cfm, Abrufdatum: 07.03.2003.

Raffée, Hans **(1974)**: Grundprobleme der Betriebswirtschaftslehre. Göttingen: Vandenhoeck & Ruprecht, 1974.

Rank, Birgit; **Wakenhut**, Roland **(1996)**: Bildungscontrolling: Erfolg in der Führungskräfteentwicklung. Expertentagung 1996, München; Mering: Hampp, 1996.

Rasner, Carsten; **Füser**, Karsten; **Faix**, Werner G. **(1997)**: Das Existenzgründerbuch: Von der Geschäftsidee zum sicheren Geschäftserfolg – mit der Existenzgründer-Software. 3. Aufl., Landsberg/Lech: mi, 1997.

Rauen, Christopher **(1999)**: Coaching. Innovative Konzepte im Vergleich: Psychologie und innovatives Management. Göttingen: VfAP, 1999.

Rehäuser, Jakob; **Krcmar**, Helmut **(1996)**: Wissensmanagement im Unternehmen. In: Schreyögg, Georg; Conrad, Peter (Hrsg.): Managementforschung 6. Wissensmanagement. Berlin: de Gruyter, 1996, S. 1–40.

Reinhardt, Rüdiger **(2000)**: Die europäische Personalentwicklung im Wandel: Selbstverständnis und Praktiken in lernorientierten Unternehmen. In: Zeitschrift für Personalforschung, (2000), Heft 3, S. 209–241.

Reischitz, Silvia **(1984)**: Personalentwicklungsplanung. In: Management-Enzyklopädie: Das Managementwissen unserer Zeit. Bd. 7, 2. Aufl., Landsberg/Lech: mi, 1984, S. 575–588.

Reischmann, Jost **(2002)**: Weiterbildungsevaluation: Lernerfolge messbar machen. Grundlagen der Weiterbildung, Neuwied/Kriftel: Luchterhand, 2002.

Reiss, Konrad; **Schoon**, Dieter **(1999)**: Kompetenzlücken im Unternehmen ermitteln und beseitigen: Fähigkeiten an Geschäftsprozessen ausrichten – Kompetenzatlas erstellen. In: Frankfurter Allgemeine Zeitung, Nr. 230 vom 04.10.1999, S. 30.

Rempe, Klaus **(1991)**: Neue Wege der Selbstmotivation. 2. Aufl., Stuttgart: Dt. Sparkassenverlag, 1991.

Reppel, Rolf **(1980)**: Die Weiterbildung betrieblicher Führungskräfte: Unter besonderer Berücksichtigung der Eisen- und Stahlindustrie. (Bochumer wirtschaftswissenschaftliche Studien, 66) Bochum: Brockmeyer, 1980.

Rexer, Frank **(1999)**: Strategisches Personalmanagement und Markterschließung: Perspektiven für den chinesischen Markt. Wiesbaden: Deutscher Universitätsverlag, 1999.

Richter, Rudolf; **Furubotn**, Erik G. **(2003)**: Neue Institutionenökonomik: Neue ökonomische Grundrisse. 3. Aufl., Tübingen: Mohr Siebeck, 2003.

Ridder, Hans-Gerd **(1999)**: Personalwirtschaftslehre. Stuttgart: Kohlhammer, 1999.

Ridder, Hans-Gerd u.a. **(2001)**: Strategisches Personalmanagement: Mitarbeiterführung, Integration und Wandel aus ressourcenorientierter Perspektive. Landsberg/Lech: mi, 2001.

Ridder, Hans-Gerd; **Neumann**, Sven **(2001)**: Personalwirtschaft im Umbruch?: Empirische Ergebnisse und theoretische Erklärung. In: Zeitschrift für Personalforschung, (2001), Heft 3, S. 243–262.

Riedel, Matthias **(1992)**: Evaluationsmanagement betrieblicher Weiterbildung. (Hochschulschriften zum Personalwesen, 19) München; Mering: Hampp, 1992.

Riekhof, Hans-Christian (Hrsg.) **(1997)**: Strategien der Personalentwicklung: Esso, Gore, Hamburg-Mannheimer, HP, Matsushita, Opel, Philips, Siemens, VW, Weidmüller, WEKA. 4. Aufl., Wiesbaden: Gabler, 1997.

Riekhof, Hans-Christian (Hrsg.) **(2002)**: Strategien der Personalentwicklung: Mit Praxisberichten von Bosch, Gore, Hamburg-Mannheimer, Opel, Philips, Siemens, VW, Weidmüller und Weka. 5. Aufl., Wiesbaden: Gabler, 2002.

Robbins, Stephen P. **(2001)**: Organisation der Unternehmung. 9. Aufl., München: Pearson Studium, 2001.

Rodehuth, Maria **(1999)**: Weiterbildung und Personalstrategien: Eine ökonomisch fundierte Analyse der Bestimmungsfaktoren und Wirkungszusammenhänge. (Empirische Personal- und Organisationsforschung) München; Mering: Hampp, 1999.

Rohrmeier, Dieter; **Winkelmann**, Dieter (Hrsg.) **(2000)**: Personalentwicklung in der Umsetzung. Stuttgart: Dt.-Sparkassen-Verlag, 2000.

Romhardt, Kai **(1998)**: Die Organisation aus der Wissensperspektive: Möglichkeiten und Grenzen der Intervention. Wiesbaden: Gabler, 1998 (zugl. Diss. Université de Genève, 1998).

Rosenstiel, Lutz von **(1999)**: Motivationale Grundlagen von Anreizsystemen. In: Bühler, Wolfgang (Hrsg.): Unternehmenssteuerung und Anreizsysteme. Kongress-Dokumentation / 52. Deutscher Betriebswirtschafter-Tag 1998. Stuttgart: Schäffer-Poeschel, 1999, S. 47–77.

Rosenstiel, Lutz von **(2000)**: Grundlagen der Organisationspsychologie: Basiswissen und Anwendungshinweise. 4. Aufl., Stuttgart: Schäffer-Poeschel, 2000.

Rosenstiel, Lutz von **(2001)**: Motivation im Betrieb: Mit Fallstudien aus der Praxis. Der Mensch im Unternehmen, Bd. 14, 10. Aufl., Leonberg: Rosenberger Fachverlag, 2001.

Rosenstiel, Lutz von **(2003)**: Motivation managen: Psychologische Erkenntnisse ganz praxisnah. Weinheim: Beltz, 2003.

Rosenstiel, Lutz von; **Lang-von Wins**, Thomas; **Sigl**, Eduard (Hrsg.) **(1997)**: Perspektiven der Karriere. Stuttgart: Schäffer-Poeschel, 1997.

Roth, Gerhard **(1987)**: Autopoiese und Kognition: Die Theorie H. R. Maturanas und die Notwendigkeit ihrer Weiterentwicklung. In: Schmidt, Siegfried J. (Hrsg.): Der Diskurs des Radikalen Konstruktivismus. Frankfurt/Main: Suhrkamp, 1987, S. 256–286.

Rother, Gabriele **(1996)**: Personalentwicklung und Strategisches Management: Eine systemtheoretische Analyse. Neue betriebswirtschaftliche Forschung, Bd. 197, Wiesbaden: Gabler, 1996.

Rückle, Horst; **Mutatoff**, Alexander; **Riekehof**, Ralf **(1994)**: Personalentwicklung: Werte- und zielorientierte Auswahl und Förderung von Mitarbeitern. Düsseldorf u.a.: Econ, 1994.

Rudolph, Hagen **(1996)**: Erfolgsfaktoren japanischer Großunternehmen: Die Bedeutung von Wettbewerb und individuellen Leistungsanreizen. Frankfurt; New York: Campus, 1996.

Rumpf, Hartmut **(1981)**: Personalbestandsplanung mit Fähigkeitsvektoren. Frankfurt/Main: Fischer, 1981.

Rumpf, Hartmut **(1991)**: Computergestützte Personalentwicklung in mittelständischen Unternehmen. In: Zeitschrift für Personalforschung, (1991), Heft 2, S. 141–147.

Sackmann, Sonja; **Elbe**, Martin **(2000)**: Tendenzen und Ergebnisse empirischer Personalforschung der 90er Jahre in West-Deutschland. In: Zeitschrift für Personalforschung, (2000), Heft 2, S. 131–157.

Sadowski, Dieter **(1991)**: Humankapital und Organisationskapital: Zwei Grundkategorien einer ökonomischen Theorie der Personalpolitik in Unternehmen. In: Ordelheide, Dieter; Rudolph, Bernd; Büsselmann, Elke (Hrsg.): Betriebswirtschaftslehre und ökonomische Theorie. Stuttgart: Poeschel, 1991, S. 127–143.

Sandberg, Jörgen **(2000)**: Understanding Human Competence at Work: An Interpretive Approach. In: Academy of Management Journal 2000, Vol. 43, Nr. 1, S. 9–25.

Sarges, Werner **(2002)**: Competencies statt Anforderungen: Nur alter Wein in neuen Schläuchen?. In: Riekhof, Hans-Christian (Hrsg.): Strategien der Personalentwicklung: Mit Praxisberichten von Bosch, Gore, Hamburg-Mannheimer, Opel, Philips, Siemens, VW, Weidmüller und Weka. 5. Aufl., Wiesbaden: Gabler, 2002, S. 285–300.

Sarges, Werner **(2003)**: Buchbesprechung Cooper, K. C.: Effective competency modeling and reporting. In: Zeitschrift für Personalpsychologie, 2 (4), 2003, S. 198–203.

Sattelberger, Thomas **(1999)**: Wissenskapitalisten oder Söldner: Personalarbeit in Unternehmensnetzwerken des 21. Jahrhunderts. Wiesbaden: Gabler, 1999.

Sattelberger, Thomas (Hrsg.) **(1995)**: Innovative Personalentwicklung: Grundlagen, Konzepte, Erfahrungen. 3. Aufl., Wiesbaden: Gabler, 1995.

Sattelberger, Thomas (Hrsg.) **(1996)**: Human Resource Management im Umbruch: Positionierung – Potentiale – Perspektiven. Wiesbaden: Gabler, 1996.

Schäffter, Ortfried **(2001)**: Weiterbildung in der Transformationsgesellschaft: Zur Grundlegung einer Theorie der Institutionalisierung. Baltmannsweiler: Schneider, 2001.

Schanz, Günther **(1985)**: Betriebswirtschaftslehre als Sozialwissenschaft: Eine Einführung. Stuttgart u.a.: Kohlhammer, 1985.

Schanz, Günther **(2000)**: Personalwirtschaftslehre: Lebendige Arbeit in verhaltenswissenschaftlicher Perspektive. Vahlens Handbücher der Wirtschafts- und Sozialwissenschaften, 3. Aufl., München: Vahlen, 2000.

Schein, Edgar H. **(1980)**: Organizational Psychology. 3. Aufl., New Jearsey: Englewood Cliffs, 1980.

Schein, Edgar H. **(1985)**: Organizational Culture and Leadership: A Dynamic View. San Francisco; Washington; London: Jossey-Bass, 1985.

Schein, Edgar. H. **(1978)**: Career dynamics: Matching individual and organizational needs. Reading/ MA: Addison-Wesley, 1978.

Scheuch, Erwin K. **(1973)**: Das Interview in der Sozialforschung. In: König, René (Hrsg.): Handbuch der empirischen Sozialforschung. Grundlegende Methoden und Techniken der empirischen Sozialforschung. Erster Teil, Bd. 2, 3. Aufl., Stuttgart: Enke, 1973, S. 66–190.

Schieffer, Alexander **(1998)**: Führungspersönlichkeit: Struktur, Wirkung und Entwicklung erfolgreicher Top-Führungskräfte. Neue betriebswirtschaftliche Forschung, Bd. 244, Wiesbaden: Gabler, 1998.

Schiller, Thomas **(2000)**: Kompetenz-Management für den Anlagenbau: Ansatz, Empirie und Aufgaben. Wiesbaden: DUV, 2000 (zugl. Dissertation Universität Bamberg, 2000).

Schindler, Martin **(2001)**: Wissensmanagement in der Projektabwicklung: Grundlagen, Determinanten und Gestaltungskonzepte eines ganzheitlichen Projektmanagements. 2. Aufl., Lohmar; Köln: Josef Eul, 2001.

Schircks, Arnulf D. **(1994)**: Management Development und Führung: Konzepte, Instrumente und Praxis des strategischen und operativen Management Development. In: Sarges, Werner (Hrsg.): Psychologie für das Personalmanagement. Göttingen: Hogrefe, 1994.

Schlittler, Gabrielle M. **(1992)**: Innovationsbezogene Personalentwicklung: Konzeption im Rahmen handlungstheoretischer Wirtschaftssoziologie. Fallstudie bei der Swissair AG. Bern u.a.: Lang, 1992.

:hmeisser, Wilhelm **(1999)**: Personalcontrolling und Personalinformationssysteme im Spannungsfeld einer prozess- und kundenorientierten Personalarbeit. In: Schmeisser, Wilhelm; Clermont, Alois; Protz, Alfred (Hrsg.): Personalinformationssysteme und Personalcontrolling: Auf dem Weg zum Personalkostenmanagement. Neuwied/Kriftel: Luchterhand, 1999, S. 3–24.

:hmidt, Werner **(1999)**: Mitarbeiterqualifikation systematisch planen: Ein Datenbanksystem kann das Management bei der Aus- und Weiterbildung von Mitarbeitern wirkungsvoll unterstützten. In: Qualitätsmanagement, 44 (1999), S. 300–303.

chmidt-Lauff, Sabine **(1999)**: Kooperationsstrategien in der betrieblichen Weiterbildung: Unternehmen und Bildungsanbieter als Partner?. München; Mering: Hampp, 1999.

chmiel, M.; **Laurisch**, G. **(1970)**: Betriebspädagogik. In: Willmann-Institut München – Wien (Hrsg.): Lexikon der Pädagogik. Bd. 1, Freiburg; Basel; Wien: Herder, 1970, S. 159.

chneider, Ursula **(1993)**: Die Evolution kennt kein Subjekt: "PE" scheint aber auf das Subjekt zu setzen – Zu den Widersprüchen in der PE-Theorien und Praxis. In: Laske, Stephan; Gorbach, Stefan (Hrsg.): Spannungsfeld Personalentwicklung: Konzeptionen – Analysen – Perspektiven. Wien: o. Vlg., 1993, S. 41–60.

chnell, Rainer; **Hill**, Paul B.; **Esser**, Elke **(1999)**: Methoden der empirischen Sozialforschung. 6. Aufl., München; Wien: Oldenbourg, 1999.

choenfeld, Hanns-Martin **(1975)**: Führungskräfte, Aus- und Weiterbildung. In: Gaugler, Eduard (Hrsg.): HwBP – Handwörterbuch des Personalwesens. Stuttgart: Poeschel, 1975, Sp. 889–905.

cholz, Christian **(1995a)**: Strategische Personalentwicklung (Überblick). In: Scholz, Christian; Djarrahzadeh, Maryam (Hrsg.): Strategisches Personalmanagement: Konzeptionen und Realisationen. (USW-Schriften für Führungskräfte, 28) Stuttgart: Schäffer-Poeschel, 1995, S. 231–245.

cholz, Christian **(1995b)**: Strategisches Personalmanagement und ein Ausblick auf ein neues Rollenbewußtsein. In: Scholz, Christian; Djarrahzadeh, Maryam (Hrsg.): Strategisches Personalmanagement. Konzeptionen und Realisationen. (USW-Schriften für Führungskräfte, 28) Stuttgart: Schäffer-Poeschel, 1995, S. 297–300.

cholz, Christian **(1997)**: Theorie und Praxis: Kriterien Sozialer Kompetenz. In: Landsberg, Georg von (Hrsg.) Soft Skills: Faktoren Sozialer Kompetenz. (Karriereführer, 21), (1997) 2, S. 17–24.

Scholz, Christian **(2000)**: Personalmanagement: Informationstheoretische und verhaltenstheoretische Grundlagen. 5. Aufl., München: Vahlen, 2000.

Scholz, Christian; **Djarrahzadeh**, Maryam (Hrsg.) **(1995)**: Strategisches Personalmanagement: Konzeptionen und Realisationen. (USW-Schriften für Führungskräfte, 28) Stuttgart: Schäffer-Poeschel, 1995.

Schreyögg, Astrid **(2001)**: Coaching: Eine Einführung für Praxis und Ausbildung – Coaching für den Coach. 5. Aufl., Frankfurt/Main: Campus, 2001.

Schuler, Heinz **(2000)**: Psychologische Personalauswahl: Zur Einführung in die Berufseignungsdiagnostik. 3. Aufl., Göttingen: Angewandte Psychologie, 2000.

Schürholz, Dirk **(2001)**: „Skill-Management“ zur Unterstützung der dispositiven Aufgaben des Personalwesens: Konzeptvorschlag für einen ganzheitlichen Software-Ansatz auf Basis einer Anforderungsanalyse und einer empirischen Studie. Diplomarbeit im Fach Wirtschaftsinformatik, insb. Informationsmanagement, Universität Köln, Köln, 2001 (masch.).

Schwadorf, Heike **(2003)**: Berufliche Handlungskompetenz: Eine theoretische Klärung und empirische Analyse in der dualen Erstausbildung. (Hohenheimer Schriftenreihe zur Berufs- und Wirtschaftspädagogik, 5) Stuttgart: ibw Hohenheim, 2003.

Schwarz-Mehrens, Elisabeth; **Fliers**, Frits **(2004)**: Woran scheitern IT-Projekte: Teil 3 – Planungsmängel und Abstimmungsprobleme. In: http://www.gulp.de/kb/it/projekt/ umfragescheitern_f.html. Abrufdatum: 02.03.04.

Schweitzer, Marcell **(1992)**: Gegenstand der Betriebswirtschaftslehre. In: Bea, Franz Xaver; Dichtl, Erwin; Schweitzer, Marcell (Hrsg.): Allgemeine Betriebswirtschaftslehre. Grundfragen, Bd. 1, 6. Aufl. 1992, S. 17–56.

Schwuchow, Karlheinz **(1992)**: Weiterbildungsmanagement – Planung, Durchführung und Kontrolle der externen Führungskräfteweiterbildung. Stuttgart: Metzler & Poeschl, 1992.

Sciuchetti, Gian-Carlo **(1994)**: Learning by doing: Entwicklung von Führungskräften on the job. St. Gallen. IKU-Verlag, 1994.

Scriven, Michael **(1972)**: Die Methodologie der Evaluation. In: Wulf, Christoph (Hrsg.): Evaluation. München: Piper, 1972, S. 60–91.

Seeber, Susan; **Krekel**, Elisabeth M.; **Buer**, Jürgen van (Hrsg.) **(2000)**: Bildungscontrolling: Ansätze und kritische Diskussionen zur Effizienzsteigerung von Bildungsarbeit. 2. Bd., Frankfurt /Main u.a.: Lang, 2000.

Seiwert, Lothar J. **(1998)**: Wenn Du es eilig hast, gehe langsam: Das neue Zeitmanagement in einer beschleunigten Welt. Frankfurt/Main; New York: Campus, 1998.

Seiz, Dieter **(1989)**: Personalinformationssysteme. In: Strutz, Hans (Hrsg.): Handbuch Personalmarketing. Wiesbaden: Gabler, 1989, S. 115–124.

Selzer, Günter **(1995)**: Vermittlung von Führungskompetenzen für Industriemeister in internationalen Konzernunternehmen: Konzeptionelle Grundlagen und Entwicklungstendenzen. Aachen: Shaker, 1995.

Sendler, Liliana; **Sendler**, Jens **(2000)**: Neue Formen des Lernens in Hochschule und Arbeitswelt durch ein Interaktives Lern- und Beratungssystem. In: Didaktik der Berufs- und Arbeitswelt, Osnabrücker Blätter zur Arbeitslehre, 19 (2000), Nr. 1, S. 1–10.

Senge, Peter M. **(1996)**: Die fünfte Disziplin: Kunst und Praxis der lernenden Organisation. 3. Aufl., Stuttgart: Klett-Cotta, 1996. Im Original: Senge, Peter M.: The Fifth Discipline: The Art and Practice of the Learning Organization. Doubleday: New York, 1990.

Senge, Peter M. u.a. **(1997)**: Das Fieldbook zur fünften Disziplin. 2. Aufl., Stuttgart: Klett-Cotta, 1997.

Sieber, Eugen H. **(1974)**: Führungskräfte. In: Handwörterbuch der Betriebswirtschaftslehre, Bd. 1, 4. Aufl., Stuttgart 1974, Sp. 1571–1577.

Siebert, Horst **(1999)**: Schlüsselqualifikationen aus erwachsenenpädagogischer Sicht. In: Arnold, Rolf; Müller, Hans-Joachim (Hrsg.): Kompetenzentwicklung durch Schlüsselqualifizierung. Grundlagen der Berufs- und Erwachsenenbildung, Bd. 19, Hohengehren: Schneider, 1999, S. 27–34.

Siedenbiedel, Georg **(1997)**: Internationales Management: Elemente der Führung grenzüberschreitend agierender Unternehmen. Fortis Verlag FH, Köln; München: Stam, 1997.

Sieger-Hanus, Beate **(2001)**: Einflussfaktoren auf die berufliche Sozialkompetenz und deren Entwicklung in der dualen kaufmännischen Erstausbildung: Theoretische Klärung und empirische Analyse. (Hohenheimer Schriftenreihe zur Berufs- und Wirtschaftspädagogik, 1) Stuttgart: ibw Hohenheim, 2001.

Simon, Herbert A. **(1957)**: Models of Man: Social and Rational. New York u.a.: Wiley, 1957.

Simon, Herbert A. **(1985)**: Human nature in politics: The dialogue of psychology with political science. In: American Political Science Review, (1985), Vol. 79, Nr. 2, S. 293–304.

Simon, Hermann **(1996)**: Die heimlichen Gewinner - Hidden Champions. Campus, Frankfurt a.M., 1996.

SkillView Technologies Inc. **(2002)**: Skills Management, Reasonable Expectations, Strategic Considerations, and Success Factors. In: http://www.skillview.com/sbmwtppr.pdf, Abrufdatum: 08.04.2002.

Skupnik, Peter **(2003)**: Betriebsratsmanagement: Die wirksame Organisation verantwortungsvoller Mitarbeiterinteressenvertretung. Renningen: expert, 2003.

Sommer, Karl-Heinz **(1990)**: Betriebspädagogik als konkretes Tun und wissenschaftliches Bemühen. In: Sommer, Karl-Heinz (Hrsg.): Betriebspädagogik in Theorie und Praxis: Festschrift Wolfgang Fix zum 70. Geburtstag. (Stuttgarter Beiträge zur Berufs- und Wirtschaftspädagogik, Sonderband 1) Esslingen: DEUGRO, 1990.

Sonntag, Karlheinz **(2002)**: Personalentwicklung und Training: Stand der psychologischen Forschung und Gestaltung. In: Zeitschrift für Personalpsychologie (2002) 2, S. 59–79.

Sonntag, Karlheinz (Hrsg.) **(1992)**: Personalentwicklung in Organisationen: Psychologische Grundlagen, Methoden und Strategien. Göttingen u.a.: Hogrefe, 1992.

Sonntag, Karlheinz (Hrsg.) **(1999)**: Personalentwicklung in Organisationen: Psychologische Grundlagen, Methoden und Strategien. 2. Aufl., Göttingen u.a.: Hogrefe, 1999.

Sonntag, Karlheinz; **Schaper**, Nicolas **(1992)**: Förderung beruflicher Handlungskompetenz. In: Sonntag, Karlheinz (Hrsg.): Personalentwicklung in Organisationen: Psychologische Grundlagen, Methoden und Strategien. Göttingen u.a.: Hogrefe, 1992, S. 187–210.

Sonntag, Karlheinz; **Schaper**, Nicolas **(1999)**: Förderung beruflicher Handlungskompetenz. In: Sonntag, Karlheinz (Hrsg.): Personalentwicklung in Organisationen: Psychologische Grundlagen, Methoden und Strategien. 2. Aufl., Göttingen u.a.: Hogrefe, 1999, S. 211–244.

Spencer, Lyle M.; **Spencer**, Signe M. **(1993)**: Competence at work: Models for superior performance. New York u.a.: Wiley, 1993.

Spieß, Erika **(1994)**: Aktionsforschung. In: Rosenstiel, Lutz von; Molt, Walter (Hrsg.): Handbuch für angewandte Psychologie, Stuttgart: Schäffer-Poeschel, 1994, S. III/7, 1–8.

Spitzer, Manfred **(2002)**: Lernen: Gehirnforschung und die Schule des Lebens. Heidelberg; Berlin: Spektrum, 2002.

Sprenger, Reinhard K. **(2000a)**: Aufstand des Individuums: Warum wir Führung komplett neu denken müssen. Frankfurt; New York: Campus, 2000.

Sprenger, Reinhard K. **(2000b)**: Mythos Motivation: Wege aus einer Sackgasse. 13. Aufl., Frankfurt; New York: Campus, 2000.

Stäbler, Samuel **(1999)**: Die Personalentwicklung der „Lernenden Organisation“: Konzeptionelle Untersuchung zur Initiierung und Förderung von Lernprozessen. (Betriebswirtschaftliche Schriften, 147) Berlin: Duncker & Humbolt, 1999.

Staehle, Wolfgang H. **(1991)**: Management: Eine verhaltenswissenschaftliche Einführung. 6. Aufl., München: Vahlen, 1991.

Staehle, Wolfgang H. **(1991)**: Simultane Strategie- und Personalentwicklung. In: Zeitschrift für Personalforschung, (1991), Heft 1, S. 5–12.

Staminski, Helmut **(2004)**: Potenziale erkennen, Performance entfalten. In: Unternehmensberater, (2004), Heft 1, S. 34–37.

Stamp, Gillian **(1996)**: Management development. In: Warner, Malcolm (Hrsg.): IEoBM – International Encyclopedia of Business and Management. Vol. 3, London; New York: Routledge, 1996, S. 2703–2715.

Stangl, Werner **(1993)**. Handlungsforschung. In: http://paedpsych.jk.uni-linz.ac.at/INTERNET/ARBEITSBLAETTERORD/ERZIEHUNGSWISSENSCHAFT/Handlungsforschung.html, Abrufdatum: 29.01.2000.

Stark, Wolfgang **(1996)**: Empowerment: Neue Handlungskompetenzen in der psychosozialen Praxis. Freiburg i. Br.: Lambertus, 1996.

Staudt, Erich u.a. **(1997)**: Kompetenz und Innovation: Ein Bestandsaufnahme jenseits von Personalentwicklung und Wissensmanagement. Innovation: Forschung und Management, Bd. 10, Bochum: Institut für angewandte Innovationsforschung (IAI), 1997.

Staudt, Erich; **Kottmann**, Marcus; **Merker**, Richard **(1999)**: Kompetenzdefizite von Naturwissenschaftlern und Ingenieuren behindern den Strukturwandel und verhindern Innovationen. In: Zeitschrift für Personalforschung, (1999), Heft 1, S. 5–28.

Staudt, Erich; **Kriegesmann**, Bernd **(1999)**: Weiterbildung – in Mythos zerbricht: Der Widerspruch zwischen überzogenen Erwartungen und Mißerfolgen der Weiterbildung. In: Arbeitsgemeinschaft Qualifikations-Entwicklungs-Management (Hrsg.): Kompetenzentwicklung ’99. Aspekte einer neuen Lernkultur. Argumente, Erfahrungen, Konsequenzen. Münster u.a.: Waxmann, 1999, S. 17–59.

Staudt, Erich; **Kriegesmann**, Bernd **(2000)**: Kompetenz zur Innovation: Missverständnisse über den Mythos Weiterbildung. In: Personal, (2000), Heft 11, S. 582–586.

Staufenbiel, Jörg E. (Hrsg.) **(1998)**: Berufsplanung für den Managementnachwuchs. 19. Aufl., Köln: Staufenbiel 1998.

Stegmaier, Ralf **(2000)**: Kompetenzentwicklung durch arbeitsintegriertes Lernen in der Berufsbildung. Diss., Universität???, Heidelberg, 2000 (elektronische Veröffentlichung Universitätsbibliothek Heidelberg).

Stehle, Willi **(1999)**: Mitarbeiterbeurteilung. In: Rosenstiel, Lutz von; Regnet, Erika; Domsch, Michael (Hrsg.): Führung von Mitarbeitern: Handbuch für erfolgreiches Personalmanagement. 4. Aufl., Stuttgart: Schäffer-Poeschel, 1999, S. 205–215.

Steiger, Thomas; **Lippmann**, Eric (Hrsg.) **(1999)**: Handbuch angewandte Psychologie für Führungskräfte: Führungskompetenz und Führungswissen. Bd. 2, Berlin u.a.: Springer, 1999.

Steininger, Konrad; **Fichtbauer**, Siegfried; **Goeters**, Klaus-Martin **(1995)**: Personalentwicklung für komplexe Mensch-Maschine-Systeme. Weinheim: Beltz, 1995.

Steinkamp, Thomas **(1989)**: Unternehmertheorien zur Personalentwicklung: Entwurf eines allgemeinen Handlungsmodells aus epistemologischer Sicht, exemplarisch dargestellt in Bezug auf das unternehmerische Handeln im Bereich der betrieblichen Personalentwicklung. (Beiträge zur Unternehmensführung, 2) Bayreuth: PCO, 1989.

Steinke, Ines **(1999)**: Kriterien qualitativer Forschung: Ansätze zur Bewertung qualitativempirischer Sozialforschung. Weinheim, München: Juventa, 1999.

Steinle, Claus; **Ahlers**, Friedel; **Riechmann**, Carmen **(1999)**: Management by Commitmen: Möglichkeiten und Grenzen einer „selbstverpflichtenden" Führung von Mitarbeitern. In: Zeitschrift für Personalforschung, (1999), Heft 3, S. 221–245.

Steinmann, Horst; **Hennemann**, Carola **(1993)**: Personalentwicklung und strategisches Management. In: Laske, Stephan; Gorbach, Stefan (Hrsg.): Spannungsfeld Personalentwicklung: Konzeptionen, Analysen, Perspektiven. Wiesbaden: Gabler, 1993, S. 131–152.

Steinmann, Horst; **Olbrich**, Thomas **(1998)**: Ethik-Management. Integrierte Steuerung ethischer und ökonomischer Prozesse. In: Steinmann, Horst; Wagner, Gerd Rainer (Hrsg.): Umwelt und Wirtschaftsethik. Stuttgart: Schäffer-Poeschel, 1998, S. 172–199.

Stengel, Martin **(1999)**: Wertewandel. In: Rosenstiel, Lutz von; Regnet, Erika; Domsch, Michael (Hrsg.): Führung von Mitarbeitern: Handbuch für erfolgreiches Personalmanagement. 4. Aufl., Stuttgart: Schäffer-Poeschel, 1999, S. 833–857.

Stettner, Rupert **(1983)**: Grundfragen einer Kompetenzlehre. (Schriften zum öffentlichen Recht, 447) Berlin: Duncker und Humblot, 1983 (zugl. Habil.-Schr. Universität Augsburg, 1981).

Stiefel, Rolf Th. **(1974)**: Grundfragen der Evaluierung in der Management-Schulung. (RKW-Schriftenreihe: Lernen und Leistung) Frankfurt: Rationalisierung-Kuratorium der Dt. Wirtschaft, 1974.

Stiefel, Rolf Th. **(1996)**: Lektionen für die Chefetage: Personalentwicklung und Management Development. Stuttgart: Klett-Cotta, 1996.

Stiefel, Rolf Th. **(1999)**: Personalentwicklung in Klein- und Mittelbetrieben: Innovationen durch praxiserprobte PE-Konzepte. Die lernende Organisation, Bd. 16, 2. Aufl., Leonberg: Rosenberger Fachverlag, 1999.

Stolz, Rainer **(2000)**: Fachkräftemangel ist auch hausgemacht: Mängel in der Personalentwicklung – Potentiale im eigenen Unternehmen nutzen. In: Frankfurter Allgemeine Zeitung, Nr. 234 vom 09.10.2000, S. 30.

Strauss, Anselm L. **(1994)**: Grundlagen qualitativer Sozialforschung. 2. Aufl., Stuttgart: VERLAG, 1994.

Streich, Richard K. **(1995)**: Persönlichkeitsentwicklung. In: Scholz, Christian; Djarrahzadeh, Maryam (Hrsg.): Strategisches Personalmanagement: Konzeptionen und Realisationen. (USW-Schriften für Führungskräfte, 28) Stuttgart: Schäffer-Poeschel, 1995, S. 247–262.

Strombach, Manfred E. **(1992)**: Personalentwicklung. Würzburg: Vogel, 1992.

Strube, Albrecht **(1982)**: Mitarbeiterorientierte Personalentwicklungsplanung. Mensch und Arbeit im technisch-organisatorischen Wandel, Bd. 2, Berlin: Schmidt, 1982.

Struck, Olaf **(1998)**: Individuenzentrierte Personalentwicklung: Konzepte und empirische Befunde. Frankfurt; New York: Campus, 1998.

Strutz, Hans (Hrsg.) **(1989)**: Handbuch Personalmarketing. Wiesbaden: Gabler, 1989.

Stufflebeam, Daniel L. **(1972)**: Evaluation als Entscheidungshilfe. In: Wulf, Ch. (Hrsg.): Evaluation. Beschreibung und Bewertung von Unterricht, Curricula und Schulversuchen. München: Piper, 1972, S. 113–145. Im Original: Stufflebeam, Daniel L.: The relevance of the CIPP evaluation model for educational accountability. SRIS Quarterly, 5(1) 1972.

Stumpf, Siegfried; **Thomas**, Alexander (Hrsg.) **(2003)**: Teamarbeit und Teamentwicklung. In: Sarges, Werner (Hrsg.): Psychologie für das Personalmanagement. Bd. 22, Göttingen: Hogrefe, 2003.

Sure, York **(2003)**: Methodology, Tools & Case Studies for Ontology based Knowledge Management. Dissertation, Universität Karlsruhe (TH), Institut für Angewandte Informatik und Formale Beschreibungsverfahren, 2003.

Sure, York; **Maedche**, Alexander; **Staab**, Steffen **(2000)**: Leveraging Corporate Skill Knowledge: From ProPer to OntoProPer. In: Mahling, Dirk; Reimer, Ulrich (Hrsg.): Proceedings of the Third International Conference on Practical Aspects of Knowledge Management. Basel, Schweiz, 30./31. Oktober 2000, S. 1–12.

SVD (Schweizerische Vereinigung für Datenverarbeitung) (Hrsg.) **(1996)**: Skill-Management: Kennen und nutzen Sie das Wissen und die Fähigkeiten Ihrer Mitarbeiter? Tagungsdokumentation, Tagung der SVD in Kooperation mit der SIM (Stiftung für Informationsmanagement) an der HSG (Hochschule St. Gallen), 18.04.1996, Hotel Zürich, Zürich: SVD, 1996.

Taubner, Dirk; **Brössler**, Peter **(2000)**: The people make the project. In: The Human Factor. Proceedings of ESCOM-SCOPE 2000. 18.–20. April 2000, München; Maastricht: Shaker Publishing, 2000, S. 105–113.

Technologieberatungsstelle beim Deutschen Gewerkschaftsbund Landesbezirk Nordrhein-Westfalen (Hrsg.) **(2002)**: Wissensmanagement mitgestalten: Konzepte, Methoden und Bewertungskriterien. Heft 50, TBS NRW, 2002, Auch: Universität Dortmund, in: http://iundg.informatik.uni-dortmund.de/download/ Broschuere010410.pdf, Abrufdatum: 20.10.2002.

Theunissen, Georg; **Plaute**, Wolfgang **(1995)**: Empowerment und Heilpädagogik: Ein Lehrbuch. Freiburg i. Br.: Lambertus, 1995.

Thom, Norbert **(1987)**: Personalentwicklung als Instrument der Unternehmensführung: Konzeptionelle Grundlagen und empirische Studien. (Betriebswirtschaftliche Abhandlungen, 63), Stuttgart: Poeschel, 1987.

Thom, Norbert **(1993)**: Personalentwicklung. In: Enzyklopädie der Betriebswirtschaftslehre, Bd. 2. Handwörterbuch der Betriebswirtschaft. Teilbd. 2. I–Q., 5. Aufl., Stuttgart: Schäffer-Poeschel, 1993, Sp. 3075–3092.

Thom, Norbert **(2001)**: Personalmanagement – Überblick und Entwicklungstendenzen. In: Thom, Norbert; Zaugg, Robert J. (Hrsg.): Excellence durch Personal- und Organisationskompetenz. Bern; Stuttgart; Wien: Haupt, 2001, S. 117–131.

Thom, Norbert; **Zaugg**, Robert J. (Hrsg.) **(2001)**: Excellence durch Personal- und Organisationskompetenz. Bern; Stuttgart; Wien: Haupt, 2001.

Thomae, H. **(1965)**: Die Bedeutung des Motivationsbegriffs. In: Thomae, H. (Hrsg.): Handbuch der Psychologie, Band 2: Allgemeine Psychologie, Göttingen 1965, S. 3ff.

Thomae, H. **(1988)**: Motivation. In: Asanger, R.; Wenninger, G. (Hrsg.): Handwörterbuch der Psychologie, 4. Aufl., München/Weinheim 1988, S. 463ff.

Thomae, Markus **(1999)**: Die Managementlehre auf dem Irrweg der Aktionsforschung: Ein wissenschaftstheoretischer Zwischenruf. In: Die Unternehmung, 53/4, 1999, S. 287–293, in: http://www.ub.uni-konstanz.de/kops/volltexte/1999/356, Abrufdatum: 16.08.2002.

Thönneßen, Johannes **(1996)**: Macher oder Team-Manager. Mitarbeiterführung in der Praxis, Frankfurt; New York: Campus 1996.

Tilger, Carsten **(1997)**: Erfolg im Personalwesen für Persönlichkeiten mit hoher sozialer Kompetenz: Wirtschaftswissenschaftler gefragt – Quereinstieg für künftige Führungskräfte - Auslandserfahrung immer wichtiger. In: Frankfurter Allgemeine Zeitung, Nr. 129 vom 07.06.1997, S. 47.

Tochtermann, Klaus; **Maurer**, Hermann (Hrsg.) **(2003)**: Proceedings of I-Know ´03: 3rd International Conference on Knowledge Management. Graz, Austria, July 2–4, 2003.

Trittmann, Ralph; **Mellis**, Werner **(1999)**: Ökonomische Gestaltung des Wissenstransfers. In: Industrie Management, (1999), Nr. 6, S. 64–68.

Tuckman, Bruce W. **(1965)**: Developmental sequence in small groups. In: Psychological Bulletin, 63 (1965), S. 384–399.

Ulich, Eberhard **(1998)**: Arbeitspsychologie. 4. Aufl., Stuttgart: Schäffer-Poeschel 1998.

Ulich, Eberhard; **Baitsch**, Christof **(1987)**: Arbeitsstrukturierung. In: Kleinbeck, Uwe (Hrsg.): Arbeitspsychologie. Enzyklopädie der Psychologie, Bd. 2, Göttingen: Hogrefe, 1987, o.S.

Ulmer, Gerd **(2001)**: Stellenbeschreibungen als Führungsinstrument: Stellenanforderung, Teambeschreibung, Mitarbeiterbeurteilung, Personalentwicklung, Fallbeispiele. Wien; Frankfurt: Ueberreuter, 2001.

Ulrich, Dave (Hrsg.) **(1999)**: Strategisches Human Resource Management. München: Hanser, 1999.

Ulrich, Hans **(1970)**: Die Unternehmung als produktives soziales System: Grundlagen der allgemeinen Unternehmungslehre. 2. Aufl., Bern u.a.: Verlag, 1970.

VDF Verband der Führungskräfte e.V. (Hrsg.) **(2002)**: Mitarbeiterentwicklung in deutschen Unternehmen – Auf die Zukunft ausgerichtet?: Eine Untersuchung des Verband der Führungskräfte e.V. (VDF) und der Medienakademie Köln im Auftrag der Bertelsmann Stiftung. Essen; Köln: o.Vlg. 2002.

Vogelauer, Werner (Hrsg.) **(2000)**: Coaching-Praxis: Führungskräfte professionell begleiten, beraten und unterstützen. 3. Aufl., Neuwied/Kriftel: Luchterhand, 2000.

Vogelsang, Karlheinz **(1999)**: Computergestützte Personalarbeit mit Meta4Mind – eine integrierte Lösung für das globale Personal- und Wissensmanagement. In: Schmeisser, Wilhelm; Clermont, Alois; Protz, Alfred (Hrsg.): Personalinformationssysteme und Personalcontrolling: Auf dem Weg zum Personalkostenmanagement. Neuwied/Kriftel: Luchterhand, 1999, S. 129–143.

Vollmar, Gabriele **(2002)**: Lebenslanges Lernen – aber wann?: Betriebliche Weiterbildung im Mikro-Format. Steinbeis Transferzentrum für Wissensmanagement & Kommunikation, In: http://www.steinbeis-wissensmanagement.de/pdf/mikro, Abrufdatum: 20.09.2002.

Volpert, Joachim; **Heidbrink**, Marcus **(2001)**: Mehr Humanvermögen durch Personalsoftware. In: CoPers, (2001), Heft 2, S. 14–21.

Volpert, Walter **(1989)**: Entwicklungsförderliche Aspekte von Arbeits- und Lernbedingungen. In: Kell, Adolf; Lipsmeier, Antonius (Hrsg.): Lernen und Arbeiten. Zeitschrift für Berufs- und Wirtschaftspädagogik, Beiheft 8, Stuttgart, 1989, S. 117–134.

Wächter, Hartmut **(1995)**: Was leistet die Professionalisierungsdebatte für die Entwicklung des Personalmanagements?. In: Wächter, Hartmut; Metz, Thomas (Hrsg.): Professionalisierte Personalarbeit?: Perspektiven der Professionalisierung des Personalwesens. Zeitschrift für Personalforschung, Sonderband, München; Mering: Hampp, 1995, S. 7–11.

Wächter, Hartmut; **Metz**, Thomas (Hrsg.) **(1995)**: Professionalisierte Personalarbeit?: Perspektiven der Professionalisierung des Personalwesens. Zeitschrift für Personalforschung, Sonderband, München; Mering: Hampp, 1995.

Wagner, Hardy **(1987)**: Persönliche Arbeitstechniken: Grundlagen und Methoden erfolgreichen Selbstmanagements. 2.Aufl., Speyer: Gabal, 1987.

Wahren, Heinz-Kurt **(1994)**: Gruppen- und Teamarbeit in Unternehmen. Berlin; New York: de Gruyter, 1994.

Wahren, Heinz-Kurt **(2000)**: „Wissensmanagement“ und „Lernende Organisation“: Zwei Seiten einer Medaille. In: Boos, Monica; Goldschmidt, Nils (Hrsg.): WissensWert!?: Ökonomische Perspektiven der Wissensgesellschaft. 3. Freiburger Wirtschaftssymposium, Baden-Baden: Nomos, 2000, S. 279–286.

Waldschmidt, Klaus **(1999)**: Personalentwicklung und organisationale Identifikation: Eine sozial-kognitive empirische Analyse der Zusammenhänge. Empirische Personal- und Organisationsforschung, Bd. 11, München; Mering: Hampp, 1999.

Warschat, Joachim u.a. **(2000)**: Instrumente und Methoden des Wissensmanagement zur Umsetzung in die Praxis am Beispiel von MaKe-IT SME. In: Boos, Monica; Goldschmidt, Nils (Hrsg.): WissensWert!? Ökonomische Perspektiven der Wissensgesellschaft. 3. Freiburger Wirtschaftssymposium, Baden-Baden: Nomos, 2000, S. 287–314.

Watzlawick, Paul; **Beavin**, Janet H.; **Jackson**, Don D. **(2000)**: Menschliche Kommunikation: Formen – Störungen – Paradoxien. 10. Aufl., Bern u. a.: Huber, 2000.

Weber, Max **(1972)**: Wirtschaft und Gesellschaft. Tübingen: Mohr, 1972.

Weber, Wolfgang **(2003)**: Dissertationen zur Personalforschung. In: Zeitschrift für Personalforschung, 17 (2003), Heft 4, S. 385–544.

Wegner, Marion **(2002)**: Personale Entwicklungsprozesse im Management: 360-Grad-Feedback und Coaching von Führungskräften. Münster u.a.:Waxmann, 2002 (zugl. Dissertation Universität Freiburg i. Br., 2001).

Weibler, Jürgen **(1995)**: Personalwirtschaftliche Theorien – Anforderungen, Systematisierungsansätze und konzeptionelle Überlegungen. In: Zeitschrift für Personalforschung, (1995), Heft 2, S. 113–134.

Weidig, Inge; **Hofer**, Peter; **Wolff**, Heimfried **(1999)**: Arbeitslandschaft 2010 nach Tätigkeiten und Tätigkeitsniveau. In: Bundesanstalt für Arbeit (Hrsg.): Beiträge zur Arbeitsmarkt- und Berufsforschung. Heft 227, Nürnberg: Bundesanstalt für Arbeit, 1999.

Weingärtner, Markus **(1995)**: Betriebliche Weiterbildung und Weiterbildungsberatung in mittelständischen Unternehmen. Personal-Management, Bd. 7, Bergisch Gladbach; Köln: Josef Eul, 1995 (zugl. Dissertation Universität Münster (Westfalen), 1995).

Weingast, Margit **(1996)**: Evaluierung von Personalentwicklung: Mythen und Perspektiven der Prüfbarkeit von Bildung, Beratung und Begleitung in Organisationen. Diss., Universität Graz, Graz, 1996 (masch.).

Welge, Martin K.; **Häring**, Karin; **Voss**, Annette (Hrsg.) **(2000)**: Management Development: Praxis, Trends und Perspektiven. (USW-Schriften für Führungskräfte, 32) Stuttgart: Schäffer-Poeschel, 2000.

Wenzel, Paul **(2001)**: Personalwirtschaft mit SAP R/3®: Personalstammdaten, Organisationsmanagement, Personalentwicklung und –beschaffung, Zeitwirtschaft, Lohn- und Gehaltsabrechnung, Reisemanagement, Internetanbindung. Braunschweig/Wiesbaden: Vieweg, 2001.

Wieland, Josef; **Grüninger**, Stefan **(2000)**: EthikManagementSysteme und ihre Auditierung: Theoretische Einordnung und praktische Erfahrungen. In: Bausch, Thomas; Kleinfeld, Annette; Steinmall, Horst (Hrsg.): Unternehmensethik in der Wirtschaftspraxis. (dnwe Schriftenreihe, 7), München; Mering: Hampp, 2000, S. 155ff.

Wiendieck, Gerd **(1990)**: Wertewandel und Leistungsmotivation. In: Personalführung, (1990), Heft 11, S. 760–767.

Wiener, Christian **(2002)**: HR-Controlling- Trends, Konzepte und Umsetzung. In: Personal, (2002), Heft 4, S. 50–55.

Wiesenthal, Helmut **(2001)**: Herbert A. Simon: Models of Man. Social and Rational. New York 1957. In: Papcke, Sven; Oesterdiekhoff, Georg W. (Hrsg.): Schlüsselwerke der Soziologie. Wiesbaden: Westdeutscher Verlag, 2001, S. 451–454.

Wikipedia (2003): Stichwort Ontologie (Informatik). In: http://de.wikipedia.org/wiki/Ontologie_(Informatik). Abrufdatum: 18.02.2004.

Wildemann, Horst (Hrsg.) **(1996)**: Schnell lernende Unternehmen: Quantensprünge im Wettbewerb. Frankfurt/Main: FAZ, 1996.

Wildenmann, Bernd **(2002)**: Professionell führen: Empowerment für Manager, die mit weniger Mitarbeitern mehr leisten müssen. 6. Aufl., Neuwied/Kriftel: Luchterhand, 2002.

Willke, Helmut **(1998)**: Systemisches Wissensmanagement. UTB Bd. 2047, Stuttgart: Lucius & Lucius, 1998.

Witte, Erich H. **(2002)**: Gruppe. In: Endruweit, Günter; Trommsdorff, Gisela (Hrsg.): Wörterbuch der Soziologie. UTB Bd. 2232, 2., völlig neu bearb. u. erw. Aufl., Stuttgart: Lucius & Lucius, 2002, S. 203–209.

Wittenhagen, Julia **(2003)**: Alle Kompetenzen bilanzieren. In: managerseminare, (2003), Heft 67, S. 81–84.

Wöhe, Günter **(1986)**: Einführung in die Allgemeine Betriebswirtschaftslehre. 16. Aufl., München: Vahlen, 1986.

Wöhe, Günter **(2002)**: Einführung in die Allgemeine Betriebswirtschaftslehre. 21. Aufl., München: Vahlen, 2002.

Wolff, Heimfried **(2000)**: Auf dem Weg zur Wissensgesellschaft: Ergebnisse und Folgerungen aus den Delphi-Studien. In: Boos, Monica; Goldschmidt, Nils (Hrsg.): WissensWert!? Ökonomische Perspektiven der Wissensgesellschaft. 3. Freiburger Wirtschaftssymposium, Baden-Baden: Nomos, 2000, S. 253–263.

Wörwag, Sebastian; **Bogdahn**, Andrea **(2003)**: Leistungspotenziale erkennen, Kompetenzen fördern: Über den Zusammenhang von Kompetenz, Potenzial und Leistung und eine praxisnahe softwaregestützte Evaluation. In: Personalführung, (2003), Heft 4, S. 28–33.

Wötzel, Sabine **(1990)**: Entwicklungstendenzen für die Gestaltung von Personal-Informationssystemen und die Verbreiterung der Anwendungs- und Zugriffsmöglichkeiten für den Praktiker. In: Bellgardt, Peter (Hrsg.): EDV-Einsatz im Personalwesen: Entwicklungen, Anwendungsbeispiele, Datensicherheit und Rechtsfragen. Heidelberg: Sauer, 1990, S. 67–99.

Wunderer, Rolf **(1996)**: Führung und Zusammenarbeit – Grundlagen innerorganisatorischer Beziehungsgestaltung. In: Zeitschrift für Personalforschung, (1996), Heft 4, S. 385–409.

Wunderer, Rolf; **Dick**, Petra **(2002)**: Personalmanagement 2010 – Herausforderungen und Konzepte. In: Schwuchow, Karl-Heinz; Gutmann, Joachim (Hrsg.): Jahrbuch Personalentwicklung und Weiterbildung 2003: Praxis und Perspektiven. Neuwied/Kriftel: Luchterhand, 2002, S. 3–10.

Würkner, Gerald **(2001)**: Betriebliche Kooperation zur Kompetenzentwicklung: Der Qualifizierungsverbund als ein Modell der Mitarbeiterentwicklung dargestellt am Beispiel des Qualifizierungsverbundes Triestingtal (QVT). In: Kailer, Norbert (Hrsg.): Betriebliche Kompetenzentwicklung: Praxiskonzepte und empirische Analysen. Wien: Linde, 2001, S. 353–364.

Yimam, Dawit **(2000)**: Expert Finding Systems for Organizations: Domain Analysis and the DEMOIR Approach. In: Ackerman, Mark u.a. (Hrsg.): Beyond Knowledge Management: Sharing Expertise. Boston (MA): MIT Press, 2000, o.S.

Yin, Robert K. **(1994)**: Case Study Research: Design and Methods. 2. Aufl., Applied Social Research Methods Series, Vol. 5, London; New Dehli: Sage, 1994.

Zabeck, Jürgen **(1989)**: „Schlüsselqualifikationen": Zur Kritik einer didaktischen Zauberformel. In: Wirtschaft und Erziehung 41 (1989) 3, S. 77–86.

Zimbardo, Philip G. **(1983)**: Psychologie. 4. Aufl., Berlin u.a.: Springer, 1983.

Zimmermann, Doris A. **(2000)**: Feedback und Reflexion – Erfahrungen aus der wissenschaftlichen Begleitforschung von Betriebsprojekten. In: Alten, Werner; Weiss, Reinhold (Hrsg.): Service-Leistungen für KMU: Innovative Modelle für Beratung und Qualifizierung. (Kölner Texte & Thesen, 56) Köln: DIV (Deutscher Institutsverlag), 2000, S. 267–282.

Zink, Klaus J.; **Behrens**, Stefan **(2001)**: Qualitätsmanagement und Personalentwicklung. In: Arnold, Rolf (Hrsg.): Grundlagen der Berufs- und Erwachsenenbildung. Hohengehren: Schneider, 2001, S. 183–200.

Zumbach, Felix; **Bilhuber**, Eva **(2001)**: HRM im Spannungsfeld zwischen Mensch, Technik und Organisation: Praktische Erfahrungen aus einem Projekt der UBS AG. In: Thom, Norbert; Zaugg, Robert J. (Hrsg.): Excellence durch Personal- und Organisationskompetenz. Bern; Stuttgart; Wien: Haupt, 2001, S. 79–96.

Zwick, Thomas **(2000)**: Trends bei Beschäftigung und Qualifikation in Deutschland. In: Boos, Monica; Goldschmidt, Nils (Hrsg.): WissensWert!? Ökonomische Perspektiven der Wissensgesellschaft. 3. Freiburger Wirtschaftssymposium, Baden-Baden: Nomos, 2000, S. 265–275.

Zwick, Thomas **(2003)**: Produktivitätseffekte innerbetrieblicher Weiterbildung. In: Personal, (2003), Heft 3, S. 42–43.

Zwicky, Fritz **(1966)**: Entdecken, Erfinden, Forschen im morphologischen Weltbild. München; Zürich: Droemer-Knauer, 1966.

Anhang

Anlage 1: Leitbild der Putzmeister AG ... 308

Anlage 2: Stellenlandkarte ... 311

Anlage 3: Beispiel einer Betriebsvereinbarung für ein Skill-Management-System ... 312

Anlage 4: Checkliste der Entscheidungskriterien für ein EDV-gestütztes Personalentwicklungssystem ... 315

Anlage 5: Auszug aus dem Curriculum „Chefsekretärin" im Rahmen des EXTRA-Programms der Putzmeister AG ... 317

Anlage 6: Gesprächsleitfaden für die explorative Vorstudie ... 318

Anlage 7: Ergebnisse der explorativen Analyse der Personalentwicklung der Putzmeister AG (Auszug) ... 319

Anlage 8: Putzmeister-Kompetenzkatalog ... 321

Anlage 9: Gesprächsleitfaden zum Besuch bei Skill-Management-User ... 323

Anlage 10: Ausschreibung der Datenbankprogrammierung an Hochschulen ... 325

Anlage 11: Betriebsvereinbarung BV 0201 der Putzmeister AG ... 326

Anlage 12: Einverständniserklärung der Pilotteilnehmer ... 329

Anlage 13: Feedbackbögen zur Dateneingabe ... 331

Anlage 14: Fotos aus den Workshops zur Erstellung der Anforderungsprofile ... 333

Anlage 15: Skillprofil RSM (Auszug des Bereiches Fachkompetenz) ... 334

Anlage 16: Screenshots 1 – 6 der Stelleneingabe am Beispiel „Konstrukteur 1" ... 335

Anlage 17: Screenshots 7 – 10 der Stelleneingabe am Beispiel „Konstrukteur 1" ... 337

Anlage 18: Screenshots 11 – 15 der Stelleneingabe am Beispiel „Konstrukteur 1" ... 339

Anlage 19: Untermenüs der Mitarbeiter-Eingabe ... 341

Anlage 20: Screenshots der zusätzlichen Mitarbeiter-Selbsteinschätzung ... 346

Anlage 21: Vorbereitungsfragen für das Qualifizierungsgespräch ... 350

Anlage 22: Gesprächsleitfaden für das Qualifizierungsgespräch ... 353

Anlage 23: Qualifizierungsgesprächsprotokoll ... 354

Anlage 24: Feedbackbogen über die Umsetzung des Fördergesprächs ... 356

Anlage 25: Detaillierte Abbildungsvorschriften (Beispiele für Soft- und Hard Skills) ... 358

Anlage 26: Zusammengefasste Erkenntnisse aus den Rückmeldungen der Mitarbeiter ... 359

Anlage 1:
Leitbild der Putzmeister AG (3 Blätter)

Putzmeister

Leitbild

Wie wollen wir sein?

(Werteskala unserer Unternehmensphilosophie)

Alle Mitglieder des Unternehmens geben Putzmeister seine Identität, indem sie sich zu diesen Werten bewußt verpflichten beim Denken und aktiven* Handeln auf dem Weg zu unseren Zielen:

Qualitativ

Dasjenige Denken und Handeln, das zu höherwertigem Nutzen führt insbesondere Pflichtbewußtsein, Disziplin, Pünktlichkeit, Selbstkritik, Fairness, korrekt und menschlich sein, Pflege ethischer Werte, hohe Qualität unserer Leistungen, gepaart mit gewinnorientiertem unternehmerischem Verhalten.

Innovativ

Die Fähigkeit, das Streben und die Bereitschaft, neue Gedanken zu entwickeln und aus eigenem Antrieb im Rahmen der Unternehmensziele immer bessere und kostengünstigere Produkte, Leistungen, Regeln und Strukturen zu schaffen.

Flexibel

Fähigkeit und Bereitschaft, auf unterschiedliche Ereignisse mit geändertem Verhalten schneller und überzeugender als andere aktiv reagieren zu können.

Kompetent

Vom Kunden und Vorgesetzten als Experte anerkannt sein, erprobtes Wissen zu „leben" und ständig zu lernen, Probleme zu meistern, sowie bei sorgfältiger Fehleranalyse eigene Erfahrung aufzubauen und zu dokumentieren.

Leistungsbereit

Voller und dienstfertiger Einsatz eigener Fähigkeiten, um sich Herausforderungen zu stellen, sie vorbehaltlos und gemeinschaftlich anzupacken - auch über die eigentlichen Aufgaben hinaus.

Kosten- und wertebewußt

Ständiges Erkennen und Abwägen der Kosten und Belastungen im Vergleich zum angestrebten Nutzen; Achtung des Gewinns als Maßstab für richtiges Handeln, sowie Achten und Mehren der materiellen und immateriellen Werte, Regeln und Erfahrungen im Unternehmen.

Kurz: **Mit Kompetenz und Innovation zu Qualität und Ertrag.**

Putzmeister-Angehörige leben dies in freier und bewußter Aktivität* mit der Grundeinstellung

„Dienen, Bessern, Werte schaffen"

* Nach Karl MARX ist freie und bewußte Aktivität das, was das Wesen des Menschen ausmacht. Aktivität bedeutet für uns, daß in uns etwas geboren wird, was aus uns selbst kommt, das uns nicht aufgezwungen ist, das aus unserer schöpferischen Kraft kommt, die uns allein innewohnt. (Erich Fromm)

KS 69805-1

Anlage 1 (2)

Putzmeister Leitbild

Was wollen wir langfristig erreichen?

Die PM-Unternehmensziele

- Als dynamisches Unternehmen mit hohem Leistunganspruch strebt Putzmeister nach anspruchsvollen Produkten und Dienstleistungen von hoher Qualität und optimalem Kundennutzen mit dem Grundsatz, diese aus eigenem Antrieb fortlaufend besser und preiswerter zu gestalten.
- Putzmeister-Produkte und -Leistungen müssen den wahren Bedarf und die Qualitätsanforderungen erstrangiger Kunden in den jeweiligen Märkten erfüllen bzw. übertreffen mit dem Ziel, als die Besten zu gelten und hohes Ansehen zu finden.
- Putzmeister will angemessene Erträge erwirtschaften zur Sicherung der Zukunft mit gesundem Wachstum aus eigener Kraft. Hohe Eigenkapitalausstattung muß als Vertrauensbasis für alle Partner erhalten bleiben.
- Putzmeister will wachsen im Hinblick auf verwandte Technik, Anwendungsgebiete und Märkte und seinen Kunden stets ein starker und innovativer Partner sein.
- Putzmeister will Marktführer sein bezüglich moderner Technik, Kundennähe, Lieferbereitschaft und Preis-/Leistungsverhältnis.
- Putzmeister will, daß seine Firmenangehörigen mitgestalten, sich in ihrer Verantwortung entfalten, leistungsgerecht an ihrem Erfolg teilhaben, gerne bei PUTZMEISTER arbeiten und auf ihre Firma stolz sind.
- Dazu ist für Putzmeister hohe Qualität von Mitarbeitern und Führung erstrangiges Ziel.

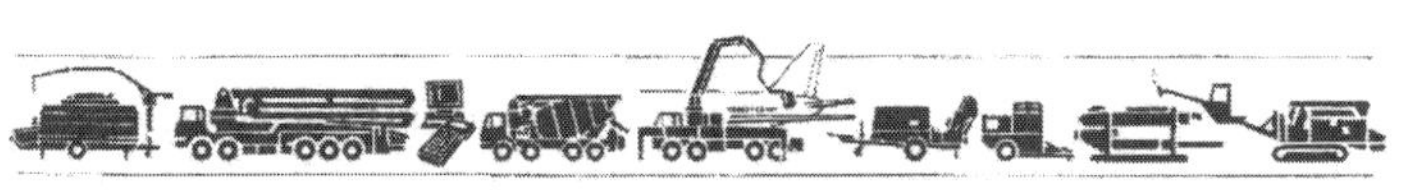

KS 69804-1

Anlage 1 (3)

Putzmeister Leitbild

Was wollen wir dafür tun?

Der PM-Maßnahmenplan

- Putzmeister erreicht Ziele, verwirklicht Werte und dient Kunden mit marktgerechten Problemlösungen durch Produkte, Leistungen und Systeme von hohem Nutzen. Diese Produkte sind Pumpen, Verteiler und Zusatzgeräte für besonders schwierig zu fördernde Medien wie Beton, Mörtel und andere Dickstoffe, sowie damit verwandte Maschinen und Methoden.

- Der Leistungsumfang ist die Entwicklung, Herstellung und der Verkauf von Maschinen, Systemen und Anlagen bis zur Inbetriebnahme, einschließlich Beratung, Software und Dienstleistungen.

- Putzmeister beschränkt sich weitgehend auf die Montage von Teilen und Komponenten. Diese werden von qualifizierten Lieferanten und Tochterfirmen international gefertigt und geliefert auf der Basis fairer, dauerhafter Beziehungen.

- Der Vertrieb erfolgt weltweit durch leistungsfähige Partner oder über eigene Niederlassungen und Tochtergesellschaften mit dem Ziel bester Kompetenz und Service in Kundennähe.

- Putzmeister richtet seine unternehmerische Tätigkeit nach den Anforderungen des Marktes, will Innovationen frühzeitig erkennen, sucht einen gesunden Wettbewerb und betrachtet ein marktgerechtes Verhalten als Garant für faire Preise.

- Putzmeister schafft ein Arbeitsklima, das die persönliche und berufliche Entfaltung aller Firmenangehörigen und gesunden Menschenverstand in den Vordergrund stellt, um mit motivierten, kompetenten und engagierten Mitarbeitern den Erfolg für die Zukunft zu sichern.

Mit langfristiger Zielorientierung und hoher Achtung des Faktors Zeit geben alle Firmenmitglieder ihr Bestes für schnelles und konsequentes Handeln.

Dies kennzeichnet ein gutes Familienunternehmen aufgrund des Willens und der Fähigkeit seiner tragenden Persönlichkeiten. Deren von der Eigentumsbildung ausgehenden besonderen Motivation begründet bei gleichgerichteten Interessen die Überlegenheit. Dies ist auch spürbar im Detail aller Unternehmensbereiche. Maßstab für richtiges Handeln ist hierbei ein guter Unternehmensgewinn und Spitzenposition im Markt.

KS 69806.1

Anlage 2:
Stellenlandkarte
(im Original als Pinnwand, aus Datenschutzgründen nur schematisch dargestellt)

Marketing/ Vertrieb	**Technik**	**Materialwirtschaft/ EDV**	**Finanzen/ Controlling/ Personal**	**Querschnittsfunktionen**
• Regionaler Sales Manager • Order Manager • Servicetechniker	• Konstrukteur • Facharbeiter Betonpumpe • Qualitätsprüfer • Technischer Redakteur Betonpumpe	• Disponent • Technischer Einkäufer	• Beteiligungscontroller • Controller • Personalreferent • Referent Lohn- und Gehaltsabrechnung	• Projektmanager • Assistent • Sachbearbeiter • Sekretär

Anlage 3:
Beispiel einer Betriebsvereinbarung für ein Skill-Management-System

(zur Wahrung der Vertraulichkeit anonymisiert)

Die BEISPIEL AG und der Gesamtbetriebsrat der BEISPIEL AG

schließen nachstehende

Gesamtbetriebsvereinbarung über die Einführung und Anwendung eines Skill-Management-Systems in der BEISPIEL AG

1. Zielsetzung

Mit dem Skill-Management wird ein neues personalpolitisches Instrument eingeführt, das einen optimalen Einsatz der Skills aller Mitarbeiter ermöglicht und damit die Personalentwicklung im Unternehmen unterstützt. Die Vorgesetzten tragen weiterhin in erster Linie Verantwortung für die Personalentwicklung ihrer Mitarbeiter. Gleichzeitig erhalten auch die Mitarbeiter die Chance, mit der Nutzung dieses Instrumentes eigenverantwortlich einen Beitrag für ihre Personalentwicklung zu leisten. Dabei werden Vorgesetzte und Mitarbeiter vom Personalbereich unterstützt.

Mit dem Skill-Management werden primär folgende Kernzielsetzungen unterstützt:

- Projekteinsätze
- Personalentwicklung
- Wissensmanagement und
- Qualifizierungsplanung.

Der betriebliche Umgang mit dem Skill-Management ist geprägt von den Grundsätzen der Transparenz, der Offenheit und der Fairneß.

Das Wissensmanagement definiert das für die BEISPIEL AG relevante Wissen und sorgt über die Erfassung der entsprechenden vorhandenen spezifischen Skills und beruflichen Erfahrungen der Mitarbeiter für Transparenz. Es ermöglicht dem Unternehmen eine effiziente Nutzung und Steuerung der Skills der Mitarbeiter, dazu gehören insbesondere zeitlich befristete Bedarfsfälle in der Linien- und Projektorganisation, aber auch die Identifikation von Teilnehmern an Tech-Clubs, Communities of practice und andere vergleichbare Veranstaltungen.

Das Skill-Management leistet mit der Erfassung auch aktuell nicht genutzter Fähigkeiten und Qualifikationen einen wichtigen Beitrag zur Verbesserung der persönlichen Entwicklungschancen der Mitarbeiter.

Durch die Erfassungs- und Auswertungsmöglichkeiten unterstützt das System eine nachhaltige Qualifizierungs- und individuelle Bildungsplanung und ermöglicht damit gleichzeitig die Weiterentwicklung der Skills der Mitarbeiter.

Anlage 3 (2)

2. Skillerfassung

Die Mitarbeiterinnen und Mitarbeiter erhalten die Möglichkeit, ihre entsprechenden eigenen Qualifikationen, besondere beruflichen Schwerpunkte sowie spezifischen Erfahrungen selbst, anhand eines vorgegebenen Skillkataloges, in das System einzugeben. Zugleich soll der Mitarbeiter die Qualität seiner angegebenen Skills den im System vorgegebenen Bewertungsstufen zuordnen. Der Skillkatalog und die Bewertungsstufen sind mit dem Gesamtbetriebsrat abgestimmt und im System dokumentiert. Er wird bei Bedarf vom Unternehmen angepasst oder erweitert. Der Gesamtbetriebsrat wird hierbei einbezogen.

Unternehmensleitung und GBR gehen davon aus, daß möglichst alle Mitarbeiter von der Möglichkeit Gebrauch machen, ihre Skills im System einzustellen. Die Eingaben erfolgen jedoch auf freiwilliger Basis und stellen die Selbsteinschätzung der betroffenen Personen dar. Um diese Zuordnung zu erleichtern werden im System Kriterien für die einzelnen Bewertungsstufen angegeben.

Der Mitarbeiter kann sich mit seinem Vorgesetzten über die Eintragungen beraten. Bei Unstimmigkeiten zwischen Vorgesetzten und Mitarbeiter über die Eintragungen eines Mitarbeiters, ist auf Verlangen des Mitarbeiters der Personalbereich unter Einbeziehung des Betriebsrats mit dem Ziel einer einvernehmlichen Lösung des Problems zu beteiligen.

3. Zugriff auf die Skills und Auswertungen

3.1. Lesezugriff

Einen lesenden Zugriff auf die erfassten Skills erhalten:

- alle Mitarbeiter für ihre eigenen Daten,
- Führungskräfte für ihren Verantwortungsbereich,
- die Personalbereiche für alle erfassten Skills.

Die Zugriffsberechtigung umfasst für Mitarbeiter auch einen Eingabe- und Änderungszugriff.

3.2. Suchender Zugriff

Einen suchenden Zugriff erhalten:

- Führungskräfte
  - für ihren Verantwortungsbereich mit der Anzeige der jeweiligen Mitarbeiter;
  - außerhalb ihres Verantwortungsbereiches mit der Anzeige des Vorgesetzten der Mitarbeiter
- die Personalbereiche für alle erfassten Skills mit der Anzeige der jeweiligen Mitarbeiter

Anlage 3 (3)

3.3. Reporting

Das Reporting soll insbesondere die individuelle und die bereichs- oder unternehmensbezogene Entwicklung der Qualifikationen, ihrer Anforderungen und Schwerpunkte zum Gegenstand haben sowie die Know-how-Sicherung im Unternehmen unterstützen. Zugriff erhalten hierzu die Personalbereiche sowie die Führungskräfte in ihrem jeweiligen Verantwortungsbereich. Den Betriebsräten werden zur Erfüllung ihrer Aufgaben auf Anforderung bestimmte Reports zur Verfügung gestellt.

4. Beteiligungsrechte des Betriebsrats

Das Skill-Management system soll neben den in Ziff.1 genannten Zielsetzungen des Wissensmanagements in erster Linie die personelle Besetzung von vorübergehenden Projekten oder von projektähnlichen Einsätzen unterstützen, bei denen keine freien Planstellen zu besetzen sind.

Kommt es dabei zu innerbetrieblichen Einsatzveränderungen von über vier Wochen Dauer oder zu betriebsübergreifenden örtlichen Veränderungen, so wird der jeweils betroffene örtliche Betriebsrat hierüber außerhalb des Verfahrens nach § 99 BetrVG informiert. Dienstreisen bleiben dabei außer Betracht.

Soweit es in diesem Zusammenhang zu mitbestimmungspflichtigen personellen Einzelmaßnahmen kommen sollte, ist der jeweilige Betriebsrat nach § 99 BetrVG zu beteiligen.

5. Verhältnis zur Auswahlrichtlinie/Innerbetriebliche Stellenausschreibung

Das Skill-Management system dient nicht zur gezielten Besetzung freier Stellen. Sollte es im Einzelfall nach oder während des Projekteinsatzes dennoch zur Besetzung von freien Planstellen kommen, gilt uneingeschränkt das Verfahren in der Gesamtbetriebsvereinbarung Auswahlrichtlinie/Innerbetriebliche Stellenausschreibung.

6. Inkrafttreten

Diese Betriebsvereinbarung tritt mit Unterzeichnung in Kraft. Sie kann frühestens zum 31.12.JJJJ gekündigt werden.

Ort, den TT.MM.JJJJ

BEISPIEL AG　　　　　　　　　　　　Gesamtbetriebsrat

Anlage 4:
Checkliste der Entscheidungskriterien für ein EDV-gestütztes Personalentwicklungssystem

Quelle: Eigene Darstellung in Anlehnung an EINSIEDLER U.A. 1999, S. 260.

1. Standort(e) des Anbieters
• Standort und Servicestützpunkte • Internationale Ausrichtung
2. Expertise/Erfahrungen/Referenzen des Anbieters
• Erfahrung mit Personalentwicklungssystemen • Erfahrungen in der Branche • Anzahl an Installationen • Referenzprojekte • Know-How in Datenbankprogrammierung (Anpassung)
3. Kundenservice des Anbieters
• Detaillierter Ablaufplan für die Implementierung • Servicespektrum (Installation und spätere Betreuung) • Telefonische Hotline
4. Kosten des Anbieters
• Beratungskosten • Lizenzkosten • Kosten für individuelle Anpassungen (Customizing) • Aufwand für sprachliche Programmanpassungen (Übersetzungen) • Installationskosten • Kosten für Servicevertrag/Hotline/Wartung • (Laufende) Kosten des Supports • Kosten für Schulungen (Dauer/Honorare) • Gewährleistung • Häufigkeit und Kosten der Updates
5. Hardwarevoraussetzungen des Systems
• Rechnerausstattung • (Prozessor, Arbeitsspeicher, Festplattenspeicher etc.)

Anlage 4 (2)

6. Schnittstellen (Import/Export)
• mit Office-Produkten • mit ERP-Systemen (z.B. SAP) • mit Personalabrechnungssystemen (z.B. PAISY) • mit Zeiterfassungssystemen • mit Buchhaltungssystemen • mit Kommunikationssystemen, z.B. Mail-Server, Fax-Server • mit dem Intranet und dem Internet • vordefinierte Schnittstellen (z.B. über den ODBC-Standard) • offene Schnittstellen (z.B. über den ASCII-Standard)
7. Sicherheit
• Datensicherungskonzept (Backup) • Zugriffsberechtigungen (arbeitsplatz-/nutzerbezogen), gestuft, funktionsorientiert • Konzept für Netzausfälle • Verschlüsselungskonzepte
8. Sonstiges
• Benutzeroberfläche • Handbücher/Dokumentation • Hilfefunktion
9. Möglichkeiten und Leistungsfähigkeit der Software
• Einschränkungen hinsichtlich des Datenvolumens • Erscheinungsbild und Leistungsfähigkeit der Software • Netzwerktauglichkeit / Netzlast bei Zugriff mehrerer Personen • Verfügbarkeit für verschiedene (Server-) Betriebssysteme (Windows, Unix, Mac-OS, etc.) • Zugrundeliegende Datenbanktechnologie (SQL, dbase, etc.) • Möglichkeit des Realtime-Betriebs • Abfrage- und Berichtsgeneratoren • Möglichkeit des Zugriffs auf den Quellcode • Integration in die vorhandene Anwendungs- und Systemlandschaft • Softwarepflege intern möglich • Webtechnologie
10. Allgemeine Funktionen des Programms
• Gesamtlösungskonzept mit modularem Aufbau und integrierten Schnittstellen (stufenweise Implementierung möglich) • Internationalität des Systems bei voller Funktionalität

Anlage 5:
Auszug aus dem Curriculum „Chefsekretärin“ im Rahmen des EXTRA-Programms der Putzmeister AG

(Auszug mit Testdaten)

[redacted]	Teamsekretärin	
	Sekretärin	
	Chefsekretärin	x
	Teamassistentin	
	Fachassistentin	

Skill- Kategorie	Skill	Ausprägung 0	1	2	3	4	Gap -	+	Maßnahme	On the Job	Maßnahmen Off the Job	Maßnahmen Selbstorganisiertes Lernen	Priorität (A-C)	Zeitpunkt (1-3 Halbjahr)	Dauer (in Tagen)	Kosten (in €)
EDV Kenntnisse																
	MS-Word-Kenntnisse					x	1		Bei Spezialproblemen in der EDV nachfragen				**nach Bedarf**			
	MS-Excel-Kenntnisse				x		2		Excel-Schulung 1 + 2		x		A	1 + 2	2	370
	MS-Access Kenntnisse		x				1									
	MS-PowerPoint-Kenntnisse				x		1									
	MS-Outlook-Kenntnisse (E-Mailing-Kenntnisse)				x											
	MS-Project-Kenntnisse (Projektmanagement Software)	x														
	Computerschreiben (10 Finger)					x	1		Routine							
	SAP	x														
	SAP Key-User? (nur bei Ja ein "x" setzen)															
	Intra- und Internet-Anwendung				x											
	Intra- und Internet-Design			x												
	Internet-Recherche				x		1									
	CAD (Computer Aided Design = Konstruktionssoftware)	x														
	Adressverwaltung mit COBRA				x		3		COBRA "Adressverwaltung COBRA		x		A	1	1	187
	Umgang mit Bilddatenbanken				x		1		Unterweisung durch Kollegin	x			A	1		
Arbeitstechniken																
	Zeitmanagement					x	2		AKM-143-D "Zeitmanagement"			x	C	3		
									Seminar ATB1 "Zeitmanagement"		x		B	1	1	250
	Büroorganisation					x	1		AKM-142-D "Arbeitstechniken im Büro"			x	C	3		
	Besprechungen leiten				x		3		Seminar ATB3 "Besprechungen"		x		B	3	1	250
	Rhetorik				x		3		Seminar RHET1 "Grundlagen der Rhetorik"		x		B	2	1	176
	Präsentationen halten		x				1		Teile von Präsentationen übernehmen	x			C			
	Wissen managen				x		1									
	Gesprächsführung				x		2		Teile aus Gesprächsreihe Prof. Weisbach		x		B	3	je 1	je 250
	Telefongespräche führen					x	1									
	Teams moderieren		x				1		2440 "Besprechungsmoderation"			x	C	3		
	Verhandlungen führen		x				1		AKM-146-D "Strategien und Taktiken			x	C	3		
	Erfahrungen im Projektmanagement				x		3		Teilnahme an Projektgruppen		x		A	1 bis 4		
									Seminare PROJ1-3		x		A	1 bis 4	3	750
	Neue Projekte initiieren				x		3		Durch Unterweisung der Kollegen	x						
	Wissen weitergeben					x	2		Evtl. Azubi in der Abteilung	x						
Medienkompetenz																
	Digitalkamera bedienen				x		2		DIGI "Arbeiten mit der Digitalkamera" + 2784 "Digitale Fotografie"		x	 x	C C	3 3	1/2	115
	Scanner bedienen				x											
	Camcorder bedienen	x														
	Videotechnik einsetzen		x				1									
	Beamer bedienen				x		3		Einweisung durch PMAK	x			A	1	1h	
	Telefontechnik einsetzen (Telefonkonferenzen halten)				x		1									
	Kommunikationstechnologie				x		3		Einweisung durch Kollegin + Handbücher	x		x	A	1	1/2	
	Videokonferenzen durchführen	x														
	Datenfernübertragung	x														
Putzmeister Kompetenz																
Technik	Grundwissen über die PM-Produktpalette				x		2		http //pmonline/produkte/default asp + PMPP "Einführung in die PM-Produktpalette"		 x	x	A A	1 1	 1/2	 125
	Grundwissen der Betonpumpentechnik				x		2		PMBP "Einführung in die PM-Betonpumpentechnik" + AKM 536 "Betonpumpentechnik"		x	 x	B B	2 2	1/2	121
BWL	Grundwissen über die PM-Dienstleistungen				x		2		PMNM "Welcome bei Putzmeister" Modul 2		x		A	1	1/2	125
	PM-Geschäftsbericht lesen können			x			2									
	Projektführung bei PM verstehen					x	1		PRPJPM "Wissens- und Projektmanagement bei PM im Sinne der UN-Kultur"		x		B	1	1/2	88
Unternehmen	Wissen über Leitbild/Unternehmensphilosophie und -kultur					x	2		http //pmonline/ organisation/ziele/default asp + PMUN "Welcome bei Putzmeister Modul 2" + VR6 "PM-Infocassette Unternehmensphilosophie für alle (HR)"		x	x x	A A A	1 1 1	1/2	146
	Wissen über strategische Unternehmensziele von PM			x			1		lesen des PM Geschäftsberichts und der aktuellen Meldungen im Intranet + http //pmonline/guidelines/miteinander/PM02008 PGS pdf			x x	A A	1 1		
	Wissen über PM-Organisation (Aufbau und Kernprozesse)					x	3		http //pmonline/organisation/default asp+http //pmonline/extranet/kunde/who/default asp + MA-Handbuch Kapitel H			x x	A A	1 1		
	Wissen über Partner und Branche			x			2		http //pmonline/pmwettbewerb/default htm			x	B	2		
	Gruppen durch den Betrieb führen			x			3		bei Führungen teilnehmen		x		B	2		
	Besuchergruppen betreuen				x		3		Einweisung durch Kollegin		x		A	1		
	Messerepräsentanz		x						Messebesuch auf der BAUMA 2004		x		C	2	1	150
Kommunikationsaufgaben																
	Telefongespräche annehmen und vermitteln, telefonische Anfragen beantworten, fernmündliche Informationen einholen können					x	1									
	Informationen abklären, sammeln, zuordnen können, sowohl unternehmensintern als auch mit Externen (Kunden, Lieferanten etc.)					x	2		2536 "Die heimlichen Manager, Top-Sekretärinnen sagen was Sache ist"			x	C	3		

Anlage 6:
Gesprächsleitfaden für die explorative Vorstudie

Gesprächsleitfaden
Unternehmensleitung/Führungskreis (1. Runde)

Name: Datum:

Abteilung: Telefon:

Ablauf

Informationen für die Führungskraft (Ziel der Information)

- Persönliche Vorstellung des Forschers (Warm-up, Kennenlernen, Persönliche Hinführung)
- Werdegang des Forschers (Gleichstellung des Forschers mit den Betroffenen, Ausbalancieren der Kommunikationsanteile)
- Beschreibung des Forschungsprojekts (Sachliche Hinführung)
- Ziel der ersten Gesprächsrunde (Kommunikation des Forschungsprozesses insgesamt)
- Ziel des heutigen Gesprächs (Kommunikation des Teilprozesses und Überleitung zur Fragenrunde)

Fragen an die Führungskraft (Ziel der Frage)

- Können Sie mir Ihre Funktion/Tätigkeit in der Putzmeister AG beschreiben? (Warm-up-Frage, Kennenlernen)
- Wie war Ihr Werdegang außerhalb der Putzmeister AG? (persönliche PE-Erfahrungen in der externen Laufbahn)
- Wie war Ihr Werdegang innerhalb der Putzmeister AG? (persönliche PE-Erfahrungen in der internen Laufbahn)
- Braucht ein Unternehmen Personalentwicklung? (generelle Einstellung zur Personalentwicklung)
- Welchen externen Einflussfaktoren unterliegt die Personalentwicklung in einem mittelständischen Unternehmen ?
- Wie sollte eine Personalentwicklungskonzeption bei Putzmeister gestaltet werden? (generelle Lösungserwartungen und Erfolgsfaktoren)
- Welche abteilungsspezifische Probleme müssen sie lösen und wie könnte ein Personalentwicklungskonzept Ihnen dabei helfen? (spezifische Lösungserwartungen und Erfolgsfaktoren)

Anlage 7:
Ergebnisse der explorativen Analyse der Personalentwicklung der Putzmeister AG (Auszug)

Wichtigste aktuelle Megatrends in Wirtschaft und Gesellschaft aus Sicht der Befragten
• Globalisierung / Internationalisierung • Trend zur Dienstleistungs- und Informationsgesellschaft • Elektronische Vernetzung (Internet / E-Commerce) • Temporäre Projektorganisation statt permanente Abteilungsorganisation • Teamarbeit und Teamdenken statt Einzelkämpfertum • Beschleunigung der Innovationszyklen • Zunahme des Expertenwissens • Servicedenken in Unternehmen (intern und extern) • Personalentwicklung betrifft alle Mitarbeiter
Erste Folgerungen aus den aktuellen Megatrends
• Vermehrte Schulung von Fremdsprachen und interkulturelles Training • Vermehrte Schulung von Medienkompetenz (lokale und vernetzte Medien) • Vermehrte Schulung von Teamkompetenz, Teamentwicklung und Teamleadership • Prozessdenken und Kreativität müssen gefördert werden • Wissenskompetenz erhöhen • Servicekompetenz schulen und Kundenorientierung herausheben • Kommunikative Kompetenz trainieren • Gezielte Schulungen und Training auch für Facharbeiter und Sachbearbeiter im Rahmen von Fachlaufbahnen

Restriktionen der Personalentwicklung aufgrund der mittelständischen Struktur von Personalentwicklung aus Sicht der Befragten
• Flache Hierarchie, dadurch wenig vertikale Aufstiegsmöglichkeiten • Begrenzte Ressourcen im Personalmanagement (finanziell, personell) • Kleine Zielgruppe der zu entwickelnden Personen (Aufwand und Nutzen?) • Hohe Erwartungshaltung der Mitarbeiter nach Personalentwicklungsmaßnahmen • Fehlende Systematik in Aufstiegsentwicklung und Nachfolgeplanung da oft stark individuell beeinflusst
Schlussfolgerungen aus den mittelständischen Restriktionen
• Horizontale Entwicklungsmöglichkeiten stärker beleuchten • Ausbildungs- und Personalentwicklungscontrolling ausbauen, damit mehr Daten vorliegen • Kosten-Nutzen-Kalkulation für Budgetgespräche aufstellen • Einbindung der gewerblichen Mitarbeiter für Akzeptanz und Synergieeffekte • Keine PE-Programme von Großunternehmen kopieren • Understatement statt großer Ankündigungen • Make-or-Buy-Analysen durchführen • Netzwerke mit anderen Mittelständlern durchführen

Anlage 7 (2)

Erfolgsfaktoren für die Personalentwicklung bei Putzmeister nach Auswertung der Gespräche im Rahmen der explorativen Vorstudie		
Übergeordnete Erfolgsfaktoren	**Erfolgsprinzipien**	**Operative Erfolgsfaktoren**
• Ableitung aus normativen Leitbildern und strategischen Vorgaben/Zielen • Back-Up durch Vorstände und Top-Management • Ganzheitliches, eingebettetes Konzept • Abteilungs- und bereichsübergreifendes Konzept • Vertrauensvolle und respektierende Einstellung zu den Mitarbeitern	• Systematik • Klarheit und Offenheit • Transparenz und Dokumentation • Verlässlichkeit • Kontinuität und Konsequenz • Flexibilität	• Einfaches Handling • Realistische Konzeption • Operationalisierbarkeit • Berücksichtigung der begrenzten Ressourcen
Inhaltliche Erfolgsfaktoren	**Motivationale Erfolgsfaktoren**	**Sonstige Erfolgsfaktoren**
• Internationale Ausrichtung • E-Commerce berücksichtigt • Elektronische Vernetzung (Inter-, Intra- und Extranet) berücksichtigt • Projektorganisation und Projektdenken einbezogen • Teamgedanke einbezogen • Servicegedanke einbezogen	• Vergütungsaspekte und Anreizsysteme integriert • Bedeutung der Lern-Motivation berücksichtigt • Führung und Besetzung aus eigenen Reihen • Aufzeigen von Zukunftsperspektiven	• Pflichtenheft als Grundlage • Verknüpfung mit Wissensmanagement • Klare Zuständigkeiten und Ansprechpartner • Modularisierung • Konzept der kleinen, aber spürbaren Schritte

Abgeleitete Aktivitäten aus der Erfolgfaktorenanalyse
• Besetzung der Führungskräfte (intern/extern) untersuchen und interpretieren • Fluktuation der Führungskräfte untersuchen, ggf. Feedback einholen • Vorhandene vielfältige Konzepte analysieren, zusammenführen und bereinigen • Internationalisierung der vorhanden Programme prüfen, z.B. durch internationale Foren und Job Rotation ins Ausland • Klare Zuständigkeiten formulieren • Aus- und Weiterbildungscontrolling konzipieren • Schnittstellen Personalmanagement und Akademie untersuchen
Mögliche Komponenten eines PE-Programmes bei PM
• Nachwuchsführungskräfte-Entwicklung / „Talent-Pool" / Nachfolgeplanung • Potenzialanalyse • Jährliche Mitarbeitergespräche • EDV-Unterstützung der Personalentwicklung • Einarbeitungsprogramme • Laufbahn- und Karriereplanung für Führungskräfte und NFK • Auslandsassignments • Trainingsinhalte • Weiterbildungsmanagement

Anlage 8:
Putzmeister-Kompetenzkatalog

	Anforderungsprofil = Funktionenprofil SOLL der Funktion	Eignungsprofil = Qualifikationsprofil IST des Mitarbeiters

Hard Facts		
Grundlegende Daten	**Beschreibung der Funktion** • Funktionsbezeichnung • Organisatorische **Einbindung** • Körperliche **Anforderungen** • Mobilitätsanforderungen	**Beschreibung des Mitarbeiters** • Stammdaten • Stellenhistorie **(extern, intern)** • Projektverantwortungen • Mobilitätsbereitschaft
Formale Bildung	**Schulische Bildung** • Schulabschluss • Studienabschluss **Berufliche Bildung** • Berufsausbildung(en) und -erfahrung • Geprüfte Zusatzausbildung(en) • Führerscheine und Lizenzen	

Hard Skills	
Fachkompetenz	**Prozess-Skills** • Fachliche Fähigkeiten und Fertigkeiten, die bei der Ausführung der zentralen Geschäftsprozesse dieser Funktion erforderlich sind. **Prozessübergreifende Skills** • Fachliche Fähigkeiten und Fertigkeiten, die der Funktionsinhaber während des gesamten Kernprozesses benötigt. **Fach- und Spezialwissen** • Spezifisches Hintergrundwissen, das der Funktionsinhaber während der Prozesse benötigt.
Methoden-kompetenz	• Sprachkenntnisse • EDV-Kenntnisse • Arbeitstechniken • Projektkompetenz • Medienkompetenz
PM-Kompetenz	• Das Unternehmen PM (Leitbild, Strategie, Organisation, Partner, Branche) • Grundlagen PM-Technik (Hydraulik, Elektronik, Mechanik, usw.) • Grundlagen PM-Betriebswirtschaft (Kennzahlen, Geschäftsbericht etc.)

Anlage 8 (2)

Soft-Skills		
Soziale Kompetenz		• Teamfähigkeit • Kommunikationsfähigkeit • Konfliktfähigkeit • Durchsetzungsvermögen • Ethische Kompetenz
Persönliche Kompetenz (= Selbstkompetenz)	**Kognitive Kompetenz („Kopf")**	• Kreativität • Analysefähigkeit • Flexibilität • System- und Prozessdenken • Verantwortungsbewusstsein • Lernkompetenz
	Emotionale Kompetenz („Herz")	• Leistungsmotivation • Entscheidungsstärke • Risikobereitschaft • Initiative • Selbstbewusstsein • Emotionale Intelligenz
	Körperliche Kompetenz („Hand")	• Belastbarkeit • Erscheinungsbild • Vitalität
Management-Kompetenz	**Unternehmerische Kompetenz**	• Innovationsfähigkeit • Kundenorientierung • Ertrags- und Kostenbewusstsein • Qualitätsbewusstsein • Visionäres und strategisches Denken • Internationalität
	Führungskompetenz	• Motivationsfähigkeit • Zielmanagementkompetenz (MbO) • Delegationsfähigkeit • Mitarbeiterentwicklung

Anlage 9:
Gesprächsleitfaden zum Besuch bei Skill-Management-User

---

1. Allgemeine Fragen zum Unternehmen /Personalbereich

- Wieviel **Mitarbeiter** hat das Unternehmen?
  Wieviele davon sind in die Personalentwicklung einbezogen?

- Wie ist die **Mitarbeiter-Struktur**?
  Bezogen auf Führungskräfte, Nachwuchsführungskräfte, Sonstige

- Wie funktioniert der **Prozess der Datenerfassung und der Einstufung** der Skills auf den Skalen? (und damit überhaupt die Möglichkeit zur Profilierung und zum Profilvergleich)

2. Erfahrungen

- **Motive**
  - Warum wurde das Skill-Management-System eingeführt?
  - Welche Softwaresysteme haben Sie geprüft?
  - Für welchen Personenbereich?
  - Für welche Zwecke wird die Datenbank eingesetzt?
  - Wie viel Mitarbeiter sind erfasst?
- **Daten zur Einführung**
  - Wann wurde die Software eingeführt?
- **Vorbereitung des Systems**
  - Wie sah die Vorbereitung zur Einführung statt?
  - Welche Anforderungen wurden an die Projektmitglieder und an die Projektleitung gestellt? Welches finanzielle und zeitliche Budget hatten diese zur Verfügung? (z.B. für Vorbereitung, Schulung?
  - Welcher Aufwand steckt hinter dem ganzen Projekt?
    Vorbereitung, Implementierung, Wartung, Schulung
- **Aufbau und Implementierung des Systems**
  - Wie wurden Profile (Mitarbeiter und Funktionen) erstmals festgelegt?
  - Wie konnte an schon vorhandene Prozesse/Profile angedockt werden?
  - Welche Probleme sind bei der Implementierung aufgetreten?
  - Welche betrieblichen Regelungen (z.B. in Form von Betriebsvereinbarungen) wurden mit dem BR getroffen?

Anlage 9 (2)

3. Rahmenfragen

- Welche Personalentwicklungsinstrumente sind an das Programm gekoppelt? (Mitarbeitergespräch, Mitarbeiterbeurteilung, Einführung neuer Mitarbeiter, Seminarverwaltung, Weiterbildungsplanung und –controlling, etc.)
- Welche anderen eHR-Systeme benutzen Sie?
- An welches System docken Sie an? bzw. wo kommen die Stammdaten her?

4. Empfehlungen

- Wie beurteilen Sie Ihre Software?
- Welche Vorgehensweise empfehlen Sie für die Vorbereitung, die Kommunikation, den Rollout?
- Empfiehlt es sich, mit weniger Leuten (Piloten) zu beginnen und dann das Projekt auszubauen? Würden Sie eher vertikal (z.B. eine ganze Abteilung) oder eher horizontal (z.B. alle Abteilungsleiter des Unternehmens) vorgehen?

5. Allgemeine Fragen zum Skillmanagement

- Welches sind Ihrer Meinung nach die wichtigsten Do's und Dont's bei der Planung und Einführung von Skillmanagement im Unternehmen?
- Wie bewältigen Sie folgende allgemeinen **Problempunkte von Skillmanagement**:
  - Vergangenheitsorientierung
  - Drohende schnelle Veralterung
  - Kaum Chance für Seiteneinsteiger
  - Schwerwiegende methodische Schwierigkeiten

Anlage 10:
Ausschreibung der Datenbankprogrammierung an Hochschulen

02-01-11 / scs

Projektarbeit

Putzmeister

Mit weltweit ca. 1800 Firmenangehörigen bieten wir unseren Kunden ein breites Spektrum hochwertiger Maschinen und Dienstleistungen rund um die Beton-, Mörtel- und Dickstoff-förderung. Innovation und Dynamik haben uns zum Marktführer gemacht.

Unterstützen Sie uns in den kommenden Semesterferien mit Ihren **Skills im Bereich Wirtschaftsinformatik / MS-Access-Programmierung** in einem Personalentwicklungsprojekt (und bereiten Sie evtl. schon die Basis für Ihre Diplomarbeit):

Ihre Aufgabe:

„IT-seitige Konzeptionierung und Programmierung einer Access-Datenbank im Rahmen eines Skillmanagementprojektes“

■ Das sollten Sie mitbringen

- Fähigkeit zu kreativem, flexiblem und selbständigen Arbeiten
- Sehr gute MS-Office-Kenntnisse, Programmiererfahrung in MS-Access, Kenntnisse in Datenbanksystemen von Vorteil
- Ca. 6-8 Wochen frei verfügbare Zeit in den nächsten Monaten

■ Wir bieten Ihnen

- Eine interessante und absolut praxisbezogene Projektarbeit mit klarer Zielsetzung in einem international führenden mittelständischen Unternehmen
- Selbständiges Arbeiten bei freier Zeiteinteilung im Rahmen der vereinbarten Fristen
- **Überdurchschnittliche Vergütung**. In Abhängigkeit der praktischen Verwertbarkeit des Ergebnisses kann darüber hinaus eine Prämie gezahlt werden.
- Bei Bedarf alle notwendigen Ressourcen (Arbeitsplatz, Hard- und Software)- Bei Interesse kann die Arbeit auch zur Diplomarbeit ausgebaut werden.

■ Haben Sie Interesse?

Dann nehmen Sie mit uns Kontakt auf.
Ihr Ansprechpartner im Projekt: Hr. Simon Beck,.
E-mail: BeckSi@pmw.de, Telefon 07127 / 599 313

Putzmeister AG • Max-Eyth-Str. 10 • D-72631 Aichtal
Tel. (07127) 599-313 • Fax (07127) 599-742
Sie erfahren mehr über uns unter: www.putzmeister.de

Anlage 11:
Betriebsvereinbarung BV 0201 der Putzmeister AG

Betriebsvereinbarung
BV 0201

Putzmeister

Betriebsvereinbarung der PUTZMEISTER AG

über ein

Pilotprojekt Qualifikationsdatenbank
(nachstehend als PSM – Putzmeister Skill Management bezeichnet)

Zwischen der Putzmeister AG und dem Betriebsrat wird folgende Betriebsvereinbarung abgeschlossen:

1 **Grundsatz**
2 **Ziel**
3 **Persönlicher Geltungsbereich**
4 **Sachlicher Geltungsbereich**
5 **Schutz Personenbezogener Daten**
6 **Regeln für die Teilnehmer an den Pilotgruppen**
7 **Begleitende Maßnahmen**
8 **Hinweis auf sonstige Regelungen**
9 **Inkrafttreten, Laufzeit**

---

1 Grundsatz

Mit der Dissertation „Personalentwicklung in mittelständischen Großunternehmen" sollen Grundlagen und Konzeption einer zeitgemäßen prozessorientierten Verarbeitung der Personaldaten für eine Qualifikationsentwicklung auf der Basis eines Skillmanagement-Systems im Rahmen einer integrierten Personalentwicklungskonzeption erarbeitet werden.

Mit Hilfe des Pilotprojekts PSM soll die Möglichkeit der Unterstützung von Aufgaben der Personalentwicklung geprüft werden, insbesondere die individuelle Qualifikationsentwicklung der Mitarbeiterinnen und Mitarbeiter, die Prognose des mittel- und längerfristigen Qualifikationsbedarf und darauf aufbauend eine verlässliche und am künftigen Bedarf orientierte Planung des betrieblichen Qualifikationsangebots.

Anlage 11 (2)

Zur Erarbeitung eines praxistauglichen Konzepts ist vorgesehen, die wesentlichen Gründzüge eines EDV-gestützen Skill-Management-Systems im Rahmen eines Pilotprojektes simulieren. Hierzu bedarf es der Mitwirkung und Offenlegung personenbezogener Daten der an den Projektteams beteiligten Mitarbeiter.

2 Ziel

Mit dieser Betriebsvereinbarung soll sichergestellt werden, dass die personenbezogenen Daten der an den Projektteams teilnehmenden Mitarbeiter vor unbefugtem Gebrauch geschützt werden. Mit dem Schutz dieser Daten soll gleichzeitig die Vertraulichkeit der Angaben und damit mittelbar auch deren Validität sichergestellt werden. Des weiteren sollen die Unterrichtungs-, Beratungs- und Mitbestimmungsrechte des Betriebsrats (siehe 7) gewahrt bleiben.

3 Persönlicher Geltungsbereich

Die Betriebsvereinbarung gilt für alle Mitarbeiter des einbezogenen Unternehmen, soweit sie ihre regelmäßige Arbeitsstätte am Standort Aichtal haben.

4 Sachlicher Geltungsbereich

Diese Betriebsvereinbarung regelt die Durchführung eines Pilotprojekts zur Erstellung und Erprobung einer Qualifikationsdatenbank für Personalmanagement bzw. Personalentwicklung (PSM – Putzmeister Skill Management) im Werk Aichtal.

5 Schutz personenbezogener Daten

Die in der Pilot Phase gesammelten personenbezogenen Daten dürfen ausschließlich im Rahmen der Doktorarbeit (Dissertationsprojekt) von Herrn Simon Beck verwendet werden und werden spätestens 3 Monate nach Abgabe der Dissertation gelöscht. Es dürfen keine Kopien erstellt, gespeichert oder weitergegeben werden.

In der Projektphase haben nur die namentlich benannten Mitglieder des Projektteams, die teilnehmenden Mitarbeiter und deren direkte Vorgesetzten Zugriff auf die jeweiligen personenbezogenen Daten. Die Beteiligten sind nach BDSG § 5 auf das Datengeheimnis zu verpflichten. Die Daten sind in geeigneter Weise (z.B. durch individuelle Passwörter) wirksam gegen missbräuchlichen Zugriff zu schützen.

Der Datenschutzbeauftragte der Putzmeister AG hat die Pflicht, die Einhaltung des BDSG und der in dieser Betriebsvereinbarung festgelegten Regelungen zu kontrollieren. Der Betriebsrat ist zu unterrichten und auf sein Verlangen an der Kontrolle zu beteiligen. Der Datenschutzbeauftragte der Putzmeister AG führt mit der Beteiligung des Betriebsrats eine Vorabkontrolle nach BDSG § 4d Abs. 5 / 2. durch.

Die Skillprofile dürfen in keinem Fall für interne oder externe Leistungsbeurteilungen von Mitarbeitern verwendet werden. Die Teilnahme am Pilotprojekt und die Informationspreisgabe über die eigene Person ist freiwillig. Mitarbeiterinnen und Mitarbeiter, die nicht zu den Teilnehmern des Pilotprojekts gehören, dürfen nicht wegen ihrer Nicht-Teilnahme in ihren Chancen für das berufliche Weiterkommen benachteiligt werden.

Anlage 11 (3)

6 Regeln für die Teilnehmer der Pilotgruppen

- Die Teilnehmer sind darauf hinzuweisen, dass die Teilnahme freiwillig und jederzeit widerruflich ist. Voraussetzung für die Teilnahme ist eine schriftliche Einverständniserklärung unter Hinweis auf diese Betriebsvereinbarung.
- Keine Weitergabe personenbezogener Daten an unbefugte Dritte
- Offenlegung aller Pilot-Aktivitäten
- Keine Echtanwendung, keine Verwendung der Daten für die Beurteilung oder ähnliches
- Veröffentlichung von Daten ausschließlich anonym und ausschließlich für Zwecke der o.g. Dissertation
- Keine Relevanz der Daten für die Arbeitsplatzbewertung oder die tarifliche Eingruppierung

7 Begleitende Maßnahmen

Während der Pilotphase und vor Einführung eines Putzmeister Skill Management ist der Betriebsrat rechtzeitig gemäß BetrVG § 92, § 92a, § 94 Abs. 1 Satz 1, § 96 und § 97 zu beteiligen. Bevor neue Systeme, Programme und Instrumente zum Aufbau einer Datenbank eingeführt werden ist mit dem Betriebsrat nach Maßgabe des § 87 Abs. 1 Nr. 6 BetrVG und § 4 Abs. 1 BDSG eine entsprechende Betriebsvereinbarung abzuschließen.

8 Hinweis auf sonstige Regelungen

Es wird ausdrücklich auf die gesetzlichen Datenschutzregelungen und das Betriebsverfassungsgesetz hingewiesen. Insbesondere ist darauf zu achten, dass die gesetzlichen Datenschutzregelungen eingehalten werden.

9 Inkrafttreten, Laufzeit

Die Betriebsvereinbarung tritt mit Unterzeichnung in Kraft. Die Betriebsvereinbarung endet, ohne dass es einer Kündigung bedarf, mit Abgabe der Dissertation, spätestens jedoch drei Monate nach Beendigung des Doktoranden- Anstellungsverhältnisses des Projektleiters. Änderungen und Ergänzungen dieser Vereinbarung bedürfen der Schriftform.

Soweit nicht ausdrücklich etwas anderes vereinbart ist, gelten im übrigen die einschlägigen gesetzlichen und betrieblichen Regelungen.

Aichtal, den 21. März 2002

Putzmeister AG	Betriebsrat
gez. Vorstand	gez. Vorsitzender

Anlage 12:
Einverständniserklärung der Pilotteilnehmer

Putzmeister

02-04-10 / sm

Einverständniserklärung

Hiermit erkläre ich mich bereit, am „Pilotprojekt Qualifikationsdatenbank“ teilzunehmen.

Die beiliegende Betriebsvereinbarung BV 0201 habe ich zur Kenntnis genommen und bin für meine Mitarbeit im „Pilotprojekt Qualifikationsdatenbank“ mit dem Inhalt einverstanden.

Ort, Datum

Unterschrift

Anlage 13

Fragebogen zum Skill-Management Pilotdurchlauf

PM Putzmeister

Betrifft: PM-Facharbeiter, bei der Selbsteinschätzung — 02-03-14 / SM

Wie lange haben Sie für das Ausfüllen ihres Profils benötigt? ca. ________ min

Halten Sie den (Zeit)aufwand den Sie für die Profilerstellung investiert haben gerechtfertigt in Bezug auf den Nutzen den Sie sich in einem „Echtbetrieb" davon versprechen würden?

____

____

____

Wie finden sie Übersichtlichkeit/Design der Masken?

- ☐ Gut
- ☐ In Ordnung
- ☐ Sollte man Ändern (bitte unten Eintragen)

Sind Sie mit einer oder mehreren Masken nicht zurecht gekommen? Wenn ja warum?

____

____

Ist Ihnen beim Ausfüllen noch etwas eingefallen, das <u>inhaltlich</u> im Profil fehlt?

____

____

Was sollte für einen „Echtbetrieb" auf jeden Fall geändert bzw. vereinfacht werden?

____

____

____

Platz für sonstige Kommentare / Hinweise / Anregungen / Lob / Kritik:

____

____

Das Skill-Management Projektteam
recht herzlich für Ihre Mitarbeit!

Anlage 13 (2)

Fragebogen zum Skill-Management-Pilotdurchlauf

Putzmeister

Betrifft: Vorgesetzter, welcher Anforderungsprofile erstellt hat 02-03-14 / sm

Wie lange haben Sie im Schnitt für das Ausfüllen eines Profils benötigt? ________ min

Veränderte sich der Prozess der Profilerstellung mit jedem weiteren Profil, wurde es z. B. schneller bzw. problemloser?

____

Geben Sie bitte ungefähr die Ausfülldauer für das erste und das letzte Profil an:

1. __________ min 2. __________ min

Ist der (Zeit-) Aufwand für die Profilerstellung gerechtfertigt ? Insbesondere wenn Sie an den Nutzen denken, den Sie sich in einem „Echtbetrieb" von der Datenbank versprechen würden.

____

____

Ist Ihnen beim Ausfüllen noch etwas eingefallen, das inhaltlich im Profil fehlt?

____

____

Wie finden sie die Gliederung nach Schritten?

- ☐ Sehr gut
- ☐ In Ordnung
- ☐ Sollte man Ändern (Was genau?)

____

Wie finden sie die Anzahl der Schritte?

- ☐ Genau richtig
- ☐ Es sind zu viele Schritte
- ☐ Es sind zu wenig Schritte

Wie beurteilen sie die Übersichtlichkeit bzw. das Design der Masken?

- ☐ Gut
- ☐ In Ordnung
- ☐ Sollte man Ändern (Was genau?)

____

Welche Schritte fanden sie besonders gut gelungen? (kurze Begründung) ______________

____

Welche Schritte fanden sie nicht gut gelungen? (kurze Begründung) ______________

____

____

Was sollte man ändern?

(hier können Sie auch weitere Einträge von den oben gestellten Ankreuzfragen machen)

____

____

____

Was sollte für einen „Echtbetrieb“ auf jeden Fall geändert bzw. vereinfacht werden?

____

____

____

Platz für sonstige Kommentare / Hinweise / Anregungen / Lob / Kritik etc.:

____

____

____

____

____

Dieser Fragebogen wurde ausgefüllt von:

____

Das Skill-Management-Projektteam dankt Ihnen recht herzlich für Ihre Mitarbeit!

Anlage 14:
Fotos aus den Workshops zur Erstellung der Anforderungsprofile

Einschätzungsrunde Facharbeiter

Briefing Konstrukteure

Anlage 15: Skillprofil RSM (Auszug des Bereiches Fachkompetenz)

Skillprofil RSM

Skill Kategorie	Skill	Anforderung 0	1	2	3	4
Fachkompetenz						
Prozess-Skills						
Akquisition (extern)						
	Aktives Verkaufen					
Angebot (intern)						
	Finanzierungen ausarbeiten					
	Businessplane ausarbeiten					
	Fahrzeug Typen festlegen					
Auftrag (intern)						
	Liefertermine abstimmen					
	Technische Koordination im Haus					
After Sales (extern)						
	Nachbearbeitung des Auftrages					
Prozessübergreifende Skills						
Handlermarketing						
	Handler identifizieren und analysieren					
	Handler betreuen und beraten					
	Händler schulen und entwickeln					
Marktforschung						
	Kundenanalyse					
	Wettbewerbsanalyse					
Marketing/Wettbewerbsstrategie						
	Marktstrategien entwickeln					
	Wettbewerbsstrategien entwickeln					
Marketingmix						
	Produktpolitik (incl neue Produkte anstoßen)					
	Preispolitik					
	Distributionspolitik					
	Kommunikationspolitik (incl Werbung)					
Kalkulation						
	Angebote kalkulieren					
Planung + Organisation						
	Reiseplanung					
	Projektkoordination					
Tochtermanagement						
	Koordination					
	Mitwirkung in Geschaftsleitung					
Anwendungswissen						
	BP fahrbar (BF)					
	PUMI					
	BP stationar (BSA)					
	Tunnelmaschinen					
	Mörtelmaschinen					
	Hochdruckreiniger (Dynajet)					

Anlage 16:
Screenshots 1 – 6 der Stelleneingabe am Beispiel „Konstrukteur 1"

(ohne Eintragungen)

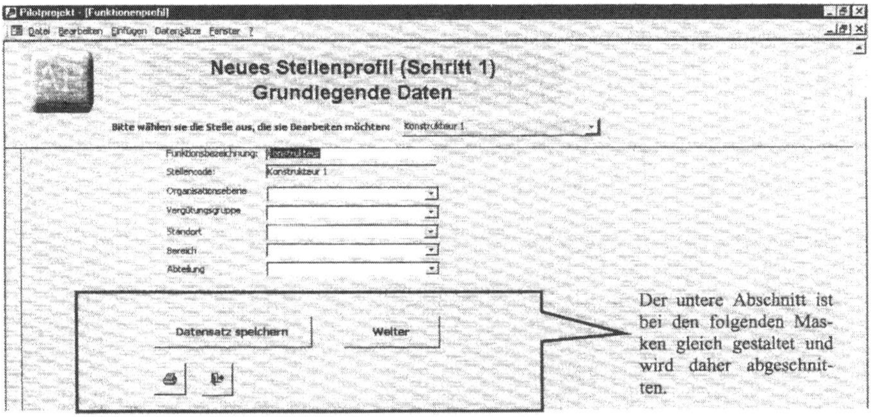

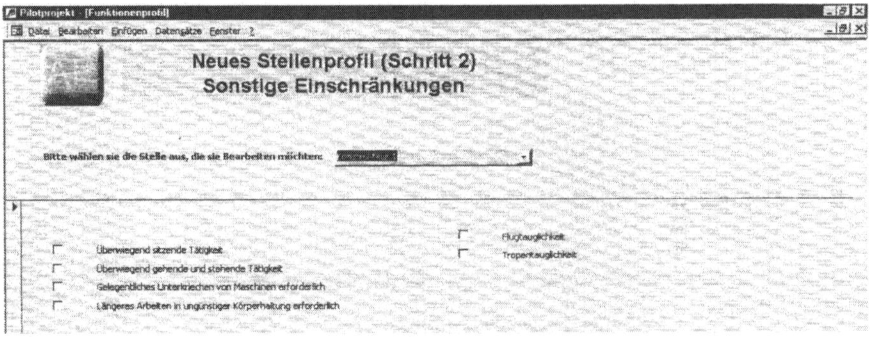

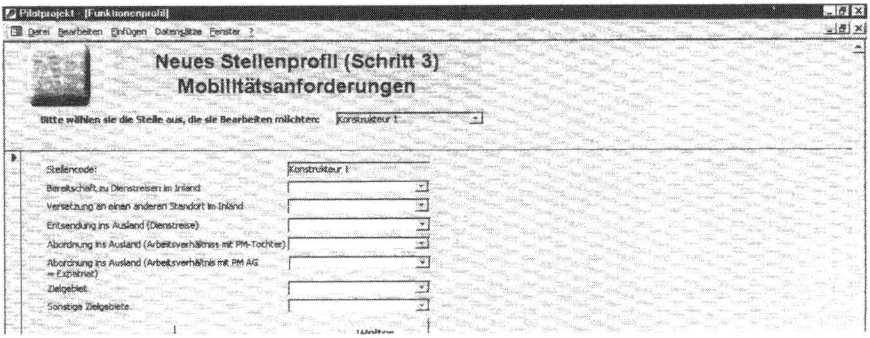

Anlage 16 (2)

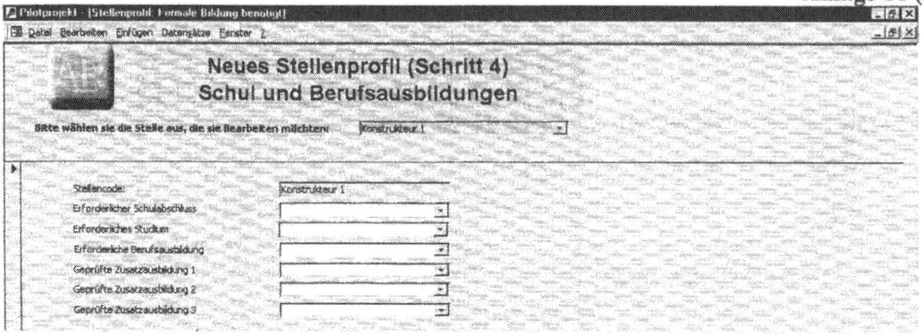
Datei Bearbeiten Einfügen Datensätze Fenster ?
Neues Stellenprofil (Schritt 4)
Schul und Berufsausbildungen
Bitte wählen sie die Stelle aus, die sie Bearbeiten möchten:
Konstrukteur 1
Stellencode:
Konstrukteur 1
Erforderlicher Schulabschluss
Erforderliches Studium
Erforderliche Berufsausbildung
Geprüfte Zusatzausbildung 1
Geprüfte Zusatzausbildung 2
Geprüfte Zusatzausbildung 3

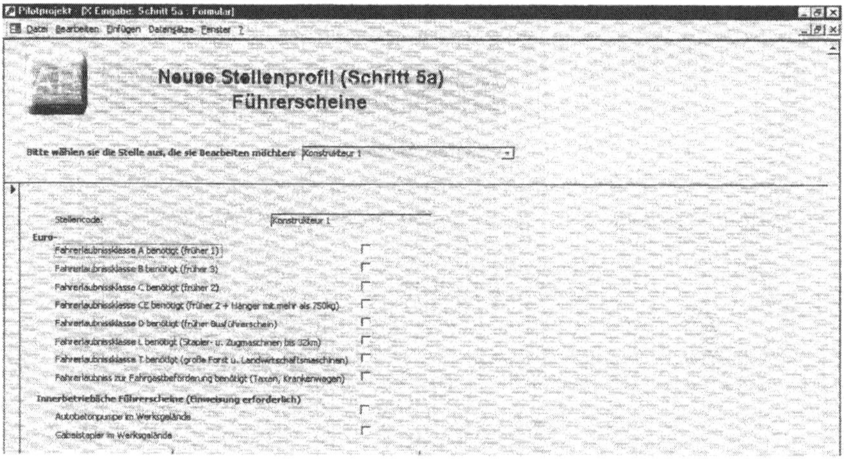
Pilotprojekt
Datei Bearbeiten Einfügen Datensätze Fenster ?
Neues Stellenprofil (Schritt 5a)
Führerscheine
Bitte wählen sie die Stelle aus, die sie Bearbeiten möchten:
Konstrukteur 1
Stellencode:
Konstrukteur 1
Euro-
Fahrerlaubnisklasse A benötigt (früher 1)
Fahrerlaubnisklasse B benötigt (früher 3)
Fahrerlaubnisklasse C benötigt (früher 2)
Fahrerlaubnisklasse CE benötigt (früher 2 + Hänger mit mehr als 750kg)
Fahrerlaubnisklasse D benötigt (früher Busführerschein)
Fahrerlaubnisklasse L benötigt (Stapler- u. Zugmaschinen bis 32km)
Fahrerlaubnisklasse T benötigt (große Forst u. Landwirtschaftsmaschinen)
Fahrerlaubnis zur Fahrgastbeförderung benötigt (Taxen, Krankenwagen)
Innerbetriebliche Führerscheine (Einweisung erforderlich)
Autobetonpumpe im Werksgelände
Gabelstapler im Werksgelände

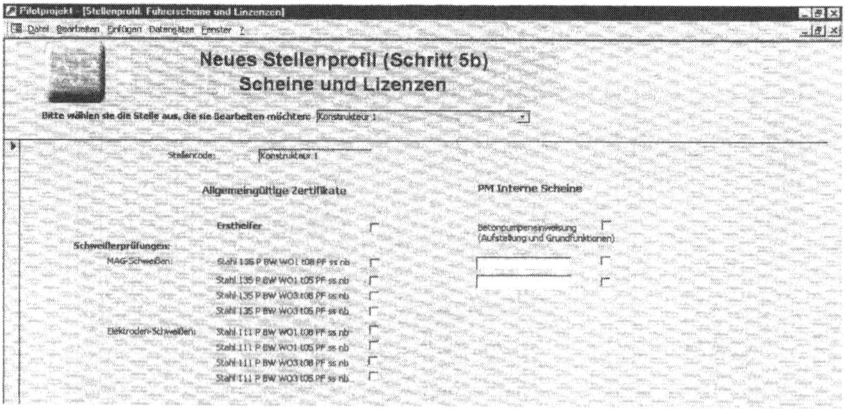
Pilotprojekt - [Stellenprofil Führerscheine und Linzenzen]
Datei Bearbeiten Einfügen Datensätze Fenster ?
Neues Stellenprofil (Schritt 5b)
Scheine und Lizenzen
Bitte wählen sie die Stelle aus, die sie Bearbeiten möchten:
Konstrukteur 1
Stellencode:
Konstrukteur 1
Allgemeingültige Zertifikate
PM Interne Scheine
Ersthelfer
Betonpumpeneinweisung
(Aufstellung und Grundfunktionen)
Schweißerprüfungen:
MAG-Schweißen:
Stahl 135 P BW WO1 t08 PF ss nb
Stahl 135 P BW WO1 t05 PF ss nb
Stahl 135 P BW WO3 t08 PF ss nb
Stahl 135 P BW WO3 t05 PF ss nb
Elektroden-Schweißen:
Stahl 111 P BW WO1 t08 PF ss nb
Stahl 111 P BW WO1 t05 PF ss nb
Stahl 111 P BW WO3 t08 PF ss nb
Stahl 111 P BW WO3 t05 PF ss nb

Anlage 17:
Screenshots 7 – 10 der Stelleneingabe am Beispiel „Konstrukteur 1“

(ohne Eintragungen)

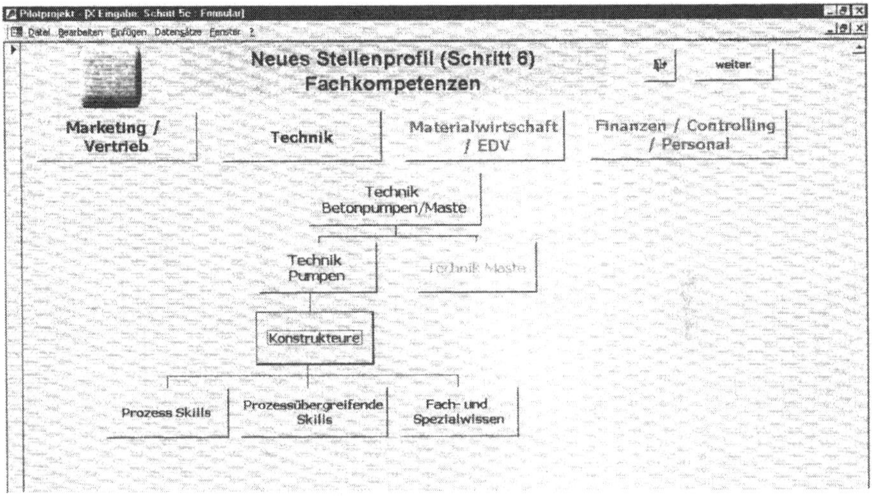

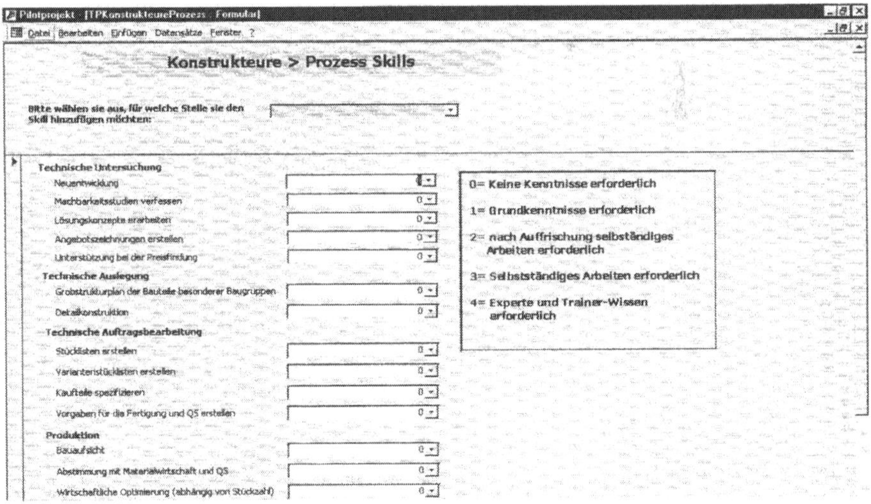

(Ausschnitt)

Anlage 17 (2)

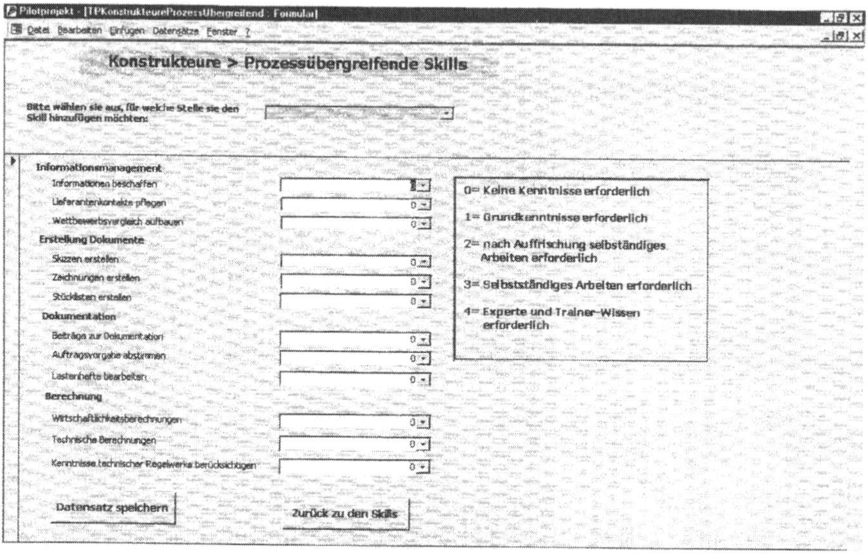

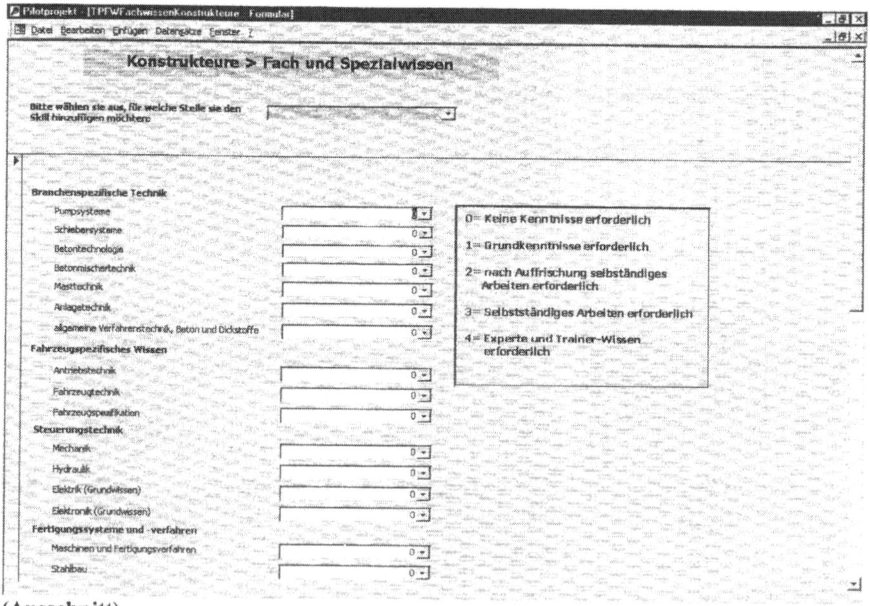

(Ausschnitt)

Anlage 18:
Screenshots 11 – 15 der Stelleneingabe am Beispiel „Konstrukteur 1"

(ohne Eintragungen)

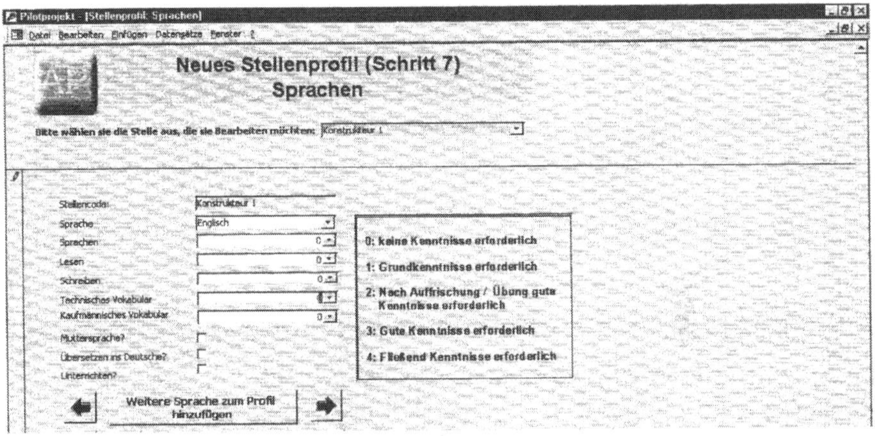

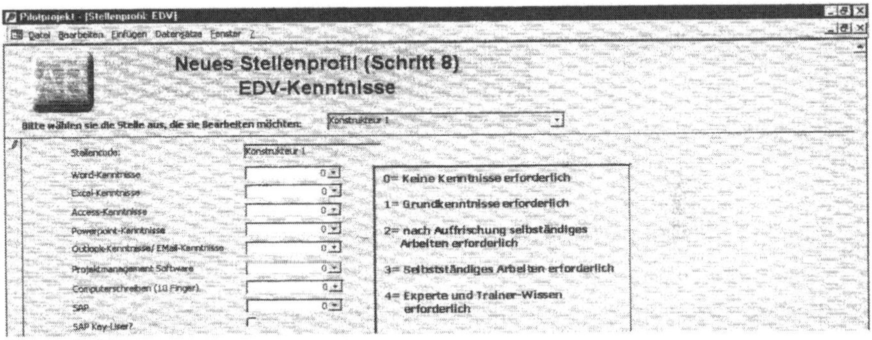

(Ausschnitt)

Anlage 18 (2)

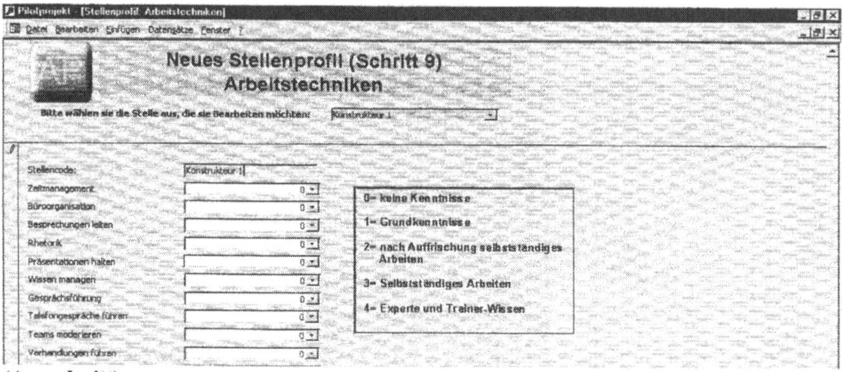

(Ausschnitt)

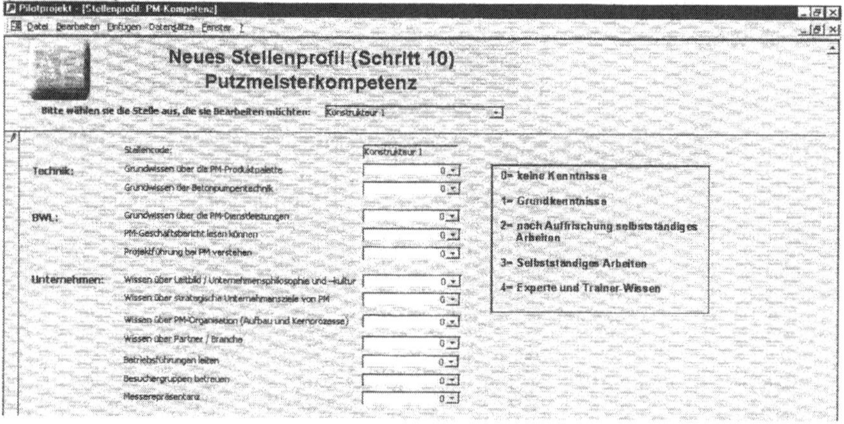

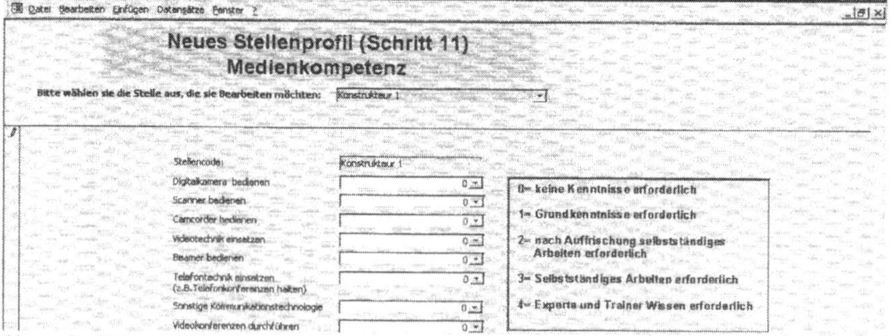

(Ausschnitt)

Anlage 19:
Untermenüs der Mitarbeiter-Eingabe

(ohne Eintragungen)

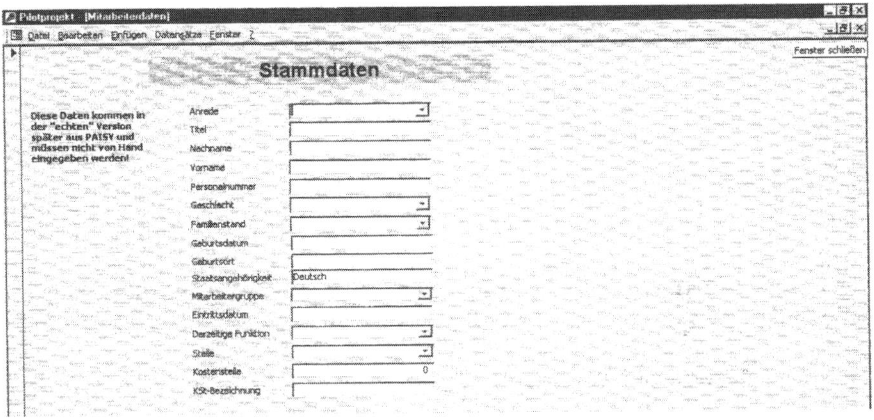

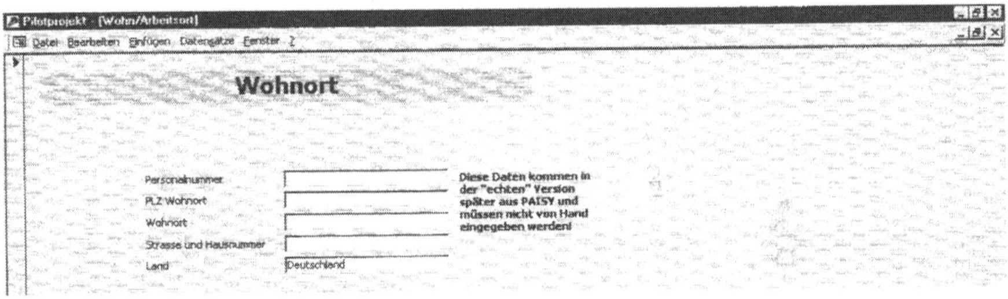

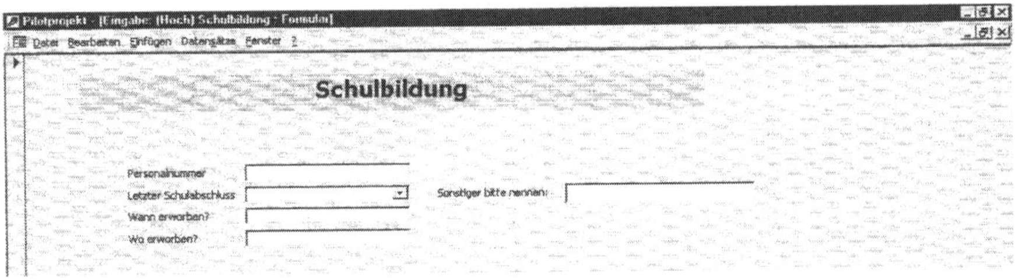

Anlage 19 (2)

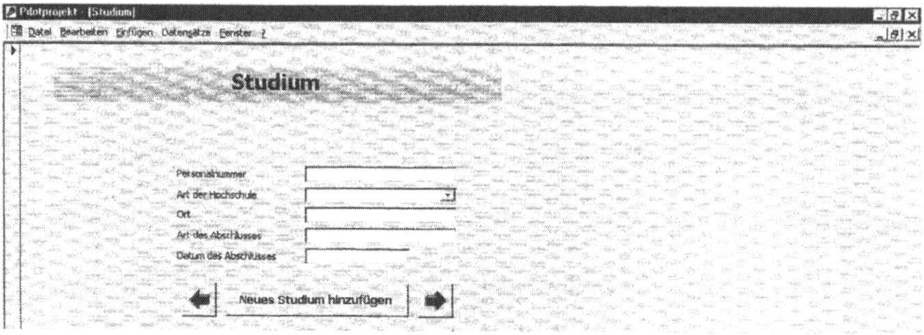
Pilotprojekt - [Studium]
Datei Bearbeiten Einfügen Datensätze Fenster ?
Studium
Personalnummer
Art der Hochschule
Ort
Art des Abschlusses
Datum des Abschlusses
Neues Studium hinzufügen

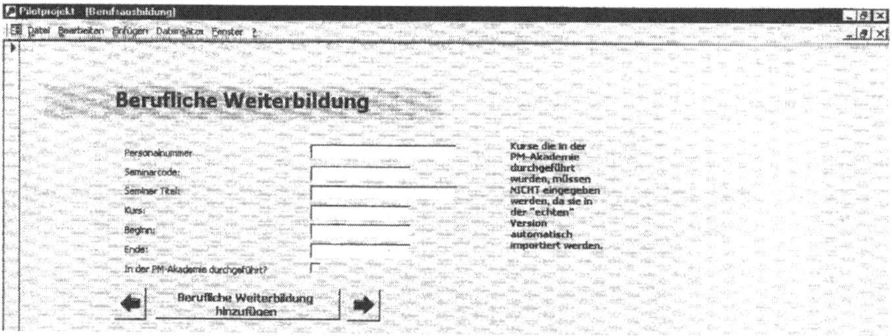
Pilotprojekt - [Berufsausbildung]
Datei Bearbeiten Einfügen Datensätze Fenster ?
Berufliche Weiterbildung
Personalnummer
Seminarcode:
Seminar Titel:
Kurs:
Beginn:
Ende:
In der PM-Akademie durchgeführt?
Kurse die in der PM-Akademie durchgeführt wurden, müssen NICHT eingegeben werden, da sie in der "echten" Version automatisch importiert werden.
Berufliche Weiterbildung hinzufügen

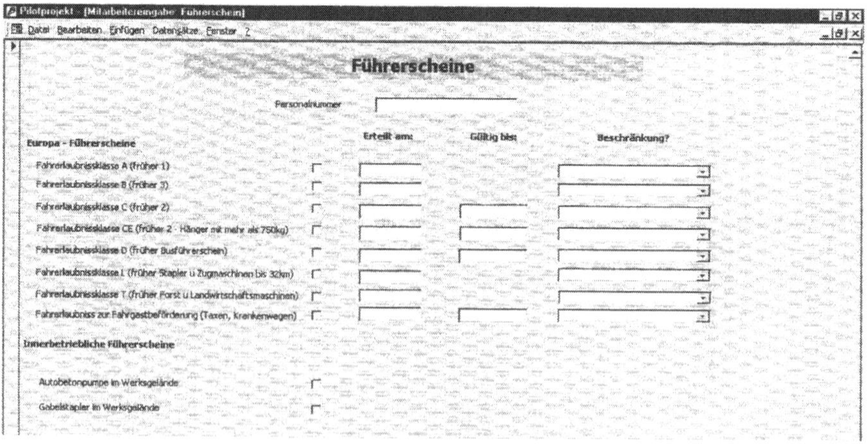
Pilotprojekt - [Mitarbeitereingabe Führerschein]
Datei Bearbeiten Einfügen Datensätze Fenster ?
Führerscheine
Personalnummer
Europa - Führerscheine
Erteilt am:
Gültig bis:
Beschränkung?
Fahrerlaubnisklasse A (früher 1)
Fahrerlaubnisklasse B (früher 3)
Fahrerlaubnisklasse C (früher 2)
Fahrerlaubnisklasse CE (früher 2 - Hänger mit mehr als 750kg)
Fahrerlaubnisklasse D (früher Busführerschein)
Fahrerlaubnisklasse L (früher Stapler u Zugmaschinen bis 32km)
Fahrerlaubnisklasse T (früher Forst u Landwirtschaftsmaschinen)
Fahrerlaubnis zur Fahrgastbeförderung (Taxen, krankenwegen)
Innerbetriebliche Führerscheine
Autobetonpumpe im Werksgelände
Gabelstapler im Werksgelände

Anlage 19 (3)

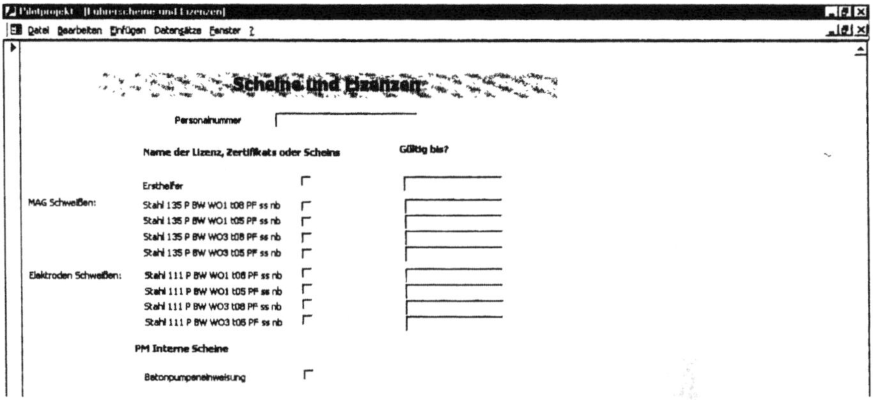
Datei Bearbeiten Einfügen Datensätze Fenster ?
Scheine und Lizenzen
Personalnummer
Name der Lizenz, Zertifikats oder Scheins
Gültig bis?
Ersthelfer
MAG Schweißen:
Stahl 135 P BW WO1 t08 PF ss nb
Stahl 135 P BW WO1 t05 PF ss nb
Stahl 135 P BW WO3 t08 PF ss nb
Stahl 135 P BW WO3 t05 PF ss nb
Elektroden Schweißen:
Stahl 111 P BW WO1 t08 PF ss nb
Stahl 111 P BW WO1 t05 PF ss nb
Stahl 111 P BW WO3 t08 PF ss nb
Stahl 111 P BW WO3 t05 PF ss nb
PM Interne Scheine
Betonpumpeneinweisung

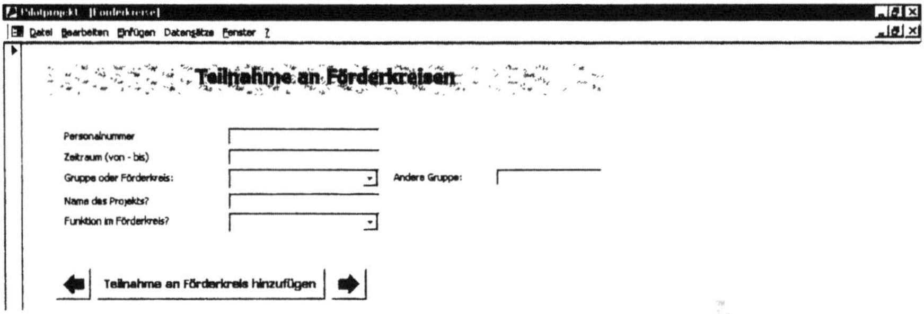
Datei Bearbeiten Einfügen Datensätze Fenster ?
Teilnahme an Förderkreisen
Personalnummer
Zeitraum (von - bis)
Gruppe oder Förderkreis:
Andere Gruppe:
Name des Projekts?
Funktion im Förderkreis?
Teilnahme an Förderkreis hinzufügen

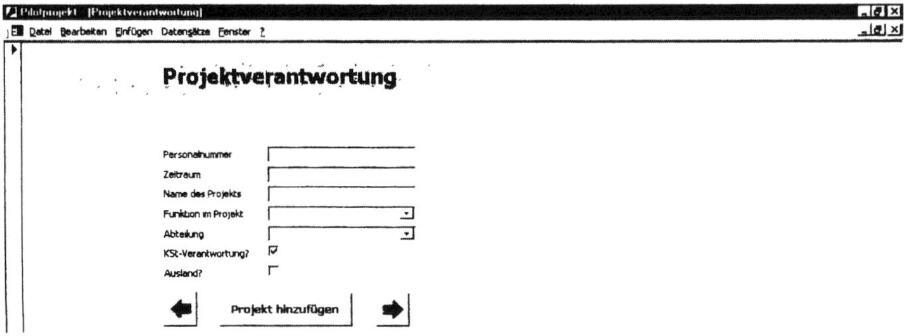
Datei Bearbeiten Einfügen Datensätze Fenster ?
Projektverantwortung
Personalnummer
Zeitraum
Name des Projekts
Funktion im Projekt
Abteilung
KSt-Verantwortung?
Ausland?
Projekt hinzufügen

Anlage 19 (4)

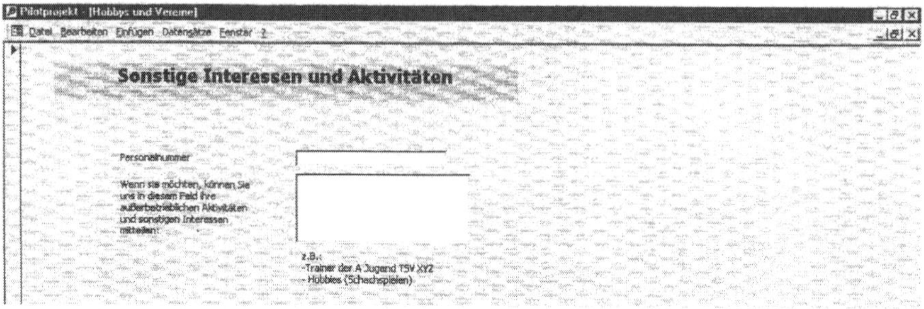
Pilotprojekt - [Hobbys und Vereine]
Datei Bearbeiten Einfügen Datensätze Fenster ?
Sonstige Interessen und Aktivitäten
Personalnummer
Wenn sie möchten, können Sie uns in diesem Feld Ihre außerbetrieblichen Aktivitäten und sonstigen Interessen mitteilen:
z.B.:
-Trainer der A Jugend TSV XYZ
- Hobbies (Schachspielen)

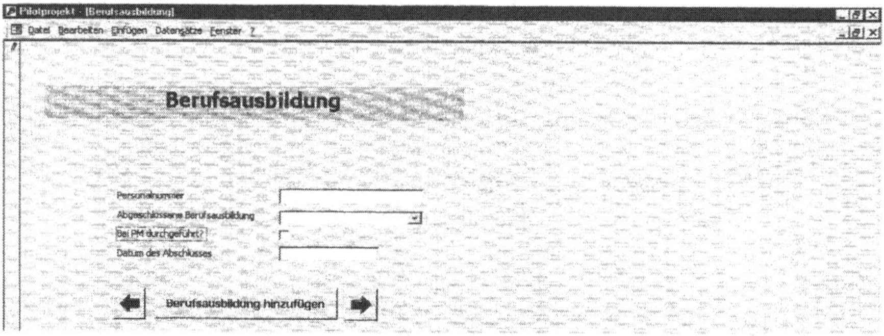
Pilotprojekt - [Berufsausbildung]
Datei Bearbeiten Einfügen Datensätze Fenster ?
Berufsausbildung
Personalnummer
Abgeschlossene Berufsausbildung
Bei PM durchgeführt?
Datum des Abschlusses
Berufsausbildung hinzufügen

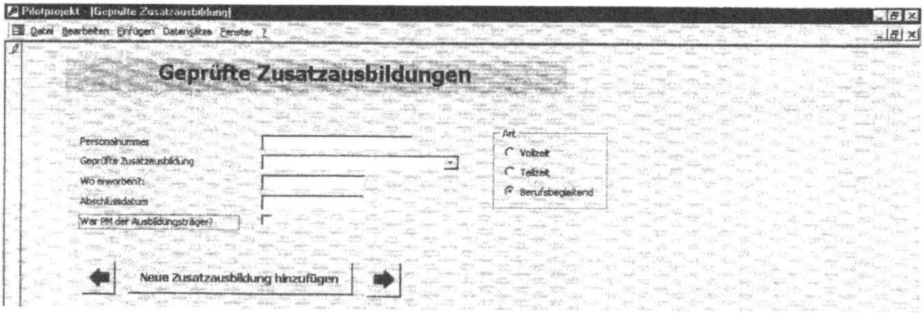
Pilotprojekt - [Geprüfte Zusatzausbildung]
Datei Bearbeiten Einfügen Datensätze Fenster ?
Geprüfte Zusatzausbildungen
Personalnummer
Geprüfte Zusatzausbildung
Wo erworben?:
Abschlussdatum
War PM der Ausbildungsträger?
Art
Vollzeit
Teilzeit
Berufsbegleitend
Neue Zusatzausbildung hinzufügen

Anlage 19 (5)

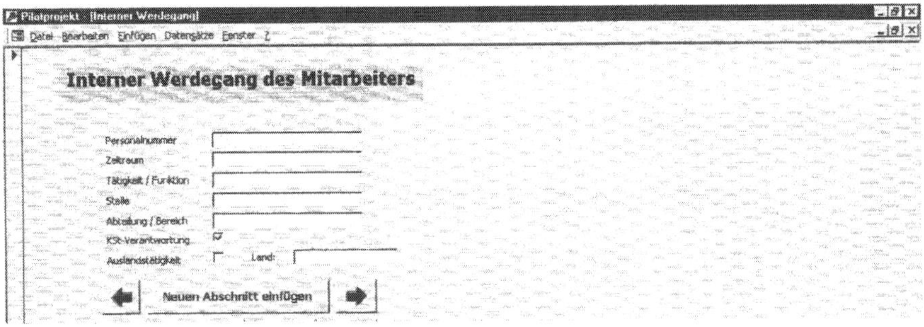
Pilotprojekt - [Interner Werdegang]
Datei Bearbeiten Einfügen Datensätze Fenster ?
Interner Werdegang des Mitarbeiters
Personalnummer
Zeitraum
Tätigkeit / Funktion
Stelle
Abteilung / Bereich
KSt-Verantwortung
Auslandstätigkeit
Land:
Neuen Abschnitt einfügen

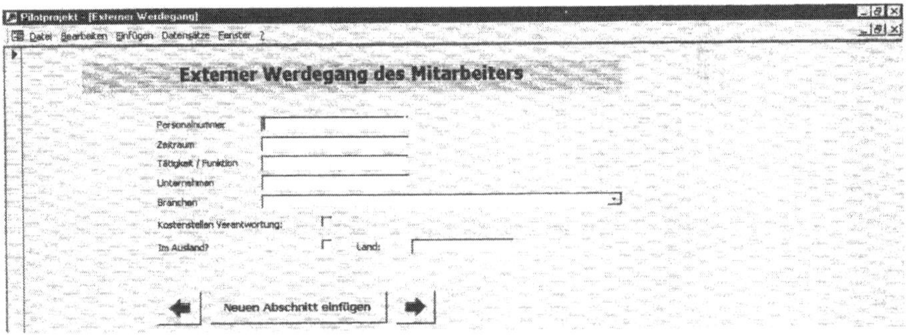
Pilotprojekt - [Externer Werdegang]
Datei Bearbeiten Einfügen Datensätze Fenster ?
Externer Werdegang des Mitarbeiters
Personalnummer
Zeitraum
Tätigkeit / Funktion
Unternehmen
Branchen
Kostenstellen Verantwortung:
Im Ausland?
Land:
Neuen Abschnitt einfügen

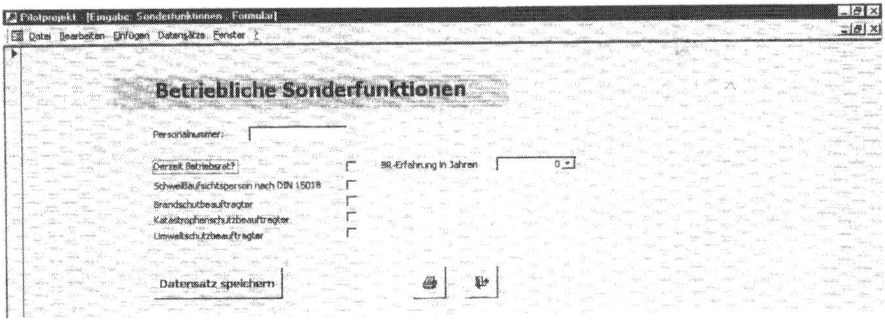
Pilotprojekt - [Eingabe Sonderfunktionen : Formular]
Datei Bearbeiten Einfügen Datensätze Fenster ?
Betriebliche Sonderfunktionen
Personalnummer:
Derzeit Betriebsrat?
BR-Erfahrung in Jahren
0
Schweißaufsichtsperson nach DIN 15018
Brandschutbeauftragter
Katastrophenschutzbeauftragter
Umweltschutzbeauftragter
Datensatz speichern

Anlage 20: Screenshots der zusätzlichen Mitarbeiter-Selbsteinschätzung (ohne Eintragungen)

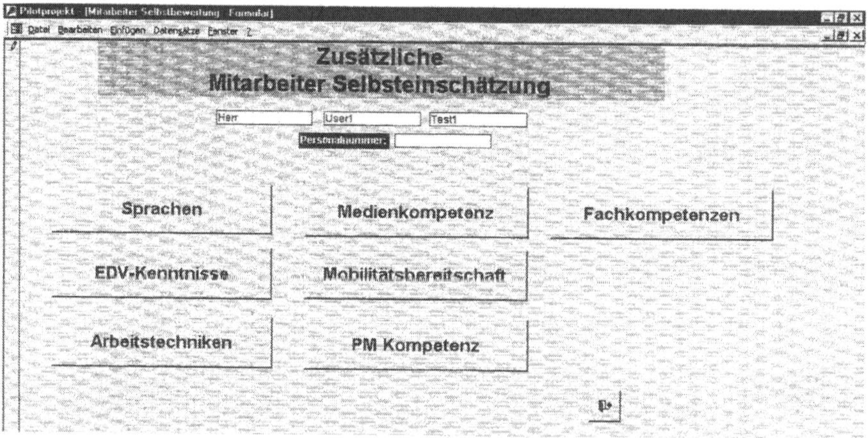

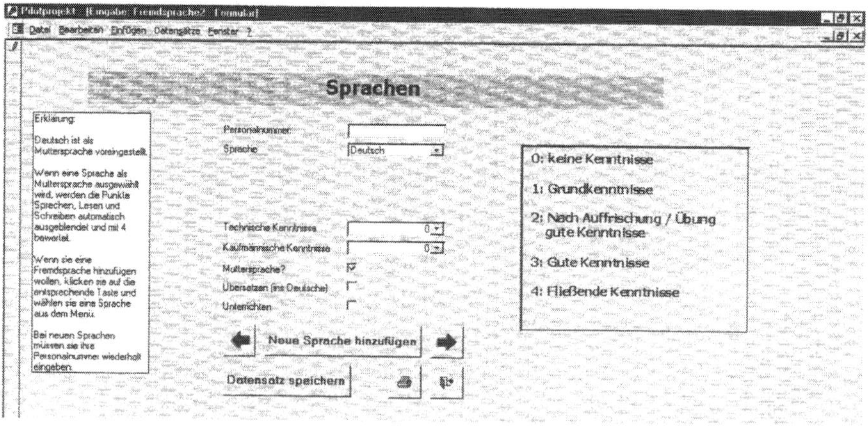

Anlage 20 (2)

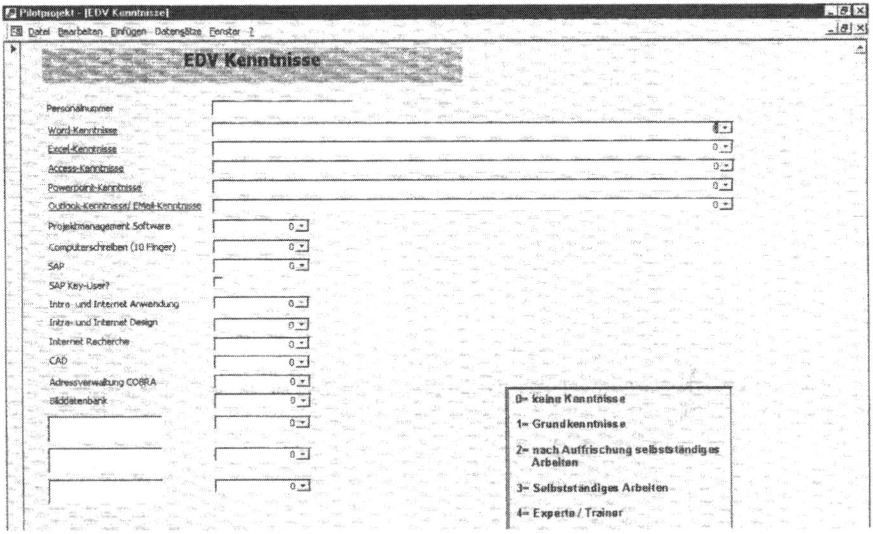
Pilotprojekt - [EDV Kenntnisse]
Datei Bearbeiten Einfügen Datensätze Fenster ?
EDV Kenntnisse
Personalnummer
Word-Kenntnisse
Excel-Kenntnisse
Access-Kenntnisse
Powerpoint-Kenntnisse
Outlook-Kenntnisse/ EMail-Kenntnisse
Projektmanagement Software
Computerschreiben (10 Finger)
SAP
SAP Key-User?
Intra- und Internet Anwendung
Intra- und Internet Design
Internet Recherche
CAD
Adressverwaltung COBRA
Bilddatenbank
0= keine Kenntnisse
1= Grundkenntnisse
2= nach Auffrischung selbstständiges Arbeiten
3= Selbstständiges Arbeiten
4= Experte / Trainer

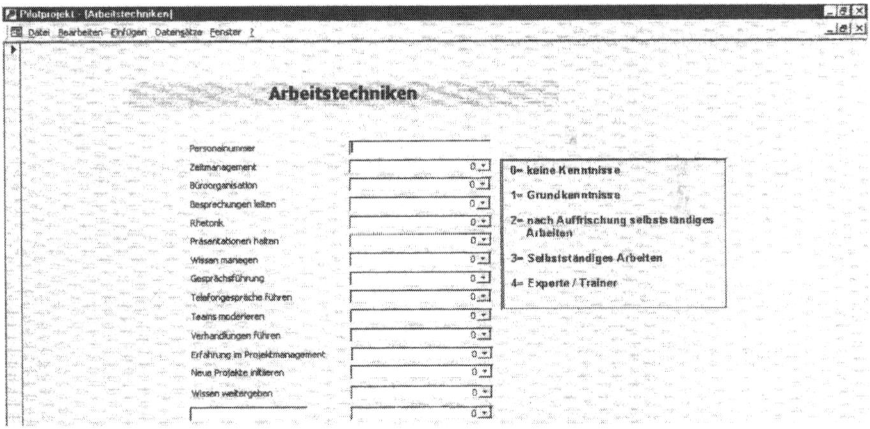
Pilotprojekt - [Arbeitstechniken]
Datei Bearbeiten Einfügen Datensätze Fenster ?
Arbeitstechniken
Personalnummer
Zeitmanagement
Büroorganisation
Besprechungen leiten
Rhetorik
Präsentationen halten
Wissen managen
Gesprächsführung
Telefongespräche führen
Teams moderieren
Verhandlungen führen
Erfahrung im Projektmanagement
Neue Projekte initiieren
Wissen weitergeben
0= keine Kenntnisse
1= Grundkenntnisse
2= nach Auffrischung selbstständiges Arbeiten
3= Selbstständiges Arbeiten
4= Experte / Trainer

Anlage 20 (3)

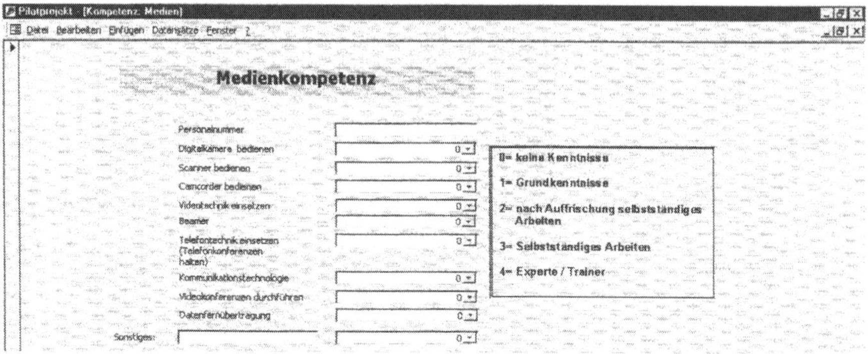
Pilotprojekt - [Kompetenz: Medien]
Datei Bearbeiten Einfügen Datensätze Fenster ?
Medienkompetenz
Personalnummer
Digitalkamera bedienen
Scanner bedienen
Camcorder bedienen
Videotechnik einsetzen
Beamer
Telefontechnik einsetzen (Telefonkonferenzen halten)
Kommunikationstechnologie
Videokonferenzen durchführen
Datenfernübertragung
Sonstiges:
0= keine Kenntnisse
1= Grundkenntnisse
2= nach Auffrischung selbstständiges Arbeiten
3= Selbstständiges Arbeiten
4= Experte / Trainer

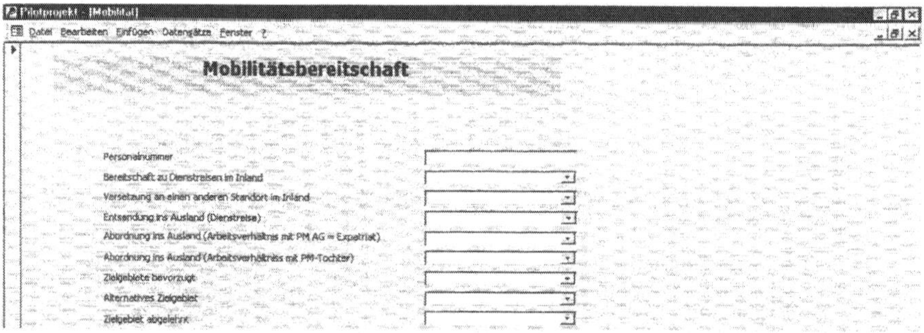
Pilotprojekt - [Mobilität]
Datei Bearbeiten Einfügen Datensätze Fenster ?
Mobilitätsbereitschaft
Personalnummer
Bereitschaft zu Dienstreisen im Inland
Versetzung an einen anderen Standort im Inland
Entsendung ins Ausland (Dienstreise)
Abordnung ins Ausland (Arbeitsverhältnis mit PM AG = Expatriat)
Abordnung ins Ausland (Arbeitsverhältnis mit PM-Tochter)
Zielgebiete bevorzugt
Alternatives Zielgebiet
Zielgebiet abgelehnt

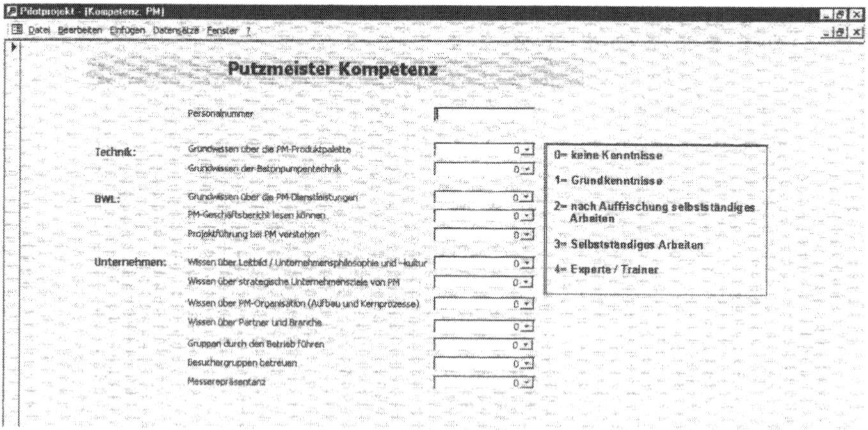
Pilotprojekt - [Kompetenz: PM]
Datei Bearbeiten Einfügen Datensätze Fenster ?
Putzmeister Kompetenz
Personalnummer
Technik:
Grundwissen über die PM-Produktpalette
Grundwissen der Betonpumpentechnik
BWL:
Grundwissen über die PM-Dienstleistungen
PM-Geschäftsbericht lesen können
Projektführung bei PM verstehen
Unternehmen:
Wissen über Leitbild / Unternehmensphilosophie und –kultur
Wissen über strategische Unternehmensziele von PM
Wissen über PM-Organisation (Aufbau und Kernprozesse)
Wissen über Partner und Branche
Gruppen durch den Betrieb führen
Besuchergruppen betreuen
Messerepräsentanz
0= keine Kenntnisse
1= Grundkenntnisse
2= nach Auffrischung selbstständiges Arbeiten
3= Selbstständiges Arbeiten
4= Experte / Trainer

Anlage 20 (4)

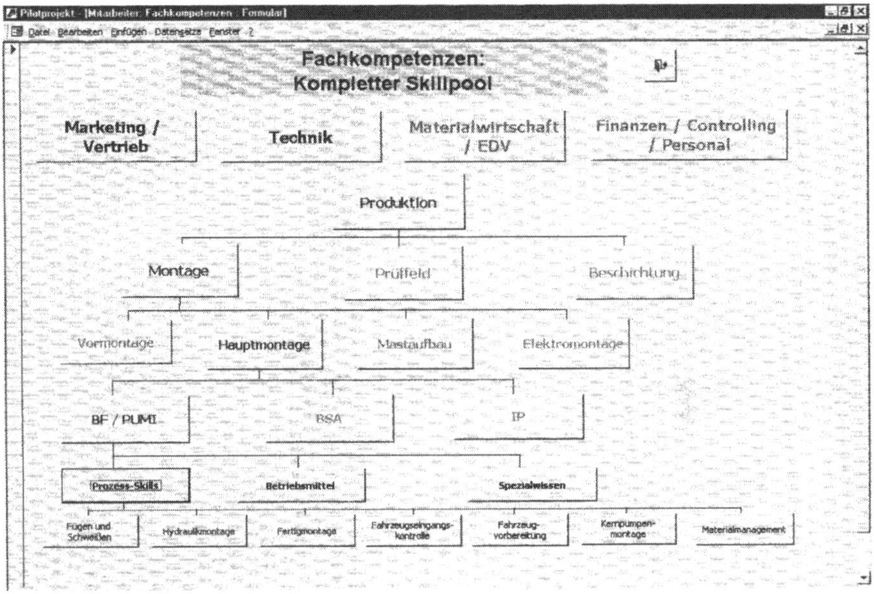
Fachkompetenzen:
Kompletter Skillpool
Marketing / Vertrieb
Technik
Materialwirtschaft / EDV
Finanzen / Controlling / Personal
Produktion
Montage
Prüffeld
Beschichtung
Vormontage
Hauptmontage
Mastaufbau
Elektromontage
BF / PUMI
BSA
IP
Prozess-Skills
Betriebsmittel
Spezialwissen
Fügen und Schweißen
Hydraulikmontage
Fertigmontage
Fahrzeugseingangs-kontrolle
Fahrzeug-vorbereitung
Kernpumpen-montage
Materialmanagement

Anlage 21

Vorbereitung für das Qualifizierungsgespräch - Mitarbeiter

Gespräch mit Vorgesetztem: ____________________ am: ______________ um: ________ Uhr

➔ Welche Weiterbildungsmaßnahmen haben Sie in der vergangenen Planungsperiode durchgeführt? z. B. E-Learning, Unterweisungen, Besuch von Schulungen
Haben die durchgeführten Maßnahmen für Sie den gewünschten Erfolg?

____

____

➔ Bitte gehen Sie Ihre Gap-Analyse in Hinblick auf folgende Fragen durch:

- Wo sind meine Unterdeckungen (— Seite) oder Überdeckungen (+ Seite)?
  (evtl. markieren)

  ____

  ____

  ____

- Welche Fragen habe ich zum Anforderungsprofil?

  ____

  ____

  ____

➔ Wie könnte <u>ich</u> meine Defizite (Unterdeckungen) ausgleichen?
(Siehe hierzu Maßnahmen auf der Rückseite und setzten Sie Schwerpunkte!)

____

____

____

➔ Wie könnte ich meine Potentiale (Überdeckungen) bei Putzmeister einbringen?

____

____

____

➔ Welche beruflichen Ziele strebe ich an? Wann und wie will ich diese erreichen?

____

____

____

⇨ **Tipp:** Nutzen Sie diese Blatt und machen Sie sich schriftliche Notizen zu den oben genannten Fragestellungen und nehmen Sie sie als Argumentationshilfen mit ins Fördergespräch!

Anlage 21 (2)

Vorbereitung für das Qualifizierungsgespräch - Führungskraft

Gespräch mit Mitarbeiter: ____________________ am: ______________ um: ________ Uhr

➔ Termine für das Qualifizierungsgespräch festlegen (evtl. Raum buchen)

➔ Einladungen zum Gespräch an die Mitarbeiter verschicken oder aussprechen

➔ Sich einen motivierenden Gesprächseinstieg überlegen

➔ Welche Weiterbildungsmaßnahmen wurden für den Mitarbeiter für die vergangene Planungsperiode vereinbart und auch durchgeführt?

____

____

____

➔ Bitte gehen Sie die Gap-Analyse des Mitarbeiters in Hinblick auf folgende Fragen durch:

- Wo hat der Mitarbeiter Unterdeckungen (- Seite) oder Überdeckungen (+ Seite)? *(evtl. markieren)*

  ____

  ____

  ____

- Welche Fragen habe ich zur Selbsteinschätzung des Mitarbeiters?

  ____

  ____

  ____

➔ Welche Maßnahmen bieten sich an, um die Defizite des Mitarbeiters auszugleichen? *(Siehe Möglichkeiten auf der Rückseite!)* Wo sollen Schwerpunkte gesetzt werden?

____

____

____

➔ Wie könnten die Potentiale (Überdeckungen) des Mitarbeiters bei Putzmeister genutzt werden? z. B. Übertragung weiterer/anderer Aufgaben oder Vorbereitung auf zukünftige Aufgabenfelder

____

____

____

⇨ **Tipp:** Nutzen Sie diese Blatt und machen Sie sich schriftliche Notizen zu den oben genannten Fragestellungen und nehmen Sie sie als Argumentationshilfen mit ins Fördergespräch!

Anlage 21 (3)

Vorbereitung für den Förderteil des Mitarbeiter-Jahresgesprächs - Führungskraft

Gespräch mit Mitarbeiter: ____________________ am: ______________ um: ________ Uhr

➔ Termine für die Mitarbeiter-Jahresgespräche festlegen (evtl. Raum buchen)

➔ Einladungen zum Gespräch an die Mitarbeiter verschicken oder aussprechen

➔ Beurteilungsbogen ausdrucken **Pfad:** Wortd/Datei/Neu/Personal/Beurteilung

➔ Bitte gehen Sie die Gap-Analyse in Hinblick auf folgende Punkte durch:

- Wo hat der Mitarbeiter Unterdeckungen (- Seite) oder Überdeckungen (+ Seite)? (evtl. markieren)

  ____

  ____

  ____

- Welche Fragen habe ich zur Selbsteinschätzung des Mitarbeiters?

  ____

  ____

  ____

➔ Welche Maßnahmen können ergriffen werden, um die Defizite des Mitarbeiters auszugleichen? *(siehe Möglichkeiten auf der Rückseite)*

____

____

____

➔ Wie könnten die Potentiale (Überdeckungen) des Mitarbeiters bei Putzmeister genutzt werden? z. B. Übertragung weiterer/anderer Aufgaben oder Vorbereitung auf zukünftige Aufgabenfelder

____

____

____

⇨ **Tipp:** Nutzen Sie diese Blatt und machen Sie sich schriftliche Notizen zu den oben genannten Fragestellungen und nehmen Sie sie als Argumentationshilfen mit ins Fördergespräch!

Anlage 22

Gesprächsleitfaden für das Qualifizierungsgespräch

1. **Besprechung der Qualifizierungsmaßnahmen in der vergangenen Planungsperiode**

   Rückblick auf die in der letzten Planungsperiode vereinbarten Weiterbildungsmaßnahmen und deren Erfolg bzw. Nutzen für den Mitarbeiter und sein Team.
   (siehe Teil A des Qualifizierungsgesprächsprotokolls)

2. **Besprechung der Gap-Analyse**

   ✎ Durchgehen der Gap-Analyse und Markieren der relevanten Abweichungen
   - Welche Fragen hat der Mitarbeiter zum Anforderungsprofil?
   - Welche Fragen hat der Vorgesetzte zur Selbsteinschätzung des Mitarbeiters?

3. **Besprechung der derzeitigen Aufgabe/Funktion**

   - Gemeinsames Auffinden von Maßnahmen zum Ausgleich von Defiziten (Unterdeckungen) Beachten Sie bitte hierbei die unterschiedlichen Möglichkeiten zur Maßnahmenfestlegung:

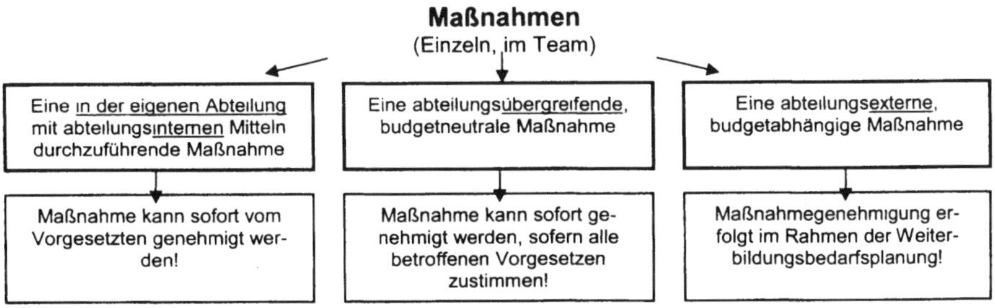

z. B.
- Mitarbeiter beseitigt selbständig sein Kenntnisdefizit mit Hilfe von Büchern oder anderen Mitteln / CD-ROMS,
- Einarbeitung in ein neues Aufgabenfeld durch einen Kollegen der gleichen Abteilung

z. B.
- Mitarbeiter aus Abteilung A schaut sich einen Tag die Arbeit von Abteilung B an, um damit die Zusammenarbeit von Abteilung A und B zu verbessern
- Einarbeitung in ein neues Aufgabenfeld durch einen Kollegen einer anderen Abteilung

z. B.
- Teilnahme an einer Schulung in der PM-Akademie
- Fortbildung Sicherheitsfachkraft
- CNC-Schulungen
- Outdoorübung im Team

   ✎ Eintragung der Maßnahmen im Qualifizierungsgesprächsprotokolls Teil B

4. **Besprechung der Eignung für eine andere Aufgabe/Funktion**

   - Gespräch über Potentiale (Überdeckungen) und deren mögliche Nutzung und Förderung
     ✎ Eintragungen in Teil C des Qualifizierungsgesprächsprotokolls

5. **Sonstige Vereinbarungen**

   ✎ Eintragungen in Teil D des Qualifizierungsgesprächsprotokolls

6. **Unterzeichnung durch die Gesprächsparteien***

   Bitte das Protokoll unterzeichnen und zweimal kopieren. Eine Kopie erhält der Mitarbeiter, die andere Kopie geht an die Personalabteilung

*** Dieser Schritt wird im Pilotprojekt nicht durchgeführt, da gemäß *BV 0201 Pilotprojekt-PSM* Pilotteilnehmer weder bevorzugt noch benachteiligt werden dürfen!**

Anlage 23

Qualifizierungsgesprächsprotokoll

Name, Vorname:	Tätigkeit:
Personalnummer:	Kostenstelle:
Gesprächsführender:	

Teil A: Qualifizierungsmaßnahmen in der vergangenen Planungsperiode

Wurden die geplanten Maßnahmen durchgeführt? ☐ ja ☐ nein ☐ zum Teil
ggf.: Warum wurden Maßnahmen nicht durchgeführt?
Müssen Maßnahmen in die neue Planung übertragen werden?

___

___

___

Wurden zusätzliche, nicht geplante Maßnahmen durchgeführt? ☐ ja ☐ nein
Wenn ja, warum?

___

___

___

Brachten die durchgeführten Maßnahmen den gewünschten Erfolg? ☐ ja ☐ nein
Wenn nein, warum nicht?

___

___

___

Teil B: Derzeitige Aufgabe/Funktion

Werden Maßnahmen für Defizite (Unterdeckungen) vereinbart?

Skill	**Maßnahme** (siehe hierzu Übersicht im Leitfaden)	ggf **AZK** *)

*) beachten Sie zur Festlegung der Arbeitszeitkategorie (AZK) die Betriebsvereinbarung „BV 9905"

Kategorie	**A**	**B**	**C**	**D**
Arbeitszeitanteil	**3/3**	**2/3**	**1/3**	**0**

Anlage 23 (2)

Teil C: Potential für andere Aufgabe/Funktion

Will der Mitarbeiter sich auf eine andere Aufgabe/Funktion hin weiterentwickeln?
Wenn ja, welche Aufgabe/Funktion in welchem Zeitraum?

☐ ja Aufgabe/Funktion: ____________________ ☐ nein

Zeitraum: ☐ kurz- ☐ mittel- ☐ langfristig

Sollen heute Maßnahmen zur Entwicklung des Mitarbeiters in eine andere Aufgabe/Funktion vereinbart werden? ☐ ja ☐ nein Wenn ja, welche?

Maßnahme (siehe hierzu Übersicht im Leitfaden)	**Zeitraum** (auch längerfristig)

Teil D: Freies Feld für sonstige Eintragungen

Fördergespräch durchgeführt und Kopie

Aichtal, den ____________________ erhalten am: ____________________

____________________ ____________________

Unterschrift des Gesprächsführenden Unterschrift des Mitarbeiters

Anlage 24:
Feedbackbogen über die Umsetzung des Fördergesprächs

Feedbackbogen über die Umsetzung des Fördergesprächs

Zutreffendes bitte ankreuzen bzw. ggf. begründen!

Name: ____________________
Fördergespräch fand statt am: ____________________
Dauer des Fördergesprächs ca.: __________ Minuten

Wie haben Sie das Fördergespräch empfunden?

sehr angenehm	angenehm	teils/teils	unangenehm	sehr unangenehm

Hätten Sie für die Vorbereitung auf das Fördergespräch noch zusätzliche Informationen benötigt?

❑ Ja, folgende: ❑ Nein

____
____
____

Wie haben Sie sich auf das Fördergespräch vorbereitet?

____
____
____
____

Waren die Vorbereitungsfragen im Formblatt „Vorbereitung für den Förderteil des Mitarbeiter-Jahresgesprächs – Mitarbeiter" für Sie hilfreich?

❑ Ja ❑ Nein
Ich hätte folgende Vorschläge zur Verbesserung des Vorbereitungsformulars:

____
____
____

Fand eine klare Trennung zwischen <u>Beurteilungs</u>gespräch und <u>Förder</u>gespräch statt?

❑ Ja ❑ Nein

bitte wenden →

Anlage 24 (2)

Gab es Unstimmigkeiten in Bezug auf die Gap-Analyse? Wenn ja, welche und wie sind Sie damit umgegangen?

❑ Ja

____

____

❑ Nein

Wurde das Fördergespräch gemäß dem Ihnen ausgehändigten Gesprächsleitfaden durchgeführt, oder haben Sie eine andere Vorgehensweise gewählt?

❑ Verlauf gemäß Gesprächsleitfaden
❑ andere Vorgehensweise:

____

____

____

Wie zufrieden sind Sie mit den Ergebnissen bzw. den getroffenen Vereinbarungen des Fördergesprächs?

sehr zufrieden	zufrieden	teils/teils	unzufrieden	sehr unzufrieden

Kamen Reaktionen von Ihren Kollegen, die evtl. mitbekommen haben, dass Sie am Pilotprojekt teilnehmen und bei Ihnen ein Fördergespräch stattgefunden hat?

❑ Ja, folgende:

____

____

____

____

❑ Nein

Haben Sie noch weitere Ideen und Anregungen zur Verbesserung des Fördergesprächs?

____

____

____

____

____

____

☺ **Vielen Dank für Ihre Zeit und Ihr Engagement!**

Anlage 25:
Detaillierte Abbildungsvorschriften
(Beispiele für Soft- und Hard Skills)

Zielmanagementkompetenz (MbO)

Stufe	Allgemeine Erklärung der Ausprägungsstufe	Skillspezifische Erklärung der Ausprägungsstufe
1	**Schwach ausgeprägt**	Erläuterung von Zielen und Abklärung der Aufgabenstellung mit Anhörung der Mitarbeiter. Vorgabe von Zwischenzielen und Vereinbarung von Feedbackgesprächen zum Stand der Aufgabenerfüllung.
2	**Bedingt ausgeprägt**	Erreichen eines gemeinsamen Aufgabenverständnisses zur Zielerreichung, auch bei teilweise unterschiedlicher Interessenlage. Wird in der Regel durch die vorübergehende Führung von Teams, die Anleitung von Auszubildenden und dem Kurs „Führen mit Zielvereinbarungen" erreicht.
3	**gut ausgeprägt**	Gemeinsame Entwicklung und Vereinbarung von aufgaben-/bereichsbezogenen sowie individuellen Zielen bei teilweise unterschiedlicher Interessenlage.In Feedbackgesprächen lässt sich auch der Vorgesetzte Feedback geben. Wird in der Regel frühestens nach einem Jahr selbstverantwortlicher Mitarbeiterführung erreicht.
4	**Hervorragend ausgeprägt**	Gemeinsame Entwicklung, Ausgestaltung und Vereinbarung von aufgaben-/bereichsbezogenen sowie individuellen Zielen bei häufig unterschiedlicher Interessenlage mit eigenen und/oder anderen Mitarbeitern. Wird in der Regel erst nach mehreren Jahren selbstverantwortlicher Führungserfahrung erreicht.

Microsoft Excel 97

Stufe	Allgemeine Erklärung der Ausprägungsstufe	Skillspezifische Erklärung der Ausprägungsstufe
0	**keine Kenntnisse**	Sie haben keine Kenntnisse mit Excel 97
1	**Grundkenntnisse**	Sie können Tabellen erstellen, verändern und formatieren. Ebenso einfache Berechnungen durchführen.
2	**nach Auffrischung selbständiges Arbeiten**	Nach Auffrischungszeit(Kurs) können Sie Diagramme erstellen und verändern, beherrschen die Vorlage Funktion und können Zeichnen
3	**Selbständiges Arbeiten**	Sie können Diagramme erstellen und verändern, beherrschen die Vorlage Funktion und können Zeichnen
4	**Experte und Trainer-Wissen**	Sie können komplexe Funktionen berechnen benutzen und Pivot Tabellen erstellen. Sie können Ihre Kollegen bei Excel-Problemen helfen.

Anlage 26

Zusammengefasste Erkenntnisse aus den Rückmeldungen der Mitarbeiter-Eingaben

Putzmeister

02-10-10 / sm

Maske	Anmerkung
Sprachen	• Speicherprobleme • Probleme bei Eintragung anderer Sprachen als der Muttersprache -> Kreuz bei Muttersprache musste trotzdem gemacht werden, da sonst keine Eintragung bei lesen/schreiben möglich • Evtl. die Möglichkeit mit Mutterspracheausblendfunktion herausnehmen
EDV	• Bei CAD Unterscheidung ob 2 oder 3-dimensional • Bei Outlook Kenntnissen „E-Mail“ in Klammern dazuschreiben
Mobilität	• Bei Zielgebiet Ablehnung „keins“ als Option mitaufnehmen
Studium	• Ein Feld mit aufnehmen für zukünftige Abschlüsse für Fälle, in denen gerade ein Studium gemacht wird • Zusätzliches Feld mit „bei PM durchgeführt“
Schulabschluss	• Bei „Wann erworben?“ evtl. eine Anmerkung, dass das Jahr reicht bzw. Fiktivdatum (01.07...)
Berufsausbildung	• Anmerkung: in Klammern evtl Lehre schreibenf
Führerscheine	• Klassen überprüfen • Fenster mit Erklärung was sich hinter den Klassen verbirg hier besonders sinnvoll
Lizenzen	• Das Feld „Ersthelfer“ nach außen versetzen (Optik!)
Förderkreise	• Fraglich: was gilt als Projekt? Evtl. Bestimmungskriterien
Sonderfunktionen	• Hier auch den „Ersthelfer“ als Feld mitaufnehmen (ist dann doppelt)
Berufliche Weiterbildung	• Wenn nicht in der Akademie durchgeführt, sollte ein freies Feld sein für Eingabe wo dann stattgefunden
Interner/externer Werdegang	• Feld zur Angabe von Führungserfahrung, neben KSt-Verantwortung ein Feld für Anzahl der Mitarbeiter

Weitere Erkenntnisse:

- Die Konstrukteure hatten Probleme mit der Skala: zwischen Stufe 3 und 4 sollte eine weitere Stufe eingehen (3 = gut, 4 (neu) = sehr gut, 5 = Experte)
- Beurteilungsgespräche bei den Konstrukteuren finden i. d. R. Anfang 2003 statt.
- Die Eingabe in die Masken wurde nicht als Belastung empfunden, aber sich selbst einzuschätzen wurde als nicht ganz einfach empfunden (Übungsprozess) ->Konstrukteure!
- Bei den Basisdaten wurde der Aufwand z. T. umgangen indem Abschlussdaten nicht genau nachgeschlagen wurden
- Allgemeine Erklärung für Felder mit Dropdown-Möglichkeiten, dass hier auch freie Eingaben gemacht werden können
- Zielvereinbarungsgespräch der RSMs finden erst im März statt -> Wie ist dies mit der Weiterbildungsbedarfsplanung zu koppeln?